U0286084

住房城乡建设部土建类学科专业“十三五”规划教材
住房和城乡建设部中等职业教育建筑与房地产经济管理
专业指导委员会规划推荐教材

建筑设备安装计量与计价

（工程造价专业）

何嘉熙　主　编
刘丽君　副主编
张思忠　主　审

中国建筑工业出版社

图书在版编目（CIP）数据

建筑设备安装计量与计价/何嘉熙主编. —北京：中国建筑工业出版社，2015.10（2024.8重印）

住房城乡建设部土建类学科专业“十三五”规划教材

住房和城乡建设部中等职业教育建筑与房地产经济管理专业指导委员会规划推荐教材（工程造价专业）

ISBN 978-7-112-18553-5

Ⅰ.①建… Ⅱ.①何… Ⅲ.①房屋建筑设备-建筑安装工程-计量-中等专业学校-教材②房屋建筑设备-建筑安装工程-工程计价-中等专业学校-教材 Ⅳ.①TU723.3

中国版本图书馆CIP数据核字（2015）第242494号

本书针对中等职业技术应用型人才培养目标要求，结合中等职业教育特点，从解决建筑设备安装工程计量与计价编制的原理和实际应用出发，较完整地介绍了设备安装工程计量与计价的编制程序、内容、特点、方法和运用技巧。编写过程中参照工程造价领域最新颁布的法规及相关政策，为培养实践能力导入大量的工程实例，按照相应职业岗位职业能力要求设置本课程的教学任务，选取并整合理论知识与实践操作教学内容，以职业岗位工作任务为载体设计教学训练活动，构建任务引领型课程，实现了“教、学、做”一体化，理论与实践一体化。

本书共分7个项目，内容主要包括：通用安装工程造价基本知识；电气设备安装工程计量与计价；建筑智能化及通信设备及线路工程计量与计价；通风空调工程计量与计价；消防工程计量与计价；给排水、采暖、燃气工程计量与计价；刷油、防腐蚀、绝热工程计量与计价。

本书既可作为中等职业学校工程造价、建筑工程技术等相关专业的教学用书，也可作为工程造价管理人员或工程技术人员的参考书。

为更好地支持本课程教学，我们向使用本教材的教师提供教学课件，有需要者请发送邮件至 cabpkejian@126.com 免费索取。

* * *

责任编辑：陈 桦 张 晶 吴越恺

责任校对：姜小莲 王雪竹

住房城乡建设部土建类学科专业“十三五”规划教材

住房和城乡建设部中等职业教育建筑与房地产经济管理专业指导委员会规划推荐教材

建筑设备安装计量与计价

（工程造价专业）

何嘉熙 主 编

刘丽君 副主编

张思忠 主 审

*

中国建筑工业出版社出版、发行（北京海淀三里河路9号）

各地新华书店、建筑书店经销

北京科地亚盟排版公司制版

建工社（河北）印刷有限公司印刷

*

开本：787×1092毫米 1/16 印张：21 字数：492千字

2019年4月第一版 2024年8月第三次印刷

定价：**48.00**元（赠课件）

ISBN 978-7-112-18553-5

（27814）

本系列教材编委会

序言

工程造价专业教学标准、核心课程标准、配套规划教材由住房和城乡建设部中等职业教育建筑与房地产经济管理专业指导委员会进行系统研制和开发。

工程造价专业是建设类职业学校开设最为普遍的专业之一，该专业学习内容地方特点明显，应用性较强。住房和城乡建设部中职教育建筑与房地产经济管理专业指导委员会充分发挥专家机构的职能作用，来自全国多个地区的专家委员对各地工程造价行业人才需求、中职生就业岗位、工作层次、发展方向等现状进行了广泛而扎实的调研，对各地建筑工程造价相关规范、定额等进行了深入分析，在此基础上，综合各地实际情况，对该专业的培养目标、目标岗位、人才规格、课程体系、课程目标、课程内容等进行了全面和深入的研究，整体性和系统性地研制专业教学标准、核心课程标准以及开发配套规划教材，其中，由本指导委员研制的《中等职业学校工程造价专业教学标准（试行）》于2014年6月由教育部正式颁布。

本套教材根据教育部颁布的《中等职业学校工程造价专业教学标准（试行）》和指导委员会研制的课程标准进行开发，每本教材均由来自不同地区的多位骨干教师共同编写，具有较为广泛的地域代表性。教材以“项目课程”的模式进行开发，学习层次紧扣专业培养目标定位和目标岗位业务规格，学习内容紧贴目标岗位工作，大量选用实际工作案例，力求突出该专业应用性较强的特点，达到“与岗位工作对接，学以致用”的效果，对学习者熟悉工作过程知识、掌握专业技能、提升应用能力和水平有较为直接的帮助。

住房和城乡建设部中等职业教育建筑与房地产经济管理专业指导委员会

前言

本书是中等职业学校工程造价专业安装计量与计价专业（技能）方向课程教材，由住房和城乡建设部中等职业教育建筑与房地产经济管理专业指导委员会与中国建筑工业出版社合作组织编写。

本书主要依据教育部公布的中等职业学校工程造价专业教学标准（试行），并按照住房和城乡建设部中等职业教育建筑与房地产经济管理专业指导委员会组织编写的本专业建筑设备安装计量与计价课程标准编写。

本书包括通用安装工程造价基本知识；电气设备安装工程计量与计价；建筑智能化及通信设备及线路工程计量与计价；通风空调工程计量与计价；消防工程计量与计价；给排水、采暖、燃气工程计量与计价；刷油、防腐蚀、绝热工程计量与计价 7 个项目，按照相应职业岗位职业能力要求设置本课程的教学任务，选取并整合理论知识与实践操作教学内容，以职业岗位工作任务为载体设计教学训练活动，构建任务引领型课程，实现“教、学、做”一体化，理论与实践一体化。

本书内容建议按照 120 学时进行编排，建议学时分配：项目 1 为 23 学时，项目 2 为 25 学时，项目 3 为 12 学时，项目 4 为 10 学时，项目 5 为 10 学时，项目 6 为 28 学时，项目 7 为 12 学时。由于设备安装工程计量与计价工作有地区差异性，教师可根据实际情况，灵活地安排教学内容和教学学时。

本书由云南建设学校何嘉熙任主编，具体编写分工如下：云南建设学校何嘉熙编写项目 1，广西城市建设学校刘鑫禄编写项目 2，云南建设学校杨敏编写项目 3，广州市市政学校陈毅俊编写项目 4，广州市土地房产管理职业学校甄雪清编写项目 5，河南省焦作市职业技术学校石海霞编写项目 6，广州市土地房产管理职业学校潘广婷编写项目 7，全书由何嘉熙负责统稿。河南建筑职业技术学院张思忠老师任主审，并提出了很多宝贵意见，在此表示感谢。

由于编者水平有限，书中难免存在不足和疏漏之处，敬请各位读者批评指正。

目录

项目1 通用安装工程造价基本知识

项目概述

通过本项目的学习，学习者能够熟悉建设项目及其内容构成，掌握建设项目的分解方法及在计量计价中的作用，掌握施工图预算的基本概念、作用、编制内容、编制方法，掌握定额的基本概念及使用方法，掌握建筑设备安装工程计价方法与程序，掌握工程量清单及工程量清单计价的概念、编制方法，能编制综合单价。

任务1.1 建筑设备安装工程造价概述

任务描述

某大学作为建设项目，其建筑安装工程部分在工程造价管理过程中逐层分解，如图1-1所示。请结合所学知识理解这样分解方法在建筑安装工程造价计算中的作用。

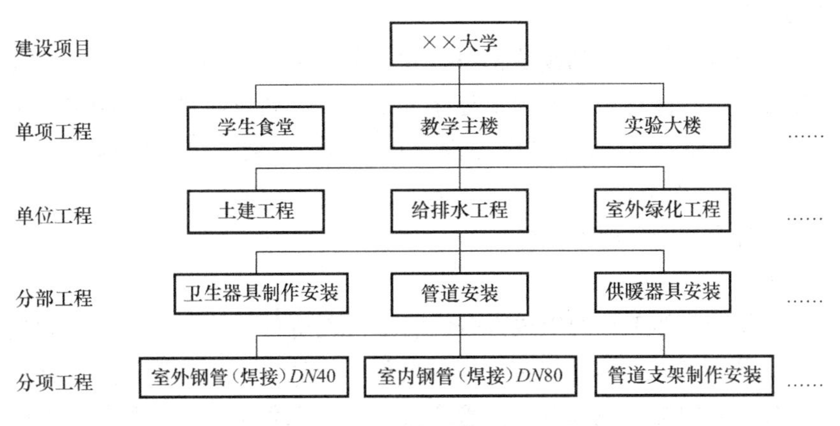

图1-1 工程造价管理分解图

1.1.1　建设项目及其内容构成

知识构成

1. 建设项目及其划分

建设工程是一个系统工程，为了适应工程管理和经济核算的需要，可将建设项目由大到小划分为建设项目、单项工程、单位工程、分部工程、分项工程五个层次。

（1）建设项目

建设项目指在一个总体设计或初步设计的范围内，由一个或若干个单项工程所组成的经济上实行统一核算，行政上有独立机构或组织形式，实行统一管理的基本建设单位。一般以一个行政上独立的企事业单位作为一个建设项目，如一家工厂，一所学校等。

一个建设项目由一个或若干个单项工程组成。

（2）单项工程

单项工程指具有单独的设计文件，建成后能够独立发挥生产能力和使用效益的工程。单项工程又称为工程项目。它是建设项目的组成部分。

工业建设项目的单项工程，一般是指能够生产出设计所规定的主要产品的车间或生产线以及其他辅助或附属工程。如工业项目中某机械厂的一个铸造车间或装配车间等。

非工业建设项目的单项工程，一般是指能够独立发挥设计规定的使用功能和使用效益的各项独立工程。如民用建筑项目中某大学的一栋教学楼或实验楼、图书馆等。

一个单项工程由若干个单位工程组成。

（3）单位工程

单位工程指具有单独的设计文件，独立的施工条件，但建成后不能够独立发挥生产能力和效益的工程。单位工程是单项工程的组成部分，如：建筑工程中的一般土建工程、装饰装修工程、给水排水工程、电气照明工程、弱电工程、采暖通风空调工程、煤气管道工程、园林绿化工程等均可以独立作为单位工程。

一个单位工程由若干分部（子分部）工程组成。

（4）分部工程

分部工程是指各单位工程的组成部分。它一般根据建筑物、构筑物的主要部位、工程的结构、工种内容、材料结构或施工工程序等来划分。如将给排水采暖单位工程分为管道安装、阀门安装、低压器具组成与安装、卫生器具安装、供暖器具安装、小型容器（水箱）制作安装等分部工程。分部工程在现行预算定额中一般表达为“章”。

一个分部工程由若干分项工程组成。

（5）分项工程

分项工程是指各分部工程的组成部分。它是工程造价计算的基本要素和概预算最基本的计量单元，是将工程实体的细部按不同的施工方法、施工程序、施工材料、施工机械，进一步划分出来的构件或部分。如管道安装分部工程中按不同部位、不同材质、不同施工与连接方法、不同规格进一步划分出来的部分。分项工程在计价依据（消耗量定额）中表现为一个计价子目。

综上所述，一个建设项目由一个或几个单项工程组成，一个单项工程由若干个单位工程组成，一个单位工程又可以划分为若干个分部（子分部）工程，一个分部工程（子分部）还可以划分若干分项工程，建设项目的造价形成就是从分项工程开始的。

这样划分的目的是把一个复杂的，无法直接计价的工程项目分解为若干施工过程单一的简单工序（分项工程），这些工序能直接计算其人工、材料、机械台班的消耗量进而计算出价格，每一个分项工程的价格加起来，就是整个工程的价格。工程项目划分过程在造价计算中称为列项，列项是否准确直接关系到造价计算的准确性。一个定额子目即为一个分项工程，初学者可以按照施工顺序参照定额子目对照施工图进行列项。

2. 工程建设基本程序

（1）工程建设程序

工程建设程序是指工程建设过程中的各个阶段、各工作之间必须遵循的先后次序的法则。这一法则是人们从实际工作的经验和教训中，认识客观规律，了解各阶段，各工作之间的内在联系的基础上制定出来的，是建设项目科学决策、顺利实施和获得预期回报的重要保证。这种顺序是建设工程自然规律的反映，人们只能认识它，运用它来加快建设速度，提高投资效益，但不能改变它、违背它，否则就会在经济上造成很大的损失和浪费。

建设程序的各个阶段都必须自觉运用价值规律，反映价值规律的要求。如在项目可行性研究时，就必须对投资支出、投产后生产成本和经济效益进行分析；在编制可行性研究报告，确定投资项目时，就必须进行投资估算；设计时要进行方案比选和投资控制，就必须进行设计概算和施工图预算；建设实施时，建筑安装工程交易各方应分别编制投标控制价、投标价、确定合同价和进行工程结算；工程竣工时，必须办理竣工结算，进行项目决算。一般要求设计概算不能超出投资估算的一定范围，施工图预算不能超过设计概算，竣工结算（决算）不能超过施工图预算。

（2）我国现行的工程建设程序

1）项目建议书阶段

项目建议书是对拟投资建设项目的轮廓设想，主要是从宏观上来分析投资项目的必要性，看其是否符合市场需求和符合国家长远规划的方针和要求，同时初步分析建设的可能性。供建设管理部门选择并确定是否进行下一步工作。

2）可行性研究阶段

可行性研究是根据审定的项目建议书，对投资项目在技术上是否可行和经济上是否合理进行科学的分析和论证。

3）设计工作阶段

设计是可行性研究的继续和深化，是项目决策后的具体实施方案，是对拟建项目从技术上、经济上进行全面论证和具体规划的工作，是组织工程施工的重要依据，它直接关系到工程质量和将来的使用效果。

设计工作是逐步深入，分阶段进行的。大中型项目一般采用初步设计和施工图设计两个阶段设计。重大的和特殊的项目可在初步设计之后增加技术设计（也叫扩大初步设计），即采用三阶段设计。

4）建设准备阶段

建设项目在开工建设之前要切实做好各项准备工作，主要包括：征地、拆迁和场地平整；完成施工用水、电、路等工作；组织设备、材料订货；准备必要的施工图纸；组织施工招标，择优选定施工单位等工作内容。

5）施工阶段

建设单位在取得建筑施工许可证后方可开工建设，项目即进入了施工阶段。施工单位要遵照施工程序合理组织施工，施工过程中应严格按照设计要求和施工规范，确保工程质量，安全施工，推广应用新工艺、新技术，努力缩短工期，降低造价，同时应注意做好施工记录，建立技术档案。

6）生产准备阶段

生产性投资项目在单项工程或建设项目竣工投产前，应根据其生产技术的特点，及时组成专门班子或机构，有计划地做好试生产的准备工作，以确保工程通过竣工验收，就能立即投入生产，产生经济效益。

生产准备阶段的主要内容有：招收和培训必需的工人和管理人员，组织生产人员参加设备的安装、调试和工程验收，使其熟悉和掌握生产技术和工艺流程；落实生产用原材料、燃料、水、电、气等的来源和其他协作配合条件；组织工具、器具、备品、备件的制造和采购；组织强有力的生产指挥机构，制定管理制度，搜集生产技术资料，产品样品等。

7）竣工验收阶段

当建设项目按照设计文件规定内容和施工图纸的要求全部建完后，便可组织验收。竣工验收是工程建设过程的最后一个环节，是投资成果转入生产或使用的标志，也是全面考核基本建设成果、检验设计和工作质量的重要步骤。

8）项目后评价阶段

项目后评价是在项目建成投产或交付使用并运行一段时期后进行的，它是对投资项目建成投产或交付使用后取得的经济效益、社会效益和环境影响进行综合评价。项目竣工验收只是工程建设完成的标志，而不是项目建设程序的结束。项目是否达到投资决策时所确定的目标，只有经过生产经营和使用、取得实际效果后才能做出准确的判断，也只有在这时进行项目总结和评价，才能反映项目投资建设活动全过程的经济效益、社会效益、环境影响及其存在的问题。因此，项目后评价也应是建设程序中不可缺少的组成部分和重要环节。

尽管各种建设项目、建设过程错综复杂，而各建设工程必须经过的一般历程基本上还是相同的。不论什么项目一般应先调查、规划、研究、评价，而后确定项目，确定投资；项目确定后，勘察、选址、设计、建设准备、施工、生产准备、竣工验收、交付使用、后评价等都必须一步一步地进行，一环一环地紧扣，决不能前一步没有走就走后一步。当然有些工作可以合理交叉，但以下规律无论如何不能违背：没有可行性研究，不能确定项目；没有勘察，不能设计；没有设计，不能施工；不经验收，不准使用。

知识拓展

建筑从挖土方开始到封顶建成，这就是我们所说的建筑工程。但是，仅仅只是把房子盖好，是不是就可以交付使用了呢?

回答是否定的，因为只是把房子盖好，但是水不通、电不通，我们是无法进去居住的。那么解决水、电等问题的工程，就是这里所要学习的安装工程。

1. 安装工程的概念

安装工程亦可称为设备安装工程。一般包括机械设备安装工程、电气设备安装工程和管道安装工程三大类。

建筑工程和安装工程是单项工程的两个有机组成部分，且在施工中有时间连续性，也有作业的搭接和交叉，需统一安排，相互协调，所以通常把建筑和安装工程作为一个施工过程来看待，即建筑安装工程。

2. 安装工程包括的主要内容

安装工程可分为12个部分：

(1) 机械设备安装工程

切削、锻压、铸造设备安装；起重设备与起重机轨道安装；输送设备安装；电梯安装；风机、水泵、压缩机、工业炉、煤气发生设备安装；其他机械与附属设备安装及灌浆等。

(2) 电气设备安装工程

变压器，配电装置安装，母线、绝缘子安装，控制设备及低压电器安装，蓄电池，电机检查接线，滑触线装置，电缆，防雷及接地装置安装，10kV以下架空配电线路，电气调整试验，配管、配线，照明器具，电梯电气装置安装等。

(3) 热力设备安装工程

中压锅炉设备，汽轮发电机设备，燃料供应设备，水处理专用设备，炉墙砌筑，工业与民用锅炉安装等。

(4) 炉窑砌筑工程

专业炉窑（冶金炉窑、有色金属工业炉窑、化工炉窑、建材工业炉窑）砌筑，一般工业炉窑砌筑，不定型耐火材料等。

(5) 静置设备与工艺金属结构制作安装工程

静置设备（金属容器、塔器、换热器）制作，静置设备安装，静置设备压力试验与设备清洗、钝化、脱脂，金属油罐制作安装，球形罐组对安装，气柜制作安装，工艺金属结构制作安装等。

(6) 工业管道工程

管道（低、中、高压）安装，管件安装，阀门安装，法兰安装，板卷管与管件制作，管道压力试验、吹扫与清洗，无损探伤与焊口热处理等。

(7) 消防设备安装工程

火灾自动报警系统，水灭火系统，气体灭火系统，泡沫灭火系统安装等。

(8) 给水排水、采暖、燃气工程

管道安装，阀门安装，低压器具（减压器、疏水器、水表）组成与安装，卫生器具安装，供暖器具安装，小型容器（水箱）制作安装，燃气管道、附件器具安装等。

(9) 通风空调工程

薄钢板通风管道制作安装，调节阀、风口、风帽、罩类制作安装，消声器、消声弯头制作安装，空调部件及设备支架制作安装，通风空调设备安装，净化通风管道及部件制作安装，不锈钢板、铝板、塑料、复合材料通风管道及部件制作安装，玻璃钢通风管道及部件安装，人防装置安装等。

(10) 自动化控制仪表安装工程

过程检测、控制仪表，集中检测装置及仪表，集中监视与控制装置，工业计算机安装与调试，仪表管路敷设、伴热及脱脂，工厂通信、供电，仪表盘、箱、柜及附件安装，仪表附件制作安装等。

(11) 刷油、防腐蚀、绝热工程

除锈工程，刷油工程，防腐蚀涂料工程，手工糊衬玻璃钢工程，橡胶板及塑料板衬里工程，衬铅及搪铅工程，喷镀工程，耐酸砖、板衬里工程，绝热工程，管道补口补伤工程，阴极保护及牺牲阳极等。

(12) 建筑智能化系统设备安装工程

综合布线系统工程，通信系统设备安装，计算机网络系统设备安装，建筑设备监控系统安装，有线电视系统设备安装，扩声、背景音乐系统设备安装，电源与电子设备防雷接地装置安装，停车场管理系统设备安装，楼宇安全防范系统设备安装，住宅小区智能化系统设备安装。

课堂活动

使用本地区消耗量定额查找图 1-1 分项工程所在子目。查看该子目工作内容，理解工程项目划分的依据及划分作用。

1.1.2 工程造价基本概念

知识构成

1. 工程造价的概念

工程造价，是指进行一个工程项目的建造所需花费的全部费用，即从工程项目确定建设意向直至建成、通过竣工验收为止的整个建设期间所支付的总费用，这是保证工程项目建造正常进行的必要资金，是建设项目投资中的最主要的部分。

工程造价的直意就是工程的建造价格。工程泛指一切建设工程，它的范围和内涵具有很大的不确定性。工程造价有如下两种含义：

第一种含义：工程投资费用，是指建设一项工程预期开支或实际开支的全部固定资产、无形资产所需的一次性费用总和。显然，这一含义是从投资者——业主的角度来定义的。投资者选定一个投资项目，为了获得预期的效益，就要通过项目评估进行决策，然后进行设计招标、工程招标，直至竣工验收等一系列投资管理活动。在投资活动中所

支付的全部费用形成了固定资产和无形资产。所有这些开支就构成了工程造价。从这个意义上说，工程造价就是工程投资费用，建设项目工程造价就是建设项目固定资产投资。

第二种含义：工程价格，即为建成一项工程，预计或实际在土地市场、设备市场、技术劳务市场，以及承包市场等交易活动中所形成的建筑安装工程的价格和建设工程总价格。显然，这一含义是从承包者（承包商）或供应商或规划、设计等机构的角度来定义的。工程造价的第二种含义是以社会主义商品经济和市场经济为前提的，它以工程这种特定的商品形式作为交易对象，通过招投标或其他交易方式，在进行多次预估的基础上，最终由市场形成的价格。

2. 工程造价的特点

（1）大额性

能够发挥投资效用的任何一项工程，不仅实物形体庞大，而且造价高昂。动辄数百万、数千万、数亿、十几亿，特大型工程项目的造价可达百亿、千亿元人民币。工程造价的大额性使其关系到有关各方面的重大经济利益，同时也会对宏观经济产生重大影响。这就决定了工程造价的特殊地位，也说明了造价管理的重要意义。

（2）个别性、差异性

任何一项工程都有特定的用途、功能、规模。因此，对每一项工程的结构、造型、空间分割、设备配备和内外装饰都有具体的要求，因而使工程内容和实物形体都具有个别性、差异性。产品的差异性决定了工程造价的个别性差异。同时，每项工程所处地区、地段都不相同，使这一特点得到强化。

（3）动态性

任何一项工程从决策到竣工交付使用，都有一个较长的建设期间，而且由于不可控因素的影响，在预计工期内，许多影响工程造价的动态因素，如工程变更、设备材料价格、工资标准以及费率、利率、汇率发生变化。这种变化必然会影响到造价的变动。所以，工程造价在整个建设期中处于不确定状态，直至竣工决算后才能最终确定工程的实际造价。

（4）层次性

造价的层次性取决于工程的层次性。一个建设项目往往含有多个能够独立发挥设计效能的单项工程（车间、写字楼、住宅楼等）。一个单项工程又是由能够各自发挥专业效能的多个单位工程（土建工程、电气安装工程等）组成。与此相适应，工程造价有三个层次：建设项目总造价、单项工程造价、单位工程造价。如果专业分工更细，单位工程的组成部分——分部分项工程也可以成为交换对象，这样工程造价的层次就增加分部工程和分项工程而成为5个层次。即使从造价的计算和工程管理的角度看，工程造价的层次性也是非常突出的。

（5）兼容性

工程造价的兼容性首先表现在它具有两种含义，其次表现在工程造价构成因素的广泛性和复杂性。在工程造价中，首先是成本因素非常复杂。其中为获得建设工程用地支出的费用、项目可行性研究和规划设计费用、与政府一定时期政策（特别是产业政策和税收政策）相关的费用占有相当的份额。再次，盈利的构成也较为复杂，资金成本较大。

3. 工程造价的作用

(1) 工程造价是项目决策的依据

建设工程投资大、生产和使用周期长等特点决定了项目决策。工程造价决定着项目的一次性投资费用。投资者是否有足够的财务能力支付这笔费用，是否认为值得支付这项费用，是项目决策中要考虑的主要问题。财务能力是一个独立的投资主体必须首先解决的问题，如果建设工程的价格超过投资者的支付能力，就会迫使他放弃拟建的项目；如果项目投资的效果达不到预期目标，他也会自动放弃拟建的工程，因此在项目决策阶段，建设工程造价就成为项目财务分析和经济评价的重要依据。

(2) 工程造价是制定投资计划和控制投资的依据

工程造价在控制投资方面的作用非常明显。工程造价是通过多次性预估，最终通过竣工决算确定下来的。每一次预估的过程就是对造价的控制过程；而每一次估算对下一次估算又都是对造价的严格控制，具体讲，每一次估算都不能超过前一次估算的一定幅度。这种控制是在投资者财务能力的限度内为取得既定的投资效益所必需的。建设工程造价对投资的控制也表现在利用制定各类定额、标准和参数，对建设工程造价的计算依据进行控制。在市场经济利益风险机制的作用下，造价对投资的控制作用成为投资的内部约束机制。

(3) 工程造价是筹集建设资金的依据

投资体制的改革和市场经济的建立，要求项目的投资者必须有很强的筹集能力，以保证工程建设有充足的资金供应。工程造价基本决定了建设资金的需要量，从而为筹集资金提供了比较准确的依据。当建设资金来源于金融机构的贷款时，金融机构在对项目的偿贷能力进行评估的基础上，也需要依据工程造价来确定给予投资者的贷款数额。

(4) 工程造价是评价投资效果的重要指标

工程造价是一个包含着多层次工程造价的体系，就一个工程项目来说，它既是建设项目的总造价，又包含单项工程的造价和单位工程的造价，同时也包含单位生产能力的造价，或一个平方米建筑面积的造价等。所有这些，使工程造价自身形成了一个指标体系。它能够为评价投资效果提供出多种评价指标，并能够形成新的价格信息，为今后类似项目的投资提供参照系。

(5) 工程造价是合理利益分配和调节产业结构的手段

工程造价的高低，涉及国民经济各部门和企业间的利益分配。在计划经济体制下，政府为了用有限的财政资金建成更多的工程项目，总是趋向于压低建设工程造价，使建设中的劳动消耗得不到补偿，价值不能得到完全实现。而未被实现的部分价值则被重新分配到各个投资部门，为项目投资者占有。这种利益的再分配有利于各产业部门按照政府的投资导向加速发展，也有利于按宏观经济的要求调整产业结构。但是也会严重损害建筑企业等的利益，从而使建筑业的发展长期处于落后状态，与整个国民经济的发展不相适应。在市场经济中，工程造价也无不例外地受供求状况的影响，并在围绕价值的波动中实现对建设规模、产业结构和利益分配的调节。加上政府正确的宏观调控和价格的政策导向，工程造价在这方面的作用会充分发挥出来。

4. 工程造价的职能

（1）预测职能

由于工程造价的大额性和多变性，无论是投资者或是承包商都要对拟建工程进行预先测算。投资者预先测算工程造价不仅作为项目决策的依据，同时也是筹集资金、控制造价的依据。承包商对工程造价的测算，既为投资决策提供依据，也为投标报价和成本管理提供依据。

（2）控制职能

工程造价的控制职能表现在两方面，一方面是它对投资的控制，即在投资的各个阶段，根据对造价的多次性预估，对造价进行全过程、多层次的控制；另一方面，是对以承包商为代表的商品和劳务供应企业的成本控制。在价格一定的条件下，企业实际成本开支决定企业的盈利水平，成本越高，盈利越低，成本高于价格，就会危及企业的生存，所以企业要以工程造价来控制成本，利用工程造价提供的信息资料作为控制成本的依据。

（3）评价职能

工程造价是评价总投资和分项投资合理性和投资效益的主要依据之一。评价土地价格、建筑安装产品和设备价格的合理性时，就必须利用工程造价资料；在评价建设项目偿贷能力、获利能力和宏观效益时，也要依据工程造价。工程造价也是评价建筑安装企业管理水平和经营成果的重要依据。

（4）调节职能

工程建设直接关系到经济增长，也直接关系到国家重要资源分配和资金流向，对国计民生都会产生重大影响。所以，国家对建设规模、结构进行宏观调节是在任何条件下都不可缺少的，对政府投资项目进行直接调控和管理也是非常必需的。这些都要通过工程造价来对工程建设中的物质消耗水平、建设规模、投资方向等进行调节。

5. 我国现行工程造价的构成

我国现行工程造价的构成主要划分为设备及工具、器具购置费用，建筑安装工程费用，工程建设其他费用，预备费，建设期贷款利息，固定资产投资方向调节税等几项。具体构成内容如图1-2所示。

（1）设备及工具、器具购置费用

设备及工具、器具购置费用包括设备购置费用和工器具及生产家具购置费用。

1）设备购置费用包括生产、动力、起重、运输、传动、医疗和实验等一切需安装或不需安装的设备及其备品备件的购置费用。

2）工具、器具及生产家具购置费用是指新建项目，为保证正常生产所必须购置的第一套没有达到固定资产标准的工器具及生产家具的购置费用。包括车间、实验室、学校、医疗室等所应配备的各种工具、器具、生产家具。如各种计量、监视、分析、化验、保湿、烘干用的仪器、工作台、工具箱等的购置费用。

（2）建筑安装工程费用

建筑安装工程费用，是指建设单位支付给从事建筑安装工程的施工单位的全部生产费用，包括用于建筑物、构筑物的建造及有关的准备、清理等工程的投资。

(3) 工程建设其他费用

工程建设其他费用是指除上述费用以外的，为保证工程建设顺利完成和交付使用后能正常发挥生产能力或效用而发生的各项费用的总和。它包括土地使用费、建设单位管理费、勘察设计费、研究试验费、联合试运转费、生产准备费、办公和生活用具购置费、市政基础设施贴费、引进技术和进口设备项目的其他费、施工机构迁移费、临时设施费、工程监理费、工程保险费等费用。

(4) 预备费

预备费包括基本预备费和涨价预备费。

(5) 建设期贷款利息

(6) 固定资产投资方向调节税

我国现行工程造价的构成如图 1-2 所示。本门课程学习的主要是工程造价中建筑安装工程费的计算。

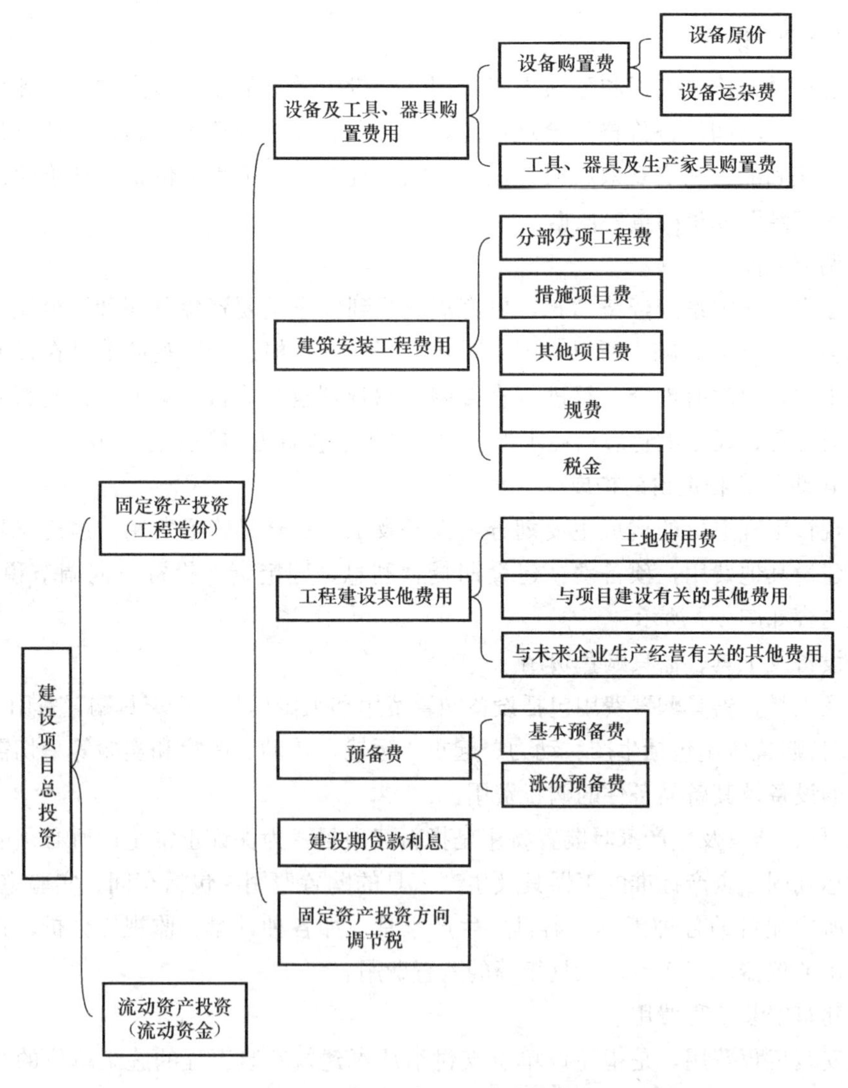

图 1-2　我国现行工程造价构成图

知识拓展

建设产品的生产过程是一个周期长、规模大、消耗多、造价高的投资生产活动，必须按照规定的建设程序分阶段进行。工程造价多次性计价的特点，表现在建设程序的每个阶段，都有相对应的计价活动，以便有效地确定与控制工程造价。各阶段造价文件相互衔接，由粗到细，由浅到深，由预期到实际，前者制约后者，后者修正和补充前者。工程造价也就成为一个对工程投资逐步细化和逐步接近实际造价的过程。其计价过程见表1-1。

工程造价多次性计价与建设程序的关系　　表1-1

造价文件名称	建设程序中所处的阶段	概念
投资估算	项目建议书、可行性研究阶段	对拟建项目所需投资，通过编制估算文件预先测算和确定
设计概算	初步设计阶段	根据设计意图、概算定额或概算指标及有关取费规定，对工程项目从筹建到竣工所应发生的费用预先测算和确定的工程造价
修正概算	技术设计阶段	根据技术设计的要求，通过编制修正概算文件预先测算和限定工程造价
施工图预算	施工图设计阶段	根据施工图设计图纸和技术说明、现行消耗量定额、计价规则以及地区人工、材料、机械台班、设备的预算价格编制和确定的建筑安装工程造价
招标控制价	工程招投标阶段	招标人根据国家或省级、行业建设主管部门颁发的有关计价依据和办法以及拟定的招标文件和招标工程量清单，结合工程具体情况编制的招标工程的最高投标限价
投标报价		投标人投标时响应招标文件要求所报出的对已标价工程量清单汇总后标明的总价
合同价		发承包双方在工程合同中约定的工程造价，即包括了分部分项工程费、措施项目费、其他项目费、规费和税金的合同总金额
结算价	合同实施阶段	发包人按照合同约定对付款周期内承包人完成的合同价款给予支付的款项
竣工结算	竣工阶段	发承包双方依据国家有关法律、法规和标准规定，按照合同约定确定的，包括在履行合同过程中按合同约定进行的合同价款调整，是承包人按合同约定完成了全部承包工作后，发包人应付给承包人的合同总金额
竣工决算		建设项目竣工后，建设单位编制的反映整个建设项目从筹建到竣工交付使用所发生的全部费用、建设成果和财务情况的总结性文件

课堂活动

结合所学知识熟悉和记忆工程建设各阶段所对应的工程造价计价活动，理解各阶段造价计价文件编制的作用和目的。讨论本门课程主要学习的是哪几个阶段的工程造价计价。

任务1.2　工程造价基础知识

任务描述

某省会城市住宅小区室内给排水工程，部分安装工程列项计算如下：第一项，镀锌

钢管螺纹连接 *DN*40：按清单工程量计算规则计算出其工程量（以下简称清单工程量）为 20m，按定额工程量计算规则计算出其工程量（以下简称定额工程量）为 20m。第二项，镀锌钢管螺纹连接 *DN*32：清单工程量为 30m，定额工程量为 30m。第三项，地漏 *DN*50：清单工程量为 16 个，定额工程量为 16 个。其中镀锌钢管 *DN*40 单价：18.09 元/m；镀锌钢管 *DN*32 单价：14.86 元/m；地漏 *DN*50 单价 13.9 元/个。该工程层数为 7 层，层高 3.3m。通过下面的学习，学习者应能根据所给条件按本地区造价计价规定完成该部分安装工程造价计价活动。

1.2.1 单位工程造价计价编制原理

知识构成

1. 单位工程造价计价的基本概念

单位工程造价计价是指在施工图设计完成后，以施工图为依据，根据现行计价规范、工程量计算规范、消耗量定额、造价计价规则、施工组织设计、材料预算价格等经济技术文件进行编制的工程量清单及工程量清单价格。对于工程发包方，需要编制工程量清单及招标控制价；对于承包方，需要根据工程量清单编制投标价。

2. 单位工程造价计价的作用

（1）单位工程造价计价是招投标的重要基础，既编制了工程量清单，也同时编制招标控制价、投标报价，进一步确定中标价及合同价，是工程结算的重要依据。

（2）单位工程造价计价中的施工图预算是施工单位在施工前组织材料、机具、设备及劳动力供应的重要参考，是施工企业编制进度计划、统计完成工作量、进行经济核算的参考依据，是甲乙双方办理工程结算和拨付工程款的参考依据，也是施工单位拟定降低成本措施和按照工程量清单计算结果、编制施工预算的依据。

3. 单位工程造价计价的编制内容

单位工程造价计价的编制内容主要包括工程量清单的编制、招标控制价的编制、投标报价的编制等。

4. 单位工程造价计价的编制依据

（1）施工图；

（2）工程所在地地区现行消耗量定额；

（3）工程所在地地区现行造价计价规则；

（4）施工组织设计或施工方案；

（5）材料预算价格或材料市场价格汇总资料；

（6）现行国家和地区有关工程造价的文件、规范，法律法规。例如《建设工程工程量清单计价规范》GB 50500—2013、《通用安装工程工程量计算规范》GB 50856—2013、《建筑安装工程费用项目组成》（建标〔2013〕44 号）等；

（7）工程招标文件等。

5. 单位工程造价计价步骤

单位工程造价计价步骤，一般分为三大阶段，13 个步骤，见表 1-2。

单位工程造价计价步骤　　表 1-2

阶段划分	步骤	工作内容
准备阶段	1	熟悉招标文件、设计施工图纸、复核（编制）“招标工程量清单”
	2	参加图纸会审、踏勘施工现场
	3	熟悉施工组织设计或施工方案
	4	确定计价依据
编制试算阶段	5	编制分部分项工程量综合单价，计算分部分项工程费
	6	编制措施项目清单的综合单价，确定计费费率和计算方法，计算措施项目费
	7	计算其他项目费
	8	计算规费、税金
	9	汇总计算工程造价
	10	主要材料分析
	11	填写编制说明和封面
复算收尾阶段	12	复核
	13	装订、签章

表 1-2 中各个编制步骤中应注意的问题如下：

（1）准备阶段

熟悉招标文件、设计施工图纸、编制（复核）“招标工程量清单”

1）全面了解招标工程的情况。如：工程名称、建设规模、招标范围、承包方式、招标文件规定的工期等方面；

2）全面了解招标人的要求。如：工程报价的方式、投标报价所包含的费用名称、商务标的格式、评标办法及标准、合同条款中合同价款及调整、工程预付款、工程进度款的支付、工程变更、工程结算等规定；

3）认真对待招标人提供的注意事项。如：投标有效期、投标文件的份数、投标截止日期、开标的时间及地点、对投标文件的签署、密封的要求等规定；

4）设计施工图也是确定单位工程造价的重要依据之一，“按图预算”，是使结果比较接近工程实际，这就要求预算人员要读懂设计施工图。只有对设计施工图有一个比较全面正确地理解，才能合理划分分部分项工程，有条不紊地计算各分部分项工程量，为分部分项工程费、措施项目费的计算奠定基础；

5）清点整理图纸。首先，按图纸目录当面清点图纸；其次，签收后，按图纸目录编号次序进行整理，并在文件袋封面上写明工程项目名称、资料文件名、收到日期、收件保管人的姓名等；

6）准备有关通用、标准图集。各种通用图、标准图示一种设计成语。这些设计成语是读懂、读通设计施工图过程中常要参阅的必备资料；

7）阅读设计施工图。阅读图纸应掌握一个原则：先面后点、先粗后细、先易后难的原则。首先，阅读工程平面图，弄清工程所在的位置以及与其他工程相互关系、绝对标高、相对标高等等；其次，阅读施工图总说明、补充设计修改说明等，以求明确各项设计技术要求，尤其对于使用的新材料、新工艺以及设计上的特殊要求，一定要“吃透”，这对以后的列项计算工程量，补充、换算定额等都是重要基础；

8）核对设计施工图。在阅读施工图过程中要学会读包含在图纸中的全部设计语言，能够做到粗读提出疑问，精读找出错误。对于一般建筑工程施工图，精读时必须随时核对以下有关各点：基本图与详图之间、各类平面图之间、平面图与剖面图之间长宽尺寸或标高是否相符；或在一张图纸内总尺寸与分尺寸的总和是否相等；图例符号表达的含义等；

9）复核“招标工程量清单”，首先，复核“分部分项工程量清单”，复核所列的分部分项工程的项目编码、项目名称、计量单位、工程数量是否正确；复核是否有漏列、重列的分部分项工程量清单项等待；其次，复核“措施项目清单”和“其他项目清单”。

（2）参加图纸会审、踏勘施工现场

相同的建筑，施工现场不同、施工组织设计不同，所计算出的工程造价是不相同的，有时甚至相差很大。所以，预算人员在参加图纸会审、踏勘施工现场时，应特别注意听取和收集下列情况：

1）了解工程特点和施工要求。这对编制工程预算有很大帮助，特别是在遇到预算定额缺项时，帮助更大；

2）是否有设计变更；

3）预算人员在图纸会审会上，就施工图中设计的疑问，进行询问核实；

4）预算人员在踏勘施工现场时，应了解场地、场外道路、水、电源情况。如：了解现场有无障碍需要拆除清理、现场有无足够的材料堆放场地、路基的情况等等。

（3）熟悉施工组织设计或施工方案

施工组织设计是施工企业全面安排建筑产品生产的施工技术条件。充分了解施工组织设计和施工方案的目的，是为了弄清楚影响预算工程费用的因素。如：材料的堆放地点，是否需要材料的二次搬运；施工操作高度是否超高等。这些因素都会影响工程造价的确定，所以，在编制单位工程造价时，必须以上述技术文件为依据。

（4）确定计价依据

套用不同的消耗量定额所得到的工程造价是会有差异的，因此，对套用定额依据有可能产生争议的工程，应结合工程特点和各种定额的适用范围，对定额交叉的部分划分界限。根据“干什么工程执行什么定额，消耗量定额与费用定额（或计价规则）配套使用”的原则来确定定额。

编制试算阶段的：（5）编制分部分项工程量综合单价，计算分部分项工程费；（6）编制措施项目清单的综合单价，确定计费费率和计算方法，计算措施项目费；（7）计算其他项目费；（8）计算规费、税金；（9）汇总计算工程造价；（10）主要材料分析；（11）填写相关计价表格等内容将在后续课程详细展开。

（12）复核

单位工程造价编制好以后，有关人员对单位工程造价进行复核，以便及时发现错误，提高预算质量。复核时应认真检查项目特征描述是否规范、准确、详细，检查人工、材料、机械台班的消耗数量计算是否准确；是否有漏算或重算；套用的定额是否正确；所采用的单价是否合理；各项费用的取费费率及计算基数是否正确等。

(13) 装订、签章

在复核无误的情况下，对单位工程造价文件装订成册，然后加盖编制单位的公章，编制单位编制人、审核人签字并加盖执业专用章；加盖审核单位的公章，审核单位编制人、审核人签字并加盖执业专用章。

课堂活动

1. 结合所学知识熟悉和记忆工程建设各阶段所对应的工程造价计价活动，理解各阶段造价计价文件编制的作用和目的。讨论本门课程主要学习的是哪几个阶段的工程造价计价。

2. 根据任务描述讨论该任务中那些工作应该由招标方完成，哪些工作应该由投标方完成，思考对该任务中的工程应该怎样确定其价格。

3. 讨论并翻阅查找清单工程量计算规则在哪一本规范中规定，定额工程量计算规则在什么地方规定。

1.2.2　通用安装工程消耗量定额

知识构成

1. 安装工程消耗量定额概念

建设工程定额是由国家授权有关部门和地区统一组织编制、颁发实施的工程建设标准。定额是指按社会平均必要生产力水平确定的完成建筑安装工程合格单位产品所必须消耗的人工、材料、机械台班数量标准。

安装工程消耗量定额是指按社会平均必要生产力水平确定安装工程中规定计量单位分项工程所消耗的人工、材料和机械台班的数量标准，它不但给出了实物消耗量指标，也给出了相应的货币消耗量指标。

2. 定额的分类

按照主编单位和执行范围分类，安装工程预算定额可分为四类，分别为全国统一定额、行业统一定额、地区统一定额和企业定额。

全国统一定额，是由国家建设行政主管部门综合全国工程建设中技术和施工组织管理的情况编制，并在全国范围内执行的定额，如《全国统一安装工程预算定额》。

行业统一定额，是考虑到各行业部门专业工程技术特点，以及施工生产的管理水平编制的，一般只在本行业和相同专业性质的范围内执行，属专业性定额，如《铁路建设工程定额》。

地区统一定额，包括省、自治区、直辖市定额是各地区主管部门根据本地区自然气候、物质技术、地方资源和交通运输等条件，参照全国统一定额水平编制的，并只能在本地区使用，如云南省2013年编制的《云南省通用安装工程消耗量定额》。

企业定额，是由施工企业考虑本企业具体情况，参照国家、部门或地区定额的水平而制定的定额，只在本企业内部使用，是企业素质的标志，一般来说，企业定额水平高于国家、部门或地区现行定额的水平，才能满足生产技术发展、企业管理和市场竞争的需要。

3. 定额的组成及内容

下面主要对《全国统一安装工程预算定额》进行介绍。

(1)《全国统一安装工程预算定额》的组成

现行《全国统一安装工程预算定额》是由国家建设部组织参编单位修编的，于2000年3月17日发布实施。

现行的《全国统一安装工程预算定额》共分十二册，包括：

第一册　机械设备安装工程　GYD—201—2000；

第二册　电气设备安装工程　GYD—202—2000；

第三册　热力设备安装工程　GYD—203—2000；

第四册　炉窑砌筑工程　GYD—204—2000；

第五册　静置设备与工艺金属结构制作安装工程　GYD—205—2000；

第六册　工业管道工程　GYD—206—2000；

第七册　消防及安全防范设备安装工程　GYD—207—2000；

第八册　给排水、采暖、燃气工程　GYD—208—2000；

第九册　通风空调工程　GYD—209—2000；

第十册　自动化控制仪表安装工程　GYD—210—2000；

第十一册　刷油、防腐蚀、绝热工程　GYD—211—2000；

第十二册　通信设备及线路工程　GYD—212—2000（另行发布）。

另有《全国统一安装工程预算定额工程量计算规则》和《全国统一安装工程施工仪器仪表台班费用定额》，它们是计量工程量、确定施工仪器仪表台班预算价格的依据，也可作为确定施工仪器仪表台班租赁费的参考。

(2)《全国统一安装工程预算定额》的作用和适用范围

《全国统一安装工程预算定额》是完成规定计量单位分项工程计价所需的人工、材料、施工机械台班的消耗量标准，是统一全国安装工程预算工程量计算规则、项目划分、计量单位的依据；是编制安装工程地区单位估价表、施工图预算、招标工程标底、确定工程造价的依据；也是编制安装工程概算定额（指标）、投资估算的基础；也作为制订地方和企业定额的基础。

(3)《全国统一安装工程预算定额》编制的依据

定额是依据现行有关国家的产品标准、设计规范、施工及验收规范、技术操作规程、质量评定标准和安全规程编制的，也参考了行业、地方标准，以及有代表性的工程设计、施工资料和其他资料。

(4)《全国统一安装工程预算定额》的适用条件

定额是按正常施工条件进行编制的，所以定额中的消耗量只适用于正常施工条件。正常施工条件是指：

1）设备、材料、成品、半成品、构件完整无损，符合质量标准和设计要求，附有合格证书和试验记录；

2）安装工程和土建工程之间的交叉作业正常；

3）安装地点、建筑物、设备基础、预留孔洞等符合安装要求；

4）水、电供应均满足安装施工正常使用要求；

5）正常的气候、地理条件和施工环境。

当在非正常施工条件下施工时，如在高原、高寒地区及洞库、水下等特殊自然地理条件下施工，应根据有关规定增加其相应的安装费用。

（5）安装工程预算定额的组成

无论是全国统一安装工程预算定额还是地区统一安装定额，一般均由封面、扉页、版权页、颁发文、总说明、册说明、目录、章说明、定额表、附注和附录等组成。

1）总说明

主要介绍定额的内容、适用范围、编制依据、适用条件和工作内容，人工、材料、机械台班消耗量和预算单价的确定方法、确定依据，有关费用（如水平和垂直运输等）的说明，定额的使用方法、使用中应注意的事项和有关问题的说明等。

2）册说明

主要介绍定额的内容、适用范围、编制依据、适用条件和工作内容，有关费用（如脚手架搭拆费、高层建筑增加费、工程超高增加费等）的计取方法和定额系数的规定，该册定额包括的工作内容和不包括的工作内容，定额的使用方法、使用中应注意的事项和有关问题的说明等。

3）目录

为查找、检索定额项目提供方便，包括章、节名称和页次。

4）章说明

主要说明本章分部工程定额中包括的主要工作内容和不包括的工作内容，使用定额的一些基本规定和有关问题的说明（例如界限划分、适用范围等）。

5）定额表

定额表是定额的重要内容。它将安装工程基本构造要素有机组列，并按章—节（项）—分项（类型）—子目（工程基本构造要素）等次序排列起来，还将其按排列的顺序编上号，以便检索应用。定额表主要包括下列内容：

分项工程的工作内容，一般列在项目表的表头。

各分项工程的计量单位及完成该计量单位分项工程所需的人工消耗量、材料和机械台班消耗的种类和数量标准（实物消耗量）。

预算定额基价，即人工费、材料费、机械台班使用费（消耗量的货币指标）；

人工工日、材料、机械台班单价（定额预算价）。在定额表的下方还有附注，用于解释一些定额章节说明中未尽的问题。

6）附录

放在每篇定额表之后，为使用定额提供参考数据。一般包括：材料、元件、构件等的质（重）量表，配合比表，主要材料损耗率表，材料价格表，施工机械台班单价表等。

4. 安装工程预算定额表的结构形式

安装工程预算定额表的样例见表 1-3（以《云南省通用安装工程消耗量定额》为例）。

28. 塑料管安装（热风焊） **表 1-3**

工作内容：管子切口、坡口加工、管口组对、焊接、管道安装。 计量单位：10m

定额编号				03060370	03060371	03060372
				管外径（mm 以内）		
				20	25	32
基价（元）				42.29	46.32	52.14
其中	人工费（元）			35.20	37.69	41.20
	材料费（元）			0.46	0.52	0.62
	机械费（元）			6.63	8.11	10.32
名称		单位	单价（元）	数量		
材料	塑料管	m	—	(10.300)	(10.300)	(10.300)
	塑料焊条	kg	—	(0.002)	(0.003)	(0.004)
	电	kWh	0.73	0.176	0.215	0.273
	电阻丝	根	7.50	0.003	0.003	0.003
	其他材料费	元	1.00	0.314	0.345	0.400
机械	空气压缩机 0.6m³/min	台班	122.83	0.054	0.066	0.084

注：表 1-3 中，基价=人工费+材料费+机械费。

（1）人工费

人工费=综合工日（人工消耗数量）×综合工日单价

人工工日不分列工种和技术等级，一律以综合工日表示，内容包括基本用工、辅助用工、超运距用工和人工幅度差。每工日按 8h 计算。

综合工日单价可以参照工程所在地工程造价管理机构的规定，例如云南省现行安装工程消耗量定额中人工以“量价合一”的形式表现，即直接列出人工费；本定额基价中作为计费基础的人工费，除定额中规定允许调整外，不得因具体的人工消耗量与定额规定不同而调整。定额中规定允许调整工日的，按 63.88 元/工日计取。

以表 1-3 中定额编号为 03060370 的子目为例，每完成 10m 的塑料管（热风焊、管外径 20mm）管道安装工作，需要消耗的人工费定额规定是 35.2 元。所以需要的人工消耗量是 35.2/63.88=0.55 个工日，该消耗量是不允许调整的。

定额基价中的人工费=0.55 工日/10m×63.88 元/工日=35.20 元/10m

（2）材料费

材料费=$\sum$（材料消耗数量×材料单价）

定额中材料以“量价分离”的形式表现，安装预算定额中材料分为两类：

第一类是计价材，也称为辅材。计价材是指在定额中既给出材料的消耗数量，又给出材料预算单价的材料。这一类材料一般在预算中所占费用较低，对工程造价影响较小，故一般只用基价中的材料费直接表示其消耗量。

在表 1-3 定额编号为 03060370 的子目中，其计价材有电、电阻丝、其他材料费。

该子目定额基价中的材料费为上述三种材料的消耗量×各自单价之和。即 0.176×0.73+0.003×7.5+0.314×1=0.46 元/10m。

第二类是未计价材，也称为主材。在定额项目表下方的材料表中，有的数据是用“(　)”括起来的，括号内的数据是该材料的消耗量（该消耗量不允许调整），但在定额中未给出其单价，基价中的材料费未包括其价格。这一类材料往往在预算中所占材料费比例较大，对预算工程造价影响也较大，故应作为安装预算中重点控制对象。

在表1-3定额编号为03060370的子目中，塑料管的单价在定额中没有列出，定额消耗量为（10.300）m/10m，塑料焊条的单价也没有在定额中列出，定额消耗量为0.002kg/10m，这两种材料均为该子目的未计价材，其价格是根据定额消耗量×其市场单价来计算。

另外，在安装工程消耗量定额中，个别未计价材并没有出现在定额表中，而是在“附注”中注明。这一类未计价材就需要另行确定消耗量和单价。其消耗量＝净用量（图示用量或设计用量）×(1＋损耗率）计算，损耗率可以在消耗量定额的“损耗率”表中查找。

(3) 机械费

机械费＝$\sum$（机械台班消耗数量×机械台班单价）

机械台班消耗量是按正常合理的机械配备和大多数施工企业的机械化装备程度综合取定的。实际施工中品种、规格、型号、数量与定额不一致时，除章节说明中另有说明者外，均不做调整。定额中机械以“量价分离”的形式表现，次要机械综合为其他机械费以“元”表示，定额未包括大型机械的基础、安装、拆除及场外运输费用，发生时另按相关规定计算。

在表1-3定额编号为03060370的子目中，每完成10m的塑料管（热风焊、管外径20mm）管道安装工作，需要消耗空气压缩机0.6m^3/min的台班数量是0.054个台班（机械工作8h为一个台班），该消耗量是不允许调整的。

定额基价中的机械费＝0.054台班/10m×122.83元/台班＝6.63元/10m。

各地区消耗量定额表现形式不尽一致，但定额内容、含义、原理、使用方法是完全一样的。

5. 消耗量定额的应用

(1) 学习、理解、熟悉定额

为了正确地运用定额，计算工程所需的人工、材料、机械消耗量，编制工程造价，进行技术经济分析，应认真学习定额。

首先，要浏览定额目录，了解定额的分部、分项工程是如何划分的。因为，不同的定额其分部、分项工程的划分方法是不一样的。有的是以材料、工种及施工顺序划分的；而有的则以结构和施工顺序划分，而且分项工程的含义（其所包括的工作内容）也不完全相同。只有掌握定额分部、分项工程的划分方法，了解定额分项工程所包含的工作内容，才能正确地、合理地将单位工程分解成若干分部、分项工程，并罗列出整个单位工程所包含的全部分部、分项工程的名称，为下一步计算工程量作准备。

其次，要学习定额的总说明、分部说明。说明中指出的定额编制原则、编制依据、适用范围、已经考虑和尚未考虑的因素以及其他有关问题的说明，是正确套用定额、换算定额和补充定额的前提条件。建筑安装产品的多样性以及新结构、新技术、新材料的不断涌现，使现有定额不能完全适用，就需要补充定额或对原有定额作适当修正（换算），而总说明、分部说明则为补充定额、换算定额提供了依据，指明了路径。因此必须认真学习，深刻理解，尤其对定额换算的条款，要逐条阅读，加以熟悉。

再次，要熟悉定额项目表，能看懂定额项目表内的“三个量”（人工消耗量、材料消耗量、机械台班消耗量）的确切含义。如材料消耗量是指材料总的消耗量（包括净用量和损耗量）。对常用的分项工程定额所包含的工程内容，要联系工程实际，逐步加深印象。

最后，要认真学习，正确理解，实践联系，掌握各分项工程工程量计算规则。

只有在学习、理解、熟悉上述内容的基础上，才能依据设计图纸和定额，不遗漏也不重复地确定工程量计算项目，正确计算工程量，准确地选用定额、正确地换算定额或补充定额，以编制工程造价。

（2）选用定额

使用定额，包含两方面的内容：一是根据定额分部、分项工程划分方法和工程量计算规则以及设计施工图，列出所有分部分项工程的项目名称，并且正确计算出其工程量。这方面的内容将在后续课程中详细介绍。另一方面是正确选用定额（套定额），并且在必要时换算定额或补充定额。

要正确选用定额，首先必须了解定额分部分项工程的含义，即了解分部分项工程所包含的工作内容。它可以从定额总说明、分部说明、项目表表头工作内容栏中去了解，也可以且应该从项目表中的人工、材料、机械消耗量中去琢磨。只有这样才能对定额分项工程的含义有较深的了解。其次，要了解有关正确使用定额的规定，例如定额不必（不宜）调整的规定，定额建议按实计算的规定，定额中建议换算的规定（为了减少定额的篇幅，减少定额的子目，在编制定额时常有意地留下部分活口，允许定额在适当的条件下，按规定的方法进行调整和换算以增加定额子目的适用性）。在选用定额（俗称套定额）时，会碰到以下三种情况：

设计要求与施工方案（方法）与定额分项工程的工作内容完全一致——对号入座，直接选用定额。

设计要求和施工方案（方法）与定额分项工程内容基本一致，但有部分不同——此时又分两种情况：

情况一，定额已综合考虑，不必（不宜）换算——“强行入座”“生搬硬套”，仍选用原定额子目。

情况二，定额建议换算调整后选用——先换算后选用。选用时，仍使用原来的定额名称和编号，只是将定额名称作相应修正，在原定额编号后再加注一下标“换”字，以示该定额子目已经换算了。

（3）换算定额

定额具有科学性和严肃性，一般情况下不允许任何人，任何工程强调自身的特殊性，对定额进行随意的换算。定额换算的前提条件是定额建议（允许）换算，一般在定额说明或附注中规定。换算定额，是指将消耗量定额中规定的内容与施工图纸要求不相一致的部分，进行更换或调整，取得相一致的过程。定额的换算，实质就是定额基价的调整。但是，定额换算一定要按照安装定额规定的换算范围和方法进行。

(4) 补充定额

1) 编制补充定额的原因

编制补充定额的直接原因是定额缺项，而根本原因是：

① 设计中采用了定额项目中没有的新材料；

② 施工中采用了定额没有包括的施工工艺或新的施工机械；

③ 结构设计上采用了定额没有的新的结构做法。

2) 编制补充定额的基本要点

① 定额分部工程范围划分（即属于哪个分部），分项工程的工作内容及其计量单位，应与现行定额中同类项目保持一致；

② 材料损耗率必须符合现行定额的规定；

③ 数据计算必须实事求是。

知识拓展

安装工程消耗量定额中常见的需要额外计费的几种情况。在安装工程计量与计价过程中，除了正常计算施工图中个分部分项工程的价格外，还要根据工程实际一些特殊情况增加计算相关费用。《全国统一安装工程预算定额》对这些费用的计算条件及计算方法进行了统一规定，各地区在计价时都要参照执行，这些规定一般编写在各地区消耗量定额的说明中，需要用到时，可到消耗量定额中查找。下面对常见的一些需要增加计价的情况进行说明。

1. 超高增加费

是按安装操作物高度在定额规定高度以下施工条件编制的，定额功效也是在这个施工条件下测定的数据。如果实际操作物的高度超过定额规定高度，将会引起人工降效，为弥补操作物超高引起的人工降效，所以要计取超高增加费。其发生费用全部计入人工费中。

操作物的高度定义为：有楼层的为楼地面至安装物的距离；无楼层的按操作地面至操作物的距离。

安装工程消耗量定额中，各个分册的定额操作高度规定不同，例如第二册《电气设备安装工程》的定额操作高度规定为5m；第八册《给排水、采暖、燃气工程》的定额操作高度规定为3.6m；第九册《通风空调工程》的定额操作高度规定为6m。在计算该项费用时要根据各册的规定计算。

《全国统一安装工程预算定额》中超高增加费的计取方法是：计费基数×超高系数。计费基数是操作物高度在定额规定高度以上的那一部分工程的人工费，没有超过定额高度的工程量不能计取超高增加费。例如，第二册《电气设备安装工程》说明中规定：操作物高度离楼地面5m以上、20m以下的电气安装工程，按超高部分人工费的33%计算。若某建筑物实际层高为5.5m，如要安装顶棚上的吸顶灯，安装高度就超过了定额规定高度，因此应该以其超过部分的即5m以上的人工费为计费基数，乘以规定的超高系数（在此为 33%）计取超高增加费；而在同一建筑内安装在墙上的离地面高度分别为 2.5m 和 1.5m 的壁灯和开关，因其高度没有超过定额规定高度，就不能计取超高增加费。

2. 高层建筑增加费

高层建筑安装施工，生产效率较一般建筑肯定要降低，为了弥补人工的降效，所以计取高层建筑增加费。

高层建筑，安装工程预算定额定义为层数在 6 层（不含 6 层）以上或高度在 20m（不含 20m）以上的工业与民用建筑（只要满足其中一个条件），均视为高层建筑，应按定额规定计取高层建筑增加费。

建筑物高度是指自设计室外地坪至檐口滴水的垂直高度，不包括屋顶水箱、楼梯间、电梯间、女儿墙等高度。

高层建筑增加费发生的范围是：暖气、给水排水、生活用煤气、通风空调、电气照明工程及保温、刷油等。其发生费用全部计入直接工程费中。

高层建筑增加费的计取方法是：计费基数×定额规定费率，计费基数是包括 6 层或 20m 以下的全部工程的人工费。

例如，某 20 层的建筑电气设备安装工程高层建筑增加费率为 8%，该建筑物电气设备安装工程的全部人工费为 30000 元，其高层建筑增加费为 30000 元×8%=2400 元。

同一建筑物有不同高度时，应分别按不同高度计取高层建筑增加费。例如某民用建筑物有高度为 39m 的 A 区，有高度为 29m 的 B 区，还有高度为 15m 的 C 区，则 A、B 两区应分别以其全部工程量的人工费乘以其相应的费率计取高层建筑增加费，而 C 区不能计取高层建筑增加费。

高层建筑增加费计入人工费中，可以和超高增加费同时计取。

高层建筑增加费费率各专业不同，计算时要根据各专业定额规定费率进行计算。

3. 脚手架搭拆费

安装工程脚手架搭拆费计取方法是：计费基数×脚手架搭拆费系数，计费基数是工程全部人工费；计入措施费。脚手架搭拆费系数各专业不相同，在各分册说明中有规定，例如，某采暖工程的人工费为 8000 元；其中刷油工程的人工费为 1200 元；绝热工程的人工费为 800 元。那么，刷油工程的脚手架搭拆费为：1200×12%=144 元；绝热工程的脚手架搭拆费为：800×30%=240 元；其余采暖安装工程脚手架搭拆费为：(8000－1200－800)×5%=300 元。脚手架搭拆费共计为：554 元。

4. 系统调整费

采暖工程，通风空调工程要计算系统调整费。计取方法：按全部工程人工费×定额规定的费率。

5. 安装与生产同时进行增加费

因生产操作干扰了安装施工的正常进行而使工效降低。为了弥补工效的降低，所以要计算该项费用。计取方法：按人工费×定额规定的费率。

6. 有害身体健康的环境中施工增加费

计取方法：按人工费×定额规定的费率。

以上系数各省规定与全统定额可能有所不同，要根据本地区定额中具体规定加以计算，不得遗漏。

【例 1-1】 根据《云南省通用安装工程消耗量定额》计算任务描述中第一项室内镀锌钢管螺纹连接 *DN*40 的人工费、材料费、机械费合价。

【解】 套消耗量定额子目 03080142 得：

人工费单价=167.37 元/10m。

计价材费单价=28.82 元/10m；未计价材（镀锌钢管 *DN*40）定额消耗量=10.2m/10m。

机械费单价=2.74 元/10m。

人工费合价=167.37 元/10m×20m×(1+2%)=341.43 元（注：该工程为 7 层，按消耗量定额册说明中规定应按人工费的 2%计取高层建筑增加费）。

计价材合价=28.82 元/10m×20m=57.64 元。

未计价材（镀锌钢管 *DN*40）合价=10.2m/10m×20m×18.09 元/m=369.04 元。

机械费合价=2.74 元/10m×20m=5.48 元。

从【例 1-1】可以看出，消耗量定额的作用主要是查找分项工程的人工、材料、机械单位消耗量（实物消耗量或费用消耗量），定额消耗量乘以分项工程工程量即可得出该工程的人工费、材料费、机械费，为计算其他费用的基础。各地区消耗量定额的表现形式不尽相同，但使用方法和使用原理都是相同的，学习时要根据本地区现行消耗量定额加以区分学习。

课堂活动

1. 根据本地区现行安装工程消耗量定额及相关造价计价规定讨论并计算任务描述中全部工程的人工费、材料费、机械费。

2. 思考讨论套用消耗量定额时应该按分项工程的清单工程量还是定额工程量套定额，为什么？

1.2.3 建筑设备安装工程计价方法与程序

知识构成

1. 概述

建筑设备安装工程计价的过程实质上就是要计算出建筑设备安装工程费，即建筑设备安装工程造价。

建筑设备安装工程费费用组成、计算方法、计算程序、计算格式主要依据住房和城乡建设部、财政部《关于印发〈建筑安装工程费用项目组成〉的通知》（建标〔2013〕44号）；《建设工程工程量清单计价规范》GB 50500—2013 以及各地区造价计价相关规定进行计算、编制。

2. 建筑设备安装工程费组成及含义

建筑安装工程费由分部分项工程费、措施项目费、其他项目费、规费、税金组成。

分部分项工程费、措施项目费、其他项目费包含人工费、材料费（含工程设备费，下同）、机械费、管理费和利润。

（1）分部分项工程费

分部分项工程费是指各专业工程的分部分项工程应予列支的各项费用。分部分项工程是指按现行国家工程量计算规范对各专业工程划分的项目。

1）人工费

人工费是指按工资总额构成规定支付给直接从事建筑安装工程施工的生产工人和附属生产单位工人的各项费用（工资）。人工费主要根据各地区建设行政主管部门颁布的日工资标准（人工工日单价）进行核算。

2）材料费

材料费是指施工过程中耗费的原材料、辅助材料、周转性材料、构配件、零件、半成品或成品、工程设备的费用。费用包括：

材料原价：是指材料、工程设备的出厂价格或商家供应价格。

工程设备是指构成或计划构成永久工程一部分的机电设备、金属结构设备、仪器装置及其他类似的设备和装置。

运杂费：是指材料、工程设备自来源地运至工地仓库或指定堆放地点所发生的全部费用。

运输损耗费：是指材料在运输装卸过程中不可避免的损耗。

采购及保管费：是指为组织采购、供应和保管材料、工程设备的过程中所需要的各项费用。包括采购费、仓储费、工地保管费、仓储损耗。

3）机械费

机械费是指施工作业所发生的施工机械、仪器仪表使用费。内容包括：

折旧费：是指施工机械在规定的耐用总台班内，陆续收回其原值的费用。

检修费：是指施工机械在规定的耐用总台班内，按规定的检修间隔进行必要的检修，以恢复其正常功能所需的费用。

维护费：是指施工机械在规定的耐用总台班内，按规定的维护间隔进行各级维护和临时故障排除所需的费用。包括为保障机械正常运转所需替换设备与随机配备工具附具的摊销费用，机械运转及日常维护所需润滑与擦拭的材料费用及机械停滞期间的维护费用等。

安拆费及场外运费：是安拆费指施工机械在现场进行安装与拆卸所需的人工、材料、机械和试运转费用以及机械辅助设施的折旧、搭设、拆除等费用；场外运费指施工机械整体或分体自停放地点运至施工现场或由一施工地点运至另一施工地点的运输、装卸、辅助材料等费用。

人工费：是指机上司机（司炉）和其他操作人员的人工费。

燃料动力费：是指施工机械在运转作业中所耗用的各种燃料及水、电、煤等费用。

其他费：是指施工机械按照国家规定应缴纳的车船税、保险费及检测费等。

4）管理费

管理费是指建筑安装企业组织施工生产和经营管理所需的费用。内容包括：

管理人员工资：是指按规定支付给管理人员的计时工资、奖金、津贴补贴、加班加点工资及特殊情况下支付的工资等。

办公费：是指企业管理办公用的文具、纸张、账表、印刷、邮电、书报、办公软件、现场监控、会议、水电、烧水和集体取暖降温（包括现场临时宿舍取暖降温）等费用。

差旅交通费：是指职工因公出差、调动工作的差旅费、住勤补助费，市内交通费和误餐补助费，职工探亲路费，劳动力招募费，职工退休、退职一次性路费，工伤人员就医路费，工地转移费以及管理部门使用的交通工具的油料、燃料等费用。

固定资产使用费：是指管理和试验部门及附属生产单位使用的属于固定资产的房屋、设备、仪器等的折旧、大修、维修或租赁费。

工具用具使用费：是指企业管理使用的不属于固定资产的工具、器具、家具、交通工具和检验、试验、测绘、消防用具等的购置、维修和摊销费。

劳动保险和职工福利费：是指由企业支付的职工退职金、按规定支付给离休干部的经费、集体福利费、夏季防暑降温、冬季取暖补贴、上下班交通补贴等。

劳动保护费：是指企业按规定发放的劳动保护用品的支出。如工作服、手套、防暑降温饮料以及在有碍身体健康的环境中施工的保健费用等。

检验试验费：是指施工企业按照有关标准规定，对建筑以及材料、构件和建筑安装物进行一般鉴定、检查所发生的费用，包括自设试验室进行试验所耗用的材料等费用。不包括新结构、新材料的试验费，对构件做破坏性试验及其他特殊要求检验试验的费用和建设单位委托检测机构进行检测的费用；对此类检测发生的费用，由建设单位在工程建设其他费用中列支，但由施工企业提供的具有合格证明材料进行检测不合格的，该检测费用由施工企业支付。

工会经费：是指企业按照《工会法》规定的全部职工工资总额比例计提的工会经费。

职工教育经费：是指按照职工工资总额的规定比例计提，企业为职工进行专业技术和职业技能培训，专业技术人员继续教育、职工职业技能鉴定、职业资格认定以及根据需要对职工进行各类文化教育所发生的费用。

财产保险费：是指施工管理用财产、车辆等的保险费用。

财务费：是指企业为施工生产筹集资金或提供预付款担保、履约担保、职工工资支付担保等所发生的各种费用。

税金：是指企业按规定缴纳的房产税、车船使用税、土地使用税、印花税等。

其他：包括技术转让费、技术开发费、投标费、业务招待费、绿化费、广告费、公证费、法律顾问费、审计费、咨询费、保险费等。

5）利润

利润是指施工企业完成所承包工程获得的盈利。

（2）措施项目费

措施项目费是指为完成建设工程施工，发生于该工程施工前和施工过程中的技术、生活、安全、文明、环境保护等方面的费用。措施项目费分为总价措施项目费和单价措施项目费。

总价措施项目费，该费用一般根据各地区规定按一定费率计算出后包干使用。

1）安全文明施工费

安全文明施工费包括：

环境保护费：是指施工现场为达到环保部门要求的环境卫生标准，改善生产条件和作业环境所需要的各项费用。

文明施工费：是指施工现场文明施工所需要的各项费用。

安全施工费：是指施工现场安全施工所需要的各项费用。

临时设施：是指施工企业为进行建设工程施工所必须搭设的生活和生产用的临时建筑物、构筑物和其他临时设施费用。包括临时设施的搭设、维修、拆除、清理费或摊销费等。

安全文明施工费中各费用的工作内容及包含范围详见《通用安装工程工程量计算规范》GB 50856—2013 中附录 N。该费用为不可竞争费用（不可调）。

2）夜间施工增加费

夜间施工增加费是指因夜间施工所发生的夜班补助费、夜间施工降效、夜间施工照明设备摊销及照明用电等费用。

3）二次搬运费

二次搬运费是指因施工场地条件限制而发生的材料、构配件、半成品等一次运输不能到达堆放地点，必须进行二次或多次搬运所发生的费用。

4）冬雨季施工增加费

冬雨季施工增加费是指在冬季或雨季施工需增加的临时设施、防滑、排除雨雪的人工及施工机械效率降低等增加的费用。

5）已完工程及设备保护费

已完工程及设备保护费是指竣工验收前，对已完工程及设备采取的必要保护措施所发生的费用。

6）工程定位复测费

工程定位复测费是指工程施工过程中进行全部施工测量放线和复测工作的费用。

7）特殊地区施工增加费

特殊地区施工增加费是指工程在沙漠或其边缘地区、高海拔、高寒、原始森林等特殊地区施工增加的费用。

8）其他

单价措施项目费，该费用是指需要列项并根据消耗量定额上规定的工程量计算规则计算出工程量并套定额，进而计算出人工费、材料费、机械台班使用费、管理费、利润的措施费用。

各专业单价措施费主要为脚手架搭拆费，根据各专业定额说明规定计算。如发生其他单价措施项目，按消耗量定额的相应子目计算其分部分项工程费。

（3）其他项目费

1）暂列金额

暂列金额是指建设单位在工程量清单中暂定并包括在工程合同价款中的一笔款项，用于施工合同签订时尚未确定或者不可预见的所需材料、工程设备、服务的采购，施工中可能发生的工程变更、合同约定调整因素出现时的工程价款调整以及发生的索赔、现场签证确认等的费用。

2）暂估价

暂估价是指建设单位在工程量清单中提供的用于支付必然发生但暂时不能确定价格的材料、工程设备的单价以及专业工程的金额。暂估价包括专业工程暂估价、材料暂估价。

3）计日工

计日工是指在施工过程中，施工企业完成建设单位提出的施工图纸以外的零星项目或工作，按合同中约定的单价计价的一种方式。

4）总承包服务费

总承包服务费是指总承包人为配合、协调建设单位进行的专业工程发包，对建设单位自行采购的材料、工程设备等进行保管以及施工现场管理、竣工资料汇总整理等服务所需的费用。

5）其他

人工费调差：因工程实际情况，招标文件或合同约定等不确定因素产生的人工费价差。

机械费调差：施工机械因市场变化而产生的燃料动力价差。

风险费。

停工、窝工损失费：因设计变工或由于建设单位的责任造成的停工、窝工损失。

承发包双方协商认定的有关费用。

(4) 规费

规费是指按照国家法律、法规规定，由省级政府和省级有关权力部门规定必须缴纳或计取的费用。包括：

1）社会保险费

社会保险费包括：

① 养老保险费：是指企业按照规定标准为职工缴纳的基本养老保险费；

② 失业保险费：是指企业按照规定标准为职工缴纳的失业保险费；

③ 医疗保险费：是指企业按照规定标准为职工缴纳的基本医疗保险费；

④ 生育保险费：是指企业按照规定标准为职工缴纳的生育保险费；

⑤ 工伤保险费：是指企业按照规定标准为职工缴纳的工伤保险费。

2）住房公积金

住房公积金是指企业按照规定标准为职工缴纳的住房公积金。

3）残疾人保证金

残疾人保证金是指按照规定缴纳的残疾人保证金。

4）危险作业意外伤害险

危险作业意外伤害险是指施工企业按照规定为从事危险作业的施工人员支付的意外伤害保险费。

5）工程排污费

工程排污费是指按照规定缴纳的施工现场工程排污费。

其他应列而未列入的规费，按实际发生计取。

(5) 税金

税金是指国家税法规定的应计入建筑安装工程造价内的营业税、城市维护建设税、教育费附加以及地方教育附加。

知识拓展

建筑设备安装工程费各项费用计算方法

建筑设备安装工程费各项费用计算方法根据住房和城乡建设部、财政部《关于印发〈建筑安装工程费用项目组成〉的通知》（建标〔2013〕44号）的规定，并结合各地区实际情况制定颁布执行。所以各地区计算方法不尽相同，学习这一部分知识时应结合本地区造价计价规定加以区分学习。

下面以云南省造价计价规定为例介绍建筑设备安装工程费计算程序及计算方法。

建筑设备安装工程费是根据招标文件以及招标文件中提供的工程量清单，根据施工现场的实际情况及拟定的施工方案或施工组织设计，按市场价格组成综合单价，计算出分部分项工程费、措施项目费、其他项目费、规费和税金等，最终汇总形成工程造价。造价计价程序见表1-4。

造价计价程序　　表1-4

序号	项目名称	计算方法
1	分部分项工程费	∑(分部分项工程清单工程量×相应清单项目综合单价)
1.1	人工费	∑(分部分项工程中定额人工费)
2	措施项目费	(2.1)+(2.2)
2.1	单价措施项目费	∑(单价措施项目清单工程量×清单综合单价)
2.1.1	人工费	∑(单价措施项目中定额人工费)
2.2	总价措施项目费	∑(总价措施项目费)
3	其他项目费	∑(其他项目费)
3.1	人工费	∑(其他项目费中定额人工费)
4	规费	(4.1)+(4.2)+(4.3)+(4.4)+(4.5)
4.1	社会保障费	[(1.1)+(2.1.1)+(3.1)]×相应费率
4.2	住房公积金	
4.3	残疾人保证金	
4.4	危险作业意外伤害险	
4.5	工程排污费	按有关规定计算
5	税金	[(1)+(2)+(3)+(4)−按规定不计税的工程设备费]×综合税率
6	单位工程造价	(1)+(2)+(3)+(4)+(5)

1. 分部分项工程费的计算

分部分项工程费＝∑(分部分项工程清单工程量×相应清单项目综合单价)。

分部分项工程清单工程量是指按现行国家计量规范《通用安装工程工程量计算规范》GB 50856—2013规定的工程量计算规则计算出相关工程的分部分项工程的数量，简称

“清单工程量”。各分部分项工程的清单工程量可以从“分部分项工程项目清单与计价表”（由招标人提供）中获得。

综合单价是指完成一个规定计量单位的分部分项工程清单项目或措施清单项目所需的人工费、材料费、施工机械使用费和企业管理费与利润。

2. 措施项目费的计算

措施项目费是指为完成建设工程施工，发生于该工程施工前和施工过程中的技术、生活、安全、文明、环境保护等方面的费用。措施项目费分为总价措施项目费和单价措施项目费。措施项目费具体计算方法见后。

3. 其他项目费的计算

其他项目包括暂列金额、暂估价（材料暂估价和专业工程暂估价）、计日工、总承包服务费和其他。

4. 规费的计算

（1）计算方法（表 1-5）

规费＝计算基础×费率

规费计算方法　　**表 1-5**

规费类别	计算基础	费率（%）
社会保险费、住房公积金、残疾人保证金	定额人工费	26
危险作业意外伤害险	定额人工费	1
工程排污费	按工程所在地有关部门的规定计算	

（2）规费作为不可竞争性费用，应按规定计取。

（3）未参加建筑职工意外伤害保险的施工企业不得计算危险作业意外伤害保险费用。

5. 税金的计算

（1）计算方法（表 1-6）

税金＝计税基础×综合税率

税金计算方法　　**表 1-6**

工程所在地	计税基础	综合税率（%）
市区	分部分项工程费＋措施项目费＋其他项目费＋规费－按规定不计税的工程设备金额	3.48
县城、镇		3.41
不在市区、县城、镇		3.28

（2）税金作为不可竞争性费用，应按规定计取。

6. 单位工程造价的计算

单位工程造价＝分部分项工程费＋措施项目费＋其他项目费＋规费＋税金

【例 1-2】云南省省会昆明市市区内某安装工程，经计算得分部分项工程费为 4500000.00 元（其中定额人工费为 750000.00 元），单价措施项目费为 200000.00 元（其中定额人工费为 50000.00 元），总价措施项目费为 80000.00 元，暂列金额为 60000.00 元，工程排污费为 10000.00 元，施工企业参加建筑职工意外伤害保险。试计算其单位工程造价。

【解】

1）分部分项工程费：4500000.00 元

2）措施项目费＝单价措施项目费＋总价措施项目费＝200000.00＋80000.00＝280000.00元

3）其他项目费＝60000.00元

4）规费＝社会保险费、住房公积金、残疾人保证金＋危险作业意外伤害险＋工程排污费

＝(750000.00＋50000.00)×26％＋(750000.00＋50000.00)×1％＋10000.00

＝208000.00＋8000.00＋10000.00

＝226000.00元

5）税金＝税前工程造价×综合税率

＝(4500000.00＋280000.00＋60000.00＋226000.00)×11.36％＝575497.6元

（工程所在地为市区，故综合税率取定为3.48％）

6）单位工程造价＝分部分项工程费＋措施项目费＋其他项目费＋规费＋税金

＝4500000.00＋280000.00＋60000.00＋226000.00＋575497.6

＝5641497.6元

各地区费用计算规定不尽相同，但费用计算内容是相同的，学习时要根据本地区造价计价规则规定进行区别学习。

课堂活动

1. 根据本地区造价计价规则规定的费用计算内容和计算方法计算任务描述中工程项目的造价。

2. 讨论该工程项目的工程造价对于招标方和投标方是否都要计算？如果都要计算，计算出该造价后对各自都有什么作用和意义？

1.2.4 工程量清单编制

知识构成

建筑设备安装工程造价的形成过程一般是：招标人提供工程量清单，投标人根据招标人所提供的清单进行报价，同时招标人一般也根据工程量清单编制一个价格（招标控制价）对投标人的报价加以控制（投标人报价一般不得超过招标控制价）。双方在价格的计算过程中都要按统一的规定进行计算得出一个结果，在此基础上根据工程实际情况加以调整得出各自的工程造价，这个过程实质上就是根据费用计算规定计算、确定出各项费用并将结果填入规定表格的过程，即工程量清单编制与工程量清单计价。

1. 工程量清单的含义及作用

（1）工程量清单的含义

工程量清单是载明建设工程分部分项工程项目、措施项目、其他项目的名称和相应数量以及规费、税金项目等内容的明细清单。

采用工程量清单方式招标，工程量清单必须作为招标文件的组成部分，其准确性和

完整性由招标人负责。

工程量清单应由具有编制能力的招标人或受其委托，具有相应资质的工程造价咨询人编制。

工程量清单的项目划分以“综合实体”考虑，一般包括多项工作内容或工序。

工程量清单是工程量清单计价的基础，是标准招标控制价、投标报价、计算工程量、支付工程款、调整合同价款、办理竣工结算以及工程索赔等的依据。

工程量清单必须依据《建设工程工程量清单计价规范》GB 50500—2013（以下简称“计价规范”）以及《通用安装工程工程量计算规范》GB 50856—2013（以下简称“工程量计算规范”）中的计价规定、工程量计算规则、分部分项工程项目划分及计量单位的规定、施工设计图纸、施工现场情况和招标文件中的有关要求进行编制。

（2）工程量清单的作用

工程量清单作为招标文件的组成部分，一个最基本的功能是作为信息的载体，为潜在的投标者提供必要的信息。除此之外，还具有以下作用：

1）为投标者提供了一个公开，公平，公正的竞争环境。工程量清单由招标人统一提供，统一的工程量避免了由于计算不准确，项目不一致等人为因素造成的不公正影响，使投标者站在同一起跑线上，创造了一个公平的竞争环境。

2）是计价和询标，评标的基础。工程量清单由招标人提供，无论是标底的编制还是企业投标报价，都必须在清单的基础上进行。同样也为今后的询标、评标奠定了基础。当然，如果发现清单有计算错误或是漏项，也可按招标文件的有关要求在中标后进行修正。

3）为施工过程中支付工程进度款提供依据。与合同结合，工程量清单为施工过程中的进度款支付提供依据。

4）为办理工程结算，竣工结算及工程索赔提供了重要依据。

5）招标人利用工程量清单编制招标控制价，供评标时参考。

2. 工程量清单的编制依据

（1）现行“计价规范”、“工程量计算规范”等；

（2）国家或省级、行业建设主管部门颁发的计价依据和配套文件；

（3）建设工程设计文件（设计施工图纸）及相关资料；

（4）与建设工程有关的标准、规范、技术资料；

（5）拟定的招标文件；

（6）施工现场情况、地勘水文资料、工程特点及常规施工方案；

（7）其他相关资料。

3. 工程量清单的编制步骤

（1）熟悉了解情况，做好准备工作；

（2）编制分部分项工程项目清单；

（3）编制措施项目清单；

（4）编制其他项目清单；

（5）编制规费、税金项目清单；

（6）编写总说明；

（7）填写封面、填表须知。

4. 分部分项工程项目清单的编制

分部分项工程项目清单是载明分部分项工程的项目编码、项目名称、项目特征、计量单位和工程量的明细清单。项目编码、项目名称、项目特征、计量单位和工程量，是构成分部分项工程项目清单的五个要件，缺一不可。

分部分项工程项目清单必须根据工程设计文件和相关资料，按照相关工程现行国家计量规范规定的项目编码、项目名称、项目特征、计量单位和工程量计算规则进行编制。

分部分项工程和单价措施项目清单与计价表 **表 1-7**

工程名称： 标段： 第 页 共 页

<table>
<tr><th rowspan="3">序号</th><th rowspan="3">项目编码</th><th rowspan="3">项目名称</th><th rowspan="3">项目特征描述</th><th rowspan="3">计量单位</th><th rowspan="3">工程量</th><th colspan="3">金额（元）</th></tr>
<tr><th rowspan="2">综合单价</th><th rowspan="2">合价</th><th>其中</th></tr>
<tr><th>暂估价</th></tr>
<tr><td></td><td></td><td></td><td></td><td></td><td></td><td></td><td></td><td></td></tr>
<tr><td></td><td></td><td></td><td></td><td></td><td></td><td></td><td></td><td></td></tr>
<tr><td></td><td></td><td></td><td></td><td></td><td></td><td></td><td></td><td></td></tr>
<tr><td colspan="7">本页小计</td><td></td><td></td></tr>
<tr><td colspan="7">合计</td><td></td><td></td></tr>
</table>

（1）项目编码

分部分项工程项目清单的项目编码，应采用五级十二位阿拉伯数字表示，一至九位应按相关工程现行国家《建设工程工程量清单计价规范》GB 50500—2013 附录的规定设置。

十至十二位应根据拟建工程的工程量清单项目名称和项目特征设置由清单编制者自行确定，从“001”开始编制，同一招标工程的项目编码不得有重码。

项目编码中，一、二位为第一级，表示专业工程代码，通用安装工程为 03；三、四位为第二级，表示附录分类顺序码；五、六位为第三级，表示分部工程顺序码；七、八、九位为第四级，表示分项工程项目名称顺序码；十、十一、十二位为第五级，表示清单项目名称顺序码。

（2）项目名称

分部分项工程项目清单的项目名称，应按相关工程现行国家《工程量计算规范》附录的项目名称结合拟建工程的实际确定。

（3）项目特征

分部分项工程项目清单的项目特征，应按相关工程现行国家《工程量计算规范》附录中规定的项目特征，结合拟建工程项目的实际予以描述。

项目特征是对项目的准确描述，是影响价格的因素，是设置具体清单项目的依据。项目特征的描述，要能满足确定综合单价的需要。项目特征按不同的工程部位、施工工艺或材料品种、规格等分别列项。凡相关工程现行国家“工程量计算规范”附录中的项目特征未描述到的其他独有特征，由工程清单编制人视项目具体情况确定，以准确、规范描述项目特征为准。

项目特征是确定一个分部分项工程清单项目综合单价不可缺少的主要依据。工程量清单项目的特征描述具有十分重要的意义，主要体现在：

1）项目特征是区分清单项目的依据。项目特征是用来表述分部分项工程清单项目的实质内容，用于区分计价规范中同一清单条目下各个具体的清单项目。没有项目特征的准确描述，对于相同或相似的清单项目名称，就无从区分。

2）项目特征是确定综合单价的前提。由于分部分项工程项目的特征决定了工程实体的实质内容，必然直接决定了工程实体的自身价值。因此，项目特征描述得准确与否，直接关系到分部分项工程清单项目综合单价的准确确定。

3）项目特征是履行合同义务的基础。实行工程量清单计价，工程量清单及其综合单价是施工合同的组成部分，因此，如果工程量清单项目特征的描述不清甚至漏项、错误，从而引起在施工过程中的更改，都会引起分歧，导致纠纷。

对于安装工程，项目特征主要描述以下三个方面：

第一，项目的本体特征：项目的材质、型号、规格、品牌等。

第二，安装工艺方面的特征：例如，$DN\leqslant100$ 的镀锌钢管采用螺纹连接，$DN>100$ 的管道可采用法兰连接或卡套式专用管件连接。

第三，对工艺或施工方法有影响的特征：如设备的安装高度等有关情况。

（4）计量单位

分部分项工程项目清单的计量单位，应按相关工程现行国家“工程量计算规范”附录中规定的计量单位确定，当规定的计量单位有两个或两个以上时，应根据拟建工程项目的实际，选择最适宜表现该项目特征并方便计量的单位。

（5）工程量

分部分项工程项目清单的工程量，应根据工程设计文件和相关资料，按照相关工程现行国家“工程量计算规范”附录中规定的工程量计算规则计算。

工程计量时每一项目汇总的有效位数应遵循下列规定：

1）以“t”为单位，应保留小数点后三位数字，第四位小数四舍五入；

2）以“m”、“m^2”、“m^3”、“kg”为单位，应保留小数点后两位数字，第三位小数四舍五入；

3）以“台”、“个”、“件”、“套”、“根”、“组”、“系统”等为单位，应取整数。

（6）未包含项目的补充

编制分部分项工程项目清单，出现相关工程现行国家“工程量计算规范”附录中未包括的项目，编制人应作补充，并报省级或行业工程造价管理机构备案，省级或行业工程造价管理机构应汇总报住房和城乡建设部标准定额研究所。

补充项目的编码由相关工程现行国家计量规范的代码03与B和三位阿拉伯数字组成，并应从03B001起顺序编制，同一招标工程的项目不得重码。

补充的工程量清单需附有补充项目的名称、项目特征、计量单位、工程量计算规则、工程内容。不能计量的措施项目，需要附有补充的项目的名称、工作内容及包含范围。

【例1-3】按任务描述中的分项工程第一项，第二项编制分部分项工程和单价措施项

目清单与计价表

【解】按“清单计价规范”、“工程量计算规范”的规定及项目已知条件，编制的分部分项工程和单价措施项目清单与计价表见表1-8。

分部分项工程和单价措施项目清单与计价表　　表1-8

工程名称：某住宅给排水工程　　标段：　　第　页　共　页

序号	项目编码	项目名称	项目特征描述	计量单位	工程量	金额（元）		
						综合单价	合价	其中 暂估价
1	031001001001	镀锌钢管	1. 安装部位：室内 2. 介质：给水 3. 规格、压力等级：*DN*40 低压 4. 连接形式：螺纹连接 5. 压力试验及吹、洗设计要求：按规范要求	m	20			
2	031001001002	镀锌钢管	1. 安装部位：室内 2. 介质：给水 3. 规格、压力等级：*DN*32 低压 4. 连接形式：螺纹连接 5. 压力试验及吹、洗设计要求：按规范要求	m	30			
本页小计								
合计								

5. 措施项目清单的编制

措施项目是指为完成工程项目施工，发生于该工程施工准备和施工过程中的非实体消耗的技术、生活、安全、环境保护等方面的项目。措施项目分为总价措施项目和单价措施项目。一般来说，措施项目的费用的发生和金额的大小与使用时间、施工方法或者两个以上工序相关，与实际完成的实体工程量的多少关系不大，典型的是文明施工、安全施工、临时设施、环境保护等，不能计算工程量，这一类项目为总价措施项目。但是有的措施项目，则是可以计算工程量的项目，如脚手架工程，用分部分项工程量清单的方式采用综合单价，更有利于措施费的确定和调整，更有利于合同管理，这一类项目为单价措施项目。措施项目中不能计算工程量的项目清单，以“项”为计量单位；可以计算工程量的项目清单宜采用分部分项工程项目清单的方式编制，列出项目编码、项目名称、项目特征、计量单位和工程量。

（1）总价措施项目清单编制与计价

总价措施项目可根据拟建工程的具体情况，从安全文明施工费、夜间施工增加费、二次搬运费、冬雨季施工增加费、已完工程及设备保护费、工程定位复测费、特殊地区施工增加费和其他中选列。总价措施项目的项目编码、项目名称按照“工程量计算规范”中“附录N”设置进行编制，计算基础、费率根据各地区造价计价依据的规定编制。例如，云南省造价计价依据中规定了总价措施项目中必算的项目之一为“安全文明施工费”，计算方法为：（分部分项工程中定额人工费＋分部分项工程费中定额机械费×8％）×费率，费率为12.65％。其清单编码按照“工程量计算规范”中规定应编为“031302001001”，项目名称为“安全文明施工”。总价措施项目填写表格见表1-9。

总价措施项目清单与计价表 **表1-9**

工程名称： 标段： 第 页 共 页

序号	项目编码	项目名称	计算基础	费率（%）	金额（元）	调整费率（%）	调整后金额（元）	备注
合计								

编制人（造价人员）： 复核人（造价工程师）：

按施工方案计算的措施费，若无“计算基数”和“费率”，也可只填“金额”数值，但应在备注栏说明施工方案出处或计算方法。

(2) 单价措施项目清单编制与计价

单价措施项目可根据拟建工程的具体情况列项计算工程量。安装工程中主要为脚手架搭拆费，主要根据各消耗量定额分册说明中规定计算。管理费和利润按各地区造价计价规则规定计取。填写表格为表1-7。

6. 其他项目清单的编制

其他项目清单应当根据工程的具体情况，参照表1-10所列内容计列。

其他项目清单与计价汇总表 **表1-10**

工程名称： 标段： 第 页 共 页

序号	项目名称	金额（元）	结算金额（元）	备注
1	暂列金额			详见明细表
2	暂估价			
2.1	材料（工程设备）暂估价/结算价			详见明细表
2.2	专业工程暂估价/结算价			详见明细表
3	计日工			详见明细表
4	总承包服务费			详见明细表
5	索赔与现场签证			
合计				—

注：材料（工程设备）暂估单价进入清单项目综合单价，此处不汇总。

(1) 暂列金额

暂列金额是指招标人在工程量清单中暂定并包括在合同价款中的一笔款项。用于工程合同签订时尚未确定或者不可预见的所需材料、设备、服务的采购，施工中可能发生的工程变更、合同约定调整因素出现时的合同价款调整以及发生的索赔、现场签证确认等的费用。

不管采用何种合同形式，工程造价理想的标准是：一份合同的价格就是其最终的竣工结算价格，或者至少两者应尽可能接近。而工程建设本身的规律决定了，设计需要根据工程进展不断地进行优化和调整，发包人的需求可能会随工程建设进展出现变化，工程建设过程中还存在其他诸多不确定性因素。例如，施工合同签订时尚未确定或者不可预见的所需材料、设备、服务的采购，施工中可能发生的工程变更，合同约定调整因素出现时的工程价款调整以及发生的索赔、现场签证确认的费用。暂列金额正是因为这类不可避免的价格调整而设立的，以便合理确定工程造价的控制目标。

暂列金额列入合同价格不等于就属于承包人所有了，即使是总价包干合同，也不等于列入合同价格的所有金额就属于承包人，是否属于承包人应得金额取决于具体的合同约定，暂列金额中只有按照合同约定程序实际发生后，才能成为承包人的应得金额，纳入合同结算价款中。扣除实际发生金额后的暂列金额余额仍属于发包人所有。

暂列金额应根据工程特点按各地区造价计价规则规定由招标人估算编制，投标人按招标人的估算金额计入投标报价中，不得调整。暂列金额填写表格见表1-11。

暂列金额明细表 **表1-11**

工程名称： 标段： 第 页 共 页

序号	项目名称	计量单位	暂定金额（元）	备注
合计				

注：此表由招标人填写，如不能详列，也可只列暂定金额总额，投标人应将上述暂列金额计入投标总价中。

（2）暂估价

暂估价是指招标人在工程量清单中提供的用于支付必然要发生但暂时不能确定价格的材料、工程设备的单价以及专业工程的金额。暂估价是肯定要发生，只是因为标准不明确或者需要由专业承包人完成，暂时又无法确定具体价格时采用。暂估价包括材料（工程设备）暂估价和专业工程暂估价。

1）材料暂估价

为方便合同管理，需要纳入分部分项工程量清单项目综合单价中的暂估价应只是材料、工程设备费，以方便投标人组价。材料暂估价由招标人提出，投标人按招标人所列材料暂估价编制综合单价并报价。

材料、工程设备暂估单价应根据工程造价信息或参照市场价格估算，列出明细表。填写表格见表1-12。

材料（工程设备）暂估单价及调整表 **表1-12**

工程名称： 标段： 第 页 共 页

序号	材料（工程设备）名称、规格、型号	计量单位	数量		暂估（元）		确认（元）		差额±（元）		备注
			暂估	确认	单价	合价	单价	合价	单价	合价	
合计											

注：此表由招标人填写“暂估单价”，并在备注栏说明暂估价的材料、工程设备拟用在哪些清单项目上，投标人应将上述材料、工程设备暂估单价计入工程量清单综合单价报价中。

2）专业工程暂估价

专业工程暂估价一般应是综合暂估价，应当包括除规费、税金以外的管理费、利润等。总承包招标时，专业工程设计深度往往是不够的，一般需要交由专业设计人设计，国际上，出于提高可建造性考虑，一般由专业承包人设计，以发挥其专业技能和专业施工经验的优势。这类专业工程交由专业分包人完成是国际工程的良好实践，目前在我国工程建设领域也已经比较普遍。公开透明地合理确定这类暂估价的实际开支金额的最佳途径，就是通过施工总承包人与工程建设项目招标人共同组织的招标。

专业工程暂估价应分不同专业，按有关规定估算，列出明细表。填写表格见表1-13。

专业工程暂估价及结算价表 **表1-13**

工程名称： 标段： 第 页 共 页

序号	工程名称	工程内容	暂估金额（元）	结算金额（元）	差额±（元）	备注
合计						

注：此表“暂估金额”由招标人填写，投标人应将“暂估金额”计入投标总价中。结算时按合同约定结算金额填写。

3）计日工

计日工是指在施工过程中，承包人完成发包人提出的工程合同范围以外的零星项目或工作，按合同中约定的单价计价的方式。计日工是为了解决现场发生的零星工作的计价而设立的，为额外工作和变更的计价提供了一个方便快捷的途径。计日工适用的所谓零星工作一般是指合同约定之外的或者因变更而产生的、工程量清单中没有相应项目的额外工作，尤其是那些时间不允许事先商定价格的额外工作。

计日工以完成零星工作所消耗的人工工时、材料数量、机械台班进行计量，并按照计日工表中填报的适用项目的单价进行计价支付。为获得合理的计日工单价，发包人在其他项目清单中对计日工一定要给出暂定数量，并需要根据经验尽可能估算一个较接近实际的数量。

由于计日工往往是用于一些突发性的额外工作，缺少计划性，承包人在调动施工生产资源方面难免不影响已经计划好的工作，生产资源的使用效率也有一定的降低，客观上造成超出常规的额外投入；另外，其他项目清单中计日工往往是一个暂定的数量，其无法纳入有效的竞争。所以合理的计日工单价水平是要高于工程量清单的价格水平的。填写表格见表1-14。

计日工应列出项目名称、计量单位和暂估数量。

计日工表 **表1-14**

工程名称： 标段： 第 页 共 页

编号	项目名称	单位	暂定数量	实际数量	综合单价（元）	合价（元）	
						暂定	实际
一	人工						
人工小计							

续表

编号	项目名称	单位	暂定数量	实际数量	综合单价（元）	合价（元）	
						暂定	实际
二	材料						
材料小计							
三	施工机械						
施工机械小计							
四、企业管理费和利润							
总计							

注：此表项目名称、暂定数量由招标人填写，编制招标控制价时，单价由招标人在招标文件中确定；投标时，单价由投标人自主报价，按暂定数量计算合价计入投标总价中。结算时，按发承包双方确认的实际数量计算合价。

4）总承包服务费

总承包服务费是指为了解决招标人在法律、法规允许的条件下进行专业工程发包以及自行供应材料、工程设备，并需要总承包人对发包的专业工程提供协调和配合服务（如分包人使用总承包人的脚手架、水电接驳等），对甲供材料、工程设备提供收、发和保管服务以及进行施工现场管理，对竣工资料进行统一汇总整理等发生并向总承包人支付的费用。招标人应当预计该项费用并按投标人的投标报价向投标人支付该项费用。

总承包服务费应列出服务项目及其内容等。填写表格见表1-15。

总承包服务费计价表 **表1-15**

工程名称： 标段： 第 页 共 页

序号	项目名称	项目价值（元）	服务内容	计算基础	费率（%）	金额（元）
1	发包人发包专业工程					
2	发包人供应材料					
	合计	—	—		—	

注：此表项目名称、服务内容由招标人填写，编制招标控制价时，费率及金额由招标人按有关计价规定确定；投标时，费率及金额由投标人自主报价，计入投标总价中。

其他项目费中各项费用计算根据各地区造价计价规则中的相关规定计取。

7. 规费与税金项目计价的编制

（1）规费

规费是指按照国家法律、法规规定，由省级政府和省级有关权力部门规定必须缴纳或计取的费用。包括：

1）社会保险费

社会保险费包括：

养老保险费：是指企业按照规定标准为职工缴纳的基本养老保险费；

失业保险费：是指企业按照规定标准为职工缴纳的失业保险费；

医疗保险费：是指企业按照规定标准为职工缴纳的基本医疗保险费；

工伤保险费：是指企业按照规定标准为职工缴纳的工伤保险费；

生育保险费：是指企业按照规定标准为职工缴纳的生育保险费。

2）住房公积金

住房公积金是指企业按照规定标准为职工缴纳的住房公积金。

3）残疾人保证金

残疾人保证金是指按照规定缴纳的残疾人保证金。

4）危险作业意外伤害险

危险作业意外伤害险是指施工企业按照规定为从事危险作业的施工人员支付的意外伤害保险费。

5）工程排污费

工程排污费是指按照规定缴纳的施工现场工程排污费。

其他应列而未列入的规费，按实际发生计取。规费作为不可竞争性费用，应按规定计取。

未参加建筑职工意外伤害保险的施工企业不得计算危险作业意外伤害保险费用。

（2）税金

税金是指国家税法规定的应计入建筑安装工程造价内的营业税、城市维护建设税、教育费附加以及地方教育附加。税金作为不可竞争费用，应按规定计取。

规费、税金填写表格见表1-16。

规费、税金项目计价表 **表1-16**

工程名称： 标段： 第 页 共 页

序号	项目名称	计算基础	计算基数	计算费率（%）	金额（元）
1	规费	定额人工费			
1.1	社会保险费	定额人工费			
(1)	养老保险费	定额人工费			
(2)	失业保险费	定额人工费			
(3)	医疗保险费	定额人工费			
(4)	工伤保险费	定额人工费			
(5)	生育保险费	定额人工费			
1.2	住房公积金	定额人工费			
1.3	工程排污费	按工程所在地环境保护部门收取标准，按实计入			
2	税金	分部分项工程费＋措施项目费＋其他项目费＋规费－按规定不计税的工程设备金额			
合计					

编制人（造价人员）： 复核人（造价工程师）：

规费和税金的计算要根据各地区造价计价规则中的相关规定计取。

课堂活动

1. 分组讨论并结合本地区规定以招标人的角度完成任务描述中工程的招标工程量清

单及所需各项表格的填写。

2. 根据所学知识讨论招标文件中经济部分至少应该列出哪几个表格？如果条件允许，查找学习者所在地实际工程的招标文件（一项或几项工程），并将讨论结果与实际进行对照，加以理解。

1.2.5 工程量清单计价编制

知识构成

1. 工程量清单计价的含义

工程量清单计价是指按照工程量清单，以综合单价的方式进行计价的方法，是在拟建工程招投标活动中，按照国家有关法律、法规、文件及标准规范的规定要求，由发包人提供工程量清单，承包人自主报价，市场竞争形成工程造价的计价方式。工程量清单计价包括工程建设活动中的工程量清单编制、招标控制价编制、投标人的工程量清单计价、工程量清单计价的合同管理和竣工结算等建设项目招标至竣工各个阶段的计价活动。

采用工程量清单计价，建设工程造价由分部分项工程费、措施项目费、其他项目费、规费和税金组成。其中，措施项目费中的安全文明施工费以及规费和税金应按国家或省级、行业建设主管部门的规定计算，不得作为竞争性费用（不可调整）。

工程量清单计价的核心：发包人提供清单，承包人按清单项目的数量自主报价，市场形成价格，且服从市场监管。

工程量清单计价是市场经济的产物，并随着市场经济的发展而发展，必须遵循市场经济活动的基本原则，即客观、公正、公平的原则。

工程量清单计价活动是政策性、技术性很强的一项工作，涉及的国家法律、法规和标准规范比较广泛。

2. 工程量清单计价的应用范围

使用国有资金投资的工程建设项目，必须采用工程量清单计价。

使用国有资金投资项目的范围包括：使用各级财政预算资金的项目；使用纳入财政管理的各种政府性专项建设基金的项目；使用国有企事业单位自有资金，并且国有资产投资者实际拥有控制权的项目。

对于非国有资金投资的工程建设项目，是否采用工程量清单方式计价由项目业主自主确定，宜采用工程量清单计价。

对于确定不采用工程量清单方式计价的非国有资金投资的工程建设项目，应执行“计价规范”除工程量清单等专门性规定外的其他规定。如工程价款调整、工程计量和价款支付、索赔与现场签证、竣工结算以及工程造价争议处理等内容，这类条文仍应执行。

3. 综合单价的编制

分部分项工程费（表1-7中“合价”）应根据招标文件中的分部分项工程项目清单的特征描述及有关要求，按规定确定综合单价进行计算。招标文件提供了暂估单价的材料，按暂估的单价（通过定额换算）计入综合单价。

分部分项工程费＝$\sum$（分部分项工程清单工程量×相应清单项目综合单价）。其中：

（1）分部分项工程清单工程量

这里的分部分项工程清单工程量是指招标人按相关工程及现行国家“工程量计算规范”规定的工程量计算规则计算出的分部分项工程的数量，简称“清单工程量”。在编制招标控制价或投标报价时各分部分项工程的清单工程量可以从工程量清单中的“分部分项工程/单价措施项目清单与计价表”（表 1-7）获得。

（2）综合单价

综合单价是指完成一个规定计量单位的分部分项工程清单项目或措施清单项目所需的人工费、材料费、施工机械使用费和企业管理费与利润。

综合单价的综合有两层意思：一是本身价格的综合，每一个综合价格都包括了人工费、材料费、机械费、管理费和利润；二是工程内容的综合，即一个分部分项工程清单项目包括若干个工程内容，每一个工程内容由一个主要施工工序和若干个次要工序组成。由于《消耗量定额》是按照主要施工工序划分的，所以在进行综合单价组价时，可能需要套用一个或若干个消耗量定额子目。

综合单价的计算方法：

综合单价＝清单项目所含的全部费用÷清单工程量

步骤 1：根据项目特征描述、施工图、施工方案并参考相关工程现行国家“工程量计算规范”，分析清单项目包括哪几个消耗量定额子目；

步骤 2：根据施工图、施工方案并参考安装工程消耗量定额，计算出清单项目所包括的消耗量定额子目的定额工程量；

定额工程量是根据安装工程消耗量定额中的工程量计算规则计算出来的工程量。

步骤 3：计算出清单项目所含的全部费用；其中：

① 人工费＝$\sum$（定额工程量×定额人工费）

② 材料费＝$\sum$（定额工程量×定额材料消耗量×材料单价）

③ 机械费＝$\sum$（定额工程量×定额机械台班消耗量×机械台班单价）

④ 管理费＝计费基数×管理费费率

管理费计费基数和费率应按各地区规定计算。例如，云南省规定管理费的计算方法为（定额人工费＋定额机械费×8%）×管理费费率＝(①＋③×8%)×33%

⑤ 利润＝计费基数×利润费率

利润计费基数和费率应按各地区规定计算。例如，云南省规定利润的计算方法为(定额人工费＋定额机械费×8%)×利润费率＝(①＋③×8%)×20%

步骤 4：计算综合单价。

综合单价＝清单项目所含的全部费用÷清单工程量

＝(人工费＋材料费＋机械费＋管理费＋利润)÷清单工程量

综合单价计算过程一般在综合单价分析表（各地区综合单价分析表可能会根据地区规定在表现格式上有所不同，但填写方法、表格内容基本相同，学习时应注意结合本地区规定加以区分学习）上完成。

需要说明的是表中的“项目编码、项目名称、计量单位、工程量”一栏应按“分部分项工程和单价措施项目清单与计价表”（表 1-7）中的内容填写，不得更改。“定额编号、定额项目名称、定额单位”应按清单项目对应的定额项目（有几项就填几项）填写，“数量”一栏应填入对应的定额工程量（计算出的图示数量/定额单位）。综合单价分析表格式见表 1-17。

综合单价分析表 **表 1-17**

工程名称： 标段： 第 页 共 页

<table>
<tr><td colspan="2">项目编码</td><td colspan="2"></td><td colspan="2">项目名称</td><td colspan="2"></td><td colspan="2">计量单位</td><td></td><td>工程量</td><td></td></tr>
<tr><td colspan="13">清单综合单价组成明细</td></tr>
<tr><td rowspan="2">定额编号</td><td rowspan="2">定额项目名称</td><td rowspan="2">定额单位</td><td rowspan="2">数量</td><td colspan="4">单价</td><td colspan="5">合价</td></tr>
<tr><td>人工费</td><td>材料费</td><td>机械费</td><td>管理费和利润</td><td>人工费</td><td>材料费</td><td colspan="2">机械费</td><td>管理费和利润</td></tr>
<tr><td></td><td></td><td></td><td></td><td></td><td></td><td></td><td></td><td></td><td></td><td colspan="2"></td><td></td></tr>
<tr><td></td><td></td><td></td><td></td><td></td><td></td><td></td><td></td><td></td><td></td><td colspan="2"></td><td></td></tr>
<tr><td></td><td></td><td></td><td></td><td></td><td></td><td></td><td></td><td></td><td></td><td colspan="2"></td><td></td></tr>
<tr><td></td><td></td><td></td><td></td><td></td><td></td><td></td><td></td><td></td><td></td><td colspan="2"></td><td></td></tr>
<tr><td></td><td></td><td></td><td></td><td></td><td></td><td></td><td></td><td></td><td></td><td colspan="2"></td><td></td></tr>
<tr><td colspan="2">人工单价</td><td colspan="6">小计</td><td></td><td></td><td colspan="2"></td><td></td></tr>
<tr><td colspan="2">元/工日</td><td colspan="6">未计价材料费</td><td colspan="5"></td></tr>
<tr><td colspan="8">清单项目综合单价</td><td colspan="5"></td></tr>
<tr><td colspan="2" rowspan="6">材料费明细</td><td colspan="3">主要材料名称、规格、型号</td><td>单位</td><td colspan="2">数量</td><td>单价（元）</td><td>合价（元）</td><td colspan="2">暂估单价（元）</td><td>暂估合价（元）</td></tr>
<tr><td colspan="3"></td><td></td><td colspan="2"></td><td></td><td></td><td colspan="2"></td><td></td></tr>
<tr><td colspan="3"></td><td></td><td colspan="2"></td><td></td><td></td><td colspan="2"></td><td></td></tr>
<tr><td colspan="3"></td><td></td><td colspan="2"></td><td></td><td></td><td colspan="2"></td><td></td></tr>
<tr><td colspan="6">其他材料费</td><td></td><td></td><td colspan="2"></td><td></td></tr>
<tr><td colspan="6">材料费小计</td><td></td><td></td><td colspan="2"></td><td></td></tr>
</table>

注：1. 如不使用省级或行业建设主管部门发布的计价依据，可不填定额项目、编号等。
2. 招标文件提供了暂估单价的材料，按暂估的单价填入表内“暂估单价”栏及“暂估合价”栏。

（3）材料费明细一栏的填写

步骤 1：根据相应定额子目，分析该分部分项工程所使用的的主要材料（未计价材），将主要材料名称、规格、型号填入材料费明细栏中。

步骤 2：计算主要材料的数量，数量＝$\sum$（定额消耗量÷定额计量单位×相应的定额工程量），单位按定额计量单位取定，将其填入相应栏中。

步骤 3：将材料价格填入单价，并计算合价。合价＝数量×单价，将其填入相应栏中。

注意，如果材料为暂估材料，应填入相应的“暂估材料单价”“暂估材料合价”栏中。

步骤 4：其他材料费的填写。根据相应定额子目，分析该分部分项工程所包括的其他材料。其他材料费可根据定额中的材料费来填写，其他材料费＝$\sum$（定额材料费÷定额计量单位×相应的定额工程量）。将其填入相应栏中。

步骤 5：计算材料费小计。将“合价”栏中的数据汇总，即得到材料费小计。

（4）综合单价确定示例（按云南省造价计价规则规定计算）

【例 1-4】 某住宅给水安装工程中，采用了 PVC-U 给水塑料管，采用粘接方式，管径 25mm，无高层建筑增加费及超高增加费。按图计算得清单工程量为 52.60m。针对这一项目编制的分部分项工程量清单，见表 1-18。试确定该项目的综合单价。

部分材料价格：PVC-U 给水塑料管（*DN*25）：7 元/m，PVC-U 塑料管件：5 元/个。

分部分项工程/单价措施项目清单与计价表 **表 1-18**

工程名称： 标段： 第 页 共 页

序号	项目编码	项目名称	项目特征描述	计量单位	工程量	金额（元）				
						综合单价	合价	其中		
								人工费	机械费	暂估价
1	031001006001	塑料管	1. 安装部位：室内 2. 介质：给水 3. 材质、规格：PVC-U 管径 25mm 4. 连接形式：粘接 5. 压力试验、水冲洗：按规范要求	m	52.60					

【分析】

结合题目资料及工作内容的规定，可知该清单项对应着管道安装及管道冲洗两个定额项，所以，综合单价的确定需考虑给水塑料管安装及管道冲洗两个定额子目（水压试验已经包含在管道安装定额的工作内容中，所以不再单独计价）。

相关定额工程量的计算：根据《云南省通用安装工程消耗量定额·管道篇》第八章规定，可知给水塑料管及管道冲洗子目的定额工程量计算规则与清单工程量计算规则一致，所以，两个项目的定额工程量均为 52.6m。

【解】

第一步：确定需要套用的定额子目；03080237；03080377；

第二步：查抄相关项目内容，确定单价；

其中给水塑料管材料费单价为：10.2×7＋11.52×5＋5.97＝134.97 元/10m

第三步：确定管理费费率及利润率；

查阅《云南省建设工程造价计价规则》，得管理费费率 33%，利润率 20%。

第四步：计算合价，确定该项目的综合单价。

填写完整的综合单价分析表见表 1-19。

综合单价分析表 **表 1-19**

序号	项目编码	项目名称	计量单位	工程量	清单综合单价组成明细											综合单价
					定额编号	定额名称	定额单位	数量	单价			合价				
									人工费	材料费	机械费	人工费	材料费	机械费	管理费和利润	
1	031001006001	塑料管	m	52.60	03080237	PVC-U 塑料管	10m	5.26	88.79	134.97	1.7	467.04	709.94	8.94	247.91	28.06
					03080377	管道冲洗	100m	0.526	33.22	28.16	—	17.47	14.81	—	9.89	

注：表 1-19 为云南省现行造价计价规则中规定的表格样式，学习时应加以区分。

填写完整的分部分项工程清单与计价表见表1-20。

分部分项工程/单价措施项目清单与计价表　　表1-20

工程名称：　　标段：　　第　页　共　页

序号	项目编码	项目名称	项目特征描述	计量单位	工程量	金额（元）				
						综合单价	合价	其中		
								人工费	机械费	暂估价
1	031001006001	塑料管	1. 安装部位：室内 2. 介质：给水 3. 材质、规格：PVC-U管径25mm 4. 连接形式：粘接 5. 压力试、水冲洗：按规范要求	m	52.60	28.06	1475.96	484.51	8.94	—

注：表1-20为云南省现行造价计价规则中规定的表格样式，学习时应加以区分。

4. 措施项目费的计算

措施项目费应按招标文件中提供的措施项目清单确定，措施项目采用分部分项工程综合单价形式进行计价的工程量，应按措施项目清单中的工程量，并按规定确定综合单价；以"项"为单位的方式计价的，按规定确定除规费、税金以外的全部费用。措施项目费中的安全文明施工费应当按照国家或省级、行业建设主管部门的规定标准计价。措施项目费的计算详见"1.2.3"中介绍并根据地方规定进行计算。措施项目费应按规定填入表1-8、1-9中。

5. 其他项目费的计算

（1）暂列金额

暂列金额由招标人根据工程特点，按有关计价规定进行估算确定。为保证工程施工建设的顺利实施，在编制招标控制价时应对施工过程中可能出现的各种不确定因素对工程造价的影响进行估算，列出一笔暂列金额。暂列金额可根据工程的复杂程度、设计深度、工程环境条件（包括地质、水文、气候条件等）进行估算，招标人在编制暂列金额时一般可按分部分项工程费的10%～15%作为参考。

（2）暂估价

暂估价包括材料暂估价和专业工程暂估价。暂估价中的材料单价应按照工程造价管理机构发布的工程造价信息或参考市场价格确定；暂估价中的专业工程暂估价应分不同专业，按有关规定计算。

（3）计日工

计日工包括计日工人工、材料和施工机械。在编制招标控制价时，对计日工中的人工单价和施工机械台班单价应按省级、行业建设主管各部门或其授权的工程造价管理机构公布的单价计算；材料应按工程造价管理机构发布的工程造价信息中的材料单价计算，工程造价信息未发布材料单价的材料，其价格应按市场调查确定的单价计算。

（4）总承包服务费

根据合同约定的总承包服务内容和范围，参照下列标准计算：

1）招标人仅要求对其分包的专业工程进行总承包现场管理和协调时，按分包的专业

工程造价的1.5%计算。

2）招标人要求对其分包的专业工程进行总承包管理和协调并同时要求提供配合服务时，根据配合服务的内容和提出的要求，按分包的专业工程造价的3%～5%计算。

3）招标人自行供应材料的，按供应材料价值的1%计算。

投标人对其他项目费投标报价应按以下原则进行：

暂列金额应按照其他项目清单中列出的金额填写，不得变动；

暂估价不得变动和更改。暂估价中的材料必须按照其他项目清单中列出的暂估单价计入综合单价；专业工程暂估价必须按照其他项目清单中列出的金额填写；

计日工应按照其他项目清单列出的项目和估算的数量，自主确定各项综合单价并计算计日工金额；

总承包服务费应依据招标人在招标文件中列出的分包专业工程内容和供应材料、设备情况，按照招标人提出协调、配合与服务要求和施工现场管理需要自主确定。

6. 规费、税金的计算

规费和税金应按照国家或省级、行业建设主管部门的规定计算，不得作为竞争性费用。规费和税金的计取标准是依据有关法律、法规和政策规定制定的，具有强制性。招标人和投标人是法律、法规和政策的执行者，不能改变，更不能制定，而必须按照工程所在地的地方有关规定执行。

所有费用计算出来后全部汇总即得到工程项目的造价。招标人编制的为招标控制价的确定基础，投标人编制的为投标报价的确定基础。

课堂活动

1. 分组讨论并结合本地区的造价计价相关规定对任务描述中工程项目已编制好的工程量清单进行计价，计算各分项工程的综合单价及其他相关费用并填入相应表格内，完成该工程项目的全套造价文件编制。

2. 分组模拟招投标，对任务描述中的工程项目，一组或几组同学以招标人的角度编制工程量清单并确定招标控制价，其他同学以投标人的角度编制投标报价，按本地区规定就工程项目的经济部分模拟开标、评标、定标，最终确定工程的承发包价格。

项目 2 电气设备安装工程计量与计价

项目概述

通过本项目的学习，学习者能熟练识读电气设备安装工程施工图，能根据施工图纸准确列出电气设备安装工程中常见项目名称及项目编码，能编写项目特征并正确计算相应项目工程量，能编制工程量清单并进行清单计价。

任务 2.1　电气照明工程基本知识及施工图识读

任务描述

通过对电气照明工程施工图常用图例符号的阅读，电气照明工程施工中常用的材料及施工工艺等相关基本知识的了解，能正确掌握电气照明工程施工图的识读方法。

电气照明工程一般是指通过照明电光源将电能转换成光能，在夜间或天然采光不足的情况下创造一个明亮的环境，以满足生产、生活和学习的需要的工程系统。合理的电气照明对于保证安全生产、改善劳动条件、提高劳动生产率、减少生产事故、保证产品质量、保护视力及美化环境都是必不可少的。电气照明工程已成为建筑电气系统一个重要组成部分。

电气照明工程施工图是根据国家建筑标准设计图集，以统一的图形和文字符号，再辅以简单扼要的文字说明，把建筑中电气设备安装位置、配管配线方式、安装规格、型号以及其他一些特征和它们相互之间的联系表示出来的一种技术性文件。一个电气工程的规模有大有小，不同规模的电气工程，其图纸的数量和种类不同。常用的电气工程施工图有以下几类：图纸目录、设计说明、图例材料表、系统图、平面图和安装大样图（详图）等。

2.1.1 电气照明工程施工图常用图例符号

知识构成

国家建筑标准设计图集《建筑电气工程设计常用图形和文字符号》09DX001 中规定电气照明工程施工图常用图例符号见表 2-1。

电气照明工程施工图常用图例符号表 表 2-1

序号	符号	说明
1		接地，地
2		保护等电位联结（保护接地导体、保护接地端子）
3		连线（导线、电缆、电线、传输通路、电信线路）
4	3	导线组（示出导线数）（示出三根连线）
5	形式一 形式二	双绕组变压器，瞬时电压的极性可以在形式二中表示； 电压互感器
6		隔离器
7		隔离开关
8		断路器
9	Wh	电度表（瓦时计）
10		信号灯 如果需要指示颜色，则要在符号旁标出下列代码： RD-红；YE-黄；GN-绿；BU-蓝；WH-白 如果需要指示灯的类型，则要在符号旁标出下列代码： Ne-氖；Xe-氙；Na-钠气；Hg-汞；I-碘；IN-白炽灯； EL-电致发光灯；ARC-弧光；FL-荧光灯；IR-红外线灯； UV-紫外线灯；LED-发光二极管
11	E	接地线
12	LP	避雷线 避雷带 避雷网
13		电缆梯架、托盘、线槽线路 注：本符号用电缆桥架轮廓和连线组合而成
14		电缆沟线路 注：本符号用电缆沟轮廓和连线组合而成
15	PE	保护接地线
16		向上配线；向上布线

续表

序号	符号	说明	
17		向下配线；向下布线	
18		垂直通过配线；垂直通过布线	
19	MEB	等电位端子箱	
20	LEB	局部等电位端子箱	
21		（电源）插座、插孔 （用于不带保护极的电源插座）	备注：该图例安装方式为明装；当该图例半圆的部位被涂黑时为暗装。明装、暗装的区别在于，插座盒是否置于墙（楼板、柱）内
22		带保护极的（电源）插座	
23		开关 单联单控开关	备注：该图例安装方式为明装；当该图例圆的部位被涂黑时为暗装。明装、暗装的区别在于，开关盒是否置于墙（楼板、柱）内
24		双联单控开关	
25		三联单控开关	
26	 t	单级限时开关	
27		双控单级开关	
28		按钮	
29	★	灯 如需指出灯光源类型，见序号 11 如需指出灯具种类，则在“★”位置标出数字或下列字母： W-壁灯；C-吸顶灯；ST-备用照明；R-筒灯；EN-密闭灯； SA-安全照明；EX-防爆灯；G-圆球灯；E-应急灯； P-吊灯；L-花灯；LL-局部照明灯	
30	E	应急疏散指示标志灯	
31	 →	应急疏散指示标志灯（向右）	
32	 ←	应急疏散指示标志灯（向左）	
33	 ⇄	应急疏散指示标志灯（向左、向右）	
34		自带电源的应急照明灯	
35		光源，荧光灯	
36		二管荧光灯	
37		多管荧光灯，表示三管荧光灯	
38	 M	电动阀	
39	 M	电磁阀	
40		风扇；通风机	
41		水泵	

2.1.2　电气照明工程常用材料及施工方法

知识构成

1. 电气照明工程常用材料—导电材料

(1) 导线

导线又称为电线，常用导线可分为绝缘导线和裸导线。导线的线芯要求导电性能好、机械强度大、质地均匀、表面光滑、无裂纹、耐腐蚀性好。导线的绝缘层要求绝缘性能好，质地柔韧且具有相当的机械强度，能耐酸、碱、油、臭氧的侵蚀。

1) 裸导线

无绝缘层的导线称为裸导线。裸导线主要由铝、铜、钢等制成。裸导线分为裸单线（单股线）和裸绞线（多股绞合线）两种。裸绞线按材料分为铝绞线、钢绞线、铜绞线；按线芯的性能可分为硬裸导线和软裸导线。硬裸导线主要用于高、低压架空电力线路输送电能，软裸导线主要用于电气装置的接线、元件的接线及接地线等。裸导线可分为裸单线和裸绞线，裸导线文字符号含义见表 2-2。

裸单线是单根圆形的裸导线，也称为圆单线，常用的圆单线有铜制、铝制两类。铜制圆单线有 TY、TR、TRX 等；铝制圆单线有 LY、LR 等。圆单线一般用来作电线、电缆的线芯。

裸绞线是将多根圆单线绞合在一起的合股线，裸绞线较柔软并有足够的机械强度，在架空电力线路和电缆芯线中大都采用裸绞线。裸绞线可用芯线结构表示法或标称截面来表示，如 7×2.11 或 25mm²。

裸导线文字符号含义　　　　**表 2-2**

线芯材料		特性							
		形状		加工		软、硬		轻、加强	
符号	意义	符号	意义	符号	意义	符号	意义	符号	意义
T L	铜线 铝线	Y G	圆形 沟形	J X	绞制 镀锡	R Y F G	柔软 硬 防腐 钢芯	Q J	轻型 加强型

硬裸导线的规格为（mm²）：10、16、25、35、50、70、95、120、150、185、240、300、400、500、600、700、800 等。软裸导线的规格为（mm²）：0.012、0.03、0.06、0.12、0.20、0.30、0.40、0.50、0.75、1.0、1.5、2.0、2.5、4、6、10、16、25、35、50、70、95、120、150、185、240、300、400、500、600、700、800 等。常用裸导线的型号和主要用途见表 2-3。

常用裸导线的型号和主要用途　　　　**表 2-3**

型号	名称	导线截面（mm²）	主要用途
LJ	铝绞线	10～800	短距离输配电线路
LGJ	钢芯铝绞线	10～800	高、低压架空电力线路
LGJQ	轻型钢芯铝绞线	150～700	
LGJJ	加强型钢芯铝绞线	150～400	

续表

型号	名称	导线截面（mm^2）	主要用途
TJ	铜绞线	10～400	短距离输配电线路
TJR	软铜绞线	0.012～500	引出线、接地线及电器设备部件间连接用
TJRX	镀锌软铜绞线	0.012～500	

2）绝缘导线

具有绝缘包层（单层或数层）的电线称为绝缘导线。绝缘导线按线芯材料分为铜芯和铝芯；按线芯股数分为单股和多股；按结构分为单芯、双芯、多芯等；按绝缘材料分为橡皮绝缘导线和塑料绝缘导线等。绝缘导线的规格为（mm^2）：0.012、0.03、0.06、0.12、0.20、0.30、0.40、0.50、1.0、1.5、2.5、4、6、10、16、25、35、50、70、95、120、150、185、240、300、400、500、600、700 等。绝缘导线文字符号含义见表 2-4。

绝缘导线文字符号含义　　表 2-4

性能		分类代号或用途		线芯材料		绝缘		护套		派生	
符号	意义	符号	意义	符号	意义	符号	意义	符号	意义	符号	意义
ZR NH	阻燃 耐火	HR HP	电话软线 电话配线	T L	铜（省略） 铝	V Y X	聚氯乙烯 聚乙烯 橡皮	V H	聚氯乙烯 橡套	P R S	屏蔽 软 双绞

橡皮绝缘导线主要用于室内外敷设。长期工作温度不得超过+60℃，额定电压≤250V 的橡皮绝缘导线用于照明线路。常用橡皮绝缘导线的型号及主要用途见表 2-5。

橡皮绝缘导线的型号和主要用途　　表 2-5

型号	名称	导线截面（mm^2）	主要用途
BX	铜芯橡皮线	0.75～500	用于交流 500V 及以下，直流 1000V 及以下的户内外架空、明设、穿管固定敷设的照明及电气设备电路
BLX	铝芯橡皮线	2.5～700	
BXR	铜芯橡皮软线	0.75～400	用于交流 500V 及以下，直流 1000V 及以下电气设备及照明装置要求电线比较柔软的室内安装

例如，BX-2.5 表示导线截面为 2.5mm^2 的铜芯橡皮线，BLX-10 表示导线截面为 10mm^2 的铝芯橡皮线。

塑料绝缘导线具有耐油、耐酸、耐腐蚀、防潮、防霉等特点，常用作 500V 以下室内照明线路，可穿管敷设或直接敷设在空心板或墙壁上。常用塑料绝缘线的型号和主要用途见表 2-6。

塑料绝缘线的型号和主要用途　　表 2-6

型号	名称	导线截面（mm^2）	主要用途
BLV	铝芯塑料线	1.5～185	交流电压 500V 以下，直流电压 1000V 以下室内固定敷设
BV	铜芯塑料线	0.03～185	
ZR-BV	阻燃铜芯塑料线	0.03～185	交流电压 500V 以下，直流电压 1000V 以下室内较重要场所固定敷设

续表

型号	名称	导线截面（mm^2）	主要用途
NH-BV	耐火铜芯塑料线	0.03～185	交流电压500V以下，直流电压1000V以下室内重要场所固定敷设
BVR	铜芯塑料软线	0.75～50	交流电压500V以下，要求电线比较柔软的场所固定敷设
BLVV	铝芯塑料护套线	1.5～10	交流电压500V以下，直流电压1000V以下室内固定敷设
BVV	铜芯塑料护套线	0.75～10	
RVB	铜芯平行塑料连接软线	0.012～2.5	250V室内连接小型电器，移动或半移动敷设时用
RVS	铜芯双绞塑料连接软线	0.012～2.5	
RV	铜芯塑料连接软线	0.012～6	

例如，NH-BV-25表示导线截面为25mm^2的耐火铜芯塑料线。

(2) 电缆

电缆是一种多芯导线，即在一个绝缘软套内裹有多根互相绝缘的线芯。电缆的基本结构是由缆芯、绝缘层、保护层三部分组成。

电缆按导线材质可分为：铜芯电缆、铝芯电缆；按用途可分为：电力电缆、控制电缆、通信电缆、其他电缆；按绝缘可分为橡皮绝缘、油浸纸绝缘、塑料绝缘；按芯数可分为单芯、双芯、三芯、四芯及多芯。电缆型号的组成和含义见表2-7。

电缆型号的组成和含义　　表2-7

性能	类别	电缆种类	线芯材料	内护层	其他特征	外护层	
						第一个数字	第二个数字
ZR-阻燃	电力电缆不表示	X-橡皮	T-铜（省略）	H-橡套	P-屏蔽	2-双钢带	1-纤维护套
NH-耐火	K-控制电缆	V-聚氯乙烯	L-铝	(H) F-非燃性橡套	C-重型	3-细圆钢丝	2-聚氯乙烯护套
	P-信号电缆	Y-聚乙烯		V-聚氯乙烯护套		4-粗圆钢丝	3-聚乙烯护套
	H-市内电话电缆	YJ-交联聚乙烯		Y-聚乙烯护套			

1) 电力电缆

电力电缆是用来输送和分配大功率电能的导线。无铠装的电缆适用于室内、电缆沟内、电缆桥架内和穿管敷设，但不可承受压力和拉力。钢带铠装电缆适用于直埋敷设，能承受一定的正压力，但不能承受拉力。电力电缆构造如图2-1所示。

电缆芯
绝缘层
防护层

图2-1　电力电缆构造

常用电力电缆的型号及名称见表2-8。

电力电缆的型号及名称　　表2-8

型号		名称
铜芯	铝芯	
VV	VLV	聚氯乙烯绝缘聚氯乙烯护套电力电缆
VV_{22}	VLV_{22}	聚氯乙烯绝缘钢带铠装聚氯乙烯护套电力电缆

续表

型号		名称
铜芯	铝芯	
ZR-VV	ZR-VLV	阻燃聚氯乙烯绝缘聚氯乙烯护套电力电缆
$ZR\text{-}VV_{22}$	$ZR\text{-}VLV_{22}$	阻燃聚氯乙烯绝缘钢带铠装聚氯乙烯护套电力电缆
NH-VV	NH-VLV	耐火聚氯乙烯绝缘聚氯乙烯护套电力电缆
$NH\text{-}VV_{22}$	$NH\text{-}VLV_{22}$	耐火聚氯乙烯绝缘钢带铠装聚氯乙烯护套电力电缆
YJV	YJLV	交联聚乙烯绝缘聚氯乙烯护套电力电缆
YJV_{22}	$YJLV_{22}$	交联聚乙烯绝缘钢带铠装聚氯乙烯护套电力电缆

例如：YJV_{22}-3×160+1×70 表示 3 根截面为 160mm^2 和 1 根截面为 70mm^2 的铜芯交联聚乙烯绝缘钢带铠装聚氯乙烯护套电力电缆。

2）低烟无卤阻燃及耐火型电线、电缆

低烟无卤系列电线、电缆是一种新型导电材料，在常温下可连续工作 30 年，在 135℃温度下可持续工作 6～8 年。低烟无卤系列电线、电缆比一般电线、电缆的性能有明显的提高，近年来得到了广泛的应用。常用低烟无卤阻燃及耐火型电线、电缆的型号及名称见表 2-9。

低烟无卤阻燃及耐火型电线、电缆的型号及名称　　表 2-9

型号	名称
WL-BYJ（F）	铜芯辐照交联低烟无卤阻燃聚乙烯绝缘布电线
WL-RYJ（F）	多股软铜芯辐照交联低烟无卤阻燃聚乙烯绝缘电线
NH-BYJ（F）	辐照交联低烟无卤耐火布电线
WL-YJ（F）V	辐照交联低烟无卤聚乙烯绝缘护套电力电缆
WL-KYJ（F）V	辐照交联低烟无卤聚乙烯绝缘护套控制电缆
NH-YJV（F）	辐照交联低烟无卤耐火电缆

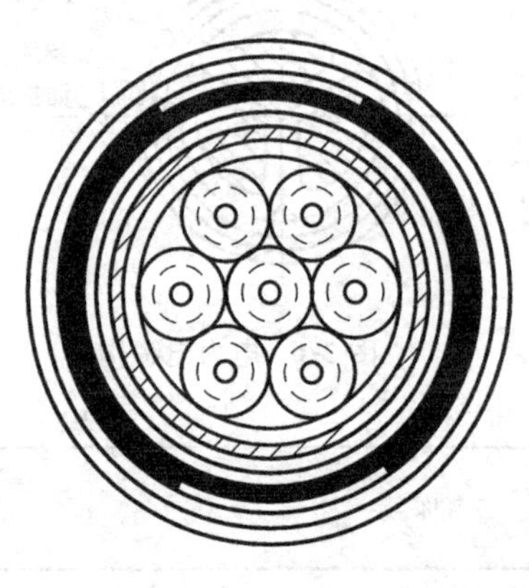

图 2-2　控制电缆构造

例如，WL-RYJ（F）-35 表示导线截面为 35mm^2 的多股软铜芯辐照交联低烟无卤阻燃聚乙烯绝缘电线；NH-YJV（F）-3×70+1×35 表示 3 根截面为 70mm^2 和 1 根截面为 35mm^2 的铜芯辐照交联低烟无卤耐火电缆。

3）控制电缆

控制电缆用于配电装置、继电保护和自动控制回路中传送控制电流、连接电气仪表及电气元件等。其构造与电力电缆相似，如图 2-2 所示。控制电缆运行电压一般在交流 500V、直流

1000V以下，芯数为几芯到几十芯不等，截面为1.5～10mm²。常用控制电缆的型号及名称见表2-10。

控制电缆的型号及名称　　　表2-10

型号	名称
KVV	铜芯聚氯乙烯绝缘聚氯乙烯护套控制电缆
KVV_{22}	铜芯聚氯乙烯绝缘钢带铠装聚氯乙烯护套控制电缆

例如，KVV-12×2.5表示12根截面为2.5mm²的铜芯聚氯乙烯绝缘聚氯乙烯护套控制电缆。

2. 电气照明工程常用材料

电气设备的安装材料主要分为金属材料和非金属材料两类。金属材料中常用的有各种类型的钢材及铝材，如水煤气管、薄壁钢管、角钢、扁钢、钢板、铝板等。非金属材料常用的有塑料管、瓷管等。

(1) 导管

在配线施工中，为了使导线免受腐蚀和外来机械损伤，常把绝缘导线穿在导管内敷设，配线常用的导管有金属导管和绝缘导管。《建筑电气工程施工质量验收规范》GB 50303—2015中对导管的定义如下：在电气安装中用来保护电线或电缆的圆形或非圆形的一部分，导管有足够的密封性，使电线电缆只能从纵向引入，而不能从横向引入。由金属材料制成的导管称为金属导管。没有任何导电部分（不管是内部金属衬套或外部金属网、金属涂层等均不存在），由绝缘材料制成的导管称为绝缘导管。

1) 金属导管

金属导管常见管材有水煤气管、薄壁钢管、金属软管等。水煤气管在配线工程中一般适用于有机械外力或潮湿、直埋地下的场所作明敷设或暗敷设；薄壁钢管又称电线管，其管壁较薄（1.5mm左右），管子的内、外壁均涂有一层绝缘漆，适用于干燥场所敷设；金属软管又称蛇皮管。金属软管由厚度为0.5mm以上的双面镀锌薄钢带加工压边卷制而成，轧缝处有的加石棉垫，有的不加。金属软管既有相当的机械强度，又有很好的弯曲性，常用于弯曲部位较多的场所及设备的出线口等处。

2) 绝缘导管

绝缘导管有硬塑料管、半硬塑料管、软塑料管、塑料波纹管等。其特点是常温下抗冲击性能好，耐碱、耐酸、耐油性能好，但易变形老化，机械强度不如钢管。硬型管适用于腐蚀性较强的场所作明敷设和暗敷设，软型管质轻、刚柔适中，用作电气导管。

PVC硬质塑料管适用于民用建筑或室内有酸、碱腐蚀性介质的场所。在经常发生机械冲击、碰撞、摩擦等易受机械损伤和环境温度在40℃以上的场所不应使用。

半硬塑料管多用于一般居住和办公建筑等干燥场所的电气照明工程中，暗敷设配线。半硬塑料管可分为难燃平滑塑料管和难燃聚氯乙烯波纹管。

(2) 成型钢材

钢材具有品质均匀、抗拉、抗压、抗冲击等特点，并且具有良好的可焊、可铆、可切割、可加工性，因此在电气设备安装工程中得到广泛的应用。

1）扁钢

扁钢可用来制作各种抱箍、撑铁、拉铁和配电设备的零配件、接地母线及接地引线等。

2）角钢

角钢是钢结构中最基本的钢材，可作单独构件或组合使用，广泛用于桥梁、建筑、输电塔构件、横担、撑铁、接户线中的各种支架及电器安装底座、接地体等。

3）工字钢

工字钢由两个翼缘和一个腹板构成。其规格以腹板高度 h×腹板厚度 d（mm）表示，型号以腹高（cm）数表示。如 10 号工字钢，表示其腹高为 10cm。工字钢广泛用于各种电气设备的固定底座、变压器台架等。

4）圆钢

圆钢主要用来制作各种金具、螺栓、接地引线及钢索等。

5）槽钢

槽钢规格的表示方法与工字钢基本相同，槽钢一般用来制作固定底座、支撑、导轨等。常用槽钢的规格有 5 号、8 号、10 号、16 号等。

3. 电气照明工程施工方法

（1）导管配线

将绝缘导线穿在管内敷设，称为导管配线。导管配线安全可靠，可避免腐蚀性气体的侵蚀和机械损伤，更换导线方便。导管配线普遍应用于重要公用建筑和工业厂房中，以及易燃、易爆和潮湿的场所。

1）导管的选择

导管的选择，应根据敷设环境和设计要求决定导管材质和规格。常用的导管有水煤气管、薄壁管、塑料管（PVC 管）、金属软管和瓷管等。

导管规格的选择应根据管内所穿导线的根数和截面决定，一般规定管内导线的总截面积（包括外护层）不应超过管子截面积的 40%。

2）导管的弯曲与接线盒的设置

根据线路敷设的需要，导管改变方向需要将导管弯曲。在线路中管子弯曲多会给穿线和维护换线带来困难。因此，施工时要尽量减少弯曲。为便于穿线，管子的弯曲角度，一般不应小于 90°。管子弯曲可采用弯管器、弯管机或用热煨法。

为了穿线方便，在电线管路长度及弯曲数超过下列值时，中间应增设接线盒：

① 导管长度每超过 30m，无弯曲时；

② 导管长度每超过 20m，有一个弯时；

③ 导管长度每超过 15m，有二个弯时；

④ 导管长度每超过 8m，有三个弯时；

⑤ 暗配管两个接线盒之间不允许出现四个弯。

3）导管敷设

导管敷设通常有明敷和暗敷两种。明敷是把线管敷设于墙壁、桁架等表面明处，要求横平竖直、整齐美观。暗敷是把线管敷设于墙壁、地坪或楼板内等处，要求管路短、弯曲少，以便于穿线。线路敷设部位符号见表 2-11。

线路敷设部位符号　　表 2-11

敷设部位	符号	敷设部位	符号
沿墙	W	明敷	E
沿地面（板）	F	暗敷	C
沿顶板（棚）	C		

例如，FC 表示线路沿地面（板）暗敷；WE 表示线路沿墙明敷；CC 表示线路沿顶板（棚）暗敷。

不管是明敷或者暗敷，从材料的节省和安装的便利方面来讲，导管的敷设一般要求遵循就近原则。例如，室内的灯具线路，一般从配电箱上引沿墙至顶板，再至各个灯具及开关位置；室内的插座线路，一般从配电箱下引沿墙至地板，再至各个插座位置。

（2）电缆配线

1）电缆的敷设方法

电缆的敷设方式有直接埋地敷设、电缆沟敷设、电缆桥架敷设、穿钢管、混凝土管、石棉水泥管等管道敷设，以及用支架、托架、悬挂方法敷设等。

直接埋地敷设的电缆宜采用有外护层的铠装电缆。在无机械损伤的场所，可采用塑料护套电缆或带外护层的（铅、铝包）电缆。

电缆沟内敷设是指电缆在专用电缆沟或隧道内敷设，是室内外常见的电缆敷设方法。电缆沟一般设在地面下，由砖砌成或由混凝土浇筑而成，沟顶部用混凝土盖板封住。

电缆桥架敷设架设是指将电缆架设在相应构架上敷设，构架称为电缆桥架。电缆桥架按按材质分为钢电缆桥架和铝合金电缆桥架。

桥架布置如图 2-3 所示。

2）电力电缆连接

电缆敷设完毕后各线段必须连接为一个整体。电缆线路两个首末端称为终端，中间的接头则称为中间接头。其主要作用是确保电缆密封、线路畅通。电缆接头处的绝缘等级，应符合要求使其安全可靠地运行。

电缆头外壳与电缆金属护套及铠装层均应良好接地。接地线截面不宜小于 $10mm^2$。

3）电缆的试验

电缆线路施工完毕，经试验合格后办理交接验收手续方可投入运行。

2.1.3　电气照明工程施工图识读

知识构成

电气照明施工图是电气照明设计的最终表现，是电气照明工程施工的主要依据。图

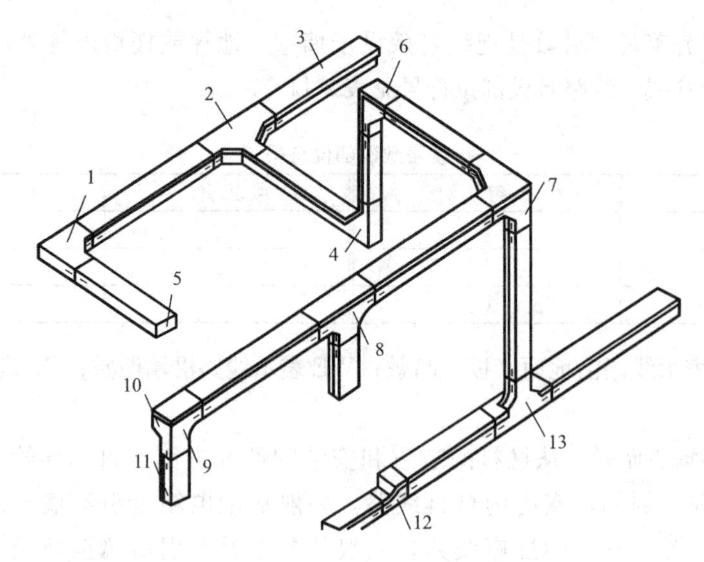

图 2-3 桥架布置示意图

1—水平弯通；2—水平三通；3—直线段桥架；4—垂直下弯通；5—终端板；6—垂直上弯通；7—上角垂直三通；8—上边垂直三通；9—垂直右上弯通；10—连接螺栓；11—扣锁；12—异径接头；13—下近垂直三通

中采用了规定的图例、符号、文字标注等，用于表示实际线路和实物。因此对电气照明施工图的识读应首先熟悉有关图例符号和文字标记，其次还应了解有关设计规范、施工规范及产品样本。

1. 电气照明工程施工图的组成及内容

电气照明工程施工图的组成主要包括：图纸目录、设计说明、图例材料表、系统图、平面图和安装大样图（详图）等。

（1）图纸目录

图纸目录的内容是：图纸的组成、名称、张数、图号顺序等，绘制图纸目录的目的是便于查找。

（2）设计说明

设计说明主要阐明单项工程的概况、设计依据、设计标准以及施工要求等，主要是补充说明图面上不能利用线条、符号表示的工程特点、施工方法、线路、材料及其他注意的事项。

（3）图例材料表

主要设备及器具在表中用图形符号表示，并标注其名称、规格、型号、数量、安装方式等。

（4）系统图

系统图是表明供电分配回路的分布和相互联系的示意图。具体反映配电系统和容量分配情况、配电装置、导线型号、导线截面、敷设方式及穿管管径，控制及保护电器的规格型号等。系统图分为照明系统图、动力系统图、智能建筑系统图等。

（5）平面图

平面图是表示建筑物内各种电气设备、器具的平面位置及线路走向的图纸。平面图包括总平面图、照明平面图、动力平面图、防雷平面图、接地平面图、智能建筑平面图（如电话、电视、火灾报警、综合布线平面图）等。

（6）详图

详图是用来详细表示设备安装方法的图纸，详图多采用全国通用电气装置标准图集。

2. 电气照明工程施工图的一般规定

电气照明工程施工图上的各种电气元件及线路敷设均是用图例符号和文字符号来表示，识图的基础是首先要明确和熟悉有关电气图例与符号所表达的内容和含义。

（1）常用图例符号

常用图例符号见表2-1。

（2）灯具标注

灯具的标注是在灯具旁按灯具标注规定标注灯具数量、型号、灯具中的光源数量和容量、悬挂高度和安装方式。

照明灯具的标注格式为：$a-b\dfrac{c\times d\times L}{e}f$

其中：

a——同一平面内，同种型号灯具的数量；

b——灯具型号（灯具型号为各个生产厂家自行编号，暂无统一标注）；

c——每盏照明灯具中光源的数量；

d——每个光源的额定功率（W）；

e——安装高度（m），当吸顶或嵌入安装时用“—”表示；

f——安装方式；

L——光源种类（常省略不标）。

灯具安装方式代号如下：

线吊—SW、链吊—CS、管吊—DS、吸顶—C、嵌入—R、壁式—W、嵌入壁式—WR、柱上式—CL、支架上安装—S、顶棚内—CR、座装—HM。

例如，$18-\text{T8RD}\dfrac{2\times 28}{2.2}\text{CS}$ 表示18盏T8RD系列灯，每盏灯具中装设2只功率为28W的灯管，灯具的安装高度为2.2m，灯具采用链吊式安装方式。在同一房间内的多盏相同型号、相同安装方式和相同安装高度的灯具，可以只标注一处。

3. 电气照明工程施工图识读

（1）电气照明工程施工图的特点

电气照明工程施工图是建筑电气工程造价和安装施工的主要依据之一，其特点可概括为以下几点：

1）电气照明工程施工图大多是采用统一的图形符号并加注文字符号绘制出来的，属于简图之列。

2）任何电路都必须构成闭合回路。电路的组成包括4个基本要素，即：电源、用电设备、导线和开关控制设备。电气设备、元件彼此之间都是通过导线连接起开关来构成一个整体，导线可长可短，有时电气设备安装位置在A处，控制设备的信号装置、操作开关则可能在较远的B处，而两者又不在同一张图样上。了解这一特点，就可将各有关的图样联系起来，才能很快读图。

一般而言，应通过系统图、电路图找联系；通过平面布置图、接线图找位置；交错阅读，这样可以提高读图的效率。

3）电气照明工程施工是与主体工程（土建工程）及其他安装工程（给排水管道、供热管道、采暖通风的空调管道、通信线路、消防系统及机械设备等安装工程）施工相互配合进行的，所以电气照明工程施工图与建筑结构图及其他安装工程图不能发生冲突。

例如，线路的走向与建筑结构的梁、柱、门、窗、楼板的位置及走向有关，还与管道的规格、用途及走向等有关，安装方法与墙体结构、楼板材料有关。特别是对于一些暗敷的线路、各种电气预埋件及电气设备基础更与土建工程密切相关。因此，阅读电气照明工程施工图时，需要对应阅读有关的土建工程图、管道工程图，以了解相互之间的配合关系。

4）电气照明工程施工图对于设备的安装方法、质量要求以及使用、维修方面的技术要求等往往不能完全反映出来，此时会在设计说明中写明“参照××规范或图集”，因此在阅读图样时，有关安装方法、技术要求等问题，要注意参照有关标准图集和有关规范执行以满足进行工程造价和安装施工的要求。

5）电气照明工程的平面布置图是用投影和图形符号来代表电气设备或装置绘制的，阅读图样时，比其他工程的透视图难度大。投影在平面的图无法反映空间高度，只能通过文字标注或说明来解释。因此，读图时首先要建立空间立体概念。图形符号也无法反映设备的尺寸，只能通过阅读设备手册或设备说明书获得。图形符号所绘制的位置也不一定按比例给定，它仅代表设备出线端口的位置，在安装设备时，要根据实际情况来准确定位。

（2）阅读电气照明工程施工图的一般程序

阅读电气照明工程施工图必须熟悉电气图基本知识（表达形式、通用画法、图形符号、文字符号）和建筑电气工程图的特点，同时掌握一定的阅读方法，才能比较迅速全面地读懂图样。

阅图的方法没有统一规定，通常可按下列方法去做，即：了解情况先浏览，重点内容反复看，安装方法找大样，技术要求查规范。具体的可按以下顺序读图：

1）看标题栏及图纸目录：了解工程名称、项目内容、设计日期及图样数量和内容等。

2）看总说明：了解工程总体概况及设计依据，了解图样中未能表达清楚的各有关事项，如供电电源的来源、电压等级、线路敷设方法、设备安装高度及安装方式、补充使用的非国标图形符号、施工时应注意的事项等。有些分项的局部问题是在分项工程图样上说明的，看分项工程图样时，也要先看设计说明。

3）看系统图：各分项工程的图样中都包含有系统图，如变配电工程的供电系统图、电力工程的电力系统图、照明工程的照明系统图以及电视系统图、电话系统图等等。看系统图的目的是了解系统的基本组成，主要电气设备、元件等连接关系及它们的规格、型号、参数等，掌握该系统的组成概况。阅读系统图时，一般可按电能量或信号的输送方向，从始端看到末端。

4）看平面布置图：平面布置图是建筑电气工程图样中的重要图样之一，如电气设备安装平面图（还应有剖面图）、电力平面图、照明平面图、防雷和接地平面图等，都是用来表示设备安装位置、线路敷设部位、敷设方法及所用导线型号、规格、数量、电线管的管径大小等。在阅读系统图，了解系统组成概况之后，就可依据平面图编制工程预算和施工方案，具体组织施工了，所以对平面图必须熟读。阅读照明平面图时，一般可按此顺序：进线→总配电箱→干线→支干线→分配电箱→支线→用电设备。

5）看电路图（原理图）：了解各系统中用电设备的电气自动控制原理，用来指导设备的安装和控制系统的调试工作。因电路图多是采用功能布局法绘制的，看图时应依据功能关系从上至下或从左至右逐个回路阅读。熟悉电路中各电器的性能和特点，对读懂图样将是一个极大的帮助。

6）看安装接线图：了解设备或电器的布置与接线，与电路图对应阅读，进行控制系统的配线和调校工作。

7）看安装大样图：安装大样图是用来详细表示设备安装方法的图样，是依据施工平面图，进行安装施工和编制工程材料计划时的重要参考图样。特别是对于初学安装的人员更显重要，甚至可以说是不可缺少的。安装大样图多采用全国通用电气装置标准图集。

8）看设备材料表：设备材料表给我们提供了该工程所使用的设备、材料的型号、规格和数量，是我们编制购置设备、材料计划的重要依据之一。

综上所述，阅读安装施工图，可按电流流向为大致顺序，即从进户端开始，到用电设备为终点，分回路逐层进行阅读；或可以根据需要，自己灵活掌握，并应有所侧重。

（3）电气照明工程施工图识读

1）电气照明系统图：电气照明系统图用来表明照明工程的供电系统、配电线路的规格，采用管径、敷设方式及部位，线路的分布情况，配电箱的型号及其主要设备的规格等。通过系统图具体可提供以下信息：

供电电源种类及进户线标注：应表明本照明工程是由单相供电还是由三相供电，电源的电压、频率及进户线的标注。

总配电箱、分配电箱：在系统图中用虚线、点划线、细实线围成的长方形框便是配电箱的展开图。系统图中应标明配电箱的编号、型号、控制计量保护设备的型号及规格。

干线、支线：从图面上可以直接表示出干线的接线方式是放射式、树干式还是混合式。还能表示出干线、支线的导线型号、截面、穿管管径、管材、敷设部位及敷设方式，用导线标注格式来表示。

2）电气照明平面图：电气照明平面图是按国家规定的图例和符号，画出进户点、配电线路及室内的灯具、开关、插座等电气设备的平面位置及安装要求。照明线路都采用单线画法。

通过对平面图的识读，可以知道进户线的位置，总配电箱及分配电箱的平面位置；进户线、干线、支线的走向，导线的根数，支线回路的划分；用电设备的平面位置及灯具的标注。

在阅读照明平面图过程中，要逐层、逐段阅读平面图，要核实各干线、支线导线的根数、管位是否正确，线路敷设是否可行，线路和各电器安装部位与其他管道的距离是否符合施工要求。

3）电气设计说明：在系统图和平面图中未能表明而又与施工有关的问题，可在设计说明中予以补充。说明应包括电源提供形式，电源电压等级，进户线敷设方法，保护措施等；通用照明设备安装高度，安装方式及线路敷设方法；施工时的注意事项，施工验收执行的规范；施工图中无法表达清楚的内容。对于简单工程可以将说明并入系统图或平面图中。

4）主要设备材料表：将电气照明工程中所使用的主要材料进行列表，便于材料采购，同时有利于检查验收。主要设备材料表中应包含以下内容：序号、在施工图中的图形符号、对应的型号规格、数量、生产厂家和备注等。对自制的电气设备，也可在材料表中说明其规格，数量及制作要求。

4. 建筑电气照明施工图读图练习

这里，我们以某建筑电气照明工程作为实例来进行读图练习。施工图见图 2-4～图 2-6。

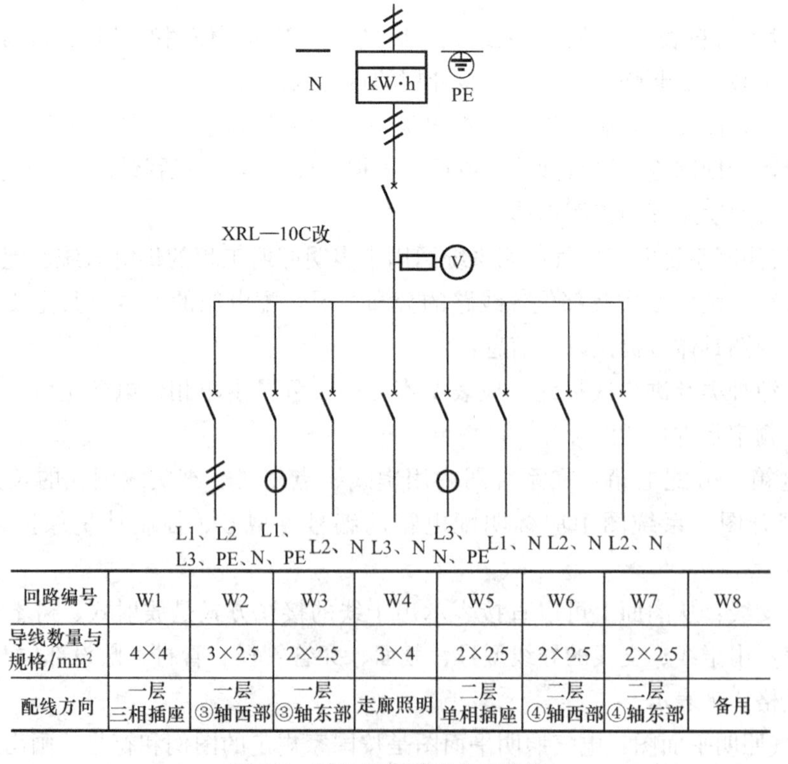

回路编号	W1	W2	W3	W4	W5	W6	W7	W8
导线数量与规格/mm²	4×4	3×2.5	2×2.5	3×4	2×2.5	2×2.5	2×2.5	
配线方向	一层三相插座	一层③轴西部	一层③轴东部	走廊照明	二层单相插座	二层④轴西部	二层④轴东部	备用

图 2-4　某建筑照明配电系统图

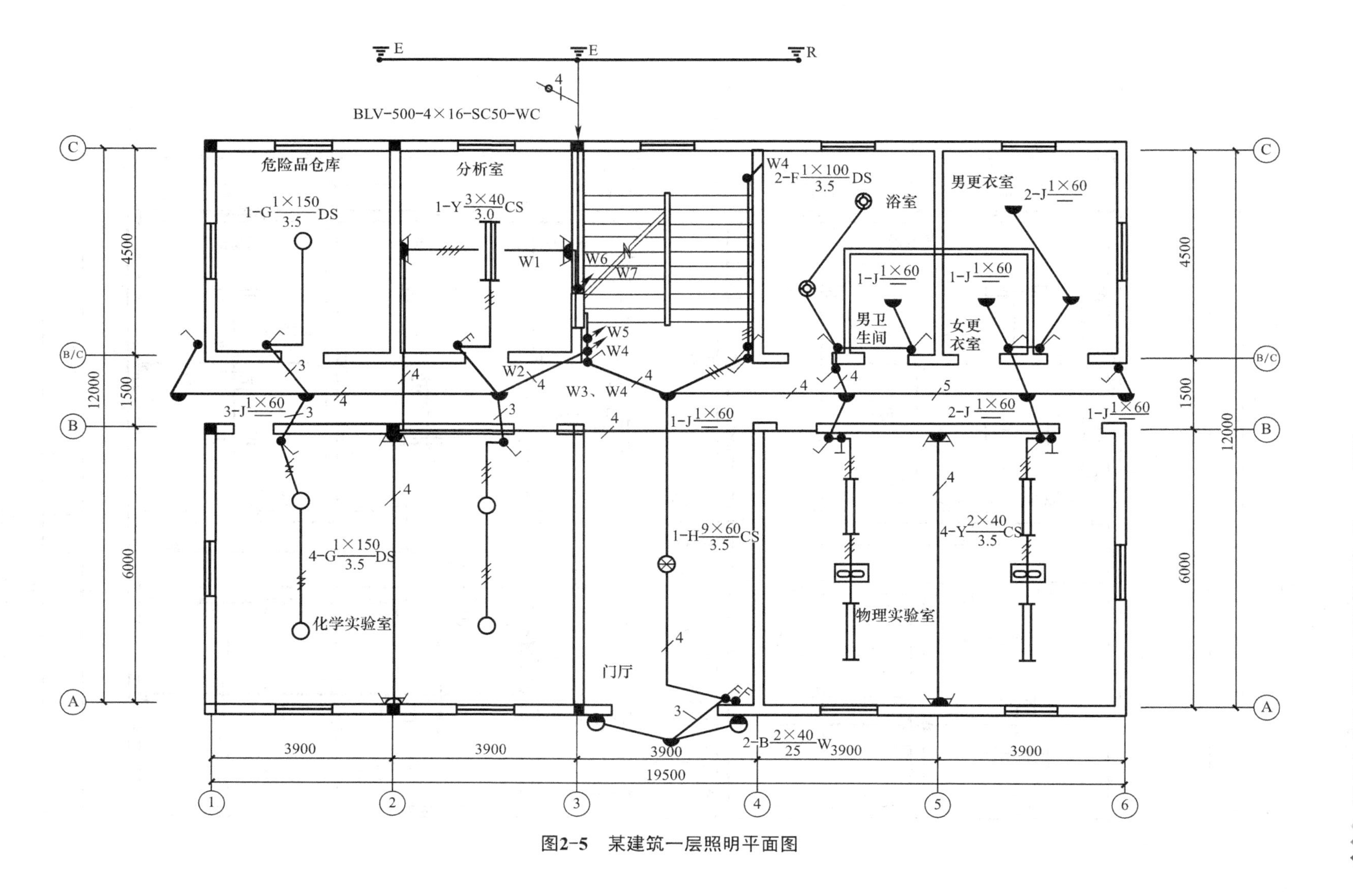

图2-5 某建筑一层照明平面图

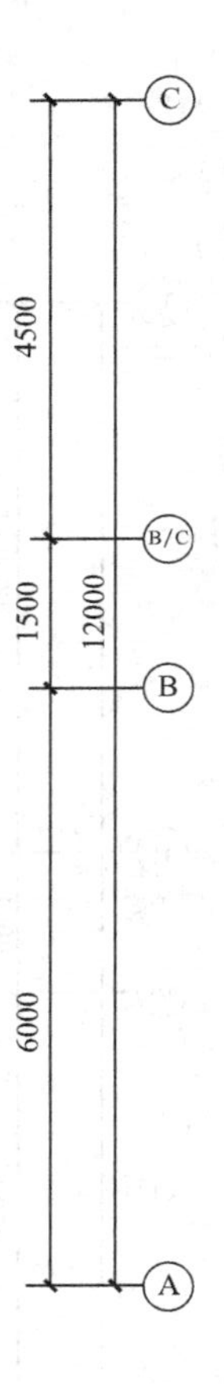

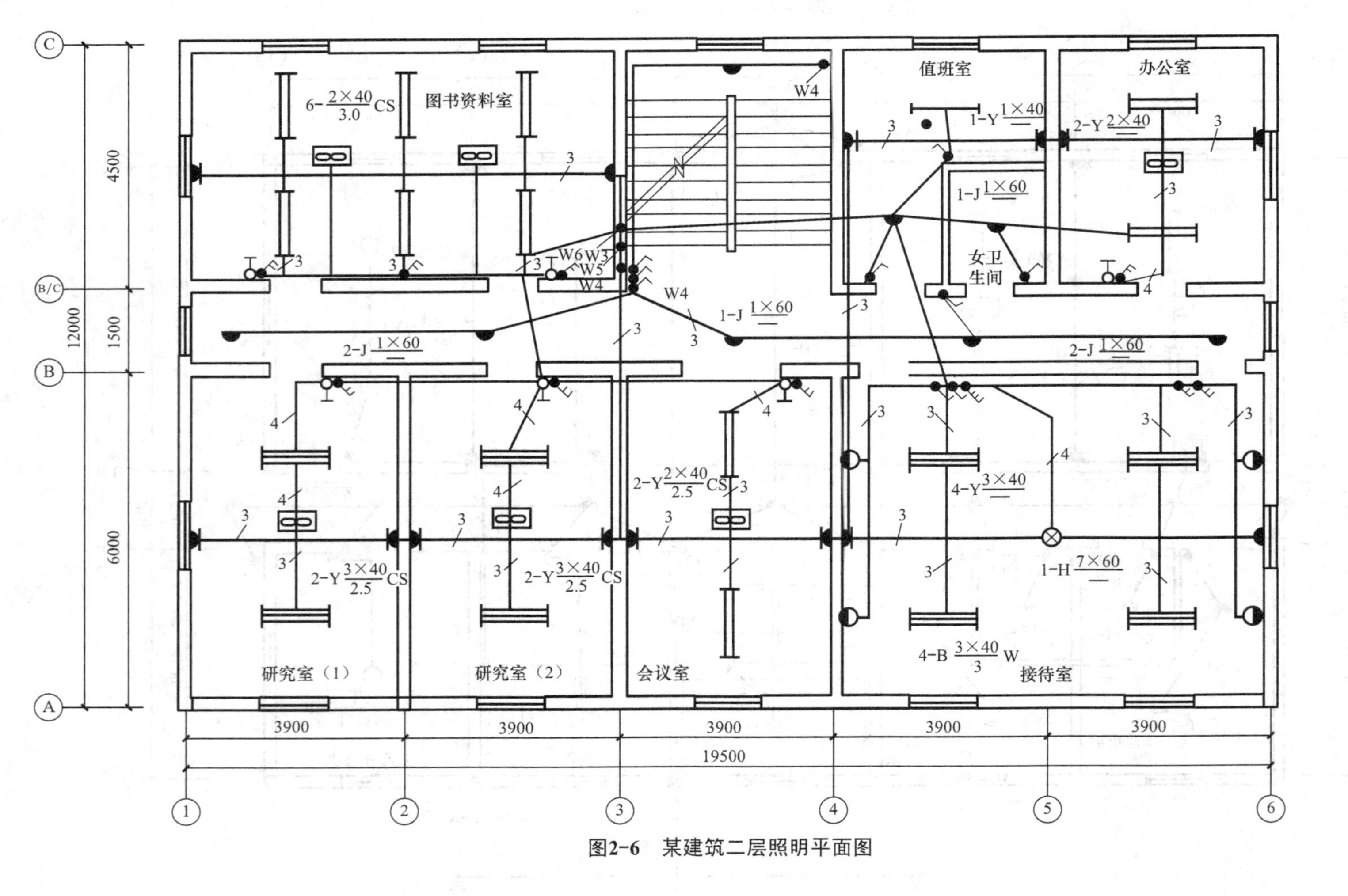

图2-6　某建筑二层照明平面图

(1) 施工说明

1) 电源为三相四线380/220V，接户线为BLV-500V-4×16mm^2，自室外架空线路引入，进户时在室外埋设接地极进行重复接地。

2) 化学实验室、危险品仓库按爆炸性气体环境分区为2号，并按防爆要求进行施工。

3) 配线：三相插座电源导线采用BV-500-4×4mm^2，穿直径为20mm的焊接钢管埋地敷设，③轴西侧照明为焊接钢管暗敷，其余房间均为PVC硬质塑料管暗敷。导线采用BV-500-2.5mm^2。

4) 灯具代号说明：G——隔爆灯；J——半圆球吸顶灯；H——花灯；F——防水防尘灯；B——壁灯；Y——荧光灯。

(2) 进户线

根据阅读建筑电气平面图的一般规律，按电流流向依次阅读，亦即从电源入户的进户线→配电箱→干线回路→分支干线回路→分支线及用电设备。

从一层照明平面图可知，该工程进户点处于③轴线，进户线采用4根16mm^{2}铝芯聚氯乙烯绝缘导线，穿钢管自室外低压架空线路引至室内配电箱，在室外埋设3根垂直接地体进行重复接地，从配电箱开始接出PE线，成为三相五线制和单相三线制。

(3) 照明设备布置情况

由于楼内各房间的用途不同，所以各房间布置的灯具类型和数量都不一样。

1) 一层设备布置情况：物理实验室装4盏双管荧光灯，每盏灯管功率40W，采用链吊安装，安装高度为距地工3.5m，4盏灯用两只单极开关控制；另外有2只暗装三相插座，2台吊扇。

化学实验室有防爆要求，装有4盏防爆灯，每盏灯内装一支150W的白炽灯泡，管吊式安装，安装高度距地3.5m，4盏灯用2只防爆式单极开关控制，另外还装有密闭防爆三相插座2个。危险品仓库亦有防爆要求，装有一盏防爆灯，管吊式安装，安装高度距地3.5m，由一只防爆单极开关控制。

分析室要求光色较好，装有一盏三管荧光灯，每只灯管功率为40W，链吊式安装，安装高度距地3m，用2只暗装单极开关控制，另有暗装三相插座2个。由于浴室内水气多，较潮湿，所以装有2盏防水防尘灯，内装100W白炽灯泡，管吊式安装，安装高度距地3.5m，2盏灯用一个单极开关控制。

男卫生间、女更衣室、走道、东西出口门外都装有半圆球吸顶灯。一层门厅安装的灯具主要起装饰作用，厅内装有一盏花灯，内装有9个60W的白炽灯，采用链吊式安装，安装高度距地3.5m。进门雨棚下安装1盏半圆球吸顶灯，内装一个60W灯泡，吸顶安装。大门两侧分别装有1盏壁灯，内装2个40W白炽灯泡，安装高度为2.5m。花灯、壁灯、吸顶灯的控制开关均装在大门右侧，共有4个单极开关。

2) 二层设备布置情况：接待室安装了3种灯具。花灯一盏，内装7个60W白炽灯泡，为吸顶安装；三管荧光灯4盏，每只灯管功率为40W，吸顶安装；壁灯4盏，每盏内装3个40W白炽灯泡，安装高度3m；单相带接地孔的插座2个，暗装；总计9盏灯由11个单极开关控制。会议室装有双管荧光灯2盏，每只灯管功率40W，链吊安装，安装高度2.5m，两只开关控制；另外还装有吊扇一台，带接地插孔的单相插座2个。研究室（1）和（2）分别装有3管荧光灯2盏，每只灯管功率40W，链吊式安装，安装高度2.5m，均用2个开关控制；另有吊扇一台，带接地插孔的单相插座2个。

图书资料室装有双管荧光灯6盏，每只灯管功率40W，链吊式安装，安装高度为3m；吊扇2台；6盏荧光灯由6个开关控制，带接地插孔的单相插座2个。办公室装有双管荧光灯2盏，每只灯管功率40W，吸顶安装，各由1个开关控制；吊扇一台，带接地插孔的单相插座2个。值班室装有1盏单管荧光灯，吸顶安装；还装有一盏半圆球吸顶灯，内装一只60W白炽灯；2盏灯各自用1个开关控制，带接地插孔的单相插座2个。女卫生间、走道、楼梯均装有半圆球吸顶灯，每盏1个60W的白炽灯泡，共7盏。楼梯灯采用2只双控开关分别在二楼和一楼控制。

（4）各配电回路负荷分配

根据图2-24配电系统图可知，该照明配电箱设有三相进线总开关和三相电度表，共有8条回路，其中W1为三相回路，向一层三相插座供电；W2向一层③轴线西部的室内照明灯具及走廊供电；W3向③轴线以东部分的照明灯具供电；W4向一层部分走廊灯和二层走廊灯供电；W5向二层单相插座供电；W6向二层④轴线西部的会议室、研究室、图书资料室内的灯具、吊扇供电；W7为二层④轴线东部的接待室、办公室、值班室及女卫生间的照明、吊扇供电；W8为备用回路。

考虑到三相负荷应尽量均匀分配的原则，W2～W8支路应分别接在L1、L2、L3三相上。因W2、W3、W4和W5、W6、W7各为同一层楼的照明线路，应尽量不要接在同一相上，因此，可将W2、W6接在L1相上；将W3、W7接在L2相上；将W4、W5接在L3相上。

（5）各配电回路连接情况

各条线路导线的根数及其走向是电气照明平面图的主要表现内容之一，真正搞清楚每根导线的走向及导线根数的变化原因，对初学者来说难度很大。为解决这一问题，在识别线路连接情况时，应首先了解采用的接线方法是在开关盒、灯头盒内接线，还是在线路上直接接线；其次是了解各照明灯具的控制方式，应特别注意分清哪些是采用2个甚至3个开关控制一盏灯的接线，然后再一条线路一条线路地逐一查看，这样就不难搞清楚导线的数量了。下面根据照明电路的工作原理，对各回路的接线情况进行分析。

1）W1回路：W1回路为一条三相回路，外加一根NPE线，共4条线，引向一层的各个三相插座。导线在插座盒内进行共头连接。

2）W2回路：W2回路的走向及连接情况：W2、W3、W4各一根相线和一根零线，加上W2回路的一根PE线（接防爆灯外壳）共7根线，由配电箱沿③轴线引出到Ⓑ/Ⓒ轴线交叉处开关盒上方的接线盒内。其中，W2在③轴线和Ⓑ/Ⓒ轴线交叉处的开关盒上方的接线盒处与W3、W4分开，转而引向一层西部的走廊和房间，其连接情况如图2-7所示。

W2相线在③与Ⓑ/Ⓒ轴线交叉处接入一只暗装单极开关，控制西部走廊内的两盏半圆球吸顶灯，同时往西引至西部走廊第一盏半圆球吸顶灯的灯头盒内，并在灯头盒内分

成3路。第一路引至分析室门侧面的二联开关盒内，与2只开关相接，用这2只开关控制3管荧光灯的3只灯管，即1只开关控制1只灯管，另1只开关控制2只灯管，以实现开1只、2只、3只灯管的任意选择。第二路引向化学实验室右边防爆开关的开关盒内，这只开关控制化学实验室右边的2盏防爆灯。第三路向西引至走廊内第二盏半圆吸顶灯的灯头盒内，在这个灯头盒内又分成3路，一路引向西部门灯，一路引向危险品仓库，一路引向化学实验室左侧门边防爆开关盒。

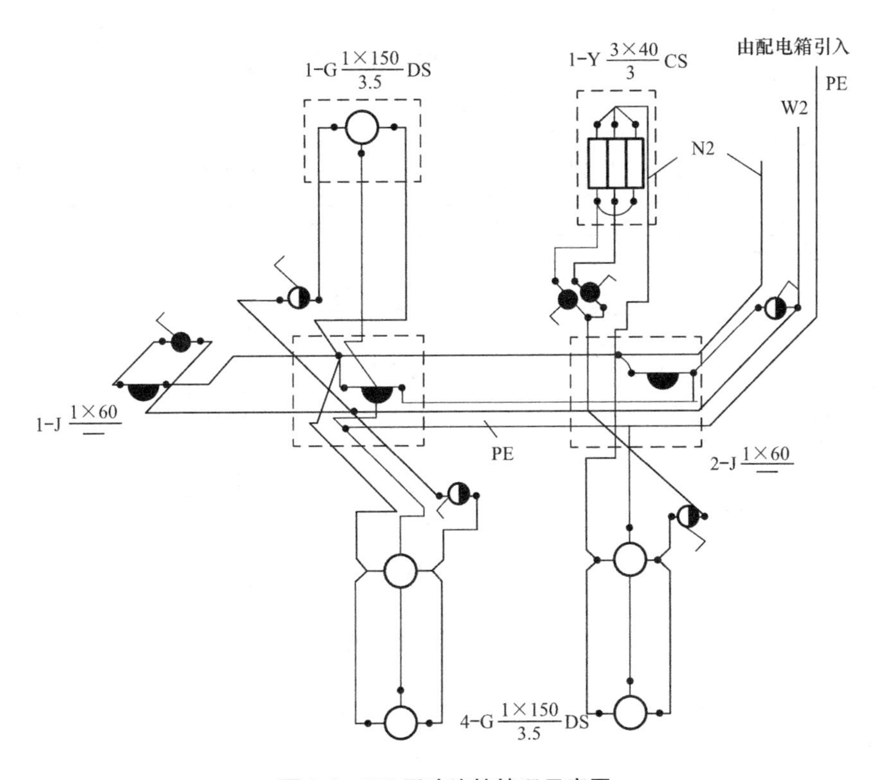

图2-7 W2回路连接情况示意图

3根零线在③轴线与Ⓑ/Ⓒ轴线交叉处的接线盒处分开，一路和W2相线一起走，同时还有一根PE线，并和W2相线同样在一层西部走廊灯的灯头盒内分支，另外2根随W3、W4引向东侧和二楼。

3）W3回路的走向和连接情况：W3、W4相线各带一根零线，沿③轴线引至③轴线和Ⓑ/Ⓒ轴线交叉处的接线盒，转向东南引至一层走廊正中的半圆球吸顶灯的灯头盒内，但W3回路的相线和零线只是从此通过（并不分支），一直向东至男卫生间门前的半圆球吸顶灯灯头盒，在此盒内分成3路，分别引向物理实验室西门、浴室和继续向东引至更衣室门前吸顶灯灯头盒，并在此盒内再分成3路，又分别引向物理实验室东门、更衣室及东端门灯。

4）W4回路的走向和连接情况：W4回路在③轴线和Ⓑ/Ⓒ轴线交叉处的接线盒内分成2路，一路由此引上至二层，向二层走廊灯供电，另一路向一层③轴线以东走廊灯供电。该分支与W3回路一起转向东南引至一层走廊正中的半圆球吸顶灯，在灯头盒内分成 3 路，一路引至楼梯口右侧开关盒，接开关；第二路引向门厅花灯，直至大门右侧开关盒，作为门厅花灯及壁灯等的电源，第三路与 W3 回路一起沿走廊引至男卫生间门前半圆球吸顶灯，再到更衣室门前吸顶灯及东端门灯。其连接情况如图 2-8 所示。

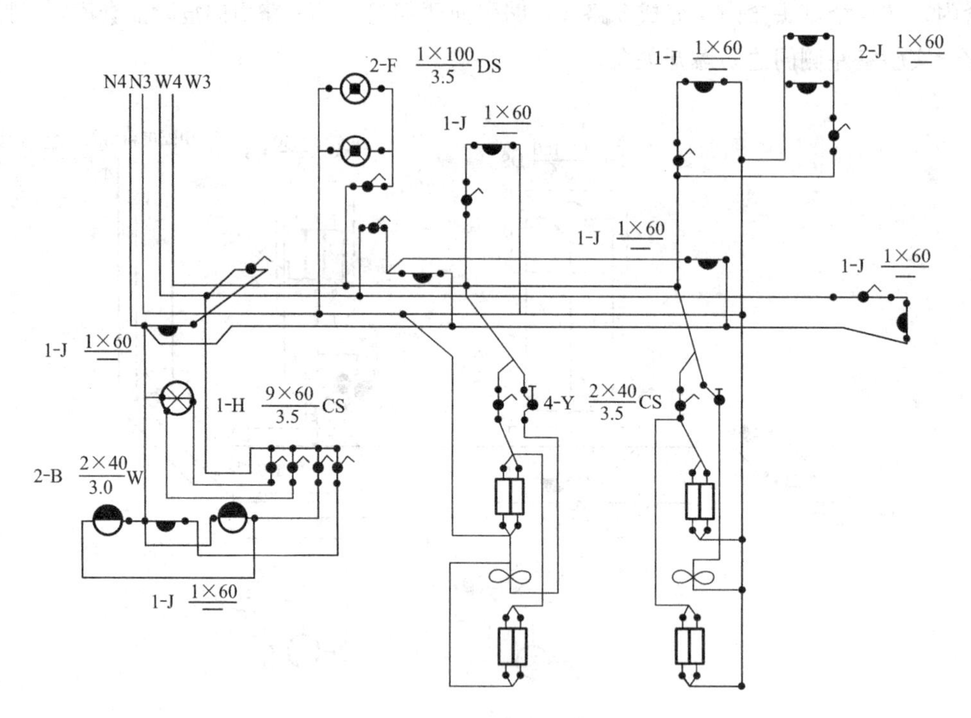

图 2-8 W3、W4 回路连接情况示意图

5）W5 回路的走向和线路连接情况：W5 回路是向二层单相插座供电的，W5 相线 L3、零线 N 和接地保护线 PE 共 3 根 $4mm^2$ 的导线穿 PVC 管由配电箱直接引向二层，沿墙及地面暗配至各房间单相插座。

6）W6 回路的走向和线路连接情况：W6 相线和零线穿 PVC 管由配电箱直接引向二层，向④轴线西部房间供电。线路连接情况可自行分析。在研究室（1）和研究室（2）房间中从开关至灯具、吊扇间导线根数标注依次是 4-4-3，其原因是两只开关不是分别控制两盏灯，而是分别同时控制两盏灯中的 1 支灯管和 2 支灯管。

7）W7 回路的走向和连接情况：W7 回路同 W6 回路一起向上引至二层，再向东至值班室灯位盒，然后再引至办公室、接待室。

在前面几条回路的分析中，我们分析的顺序都是从开关到灯具，反过来，也可以从灯具到开关进行阅读。例如，图 2-6 中接待室西边门东侧有 7 只开关，④轴线上有 2 盏壁灯，导线的根数是递减的 3-2，这说明两盏壁灯各用一只开关控制，这样还剩下 5 只开关，还有 3 盏灯具，④～⑤轴线间的两盏荧光灯，导线根数标注都是 3 根，其中必有一根是零线，剩下的必定是 2 根开关线了，由此可推定这 2 盏荧光灯是由 2 只开关共同控制的，即每只开关同时控制两盏灯中的 1 支灯管和 2 支灯管，利于节能。这样，剩下的 3 只开关就是控制花灯的了。

以上分析画出了部分回路的连接示意图，目的是帮助读者更好地阅读图纸。在实际工程图中，图纸上并没有这种照明接线图，此处是为初学者更快入门而绘制的。

任务 2.2 配管、配线

任务描述

根据《通用安装工程工程量计算规范》GB 50856—2013（以下简称《工程量计算规范》），配管、配线工程量清单共设置了：配管、线槽、桥架、配线、接线箱、接线盒六个清单项目。

完成本任务的学习后，学习者应能按照施工图纸计算以上项目中常用项目的工程量，编制工程量清单，进行工程量清单计价。

实例工程概况（节选）：某住宅楼配管配线施工图见图 2-9～图 2-12。

设计说明：本建筑底层层高为 2.2m，其余层高 3.0m，板厚 0.1m，配电箱距地高度 AW：1.0m；ALH：1.5m。

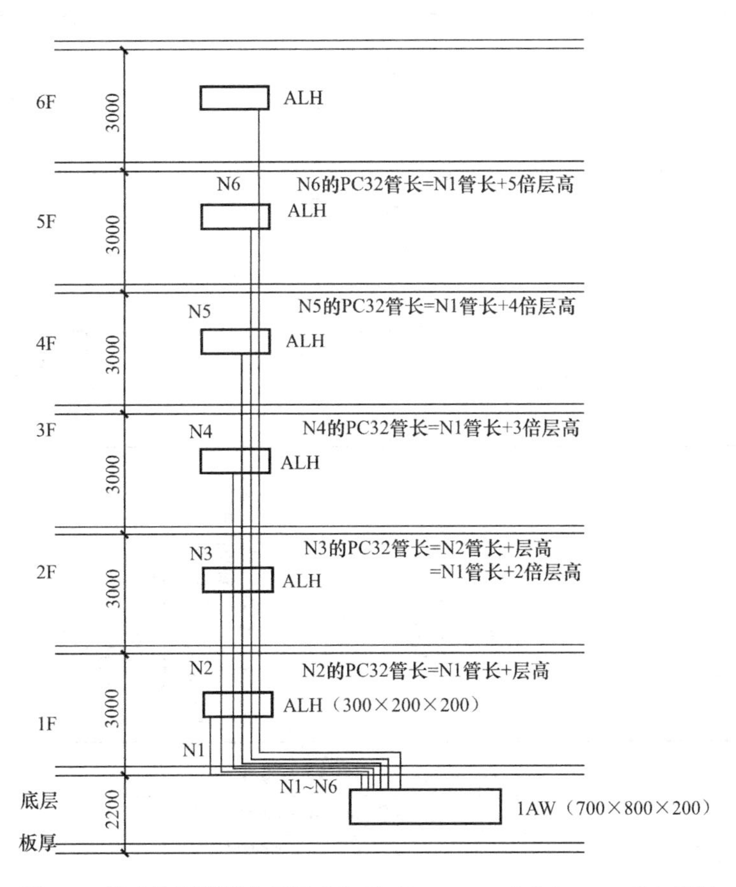

图 2-9 某建筑照明配电干线走向图（N7～N12 走向与 N1～N6 对称）

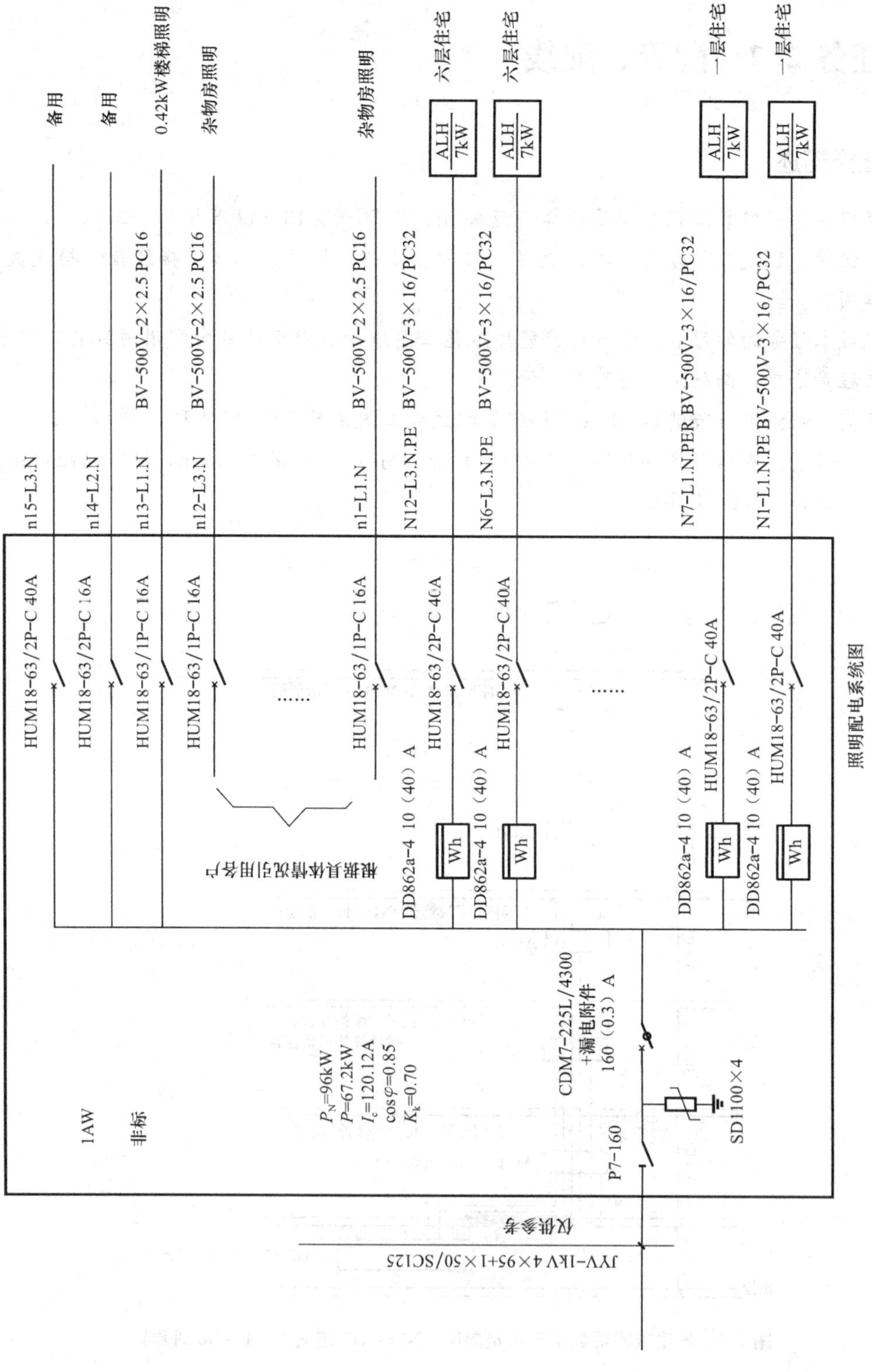

1AW

非标

P_N=96kW
P=67.2kW
I_c=120.12A
cosφ=0.85
K_k=0.70

JYV-1kV 4×95+1×50/SC125

仅供参考

P7-160

CDM7-225L/4300
+漏电附件
160（0.3）A

SD1100×4

根据具体情况引用各户

HUM18-63/2P-C 40A　n15-L3.N　备用

HUM18-63/2P-C 16A　n14-L2.N　备用

HUM18-63/1P-C 16A　n13-L1.N　BV-500V-2×2.5 PC16　0.42kW楼梯照明

HUM18-63/1P-C 16A　n12-L3.N　BV-500V-2×2.5 PC16　杂物房照明

……

HUM18-63/1P-C 16A　n1-L1.N　BV-500V-2×2.5 PC16　杂物房照明

DD862a-4 10（40）A　Wh　HUM18-63/2P-C 40A　N12-L3.N.PE　BV-500V-3×16/PC32　ALH 7kW　六层住宅

DD862a-4 10（40）A　Wh　HUM18-63/2P-C 40A　N6-L3.N.PE　BV-500V-3×16/PC32　ALH 7kW　六层住宅

……

DD862a-4 10（40）A　Wh　HUM18-63/2P-C 40A　N7-L1.N.PER BV-500V-3×16/PC32　ALH 7kW　一层住宅

DD862a-4 10（40）A　Wh　HUM18-63/2P-C 40A　N1-L1.N.PE BV-500V-3×16/PC32　ALH 7kW　一层住宅

照明配电系统图

图2-10　某建筑照明配电系统图

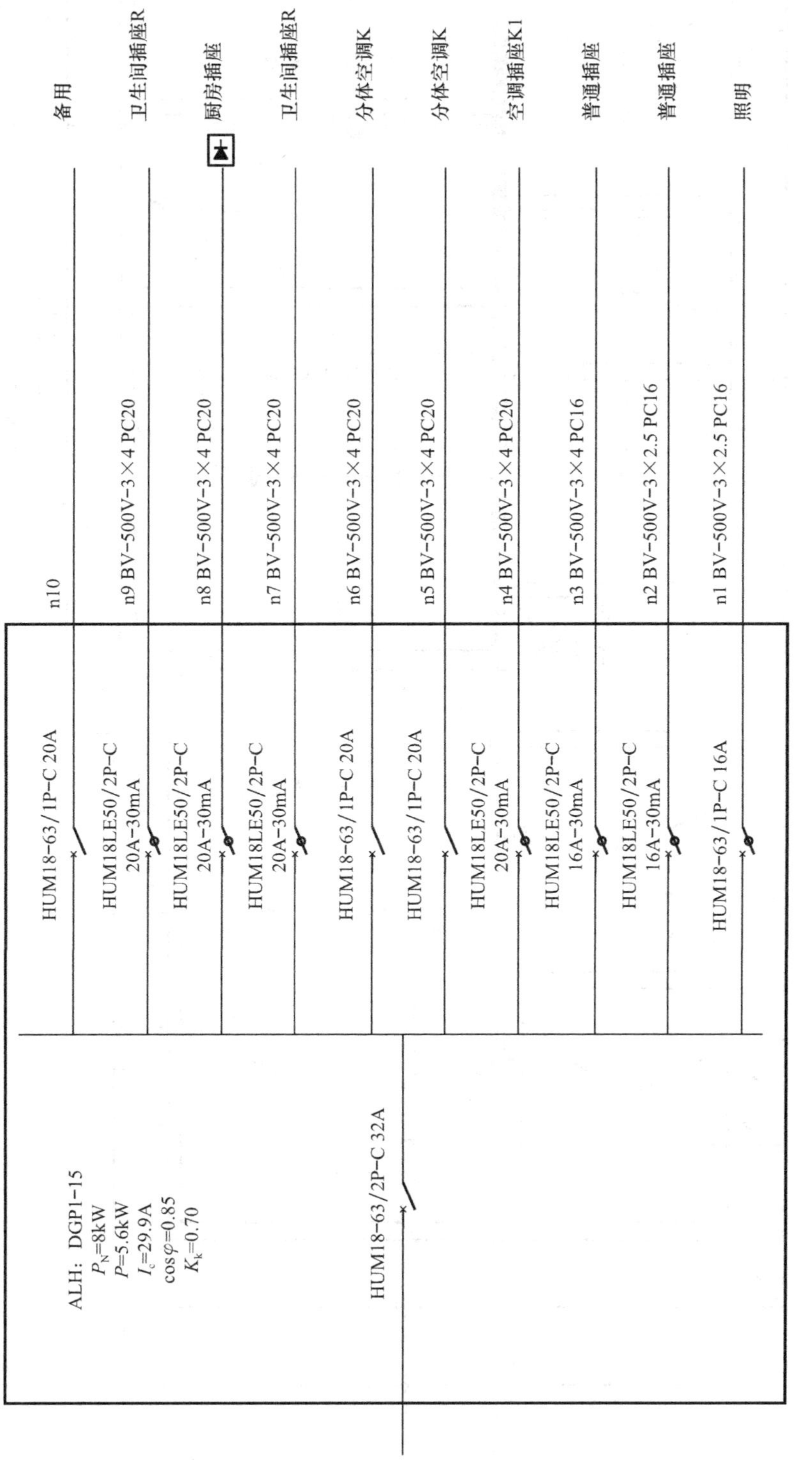

ALH：DGP1-15
P_N=8kW
P=5.6kW
I_c=29.9A
cosφ=0.85
K_k=0.70

HUM18-63/2P-C 32A

开关	回路	用途
HUM18-63/1P-C 20A	n10	备用
HUM18LE50/2P-C 20A-30mA	n9 BV-500V-3×4 PC20	卫生间插座R
HUM18LE50/2P-C 20A-30mA	n8 BV-500V-3×4 PC20	厨房插座
HUM18LE50/2P-C 20A-30mA	n7 BV-500V-3×4 PC20	卫生间插座R
HUM18-63/1P-C 20A	n6 BV-500V-3×4 PC20	分体空调K
HUM18-63/1P-C 20A	n5 BV-500V-3×4 PC20	分体空调K
HUM18LE50/2P-C 20A-30mA	n4 BV-500V-3×4 PC20	空调插座K1
HUM18LE50/2P-C 16A-30mA	n3 BV-500V-3×4 PC16	普通插座
HUM18LE50/2P-C 16A-30mA	n2 BV-500V-3×2.5 PC16	普通插座
HUM18-63/1P-C 16A	n1 BV-500V-3×2.5 PC16	照明

图2-11 某建筑照明配电箱系统图

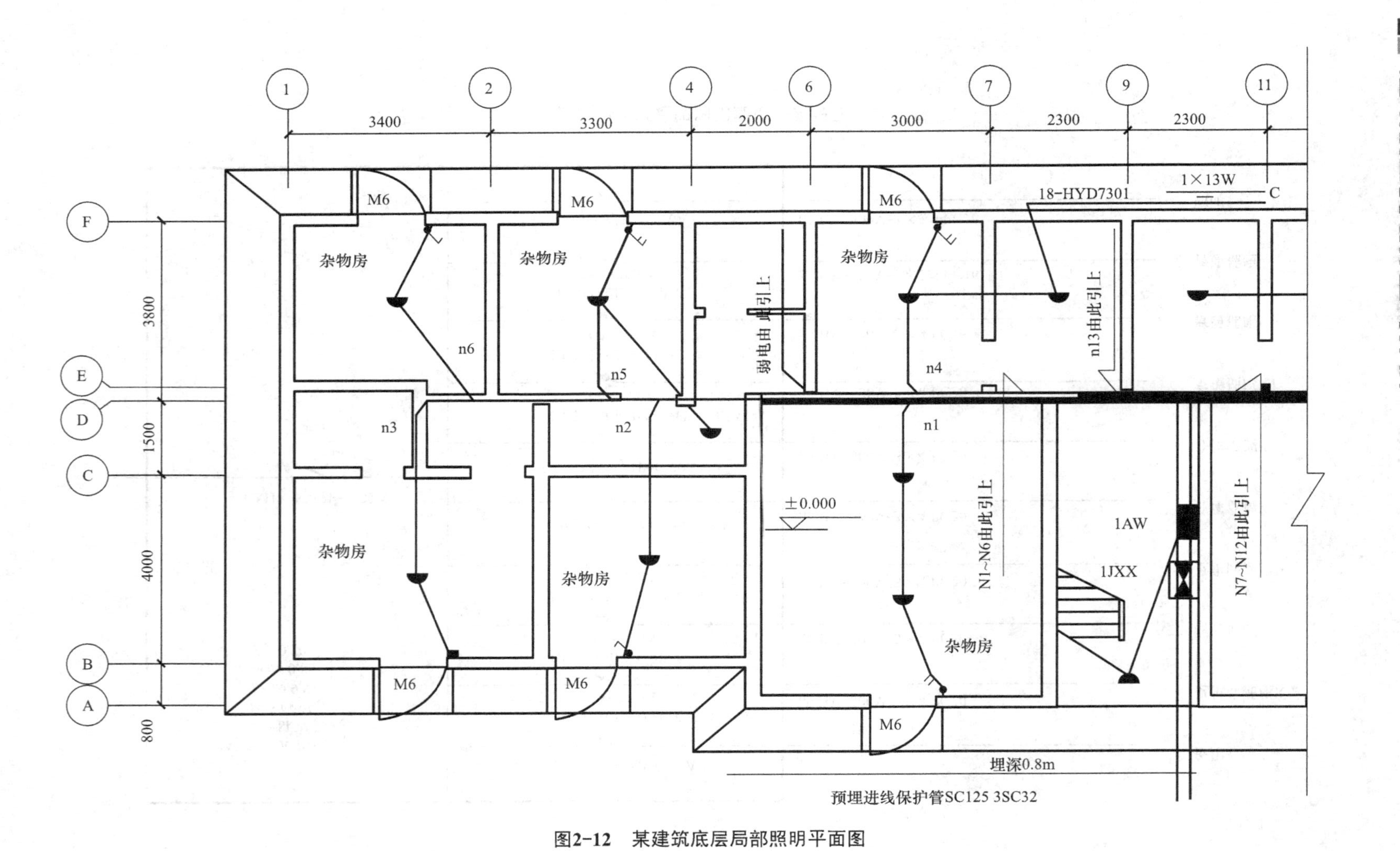

图2-12　某建筑底层局部照明平面图

2.2.1　清单列项及工程量计算规则

知识构成

1. 工程量清单项目设置（见表2-12）

D.11 配管、配线（编码：030411）　　表2-12

项目编码	项目名称	项目特征	计量单位	工程量计算规则	工作内容
030411001	配管	1. 名称 2. 材质 3. 规格 4. 配置形式 5. 接地要求 6. 钢索材质、规格	m	按设计图示尺寸以长度计算	1. 电线管路敷设 2. 钢索架设（拉紧装置安装） 3. 预留沟槽 4. 接地
030411002	线槽	1. 名称 2. 材质 3. 规格			1. 本体安装 2. 补刷（喷）油漆
030411004	配线	1. 名称 2. 配线形式 3. 型号 4. 规格 5. 材质 6. 配线部位 7. 配线线制 8. 钢索材质、规格	m	按设计图示尺寸以单线长度计算（含预留长度）	1. 配线 2. 钢索架设（拉紧装置安装） 3. 支持体（夹板、绝缘子、槽板等）安装
030411005	接线箱	1. 名称 2. 材质 3. 规格 4. 安装形式	个	按设计图示数量计算	本体安装
030411006	接线盒				

2. 清单注意事项

（1）配管、线槽安装不扣除管路中间的接线箱（盒）、灯头盒、开关盒所占长度。

（2）配管名称指电线管、钢管、防爆管、塑料管、软管、波纹管等。

（3）配管配置形式指明配、暗配、吊顶内、钢结构支架、钢索配管、埋地敷设、水下敷设、砌筑沟内敷设等。

（4）配线名称指管内穿线、瓷夹板配线、塑料夹板配线、绝缘子配线、槽板配线、塑料护套配线、线槽配线、车间带形母线等。

（5）配线形式指照明线路，动力线路，木结构，顶棚内，砖、混凝土结构，沿支架、钢索、屋架、梁、柱、墙，以及跨屋架、梁、柱。

（6）配线保护管遇到下列情况之一时，应增设管路接线盒和拉线盒：

1）管长度每超过30m，无弯曲；

2）管长度每超过20m，有1个弯曲；

3）管长度每超过15m，有2个弯曲；

4）管长度每超过8m，有3个弯曲。

另外，垂直敷设的电线保护管遇到下列情况之一时，应增设固定导线用的拉线盒：

1）管内导线截面为 $50mm^2$ 及以下，长度每超过 30m；

2）管内导线截面为 $70\sim95mm^2$，长度每超过 20m；

3）管内导线截面为 $120\sim240mm^2$，长度每超过 18m。

在配管清单项目计量时，设计无要求时上述规定可以作为计量接线盒、拉线盒的依据。

（7）配管安装中不包括凿槽、刨沟。

（8）配线进入箱、柜、板的需计预留长度（详见表 2-13）。

3. 清单项目注释

（1）项目编码及项目名称

编写方法：详见项目 1 中 1.2.4 描述。

（2）项目特征描述

1）配管

① 名称：配管；

② 材质：钢管、塑料管；

③ 规格：按设计图示参数取定；

④ 配置形式：明敷、暗敷；

⑤ 接地要求：按设计图示说明取定；

⑥ 钢索材质、规格：按设计图示参数取定。

2）线槽

① 名称：线槽；

② 材质：金属、塑料；

③ 规格：按设计图示参数取定。

3）配线

① 名称：配线；

② 配线形式：照明、动力；

③ 型号：按设计图示参数取定；

④ 规格：按设计图示参数取定；

⑤ 材质：铜芯、铝芯；

⑥ 配线部位：按设计图示说明取定；

⑦ 配线线制：按设计图示参数取定；

⑧ 钢索材质、规格：按设计图示参数取定。

4）接线箱/接线盒

① 名称：接线箱/接线盒；

② 材质：金属、塑料；

③ 规格：按设计图示参数取定；

④ 安装形式：明装、暗装。

知识拓展

以下是清单项目对应的相关定额项目的定额工程量计算规则（各地定额计算规则有一定偏差，以当地定额计算规则为准）。

1. 配管

（1）一般规定

各种配管工程应区别不同敷设方式（明、暗敷设）、敷设位置及管子材质、规格，以“延长米”为单位计算，不扣除管路中间的接线箱（盒）、灯头盒、开关盒所占的长度。

电线管、钢管配管工作内容包括：测位、划线、打眼，埋螺栓，锯管、套丝、摵弯，配管，接地，刷漆。防爆钢管还包括试压。

（2）配管工程量的计算要领

1）顺序计算方法：从起点到终点。从配电箱起按各个回路进行计算，即从配电箱→用电设备。

2）分片划块计算方法：计算工程量时，按建筑平面形状特点及系统图的组成特点分片划块计算，然后分类汇总。

3）分层计算方法：在一个分项工程中，如遇有多层或高层建筑物，可采用由底层至顶层分层计算的方法进行计算。

计算时应注意配管工程不包括接线箱、盒的制作安装；电线管需要在混凝土地面刨沟敷设时，应另套定额有关项目；钢管敷设、防爆钢管敷设中的接地跨接线定额综合了焊接和采用专用接地卡子两种方式；刚性阻燃管暗配定额是按切割墙体考虑的，其余暗配管均按配合土建预留、预埋考虑，如果设计或工艺要求切割墙体时，另套墙体剔槽定额。

（3）配管工程量的计算方法

按管材质、敷设地点、管径不同分项，以“100m”为计量单位，先干管、后支管，按楼层、供电系统各回路逐条列式计算。PVC 管、PC 管一般采用粘结连接方式。

管长＝水平长＋垂直长

1）水平方向敷设的线管工程量计算

以施工平面布置图的线管走向和敷设部位为依据，以各配件安装平面位置的中心点为基准点，用比例尺测水平长度，或者借用建筑物平面图所标墙、柱轴线尺寸和实际到达位置进行线管长度的计算。

注意：管线工程量原则上是按照图示设计走向计算，但如果施工图走向严重偏离实际走向图，则要结合实际走向来计算（如管线敷设中穿过竖井、楼梯、卫生间时不应按直线量取）。

2）垂直方向敷设的线管工程量计算

垂直方向的配线，一般应遵循就近原则：即灯具回路，一般由配电线上引进行配管；插座回路，一般由配电箱下引进行配管。

垂直长度计算：统计各部分的垂直长度，可以根据施工设计说明中给出的设备和照明器具的安装高度来计算。

配电箱：

上返至顶棚垂直长度＝楼层高－(配电箱底距地高度＋配电箱高＋1/2 楼板厚)；

下返至地面垂直长度＝配电箱底距地高度＋1/2 楼板厚。

开关、插座：插座从上返下来时，垂直长度＝楼层高－(开关、插座安装高度＋1/2 楼板厚)；

插座从下返上来时，垂直长度＝安装高度（距地高度)＋1/2 楼板厚。

需要注意的是 1/2 楼板厚在实际工程中一般不考虑。

(4）套定额时注意事项

1）电线管与钢管的区别：电线管是指螺纹连接的薄壁钢管，钢管是指螺纹连接的国标焊接钢管（又称水煤气管)。

2）刚性阻燃管与半硬质阻燃管的区别：刚性阻燃管为刚性 PVC 管，也叫 PVC 冷弯电线管，分轻型、中型和重型，管材长度一般 4m/根，管道弯曲时需要用专用弹簧，用胶水粘接；半硬质阻燃管由聚氯乙烯树脂加入增塑剂、稳定剂和阻燃剂等挤出成型而得，管道弯曲自如，无需加热和弯管弹簧，用胶水粘接，成捆供应，每捆 100m。

3）PC 管与 PVC 管区别：PC 是聚碳酸酯，称为“透明金属”，具有优良的综合性能，冲击韧性和延伸性好；PVC 管是聚氯乙烯管，材质较 PC 管脆。套定额时，PC 管套刚性阻燃管。

2. 配管接线箱、盒安装工程量计算

(1）接线箱安装工程量

区分明装、暗装，按接线箱半周长（指的是箱的宽度＋高度，在设计说明、材料表或接线箱系统中可以找到接线箱规格）区别规格分别以“个”为单位计算。接线箱本身价值需另行计算。电缆接线箱、等电位箱等另外套相应的定额。

(2）接线盒安装工程量

区分明装、暗装及钢索上接线盒，分别以“个”为单位计算。接线盒价值另行计算。

明装接线盒包括接线盒、开关盒安装两个子项；暗装接线盒包括普通接线盒和防爆接线盒安装两个子项。接线盒安装亦适用于插座底盒的安装。

计算时应注意：

1）接线盒安装发生在管线分支处或管线转弯处时按要求计算接线盒工程量。

2）线管敷设超过下列长度时，中间应加接线盒：

管子长度每超过 30m 无弯时；

管子长度每超过 20m 中间有一个弯时；

管子长度每超过 15m 中间有两个弯时；

管子长度每超过 8m 中间有三个弯时。

两接线盒间对于暗配管其直角弯曲不得超过三个，明配管不得超过四个。

3）定额中开关、插座及灯具已包括接线盒的安装及材料费用。如果工程中开关、插座及灯具只穿线到盒子后盖空白面板即交工的，则开关、插座及灯具的接线盒按以上方法计算。

3. 管内穿线工程量计算

(1) 一般规定

管内穿线应区分照明线路和动力线路，以及不同导线的截面大小按“单线延长米”计算。其内容包括穿引线、扫管、涂滑石粉、穿线、编号、接焊包头等。导线价值另行计算。

按线用途、截面、材质（铜、铝芯）分项，以“100m 单线”为计量单位。

计算时应注意：

1) 照明与动力线路的分支接头线的长度已分别综合在定额内，编制预算时不再计算接头工程量。

2) 照明线路只编制了截面 $4mm^2$ 以下的，截面 $4mm^2$ 以上照明线路按动力线路定额计算。

(2) 管内穿线工程量计算方法

管内穿线长度=(配管长度+导线预留长度)×同截面导线根数

计算时要注意：

1) 导线进入开关箱、柜及设备的预留长度见表 2-13。

2) 灯具、照明开关、暗开关、插座、按钮等预留线、线路分支接头线，已分别综合在相应定额内，不得另行计算。

3) 系统中的备用回路：该回路作为配电系统中的预留用，不进行配线，所以不用计算备用回路配管、配线的工程量。

4. 明敷设线路工程量计算

明敷设线路常采用线槽配线的方式。

(1) 线槽及槽架工程量计算方法

1) 线槽安装工程量，区分为金属线槽（MR）和塑料线槽（PR）。按照线槽不同的宽×高以“10m”为计量单位计算，执行相关定额。金属线槽宽<100mm 使用加强塑料线槽定额，金属线槽安装定额亦适用于线槽在地面内暗敷设。

2) 线槽配线工程量，应区别导线截面，以单根线路延长米“100m 单线”为计量单位计算，当照明线超过 $4mm^2$ 时，套用动力线定额。其工作内容包括：清扫线槽、放线、编号、对号、接焊包头。导线价值应另行计算。

3) 槽架安装按其宽（mm）×深（mm）区分不同规格，分别以“m”为单位计算。工作内容包括：定位、打眼、支架安装、本体固定。但槽架本身价值应根据设计用量另行计算。

导线预留长度（m） 表 2-13

序号	项目	每一根线预留长度	说明
1	各种开关、柜、板	宽+高	盘面尺寸
2	单独安装（无箱、盘）的铁壳开关、闸刀开关、启动器线梢进出线盒等	0.3m	从安装对象中心起
3	由地面管子出口引至动力接线箱	1.0m	从管口计算
4	电源与管内导线连接（管内穿线与软、硬母线接点）	1.5m	从管口计算
5	出户线	1.5m	从管口计算

(2) 塑料护套线明敷设工程量

应区别导线截面、导线芯数(二芯、三芯)、敷设位置(木结构;砖、混凝土结构;沿钢索、砖和混凝土结构粘接),以单线路“延长米”为计量单位。

5. 其他分项工程量计算

(1) 动力配管混凝土地面刨沟、墙体剔槽工程量

按管子直径区分规格,以“延长米”为单位计算。内容包括:测位、划线、刨沟、清理、填补等。

(2) 配电箱工程量计算

1) 施工内容与方式

根据设计要求,建筑电气照明配电系统的配电装置可能是配电柜的形式,也可能是小型配电箱的形式。配电柜落地安装,配电箱一般挂墙明装或嵌墙暗装。

2) 工程量计算

成套型动力、照明控制箱安装工程量直接从施工图上按型号、规格、安装方式分别计算。

落地式,如 XL 型以“台”为单位计量,套用“落地式成套配电箱安装”定额;悬挂嵌入式以“台”为单位计量,按箱投影到墙上的半周长(宽度+高度)分项,套用的“悬挂嵌入式成套配电箱安装”定额。

计算时应注意:进出配电箱的电线,当导线截面 $S \geqslant 10mm^2$ 时,需计焊(压)接线端子。配电箱的主材价一般从厂家询价获得,也可按【例 2-1】中的公式估算。

【例 2-1】 计算图 2-9 中系统干线配管及配线的清单工程量。

【解】 经分析计算,干线配管清单工程量计算见表 2-14。

照明系统干线配管清单工程量计算表 表 2-14

项目名称	单位	数量	工程量计算式	备注
刚性阻燃管砖混结构暗配 PC32 N1~N12 回路	m	169.2	N1 回路:1AW→一层 ALH PC32 管长=垂直向上长度↑+水平长度→+垂直向上长度↑ =↑(底层层高 2.2-板厚 0.1-1AW 安装高 1.0-1AW 箱高 0.8)+→(2.1+2.6)+↑(板厚 0.1+ALH 安装高 1.5) =6.6m N2 回路:1AW→二层 ALH PC32 管长=N1 管长+一层层高 =6.6+3.0=9.6m N3 回路管长 12.6m N4 回路管长 15.6m N5 回路管长 18.6m N6 回路管长 21.6m (N7~N12 的管长计算同 N1~N6)	

干线中管内穿线清单工程量计算见表 2-15。

管内穿线清单工程量　　表 2-15

项目名称	单位	数量	工程量计算式	备注
管内穿照明铜芯导线 $16mm^2$	m	579.6	N1 回路线长：管长×导线根数＋预留长度＝6.6×3＋3×(0.7＋0.8)（1AW 预留)＋3×(0.3＋0.2)（一层 ALH 预留)＝25.8m N2 回路线长 34.8m N3 回路线长 43.8m N4 回路线长 52.8m N5 回路线长 61.8m N6 回路线长 70.8m (N7～N12 的线长计算同 N1～N6)	

课堂活动

1. 根据任务布置完成系统干线配管及配线清单工程量计算（表 2-16）。
2. 根据本地区规定填写相应清单与计价表格（表 2-17）。
3. 核对干线配管及配线工程量。
4. 根据本地区消耗量定额及计费规定编制清单项目综合单价分析表。

工程量计算书　　表 2-16

项目名称	工程量计算式	计算结果
刚性阻燃管砖混结构暗配 PC32	(6.9＋9.6＋12.6＋15.6＋18.6＋21.6)×2	169.2m
管内穿照明铜芯导线 $16mm^2$	(25.8＋34.8＋43.8＋52.8＋61.8＋70.8)×2	579.6m

分部分项工程和单价措施项目清单与计价表　　表 2-17

工程名称：　　标段：　　第　页　共　页

序号	项目编码	项目名称	项目特征描述	计量单位	工程量	金额（元）		
						综合单价	合计	其中：暂估价
1	030411001001	配管	1. 名称：刚性阻燃管 2. 材质：PC 3. 规格：32mm 4. 配置形式：暗敷 5. 接地要求：无	m	169.2			
2	030411004001	配线	1. 名称：铜芯导线 2. 配线形式：照明 3. 型号：BV 4. 规格：$16mm^2$ 5. 材质：铜芯 6. 配线部位：沿墙	m	579.6			
本页小计								
合计								

2.2.2 综合单价分析（表 2-18）

分部分项工程和单价措施项目清单与计价表（含定额）

表 2-18

工程名称： 标段： 第 页 共 页

序号	项目编码	项目名称	项目特征描述	计量单位	工程量	金额（元）							
						综合单价	合计	人工费	材料费	机械费	管理费	利润	其中：暂估价
1	030411001001	配管	1. 名称：刚性阻燃管 2. 材质：PC 3. 规格：32mm 4. 配置形式：暗敷 5. 接地要求：无	m	169.2	3.36	567.50	2.39	0.32	0.06	0.24	0.36	
	03021323	刚性阻燃管 PC32		100m	1.69	335.80	567.50	238.64	31.68	5.82	23.86	35.80	
2	030411004001	配线	1. 名称：铜芯导线 2. 配线形式：照明 3. 型号：BV 4. 规格：$16mm^2$ 5. 材质：铜芯 6. 配线部位：沿墙	m	579.6	0.68	393.41	0.36	0.23	0.00	0.04	0.05	
	03021376	管内穿照明铜芯导线 $16mm^2$		100m 单线	5.80	67.83	393.41	35.64	23.28	0.00	3.56	5.35	
	本页小计												
	本页合计												

注：分部分项工程中主材费用暂不计取，管理费设定费率为 10%，利润设定费率为 15%，所采用的定额为《广西壮族在自治区安装工程消耗量定额》第二册定额。

任务 2.3　照明器具安装

任务描述

根据《工程量计算规范》，照明器具安装工程量清单共设置了：普通灯具、工厂灯、高度标志（障碍）灯、装饰灯、荧光灯、医疗专用灯、一般路灯、中杆灯、高杆灯、桥栏杆灯、地道涵洞灯十一个清单项目。控制设备及低压电器安装设置了小电器、端子箱、风扇、照明开关、插座、其他电器六个清单项目。

完成本任务的学习后，学习者应能按照施工图纸计算以上项目中常用项目的工程量，编制工程量清单，进行工程量清单计价。

2.3.1　清单列项及工程量计算规则

知识构成

照明器具安装主要有灯具、灯具开关、插座、安全变压器、电铃、风扇等器具的安装。

1. 普通灯具、工厂灯、高度标志（障碍）灯、装饰灯、荧光灯、医疗专用灯、一般路灯、中杆灯、高杆灯、桥栏杆灯、地道涵洞灯工程量清单项目设置及工程量计算应按《通用安装工程工程量计算规范》GB 50856—2013 附录中表 D.12 照明器具安装（编码：030412）及 D.4 控制设备及低压电器安装（编码：030404），具体内容详见表 2-19 及表 2-20。

D.12 照明器具安装（编码：030412）　　表 2-19

项目编码	项目名称	项目特征	计量单位	工程量计算规则	工作内容
030412001	普通灯具	1. 名称 2. 型号 3. 规格 4. 类型	套	按设计图示数量计算	本体安装
030412002	工厂灯	1. 名称 2. 型号 3. 规格 4. 安装形式			
030412003	高度标志（障碍）灯	1. 名称 2. 型号 3. 规格 4. 安装部位 5. 安装高度			
030412004	装饰灯	1. 名称 2. 型号 3. 规格 4. 安装形式			
030412005	荧光灯				

续表

项目编码	项目名称	项目特征	计量单位	工程量计算规则	工作内容
030412006	医疗专用灯	1. 名称 2. 型号 3. 规格	套	按设计图示数量计算	本体安装
030412007	一般路灯	1. 名称 2. 型号 3. 规格 4. 灯杆材质、规格 5. 灯架形式及臂长 6. 附件配置要求 7. 灯杆形式（单、双） 8. 基础形式、砂浆配合比 9. 杆座材质、规格 10. 接线端子材质、规格 11. 编号 12. 接地要求			1. 基础制作、安装 2. 立灯杆 3. 杆座安装 4. 灯架及灯具附件安装 5. 焊、压接线端子 6. 补刷（喷）油漆 7. 灯杆编号 8. 接地
030412008	中杆灯	1. 名称 2. 灯杆的材质及高度 3. 灯架的型号、规格 4. 附件配置 5. 光源数量 6. 基础形式、浇筑材质 7. 杆座材质、规格 8. 接线端子材质、规格 9. 铁构件规格 10. 编号 11. 灌浆配合比 12. 接地要求			1. 基础浇筑 2. 立灯杆 3. 杆座安装 4. 灯架及灯具附件安装 5. 焊、压接线端子 6. 铁构件安装 7. 补刷（喷）油漆 8. 灯杆编号 9. 接地
030412009	高杆灯	1. 名称 2. 灯杆高度 3. 灯架形式（成套或组装、固定或升降） 4. 附件配置 5. 光源数量 6. 基础形式、浇筑材质 7. 杆座材质、规格 8. 接线端子材质、规格 9. 铁构件规格 10. 编号 11. 灌浆配合比 12. 接地要求	套	按设计图示数量计算	1. 基础浇筑 2. 立灯杆 3. 杆座安装 4. 灯架及灯具附件安装 5. 焊、压接线端子 6. 铁构件安装 7. 补刷（喷）油漆 8. 灯杆编号 9. 升降机构接线调试 10. 接地
030412010	桥栏杆灯	1. 名称 2. 型号 3. 规格 4. 安装形式			1. 灯具安装 2. 补刷（喷）油漆
030412011	地道涵洞灯				

2. 清单注意事项

（1）普通灯具包括圆球吸顶灯、半圆球吸顶灯、方形吸顶灯、软线吊灯、座灯头、吊链灯、防水吊灯、壁灯等。

（2）工厂灯包括工厂罩灯、防水灯、防尘灯、碘钨灯、投光灯、泛光灯、混光灯、密闭灯等。

（3）高度标志（障碍）灯包括烟囱标志灯、高塔标志灯、高层建筑屋顶障碍指示灯等。

（4）装饰灯包括吊式艺术装饰灯、吸顶式艺术装饰灯、荧光艺术装饰灯、几何型组合艺术装饰灯、标志灯、诱导装饰灯、水下（上）艺术装饰灯、点光源艺术灯、歌舞厅灯具、草坪灯具等。

（5）医疗专用灯包括病房指示灯、病房暗脚灯、紫外线杀菌灯、无影灯等。

（6）中杆灯是指安装在高度小于或等于 19m 的灯杆上的照明器具。

（7）高杆灯是指安装在高度大于 19m 的灯杆上的照明器具。

D. 4 控制设备及低压电器安装（编码：030404）　　　　表 2-20

<table>
<tr><th>项目编码</th><th>项目名称</th><th>项目特征</th><th>计量单位</th><th>工程量
计算规则</th><th>工作内容</th></tr>
<tr><td>030404031</td><td>小电器</td><td>1. 名称
2. 型号
3. 规格
4. 接线端子材质、规格</td><td>个
（套、台）</td><td rowspan="6">按设计图示
数量计算</td><td>1. 本体安装
2. 焊、压接线端子
3. 接线</td></tr>
<tr><td>030404032</td><td>端子箱</td><td>1. 名称
2. 型号
3. 规格
4. 安装部位</td><td rowspan="2">台</td><td>1. 本体安装
2. 接线</td></tr>
<tr><td>030404033</td><td>风扇</td><td>1. 名称
2. 型号
3. 规格
4. 安装方式</td><td>1. 本体安装
2. 调速开关安装</td></tr>
<tr><td>030404034</td><td>照明开关</td><td rowspan="2">1. 名称
2. 材质
3. 规格
4. 安装方式</td><td rowspan="2">个</td><td rowspan="2">1. 本体安装
2. 接线</td></tr>
<tr><td>030404035</td><td>插座</td></tr>
<tr><td>030404036</td><td>其他电器</td><td>1. 名称
2. 规格
3. 安装方式</td><td>个
（套、台）</td><td>1. 安装
2. 接线</td></tr>
</table>

3. 清单注意事项（D. 4）

（1）小电器包括：按钮、电笛、电铃、水位电气信号装置、测量表计、继电器、电磁锁、屏上辅助设备、辅助电压互感器、小型安全变压器等。

（2）其他电器安装指：本节未列的电器项目。

（3）其他电器必须根据电器实际名称确定项目名称，明确描述工作内容、项目特征、计量单位、计算规则。

（4）盘、箱、柜的外部进出电线需计预留长度。

知识拓展

1. 灯具安装

按灯具形式、安装方式、型号规格不同直接从施工图上计算数量，以“10 套”为单位计量。

（1）普通灯具安装的工程量计算

应区别灯具的种类、型号、规格，以“套”为计量单位。计算时应注意：软线吊灯和链吊灯均不包括吊线盒价值，必须另计。

（2）装饰灯具的安装

装饰灯具安装的工程量计算，应使用与定额中装饰灯具安装配套的灯具彩图。为了减少因产品规格、型号不统一而发生争议，定额采用灯具彩色图片与子目对照方法编制，以便认定，给定额使用带来极大方便。施工图设计的艺术装饰吊灯的头数与定额规定不相同时，可以按照插入法进行换算。

各类装饰灯具安装的工程量计算规则如下：

1）吊式艺术装饰灯具的工程量，应根据装饰灯具示意图集所示，区别不同装饰物以及灯体直径和灯体垂吊长度，以“套”为计量单位。灯体直径为装饰物的最大外缘直径，灯体垂吊长度为灯座底部到灯梢之间的总长度。

2）吸顶式艺术装饰灯具安装的工程量，应根据装饰灯具示意图集所示，区别不同装饰物、吸盘的几何形状、灯体直径、灯体周长和灯体垂吊长度，以“套”为计量单位。

圆形吸顶式艺术装饰灯具的灯体直径为吸盘最大外缘直径。矩形吸顶式艺术装饰灯具的灯体半周长为矩形吸盘的半周长。吸顶式艺术装饰灯具的灯体垂吊长度为吸盘到灯梢之间的总长度。

3）荧光艺术工程量，应根据装饰灯具示意图集所示，区别不同安装形式和计量单位计算工程量。

组合荧光灯带装的工程量，应根据装饰灯具示意图集所示，区别安装形式、灯管数量，以“延长米”为计量单位，灯具的设计数量与定额不符时，可以按设计用量加损耗量调整主材。

内藏组合式灯安装的工程量，应根据装饰灯具示意图集所示，区别灯具组合形式，以“延长米”为计量单位，灯具的设计用量与定额不符时，可根据设计用量加损耗量调整主材。

发光棚安装的工程量，应根据装饰灯具示意图集所示，以“m^2”为计量单位，发光棚灯具按设计用量加损耗量计算。

4）立体广告灯箱、荧光灯光沿的工程量，应根据装饰灯具示意图集所示，以“延长米”为计量单位，灯具设计用量与定额不符时，可根据设计用量加损耗调整主材。

5）其余灯具安装的工程量，应根据装饰灯具示意图集所示，区别不同安装形式及灯具的不同形式，以“套”为计量单位。

6）歌舞厅灯具安装的工程量，应根据装饰灯具示意图集所示，区别不同灯具形式，分别以“套”、“延长米”、“台”为计量单位。

（3）荧光灯具安装工程量

应区别灯具的安装形式、灯具种类、灯管数量，以“套”为计量单位计算。

计算时应注意：荧光灯具安装包括组装型和成套型两类。一般采用成套型灯具。

（4）工厂灯及防水防尘灯安装的工程量

工厂灯及防水防尘灯安装包括的灯具类型大致可分为两类：一类是工厂罩灯及防水防尘灯，另一类是工厂其他常用灯具。

1）工厂灯及防水防尘灯安装工程，应区别不同安装形式，以“套”为计量单位。

2）工厂其他灯具安装工程量，应区别不同灯具类型、安装形式、安装高度，以“套”、“个”、“延长米”为计量单位。

(5) 医院灯具安装工程量

医院灯具安装分四种类别，即病房指示灯、病房暗脚灯、紫外线杀菌灯和无影灯（吊管灯），均应区别灯具种类分别以“套”为单位计算。

(6) 路灯安装工程量

立金属杆，按杆高，以“根”为计量单位。

路灯安装工程量应区别不同臂长，不同灯数，以“套”为计量单位。

计算时应注意：

1) 灯具安装定额中灯具的引线，支架制作安装，各种灯架元器件的配线，除注明者外，均已综合考虑在定额内，使用时不作换算。

2) 路灯、投光灯、碘钨灯、氙灯、烟囱和水塔指示灯，定额内均已考虑了一般工程的高空作业因素。其他器具安装高度如超过5m以上20m以下，则应按册说明中规定的超高系数另行计算。

3) 利用摇表测量绝缘及一般灯具的试亮工作（但不包括调试工作）已包括在定额内，计算工程量时不再重复计算。

4) 灯具安装定额只包括灯具和灯管（泡）的安装，未包括灯具的价值。灯具的主材价值计算，以各地灯具预算价或市场价为准。计算时应留意，灯具预算价格已包括灯具和灯泡（管）时，不分别计算，直接套用成套灯具的主材单价即可。若灯具预算价格中不包括灯泡（管）时，应另计算灯泡（管）的未计价材料价值。

5) 普通艺术花灯、嵌入式荧光灯见补充定额。

6) 对于暗敷设的线路，每套灯具都要配一个灯头盒，该灯头盒的安装费已包含在灯具安装定额中。

2. 开关、插座安装

按产品形式、安装方式、规格从施工图上数出，以“10套”为单位计量，套用开关插座定额。

(1) 开关、按钮安装工程量

应区别开关、按钮安装方式，开关、按钮种类，开关极数以及单控与双控形式，以“套”为单位计量。

计算时应注意：

1) 开关及按钮安装，包括拉线开关、扳把开关明装、暗装，扳式暗装开关区分单联、双联、三联、四联分别计算。

2) 开关、按钮安装工程中，开关、按钮本身价格应分别另行计价。

3) 对于暗敷设的线路，每个开关都要配一个开关盒。该开关盒的安装费已包含在开关安装定额中。

本项中的“一般按钮”应与前面所述的动力、照明系统内的控制设备用的“普通按钮”安装相区别。

(2) 插座安装工程量

应区别电源相数、额定电流、插座安装形式、插座插孔个数，以“套”为计量单位。

计算时应注意：

1）插座安装包括普通插座和防爆插座两类，普通插座分明装和暗装两项，每项又分单相、单相三孔、三相四孔，均以插座的电流15A以下、30A以下区分规格套用定额。

2）对于暗敷设的线路，每个插座都要配一个插座盒，该盒子的安装费已包含在插座安装定额中，不用另行计算。

3）安全变压器、电铃、风扇等器具的安装工程量

按产品形式、安装方式、规格从施工图上数出，以“台”为计量单位。

1）安全变压器安装，以容量千伏安（kVA）区分规格，以“台”为单位计算。工作内容包括：开箱清扫、检查、测位、划线、打眼，支架安装（未包括支架制作），固定变压器，接线、接地。

2）电铃安装，区分为两大项目六个子项，一项是按电铃直径大小（即100mm，200mm，300mm以内）分为三个子项；另一项是以电铃号牌箱规格（号以内）分为10号、20号、30号以内三个子项，它们均分别以“套”为单位计算工程量。电铃的价格另计。

3）风扇安装，区分吊扇和壁扇，以“台”为单位计算安装工程量。安装内容包括：测位、划线、打眼，固定吊钩，安装调速开关，接焊包头、接地等。

4）门铃安装工程量计算，应区别门铃安装形式，以“个”为计量单位计算。

5）盘管风机三速开关、请勿打扰灯、须刨插座、钥匙取电器、自动干手装置、卫生洁具自动感应器等的安装，均以“套”为计量单位计取工程量。

6）红外线浴霸安装的工程量，区分光源个数以“套”为计量单位计算工程量。

计算时应注意：

风扇安装已包含调速开关的安装费用，不得另计。

风扇安装（内含单相电机）不用计算电机检查接线及电机调试费用。

对于暗敷设的线路，每套吊扇都要配一个灯头盒，壁扇、排气扇配接线盒，该接线盒的安装要另列项计价。

课堂活动

1. 观察教学楼内灯具，根据灯具分类标准，试着将教学楼内的灯具进行分类。同时列出一间教室内的灯具数量，并进行清单的套用。

2. 观察上述列出灯具的控制开关，并试着说出控制开关的类型、数量，并进行清单的套用。

3. 观察教学楼内插座，并试着说出插座的类型（孔数）、数量，并进行清单的套用。

任务2.4　电缆安装

任务描述

根据《工程量计算规范》，电缆安装工程量清单共设置了：电力电缆、控制电缆、电缆保护管、电缆槽盒、铺砂盖保护板（砖）、电力电缆头、控制电缆头、防火堵洞、防火

隔板、防火涂料、电缆分支箱十一个清单项目。

完成本任务的学习后，学习者应能按照施工图纸计算以上项目中常用项目的工程量，编制工程量清单，进行工程量清单计价。

2.4.1　电缆基础知识

知识构成

电缆是一种特殊的导线，它是将一根或数根绝缘导线组合成线芯，外面再加上密闭的包扎层加以保护。电缆线路的基本结构一般是由导电线芯、绝缘层和保护层三个部分组成，如图2-13所示。

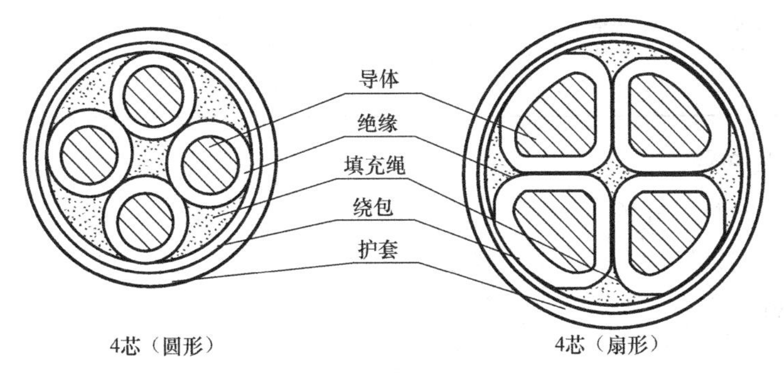

图2-13　电缆基本结构

课堂活动

1. 根据图2-10，尝试说出进户电缆为几芯电缆。
2. 根据图2-12，尝试说出进户电缆的敷设方式。

2.4.2　电缆清单列项及工程量计算

知识构成

1. 工程量清单项目设置

电缆清单项目设置　　表2-21

项目编码	项目名称	项目特征	计量单位	工程量计算规则	工作内容
030408001	电力电缆	1. 名称 2. 型号 3. 规格 4. 材质 5. 敷设方式、部位 6. 电压等级（kV） 7. 地形	m	按设计图示尺寸以长度计算（含预留长度及附加长度）	1. 电缆敷设 2. 揭（盖）盖板
030408002	控制电缆				

续表

项目编码	项目名称	项目特征	计量单位	工程量计算规则	工作内容
030408003	电缆保护管	1. 名称 2. 材质 3. 规格 4. 敷设方式	m	按设计图示尺寸以长度计算	保护管敷设
030408006	电力电缆头	1. 名称 2. 型号 3. 规格 4. 材质、类型 5. 安装部位 6. 电压等级（kV）	个	按设计图示数量计算	1. 电力电缆头制作 2. 电力电缆头安装 3. 接地
030408007	控制电缆头	1. 名称 2. 型号 3. 规格 4. 材质、类型 5. 安装方式			

2. 清单项目注释

（1）项目编码及项目名称

编写方法：详见项目1中1.2.4描述。

（2）项目特征描述

电力电缆/控制电缆

1）名称：电力电缆/控制电缆；

2）型号：按设计图示参数取定；

3）规格：按设计图示参数取定；

4）材质：铜芯、铝芯；

5）敷设方式、部位：直埋于地、电缆穿管、电缆沟、桥架、支架、钢索、排管、电缆隧道；

6）电压等级（kV）：按设计图示参数取定；

7）地形：按设计图示说明取定。

电缆保护管

1）名称：电缆保护管；

2）材质：钢管、塑料管；

3）规格：按设计图示参数取定；

4）敷设方式：明敷、暗敷。

电力电缆头/控制电缆头

1）名称：电力电缆头/控制电缆头；

2）型号：按设计图示参数取定；

3）规格：按设计图示参数取定；

4）材质、类型：热缩式、干包式、浇筑式；

5）安装部位：按设计图示说明取定；

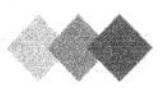

6）电压等级（kV）：按设计图示参数取定。

知识拓展

以下是清单项所对应的相关定额的工程量计算规则（各地定额计算规则有一定偏差，以当地定额计算规则为准）。

1. 电缆直埋

电缆直埋适用铠装电缆，如 VV_{22}、YJV_{22}等。

（1）施工程序

测位画线→挖方→铺砂→敷设电力电缆→铺砂盖砖→回填→清理现场→电缆头制作安装。

（2）定额列项

土石方、铺砂盖砖、电力电缆敷设、电力电缆终端头制作与安装。

（3）各项工程量计算与定额套价

1）电缆沟挖填方

1～2 根电缆的电缆沟挖方断面见图 2-14，上沟宽 600mm，下沟宽 400mm，沟深 900mm，每米沟长的土方量为 0.45m^3。

当直埋的电缆根数超过 2 根时，每增加 1 根电缆，沟底宽增加 0.17m，也即增加土石方量 0.153m^3/m。即当 4 根直埋时，电缆沟挖填方的每米土方量应该等于（0.45+2×0.153）m^3。

当挖混凝土、柏油等路面的电缆沟时，根据开挖路面的厚度不同列项，按开挖路面面积（m^2）计算。

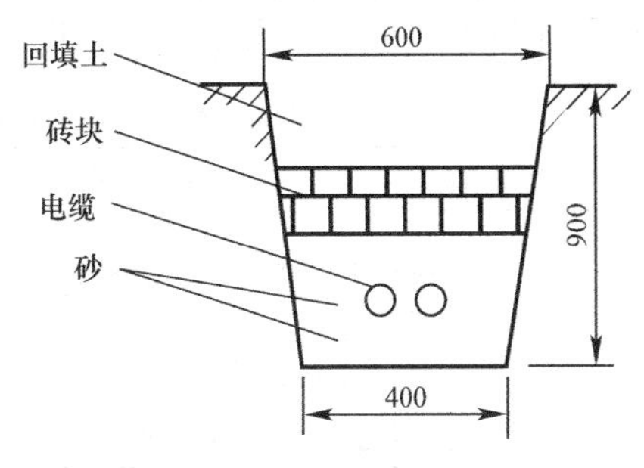

图 2-14 1～2 根电缆直埋电缆沟断面图

计算时应注意：

电缆沟挖填方定额的工作内容是：测位、画线、挖电缆沟、回填土、夯实、开挖路面、清理现场，在套定额后，不能再计算回填与清理现场的量。

电缆沟挖填方定额亦适用于电气管沟等的挖填方工作。

当直埋电缆穿过道路、水沟、基础时必须穿管保护，电缆保护管长度应按以下方式计算：横穿道路，按路基宽度两端各增加 2m；垂直敷设时管口距地面增加 2m；穿过建筑外墙时，按基础外缘以外增加 1m；穿过排水沟，按沟壁外缘以外增加 1m。

2）电缆沟铺砂盖砖

电缆沟铺砂、盖砖及移动盖板，按照电缆“1～2 根”和“每增一根”列项，分别以沟长度“100m”为单位计算。电缆沟盖板揭、盖定额，按每揭或每盖一次分别以“延长米”计算，如又揭又盖，则按两次计算。

3）电力电缆敷设

电力电缆敷设，按导电芯材质（铜、铝）、截面（单芯截面）的不同划分定额项目，以 100m 为单位计量，按单根以延长米计算，比如一个沟内（或架上）敷设 3 根各长 100m 的电缆，则应按 300m 计算，以此类推。

电缆工程量=(水平长+垂直长+预留长)×(1+2.5%)

式中 2.5%——电缆曲折弯余系数。

计算时应注意:

电力电缆敷设定额未考虑因波形敷设增加长度、弛度增加长度、电缆绕梁(柱)增加长度以及电缆与设备连接、电缆接头等必要的预留长度。该长度是电缆敷设长度的组成部分,所以其定额总长度应由敷设路径上的水平长度加上垂直敷设长度,再加上预留长度而得,预留长见表2-22(工程量清单总长度只能计敷设路径上的水平长度加上垂直敷设长度)。

竖直通道电力电缆敷设定额主要适用于9层及以上高层建筑竖井、火炬、高塔(电视塔)等的电缆敷设工程,定额是按电缆垂直敷设的安装条件综合考虑的,计算工程量时应按竖井内电缆的长度及穿越竖井的电缆长度之和计算。

电缆预留长 **表2-22**

序号	项目	预留长度(附加)	说明
1	电缆敷设长度、波形弯度、交叉	2.5%	按电缆全长计算
2	电缆进入变电所	2.0m	规范规定最小值
3	电缆进入沟内或吊架以上(下)时		按实际计算
4	电力电缆终端头	1.5m	检修余量最小值
5	电缆中间接头盒	两端各留2.0m	检修余量最小值
6	电缆进控制、保护屏及模拟盘等	高+宽	按盘面尺寸
7	高压开关柜及低压配电盘、柜	2.0m	高低压柜盘下有电缆沟的可采用,无电缆沟则根据实际情况计算
8	电缆至电动机	0.5m	从电机接线盒起算
9	电缆绕过梁柱等增加长度	按实计算	按被绕物的断面情况计算增加长度
10	挂墙配电箱	按半周长计	

电力电缆敷设套定额的截面指的是单芯截面,比如YJV-5×35mm^2,套电缆敷设定额单价时,应该是交联铜芯电缆35mm^{2}而不是套用175mm^{2}电缆敷设的定额子目。

电力电缆敷设定额是按三芯或三芯加地(四芯)来考虑的。如实际敷设的电缆超过四芯,其安装消耗量定额基价要相应增加,五芯电力电缆敷设定额乘以系数1.3,六芯电力电缆敷设定额乘以系数1.6,每增加一芯定额增加30%,以此类推。10mm^{2}以下电缆敷设按35mm^{2}的电缆敷设定额乘以系数0.5,单芯电力电缆敷设按同截面的电缆敷设定额乘以系数0.67。截面800~1000mm^{2}的单芯电力电缆敷设按400mm^{2}电力电缆敷设定额乘以系数1.25执行。

电力电缆在一般山地、丘陵地区敷设时,其定额人工乘以系数1.3。该地段所需的施工材料如固定桩、夹具等按实另计。

电缆穿过防火墙、防火门等设施时,需进行防火处理。

电缆防火堵洞以"处"为单位计量,每处按0.25m^{2}以内考虑。防火涂料以"10kg"为计量单位;防火隔板安装以"m^2"为计量单位;阻燃槽盒安装和电缆防腐、缠石棉绳、刷漆、缠麻层、剥皮均以“10m”为计量单位。

4）电力电缆终端头、中间接头制作安装

户内电力电缆终端头、电力电缆中间头制作安装区分1kV以下和10kV以下，分别按电缆截面积的不同，均以“个”为单位计算。

户外电力电缆终端头制作安装，区分1kV以下和10kV以下工程定额，每个分项又按电缆截面划分为35mm²、120mm²、240mm²三个子项工程，均分别以“个”为计量单位套用单价。其工作内容包括：定位、量尺寸、锯断、焊接地线，缠涂绝缘层、压接线柱、装终端盒或手套、配料浇注、安装固定。塑料手套、塑料雨罩、电缆终端盒、抱箍、螺栓应另计价计算。

控制电缆头制作安装按“终端头”和“中间头”芯数六、十四、二十四、三十七以内分别以“个”为单位计算。保护盒及套管另行计价。

计算时注意：

一根电缆有两个终端头，中间电缆头根据设计规定确定，设计没有规定的，按实际情况计算（或按平均250m一个接头考虑，预算时不列，结算时按签证考虑）。

户内浇注式电力电缆终端头制作安装内容包括：定位、量尺寸、锯断、焊接地线，弯绝缘管、缠涂绝缘层、压接线端子、装外壳、配料浇注、安装固定。电缆终端盒价值另计。

电缆中间头制作安装不包括保护盒与铅套管的价值在内，应按设计需要量另行计算。

电力电缆头定额均按铜芯电缆考虑的，铝芯电力电缆头按同截面电缆头定额乘以系数0.7，双屏蔽电缆头制作安装人工乘以系数1.05。单芯电缆头按同截面电缆头定额乘以系数0.33。对于1kV以下、小于10mm²的电缆一般不计终端头。电缆头制作安装定额工作内容增加了接线的工作工料含量，因此接线不能再计算端子板外部接线，也不能再计算焊压接线端子。

电缆隔热层、保护层的制作安装，电缆的冬季施工加温工作不包括在定额内，应按有关定额相应项目另行计算。

5）电缆测试

电缆测试已经包含在有关定额子目内，当需要单独试验电缆单体时，才能使用电缆测试定额计价，套用“电缆试验”定额，计量单位为“根次”，一根电缆的测试工程量一般计为“1根次”。

2. 电缆穿管埋地敷设

（1）施工程序

测位画线→挖方→铺设管道→管内穿电缆→回填→清理现场→电缆头制作安装。

（2）定额列项

土石方、埋管、电缆敷设、电力电缆终端头制作与安装。

（3）各项工程量计算与定额套价

1）保护管沟土石方挖填

电缆保护管埋地敷设土方量，凡有施工图注明的，按施工图计算；无施工图的，一般按沟深0.9m、沟宽按最外边的保护管两侧边缘外各增加0.3m工作面计算。

其计算公式为：

$$V=(D+2\times 0.3)hL$$

式中 D——保护管外径（m）；

h——沟深（m）；

L——沟长（m）；

0.3——工作面尺寸（m）。

以“m^3”为单位计量，套用“电缆沟挖填”定额。

2）电缆保护管

工作内容包括：沟底夯实、锯管、接口、敷设、刷漆、堵管口。

电缆保护管敷设应按管道材质（铸铁管、石棉水泥管、混凝土管及钢管）、口径大小的不同，分别以“10m”为单位计算。对于埋地镀锌钢管应套用“镀锌钢管埋地敷设”定额。

电缆保护管敷设工程量：管长＝水平长＋垂直长

计算时注意：

电缆保护管外径＞电缆外径两级。

钢管敷设管径φ100mm以下者，套用“配管、配线”的钢管定额。

各种管材及附件应按施工图设计另外计算。

3）电缆敷设的算量与套定额方法同前述。

4）电缆头制安的算量与套定额方法同前述。

3. 电缆沟敷设

（1）施工程序

测位画线→挖方→砌筑沟、抹灰→预埋角钢支架→电缆敷设→清理现场→电缆头制安→电缆测试→盖盖板。

（2）列项

土石方、支架（铁构件）制作与安装、电缆敷设、电力电缆终端头制作与安装（砌筑沟、抹灰、盖板见土建预算）。

（3）各项工程量计算与定额套价

1）土石方的算量与套定额方法同前述。

2）电缆沟砌砖、混凝土以“m^3”为计量单位，沟壁、顶抹砂浆以“m^2”为计量单位，沟盖板制作以“m^3”为计量单位，工程量计算方法见土建预算。

3）支架的制作与安装，按一般铁构件的制作与安装计算。

4）电缆敷设的算量与套定额方法同前述。

5）电缆头制安的算量与套定额方法同前述。

4. 电缆沿桥架敷设

（1）施工程序

测位画线→敷设桥架→敷设电缆→清理现场→电缆头制安。

（2）列项

电缆敷设及电缆头制安、电缆测试计算方法同前述，在此只介绍电缆桥架安装的计算。

电缆桥架安装工作内容包括：运输，组对，吊装固定，弯头或三、四通修改、制作组对，切割口防腐，桥架开孔，上管件，隔板安装，盖板安装，接地、附件安装等。

(3) 电缆桥架安装工程量计算与定额套价

1) 电缆桥架安装，以“10m”为单位计量，不扣除弯头、三通、四通等所占长度。

电缆桥架长＝水平长＋垂直长

2) 组合桥架以每片长度2m作为一个基型片，已综合了宽为100mm、150mm和200mm三种规格，工程量计算以“片”为单位计量。

3) 桥架支撑架定额适用于立柱、托臂及其他各种支撑架的安装。本定额已综合考虑了采用螺栓、焊接和膨胀螺栓三种固定方式。实际施工中，不论采用何种固定方式，定额均不作调整。

4) 玻璃钢梯式桥架和铝合金梯式桥架定额均按不带盖考虑。如这两种桥架带盖，则分别执行玻璃钢槽式桥架定额和铝合金槽式桥架定额。

5) 不锈钢桥架按本章钢制桥架定额乘以系数1.1。

6) 钢制桥架主结构设计厚度大于3mm时，定额人工、机械乘以系数1.2。

7) 桥架、托臂、立柱、隔板、盖板为外购件成品。连接用螺栓和连接件随桥架成套购买，计算重量可按桥架总重的7%计算。

5. 电缆支架、钢索上敷设

(1) 施工程序

测位画线→敷设支架（钢索拉设、钢索拉紧装置安装）→敷设电缆→清理现场→电缆头制安→电缆测试。

(2) 定额列项

支架制作与安装（钢索拉设、钢索拉紧装置安装）、电缆敷设、电缆头制安。

(3) 各项工程量计算与定额套价

电缆敷设及电缆头制安、电缆测试计算方法同前述，在此只介绍电缆支架（钢索）安装的计算。

1) 电缆支架工程量计算

电缆支架、吊架、槽架制作安装以“100kg”为单位计算，套用“铁件制作安装”定额。

2) 电缆在钢索上敷设的计算

电缆在钢索上敷设时，钢索的计算长度以两端固定点距离为准，不扣除拉紧装置的长度。

钢索架设，按材质、规格分项，以“100m”为单位计算水平长。

钢索拉紧装置制安，以“套”为单位计算，套用“钢索拉紧装置”定额，每一个终端计一套。

【例2-2】计算图2-12中进户电缆、电缆终端头、电缆保护管的清单工程量。

【解】(1) 进户电缆工程量

=(水平 5.8+垂直 0.8×2+终端头预留 1.5×2+进出电缆沟预留 2×2)×(1+2.5%)=14.76m

(2) 电缆终端头工程量=2 个

(3) 电缆保护管工程量=水平 5.8+垂直 0.8×2=7.4m

课堂活动

1. 根据任务布置完成进户电缆、电缆终端头及电缆保护管清单工程量计算(表 2-23)。
2. 根据本地区规定填写相应清单与计价表格(表 2-24)。
3. 核对进户电缆、电缆终端头及电缆保护管工程量。
4. 根据本地区消耗量定额及计费规定编制清单项目综合单价分析表。

工程量计算书 **表 2-23**

项目名称	工程量计算式	计算结果
铜芯电缆敷设 YJV-4×95+1×50	(5.8+0.8×2+1.5×2+2×2)×(1+2.5%)	14.76m
铜芯电缆终端头 YJV-4×95+1×50	2	2 个
电缆保护管 SC125	5.8+0.8×2	7.4m

分部分项工程和单价措施项目清单与计价表 **表 2-24**

工程名称: 标段: 第 页 共 页

序号	项目编码	项目名称	项目特征描述	计量单位	工程量	金额(元)		
						综合单价	合计	其中:暂估价
1	030408001001	电力电缆	1. 名称:铜芯电力电缆 2. 型号:YJV 3. 规格:4×95+1×50 4. 材质:铜芯 5. 敷设方式、部位:保护管埋地进户 6. 电压等级(kV):1kV	m	14.76			
2	030408006001	电缆终端头	1. 名称:铜芯电力电缆终端头 2. 规格:95mm² 3. 材质、类型:热缩式 4. 电压等级(kV):1kV	个	2			
3	030408003001	电缆保护管	1. 名称:电缆保护管 2. 材质:钢管 3. 规格:125mm 4. 敷设方式:埋地	m	7.4			
本页小计								
合计								

2.4.3 综合单价分析（表 2-25）

分部分项工程和单价措施项目清单与计价表（含定额） 表 2-25

工程名称： 标段： 第 页 共 页

序号	项目编码	项目名称	项目特征描述	计量单位	工程量	金额（元）							
						综合单价	合计	人工费	材料费	机械费	管理费	利润	其中：暂估价
1	030408001001	电力电缆	1. 名称：铜芯电力电缆 2. 型号：YJV 3. 规格：4×95+1×50 4. 材质：铜芯 5. 敷设方式、部位：保护管埋地进户 6. 电压等级（kV）：1kV	m	14.76	11.16	167.33	7.12	1.22	1.04	0.71	1.07	
	03020665 换	铜芯电缆敷设 YJV-4×95+1×50		100m	0.15	1115.56	167.33	711.54	122.01	104.13	71.15	106.73	
2	030408006001	电缆终端头	1. 名称：铜芯电力电缆终端头 2. 规格：95mm^2 3. 材质、类型：热缩式 4. 电压等级（kV）：1kV	个	2	162.18	324.36	42.62	107.04	1.87	4.26	6.39	
	03020738	铜芯电缆终端头 YJV-4×95+1×50		个	2	162.18	324.36	42.62	107.04	1.87	4.26	6.39	
3	030408003001	电缆保护管	1. 名称：电缆保护管 2. 材质：钢管 3. 规格：125mm 4. 敷设方式：埋地	m	7.4	30.55	226.03	16.19	8.57	1.75	1.62	2.43	
	03020580	电缆保护管 SC125		10m	0.74	305.45	226.03	161.86	85.65	17.47	16.19	24.28	
	本页小计												
	本页合计												

注：分部分项工程中主材费用暂不计取，管理费设定费率为10%，利润设定费率为15%，所采用的定额为《广西壮族自治区安装工程消耗量定额》第二册。

任务 2.5 防雷及接地装置

任务描述

根据“工程量计算规范”，防雷及接地装置工程量清单共设置了：接地极、接地母线、避雷引下线、均压环、避雷网、避雷针、半导体少长针消雷装置、等电位端子箱测试板、绝缘垫、浪涌保护器、降阻剂十一个清单项目。

完成本任务的学习后，学习者应能按照施工图纸计算以上项目中常用项目的工程量，编制工程量清单，进行工程量清单计价。

实例工程概况（节选）：某住宅楼防雷接地施工图见图 2-15、图 2-16。

防雷设计说明如下：

1. 根据《建筑物防雷设计规范》GB 50057—2010，本工程的防雷按第三类建筑物的防雷标准设防，天面沿屋檐等敷设避雷带作接闪器，屋顶上所有外露的金属物件均应就近与避雷带可靠焊连。

2. 利用钢筋混凝土柱内四根 ϕ 12 以上的主筋自下而上焊连成电气通路作为引下线，其下端与水平地极可靠焊连，上端与避雷带可靠焊连在距地 1.6m 高处设断接卡，具体做法详见国标图集 15D500《防雷与接地设计施工要点》。靠外墙的所有防雷引下线在室外地坪下－0.8 焊出一根 ϕ 10 镀锌圆钢伸出室外，距外墙皮的距离应大于 1m，供雷电流泄流及当接地电阻达不到要求时增加接地极时连接用。

3. 水平接地极采用－40×4 镀锌扁钢沿地基外侧焊连成闭合电气通路，埋深 1m，并与柱基主筋焊连。

4. 接地端子板（采用 100×100×8 镀锌钢板），其做法参见国标图集 15D500《防雷与接地设计施工要点》（用－40×4 镀锌扁钢与就近的接地极可靠焊连），室内（外）距地面 0.5m 高（有注明者除外）。

5. 本工程要求进行总等电位连结，所有进出本建筑物的金属管道和电缆金属外皮均应就近与水平接地极焊连，将各卫生间地面内钢筋网相互焊连并引出至适当位置设 LEB 端子板，供卫生间局部等电位连结用。LEB 端子设置地点现场考虑，距地 0.3m 安装。

6. 本工程防雷与电力接地共用接地装置，其接地电阻应不大于 1Ω，若实测达不到应另增设接地极。

7. 所有防雷接地装置的制作，安装均应按国标图集 15D500《防雷与接地设计施工要点》，15D501-2《等电位联结安装》，15D503《利用建筑物金属体做防雷及接地装置安装》相应部分的要求进行施工。

2.5.1 系统简介

知识构成

雷电是大气中的放电现象。由于放电时温度高达 2000℃，空气受热急剧膨胀，随之

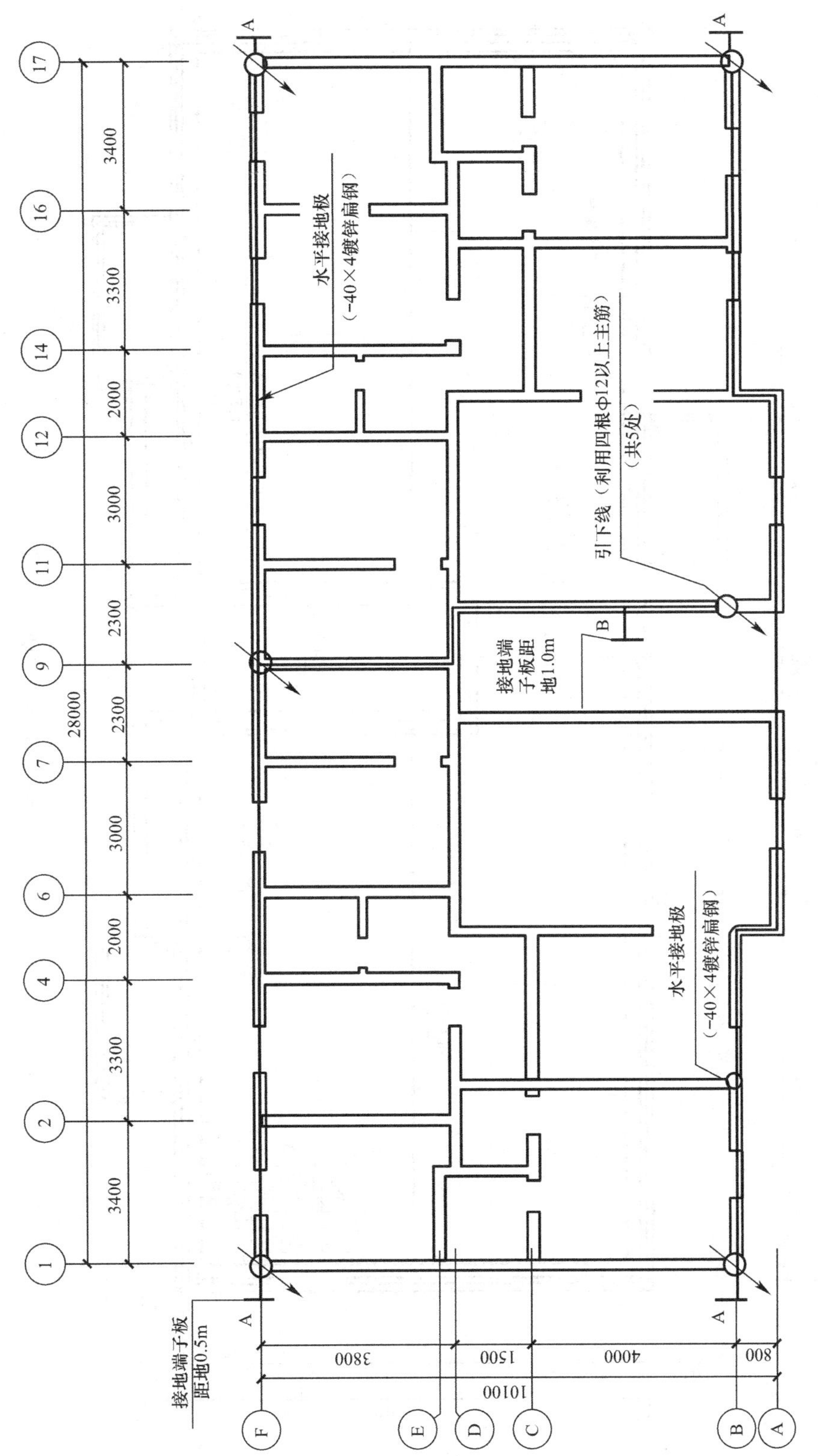

图2-15 某建筑接地装置平面图

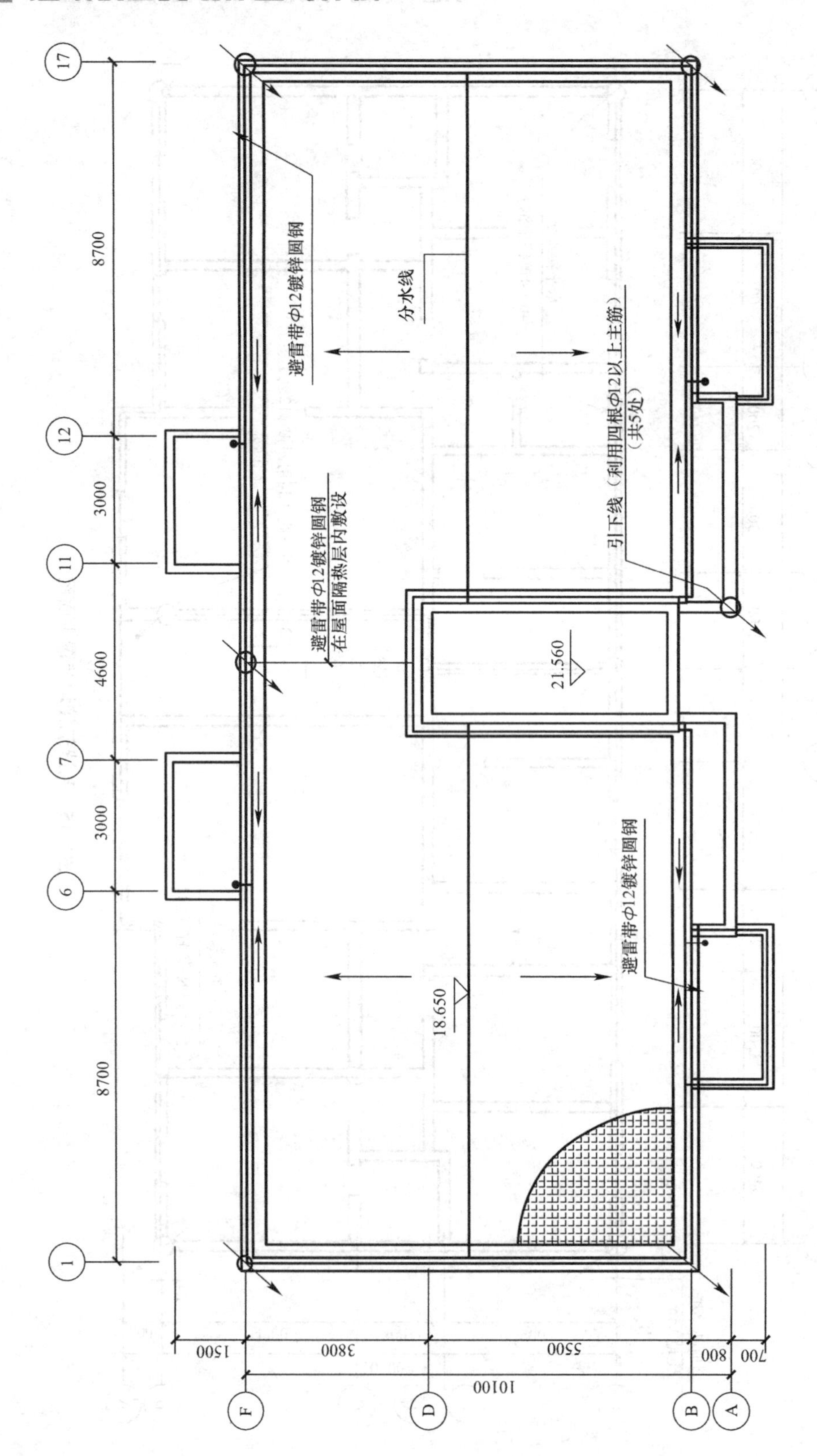

图2-16 某建筑屋顶防雷平面图

发生爆炸的轰鸣声，这就是闪电与雷鸣。建筑物的防雷措施包括防直击雷、防雷电感应和防雷电波侵入的措施。

1. 防雷系统的组成

建筑防雷接地装置由接地装置、接闪器、引下线三大部分组成，主要用于防直击雷和感应雷。电子设备的防雷是防雷电电磁脉冲（LEMP），通常采用等电位连结、装设浪涌过电压保护器等措施。

2. 基本概念

（1）接地装置

接地装置是指埋设在地下的接地电极与由该接地电极到设备之间的连接导线的总称。接地装置是由埋入土中的金属接地体（角钢、扁钢、钢管等）和连接用的接地线构成。

按接地的目的，电气设备的接地可分为：工作接地、防雷接地、保护接地、仪控接地。

1）工作接地：是为了保证电力系统正常运行所需要的接地。例如中性点直接接地系统中的变压器中性点接地，其作用是稳定电网对地电位，从而可使对地绝缘能力降低。

2）防雷接地：是针对防雷保护的需要而设置的接地。例如避雷针（线）、避雷器的接地，目的是使雷电流顺利导入大地，以利于降低雷过电压，故又称过电压保护接地。

3）保护接地：也称安全接地，是为了人身安全而设置的接地，即电气设备外壳（包括电缆皮）必须接地，以防外壳带电危及人身安全。

4）仪控接地：发电厂的热力控制系统、数据采集系统、计算机监控系统、晶体管或微机型继电保护系统和远程通信系统等，为了稳定电位、防止干扰而设置的接地。也称为电子系统接地。

（2）接闪器

接闪器的形式有：避雷针、避雷线、避雷网和避雷带，通常敷设在建筑物容易遭受雷击的部位，如屋檐、屋角、女儿墙、山墙及突出于屋面的高处。它们都是利用其高出被保护物的突出地位，把雷电引向自身，然后通过引下线和接地装置，把雷电流泄入大地，以此使被保护物免受雷击。接闪器所用材料应能满足机械强度和耐腐蚀的要求，还应有足够的热稳定性，以能承受雷电流的热破坏作用。

（3）引下线

避雷引下线是指从接闪器由上向下沿建筑物、构筑物或金属构件引下来的防雷线。引下线一般采用扁钢或圆钢制作，也可利用建（构）筑物本体结构构件中的配筋、钢扶梯等作为引下线。所以，引下线的形式有：①沿建筑物外墙敷设的扁钢或圆钢作引下线；②利用钢筋混凝土中的钢筋作引下线。

课堂活动

1. 根据图 2-15 及图 2-16，尝试说出防雷接地系统的各个组成部分。

2. 通过观察校园内的建筑物，看看是否设置了防雷接地系统？如果设置了，可以看到防雷接地系统的哪些组成部分，并说出它们的大致位置。

2.5.2 接地装置清单列项及工程量计算规则

知识构成

1. 工程量清单项目设置（见表 2-26）

接地装置清单项目设置 表 2-26

项目编码	项目名称	项目特征	计量单位	工程量计算规则	工作内容
030409002	接地母线	1. 名称 2. 材质 3. 规格 4. 安装部位 5. 安装形式	m	按设计图示尺寸以长度计算（含附加长度）	1. 接地母线制作、安装 2. 补刷（喷）油漆
030409008	等电位端子箱、测试板	1. 名称 2. 材质 3. 规格	台（块）	按设计图示数量计算	本体安装

2. 清单项目注释

（1）项目编码及项目名称

编写方法：详见项目 1 中 1.2.4 描述。

（2）项目特征描述

1）接地母线

① 名称：接地母线；

② 材质：角钢、扁钢、圆钢；

③ 规格：按设计图示参数取定；

④ 安装部位：户内、户外；

⑤ 安装形式：水平、垂直。

2）等电位端子箱、测试板

① 名称：等电位端子箱、测试板；

② 材质：按设计图示说明取定；

③ 规格：按设计图示参数取定。

知识拓展

以下是清单项所对应的相关定额的工程量计算规则（各地定额计算规则有一定偏差，以当地定额计算规则为准）。

定额工程量计算规则：

1. 接地母线敷设

（1）户外接地母线工作内容包括了地沟的挖填土和夯实工作，执行定额时不应再计算土方量。

（2）接地母线敷设工程量按施工图设计长度另加 3.9%附加长度（指转弯、上下波动、避绕障碍物、搭接头所占长度)，以“延长米”为单位来计算工程量，并按户外、户内接地母线分别套用定额。工程量计算式为：

接地母线长度=按施工图设计尺寸计算的长度×(1+3.9%)

(3) 当利用基础钢筋作接地母线时，以“10m”为单位计算，每一柱子内按焊接两根主筋考虑，焊接主筋数超过两根时，可按比例调整，计算工程量时不考虑附加长度。

2. 等电位端子箱、测试板

(1) 等电位端子箱及测试板，以“台”或“块”为单位计算工程量。

(2) 定额中不包括等电位端子箱、测试板价值，应另行计算。

【例 2-3】计算图 2-15 中接地母线、端子板的清单工程量。

【解】(1) 接地母线工程量

=[水平长度 (①～⑰轴距离 28+Ⓐ～Ⓕ轴距离 10.1)×2+1.2+10.1+垂直 (1+0.5)×4+1+1]×(1+3.9%)=99.22m

(2) 接地端子板工程量=5 块

课堂活动

1. 根据任务布置完成接地母线、端子板清单工程量计算 (表 2-27)。
2. 根据本地区规定填写相应清单与计价表格 (表 2-28)。
3. 核对水平接地母线、端子板工程量。
4. 根据本地区消耗量定额及计费规定编制清单项目综合单价分析表 (表 2-29)。

工程量计算书 **表 2-27**

项目名称	工程量计算式	计算结果
−40×4 镀锌扁钢接地母线	[(28+10.1)×2+1.2+10.1+(1+0.5)×4+1+1]×(1+3.9%)	99.22m
接地端子板	5	5 块

分部分项工程和单价措施项目清单与计价表 **表 2-28**

工程名称： 标段： 第 页 共 页

序号	项目编码	项目名称	项目特征描述	计量单位	工程量	金额(元)		
						综合单价	合计	其中：暂估价
1	030409002001	接地母线	1. 名称：接地母线 2. 材质：镀锌扁钢 3. 规格：−40×4 4. 安装部位：户内 5. 安装形式：水平	m	99.22			
2	030409008001	接地端子板	1. 名称：接地端子板 2. 材质：镀锌钢板 3. 规格：100×100×8	块	5			
本页小计								
合计								

分部分项工程和单价措施项目清单与计价表（含定额）

表 2-29

工程名称：　　　　标段：　　　　第　页　共　页

序号	项目编码	项目名称	项目特征描述	计量单位	工程量	金额（元）							
						综合单价	合计	人工费	材料费	机械费	管理费	利润	其中：暂估价
1	030409002001	接地母线	1. 名称：接地母线 2. 材质：镀锌扁钢 3. 规格：－40×4 4. 安装部位：户内 5. 安装形式：水平	m	99.22	8.21	814.33	4.44	2.02	0.64	0.44	0.67	
	03020824	户内接地母线敷设－40×4 镀锌扁钢		10m	9.92	82.09	814.33	44.39	20.19	6.41	4.44	6.66	
2	030409008001	接地端子板	1. 名称：接地端子板 2. 材质：镀锌钢板 3. 规格：100×100×8	块	2	20.91	41.82	10.08	4.23	4.08	1.01	1.51	
	03020819	接地端子板		块	2	20.91	41.82	10.08	4.23	4.08	1.01	1.51	
	本页小计												
	本页合计												

注：分部分项工程中主材费用暂不计取，管理费设定费率为10％，利润设定费率为15％，所采用的定额为《广西壮族自治区安装工程消耗量定额》第二册。

2.5.3　接闪器清单列项及工程量计算规则

知识构成

1. 工程量清单项目设置（见表 2-30）

接闪器清单项目设置　　表 2-30

项目编码	项目名称	项目特征	计量单位	工程量计算规则	工作内容
030409005	避雷网	1. 名称 2. 材质 3. 规格 4. 安装形式 5. 混凝土块标号	m	按设计图示尺寸以长度计算（含附加长度）	1. 避雷网制作、安装 2. 跨接 3. 混凝土块制作 4. 补刷（喷）油漆
030409006	避雷针	1. 名称 2. 材质 3. 规格 4. 安装形式、高度	根	按设计图示数量计算	1. 避雷针制作、安装 2. 跨接 3. 补刷（喷）油漆

2. 清单项目注释

（1）项目编码及项目名称

编写方法：030409005 001 避雷网

030409006 001 避雷针

（2）项目特征描述

1）避雷网

① 名称：避雷网；

② 材质：扁钢、圆钢；

③ 规格：按设计图示参数取定；

④ 安装形式：按设计图示说明取定；

⑤ 混凝土块标号：按设计图示参数取定。

2）避雷针

① 名称：避雷针；

② 材质：圆钢、钢管；

③ 规格：按设计图示参数取定；

④ 安装形式、高度：按设计图示说明取定。

知识拓展

以下是清单项所对应的相关定额的工程量计算规则（各地定额计算规则有一定偏差，以当地定额计算规则为准）。

定额工程量计算规则：

1. 避雷网（带）安装

（1）避雷网（带）安装工程工作内容包括：平直、下料、测位、打眼、埋卡子、焊接、固定、刷漆。

（2）避雷网（带）安装工程按沿混凝土块敷设、沿折板支架敷设分类，安装工程量以“10m”为单位计算。混凝土块工程按“块”为单位计算。混凝土块支座间距1m一个，转弯处为0.5m一个。避雷网（带）安装工程量计算式如下：

避雷网（带）长度=按施工图设计的尺寸长度（即水平长+垂直长）×(1+3.9%)

式中3.9%为避雷网转弯、避绕障碍物、搭接头等所占长度附加值。

2. 避雷针安装

（1）避雷针安装工作内容包括：预埋铁件、螺栓或支架，安装固定、木杆刨槽、焊接、补漆等。

（2）除独立避雷针区分针高按“基”为单位计算外，其余部位避雷针的安装均以“根”为单位计算。

（3）避雷针规格划分如下：

1）装在烟囱上的按安装高度25m、50m、75m、100m、150m、250m以内区分规格计算；

2）装在建筑物上区分平屋面上针长、墙上针长2m～14m不等以内计算；

3）装在金属容器上区分容器顶上针长、容器壁上针长3m以内、7m以内计算；

4）构筑物上安装区分木杆上、水泥杆上、金属构架上计算。

计算时应注意：

① 构筑物上安装还包括避雷引下线安装的内容，但不包括木杆、水泥杆组成及杆坑挖填土方工作和杆底部引下线保护角铁的制作安装工作，应按相应定额另行计算。

② 避雷针拉线安装，以三根为一组，以“组”为单位计算。

③ 水塔避雷针安装按“平屋顶上”安装定额计算。

④ 半导体少长针消雷装置安装以“套”为单位计算。

⑤ 屋顶常见的避雷短针（如ϕ12×500），如果现场制作，则套“圆钢避雷小针制作”定额；如果是购买成品则只计避雷短针的主材费。

【例2-4】 计算图2-16中避雷网（带）的清单工程量。

【解】 计算如下：

避雷网（带）工程量

=[水平长度(①～⑰轴距离28+Ⓐ～Ⓕ轴距离10.1+0.7)×2+2.8+3.6×2+3.8+5.5×2+1.5×2+垂直(21.56−18.65)×2]×(1+3.9%)=115.56m

课堂活动

1. 根据任务布置完成避雷网清单工程量计算（表2-31）。
2. 根据本地区规定填写相应清单与计价表格（表2-32）。
3. 核对避雷网工程量。
4. 根据本地区消耗量定额及计费规定编制清单项目综合单价分析表（表2-33）。

工程量计算书 表 2-31

项目名称	工程量计算式	计算结果
避雷网（带）	[(28+10.1+0.7)×2+2.8+3.6×2+3.8+5.5×2+1.5×2+(21.56−18.65)×2]×(1+3.9%)	115.56m

分部分项工程和单价措施项目清单与计价表 表 2-32

工程名称： 标段： 第 页 共 页

序号	项目编码	项目名称	项目特征描述	计量单位	工程量	金额（元）		
						综合单价	合计	其中：暂估价
1	030409005001	避雷网（带）	1. 名称：避雷网（带） 2. 材质：镀锌圆钢 3. 规格：Φ12 4. 安装形式：沿屋檐敷设成网（带）	m	115.56			
本页小计								
合计								

2.5.4 引下线清单列项及工程量计算规则

知识构成

1. 工程量清单项目设置（见表 2-34）

2. 清单项目注释

（1）项目编码及项目名称

编写方法：030409003 001 避雷引下线。

030414012 001 接地装置。

（2）项目特征描述

1）避雷引下线

① 名称：避雷引下线；

② 材质：扁钢、圆钢或利用柱内主筋；

③ 规格：按设计图示参数取定；

④ 安装部位：按设计图示说明取定；

⑤ 安装形式：扁钢或圆钢引下、利用柱配筋引下；

⑥ 断接卡子、箱材质、规格：按设计图示参数取定。

利用柱筋作引下线的，需描述柱筋焊接根数。

2）接地装置

① 名称：接地装置；

② 类型：系统或组。

分部分项工程和单价措施项目清单与计价表（含定额） 表 2-33

工程名称： 标段： 第 页 共 页

序号	项目编码	项目名称	项目特征描述	计量单位	工程量	金额（元）							
						综合单价	合计	人工费	材料费	机械费	管理费	利润	其中：暂估价
1	030409005001	避雷网（带）	1. 名称：避雷网（带） 2. 材质：镀锌圆钢 3. 规格：Φ12 4. 安装形式：沿屋檐敷设成网（带）	m	115.56	14.64	1692.27	5.00	6.76	1.62	0.50	0.75	
	03020883	避雷网安装Φ12镀锌圆钢		10m	11.56	146.39	1692.27	50.04	67.62	16.22	5.00	7.51	
	本页小计												
	本页合计												

注：分部分项工程中主材费用暂不计取，管理费设定费率为10%，利润设定费率为15%，所采用的定额为《广西壮族自治区安装工程消耗量定额》第二册。

引下线及系统调试清单项目设置 表 2-34

项目编码	项目名称	项目特征	计量单位	工程量计算规则	工作内容
030409003	避雷引下线	1. 名称 2. 材质 3. 规格 4. 安装部位 5. 安装形式 6. 断接卡子、箱材质、规格	m	按设计图示尺寸以长度计算（含附加长度）	1. 避雷引下线制作、安装 2. 断接卡子、箱制作、安装 3. 利用主钢筋焊接 4. 补刷（喷）油漆
030414012	接地装置	1. 名称 2. 类型	1. 系统 2. 组	1. 以系统计量，按设计图示系统计算 2. 以组计量，按设计图示数量计算	接地电阻测试

知识拓展

以下是清单项所对应的相关定额的工程量计算规则（各地定额计算规则有一定偏差，以当地定额计算规则为准）。

定额工程量计算规则：

1. 引下线一般采用扁钢或圆钢制作，也可利用建（构）筑物本体结构件中的配筋、钢扶梯等作为引下线。

在建筑物、构筑物上的避雷针引下线工程量计算，按建（构）筑物的不同高度（25m，50m，100m，150m以下）区分规格，其长度按垂直规定长度另加3.9%附加长度（指转弯、避绕障碍物、搭接头所占长度）以“延长米”为单位计算。计算公式如下：

引下线长度＝按施工图设计引下线敷设的长度×(1＋3.9%)

计算时应注意：

1）采用圆钢、扁钢做引下线的材料费需另行计算。支撑卡子的制卡与埋设已包含在定额中，不得另计。

2）利用建（构）筑物结构主筋作引下线的安装，均用“防雷及接地装置”相应子目，并按下列方法计算工程量。

① 利用建筑物内主筋作接地引下线时，以“10m”为单位计算，每一柱子内按焊接两根主筋考虑，直接取柱高作为其安装数量，如果焊接主筋数超过两根时，可按比例调整。

② 凡是利用土建结构主筋作为引下线或均压环的，不能再计算主材费，也不考虑附加长度。

2. 接地调试

建筑防雷接地装置施工完毕要进行接地电阻测量，亦即接地装置调试。套用“接地网调试”定额。对于独立的接地装置，以6根以内接地极为1组计算，套用“独立接地装置调试”定额。对于一栋以水平地极敷设为主的单体建筑，一栋楼一般按一个系统计算调试费用。

【例 2-5】 结合图 2-15、图 2-16 及设计说明，计算避雷引下线的清单工程量，并列出防雷接地系统调试的清单工程量。

【解】 计算如下：

(1) 避雷引下线工程量

=垂直 (18.65+1)×2×5 处=196.50m

(2) 防雷及接地系统调试清单工程量

=1 系统

课堂活动

1. 根据任务布置完成避雷引下线及防雷接地系统调试清单工程量计算（表 2-35）。
2. 根据本地区规定填写相应清单与计价表格（表 2-36）。
3. 核对避雷引下线及防雷接地系统调试工程量。
4. 根据本地区消耗量定额及计费规定编制清单项目综合单价分析表（表 2-37）。

工程量计算书 **表 2-35**

项目名称	工程量计算式	计算结果
避雷引下线	(18.65+1)×2×5	196.50m
防雷接地系统调试	1	1 系统

分部分项工程和单价措施项目清单与计价表 **表 2-36**

工程名称： 标段： 第 页 共 页

序号	项目编码	项目名称	项目特征描述	计量单位	工程量	金额（元）		
						综合单价	合计	其中：暂估价
1	030409003001	避雷引下线	1. 名称：避雷引下线 2. 材质：柱主筋材质 3. 规格：柱内Φ12 以上的主筋 4. 安装部位：柱主筋 5. 安装形式：利用建筑物柱主筋敷设 6. 柱内四根主筋	m	196.50			
2	030414012001	接地装置	1. 名称：防雷及接地系统调试 2. 类型：系统	系统	1			
本页小计								
合计								

2.5.5 综合单价分析

分部分项工程和单价措施项目清单与计价表（含定额）

表 2-37

工程名称： 标段： 第 页 共 页

序号	项目编码	项目名称	项目特征描述	计量单位	工程量	金额（元）							
						综合单价	合计	人工费	材料费	机械费	管理费	利润	其中：暂估价
1	030409003001	避雷引下线	1. 名称：避雷引下线 2. 材质：柱主筋材质 3. 规格：柱内Φ12以上的主筋 4. 安装部位：柱主筋 5. 安装形式：利用建筑物柱主筋敷设 6. 柱内四根主筋	m	196.50	8.13	1598.33	2.95	0.78	3.67	0.30	0.44	
	03020879	避雷引下线 柱内Φ12以上的主筋（四根）		10m	19.65	81.34	15983.34	29.52	7.76	36.68	2.95	4.43	
2	030414012001	接地装置	1. 名称：防雷及接地系统调试 2. 类型：系统	系统	1	493.59	493.59	246.00	4.64	181.45	24.60	36.90	
	03021084	接地装置		系统	1	493.59	493.59	246.00	4.64	181.45	24.60	36.90	
	本页小计												
	本页合计												

注：分部分项工程中主材费用暂不计取，管理费设定费率为10%，利润设定费率为15%，所采用的定额为《广西壮族自治区安装工程消耗量定额》第二册定额。

项目3 建筑智能化及通信设备及线路工程计量与计价

项目概述

通过本项目的学习，学习者能熟练识读弱电工程施工图，能根据施工图纸准确列出综合布线工程中常见项目名称及项目编码，能依据《通用安装工程工程量计算规范》GB 50856—2013 附录 E.2 综合布线系统工程编写项目特征并正确计算相应项目工程量，会编制工程量清单并能够进行清单计价。

任务 3.1 弱电安装工程简介及施工图识读

任务描述

弱电系统包括有火灾自动报警及联动控制系统、安全防范系统、闭路电视监视系统、电话系统、共用天线电视系统、广播音响系统、综合布线系统等。本任务主要从建筑弱电系统基础知识、建筑电话通信系统、电缆电视系统、综合布线系统四部分内容讲述建筑弱电系统。

完成本案例的学习后，学习者应能说出建筑弱电系统的分类，了解电话通信系统、有线电视系统、综合布线系统的组成、作用、主要设备材料、识读方法。

3.1.1 建筑弱电系统概述

知识构成

所谓弱电，是针对建筑物的动力、照明用电而言的。一般把像动力、照明这样输送能量的电力称为强电；而把传播信号、进行信息交换的电能称为弱电。

强电系统可以把电能引入建筑物，经过用电设备转换为机械能、热能和光能等；而弱电系统则完成建筑物内部和内部及内部和外部间的信息传递与交换。建筑弱电工程是建筑电气工程的重要组成部分。

由于弱电系统的引入，使建筑物的服务功能大大扩展，增加了建筑物与外界信息的交换能力。

随着电子学、计算机、激光、光纤通信和各种遥感技术的发展，建筑弱电技术发展迅速，其范围不断扩展。

智能建筑工程，可以说就是弱电工程的延伸和发展。

建筑弱电工程是一个复杂的集成系统工程。建筑弱电是多种技术的集成，是多门学科的综合。

常见的建筑弱电系统有：共用天线电视系统；火灾自动报警及联动控制系统、安全防范系统、闭路电视监视系统、电话系统、共用天线电视系统、广播音响系统、综合布线系统等。

3.1.2　电话通信系统

知识构成

1. 电话通信系统组成

电话通信系统用于建筑安装中的部分主要是从电信局的总配线架到用户终端设备的电信线路，称为用户线路。在建筑物内部的传输线路及设备包括配线设备、配线电缆、分线设备、用户线及用户终端设备，如图 3-1 所示。

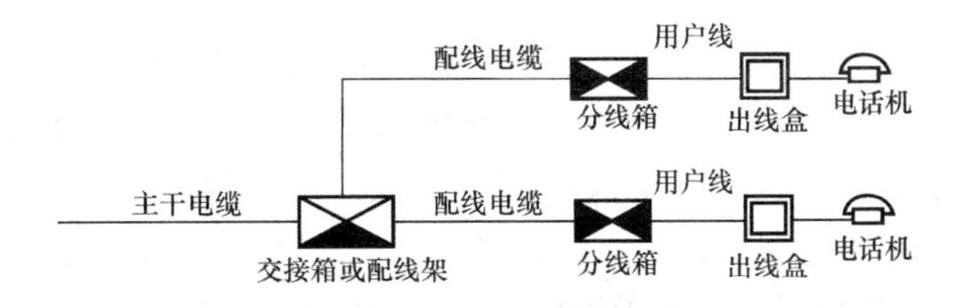

图 3-1　电话通信系统用户线路示意图

2. 主要设备和材料

（1）交接箱　是连接主干电缆与配线电缆的接口装置，从市话局引来的主干电缆在交接箱中与用户配线电缆相连接。交接箱的安装方式有落地式、架空式、壁龛式和挂墙式四种。

（2）分线箱与分线盒　主要作用是连接交接箱或上级分线设备来的电缆，并将其分给电话出线盒，是在配线电缆的分线点所使用的分线设备。分线箱装有保安装置，用在用户引入线为明线的情况，分室内和室外两种。分线盒不带保安装置，用在用户引入线为皮线或对数较少的电话电缆等不大可能有强电流流入电缆的情况。也分室内和室外两种。

（3）电话出线盒　电话出线盒是连接用户线与电话机的装置。安装方式有墙式和地式两种。

(4) 用户终端设备　包括电话机、电话传真机、计算机和用户保安器等。

(5) 传输线路　音频和数据信号的传输是通过通信电缆和电话线将通信网络设备将用户终端设备连接起来。

1) 通信电缆：电话系统干线采用通信电缆，现在主要采用聚氯乙烯或聚乙烯绝缘和护套的塑料通信电缆，型号有 HYA、HYN、HPVV 等，电缆对数可以是 5-2400 对，线芯有 0.4mm^2 和 0.5mm^2 两种，如 HYA-100 (2×0.5)、HYA-50 (2×0.5)。

2) 电话线：电话系统支线通常采用塑料绝缘电话线，如软导线 RVB-(2×0.5)、双绞线 RVS-(2×0.5)。电话线用 Fn 表示，其中 n 表示对数，如 F3：3RVB-(2×0.5) SC15，表示 3 对电话线穿直径为 15mm 的焊接钢管。

(6) 管材　常用的电缆管有电线管 (TC)、钢管 (SC)、塑料管。室内常用的塑料管有 PVC (硬聚氯乙烯管)、PE 管 (聚氯乙烯管)。

或　TP

图 3-2　电话系统常用图例

3. 常用图例 (图 3-2)

3.1.3　有线电视系统

知识构成

1. 有线电视系统发展及组成

(1) 有线电视从最初的共用天线电视接收系统 (MATV)，到有小前端的共用天线电视系统 (CATV)，由于它以有线闭路形式传送电视信号，不向外界辐射电磁波，所以也被人们称之为闭路电视 (CCTV)。

目前，电缆电视 (CATV) 在我国也统称为“有线电视”，其传输手段也不局限于同轴电缆，现已采用光缆、微波以及多路微波分配系统 (MMDS)。为了区别于无线电视，人们仍称上述诸传输分配系统为“有线电视”。有线电视几乎汇集了当代电子技术许多领域的成就，包括电视、广播、传输、微波、光纤、数字通信、自动控制、遥控遥测和电子计算机等技术。人们已经不满足于娱乐性、爱好性节目的传送，而要求信息交换业务的发展，即不仅可以下传常规节目而且可以上传用户信息，如视频点播即 VOD，为家庭服务。

(2) 组成：有线电视主要指 CATV 系统，由前端系统、传输系统、分配系统三部分组成。CATV 系统基本组成如图 3-3 所示。

1) 前端系统

前端设备由信号源部分和信号处理部分组成，主要包括天线放大器、混合器、主干放大器等，它是 CATV 系统中最重要的组成部分。主要作用是接受系统提供的视频和音频信号，并进行必要的处理和控制。由于 CATV 系统的规模不同，前端设备的组成也不尽相同。图 3-4 所示为一种小型前端的设置。在开路信号较弱时 (如 60dB) 加天线放大器，开路信号都加频道放大器，以将各个节目放大后送入混合器。从卫星或微波接收到的信号解调成 A、V 信号，经过调制器 (包括上变频器) 调至指定的频道。

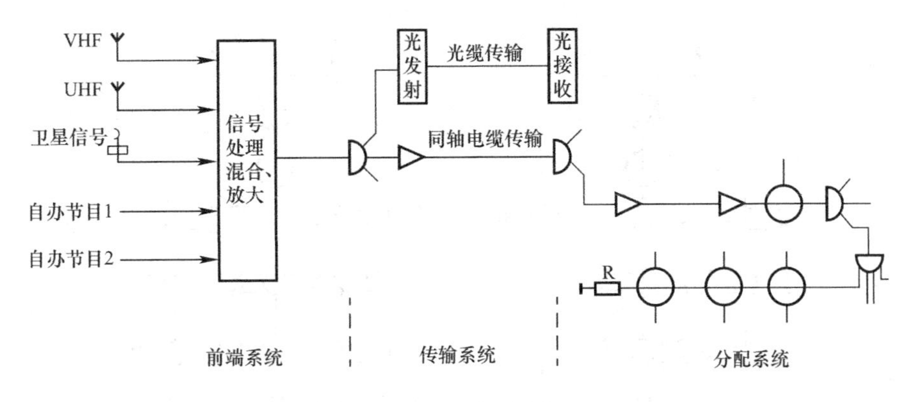

图 3-3　CATV 系统基本组成

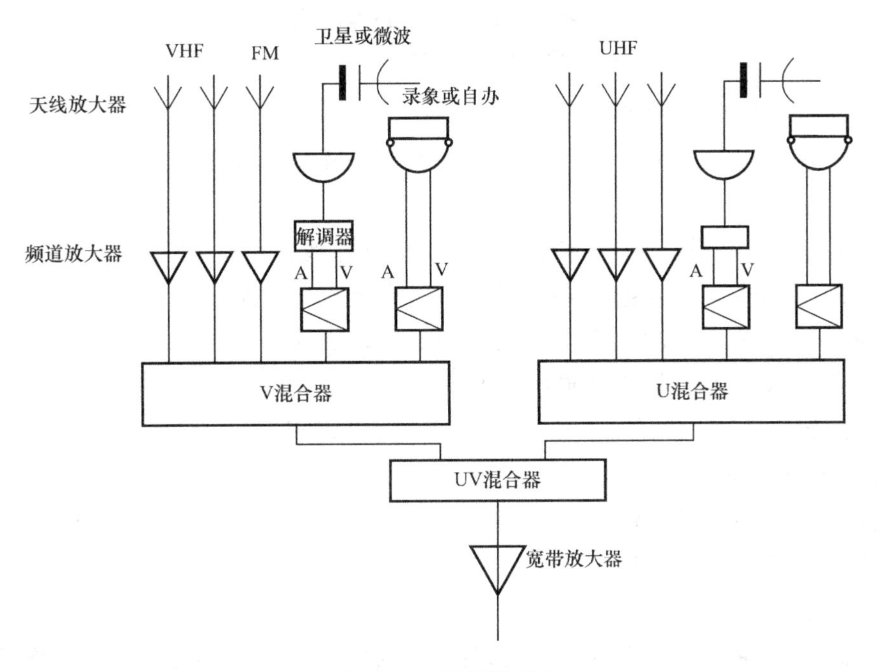

图 3-4　小型前端设置

混合器有频道混合器（图中的 V、U 混合器）、频段混合器（图中的 UV 混合器）和宽带混合器。

2）传输系统

主要任务是把前端输出的高质量信号尽可能保质保量地输送给用户分配网络。其主要器件有干线放大器、均衡器、电源供给器及光缆或同轴电缆等。

3）分配系统

用于把干线传输过来的射频信号分配给系统内的所有用户。其主要器件有线路延长放大器、分配器、分支器、用户终端（即电视出口插座）及同轴电缆等。图 3-5 所示为常用的两种网络分配方式，其中“分支-分支”方式最为常用。“分配-分支”方式适用于以延长放大器为中心分布的用户簇，且每簇的用户数相差不多，若为二簇，则每一个分配器采用二分配器，以此类推。

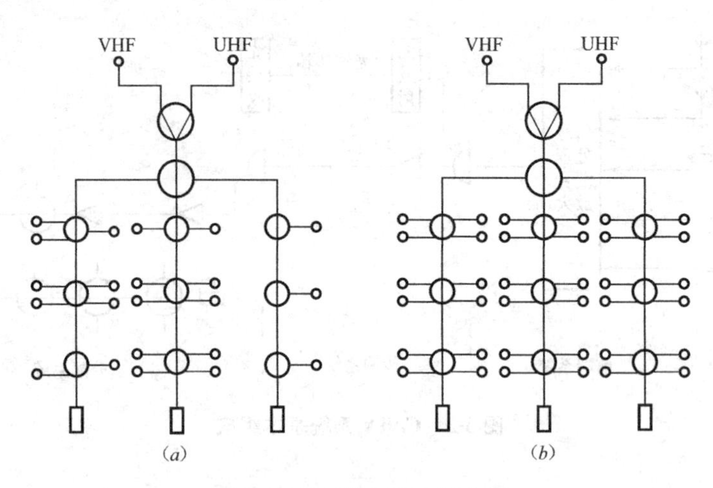

图 3-5　常见的网络分配方式

(a) 分支-分支方式；(b) 分配-分支方式

2. CATV 系统常用的材料

CATV 系统常用的材料有同轴电缆、放大器、分配器、分支器、用户终端等。

(1) 同轴电缆

主要用于 CATV 系统的信号传输，由一根导线作线芯和外层屏蔽铜网共同组成。内外导体间填充绝缘材料，外包塑料皮，常用的型号有以下两种。

1) 实心同轴电缆，线芯绝缘外径为 5～12mm，如 SYV-75-5 (7、9、12)，表示聚乙烯绝缘、聚氯乙烯护套、特性阻抗为 75Ω。

2) 藕芯同轴电缆，线芯绝缘外径为 5～12mm，如 SYKV-75-5 (7、9、12)，表示聚乙烯纵孔半空气绝缘、聚氯乙烯护套、特性阻抗为 75Ω。

目前工程中常用的是 SYKV 藕芯同轴电缆；干线一般选用 SYKV-75-12 型；支线一般选用 SYKV-75-7、9、12 型，用户线一般选用 SYKV-75-5 型。

(2) 放大器

放大器根据其用途可以分为几种类型：干线放大器，用于传输干线上，补偿电缆传输损耗；分支放大器和分配放大器，用于干线的末端以提高信号电频，以满足分配、分支的需要；线路延长放大器，通常安装在支干线上，用来补偿支线电缆传输损耗和分支器的分支损耗与插入损耗。

(3) 分配器

用于把一路射频信号分配成多路信号输出的部件，通常有二分配器、三分配器、四分配器、六分配器等。

(4) 分支器

用于从干线上取一小部分信号传输给分支线路或用户终端（电视插座）的部件。分支器有一个主输入端（IN）、一个主输出端（OUT）和若干个分支输出端（BR）构成。分支器根据分支输出端的数目的不同，通常有一分支器、二分支器、三分支器、四分支器等。

分支器和分配器的根本区别在于分配器平均分配射频信号，而分支器是从电缆中取出一小部分射频信号提供给用户，大部分继续向后传输。

（5）用户终端（电视插座）

用于供给电视机电视信号的接线器，又称用户终端盒。

3. CATV 系统部件常用图例（见表 3-1）

CATV 系统部件常用图例　　　　**表 3-1**

序号	名称	图例	备注
1	一般放大器		
2	分支放大器		
3	二分配器	输入 IN 输出 输出 OUT1 OUT2	IN：主输入 OUT：主输出
4	三分配器	输入 IN 输出 输出 OUT1 OUT2 OUT3	
5	四分配器	输入 IN OUT1 OUT2 OUT3 OUT4	
6	一分支器	IN BR OUT	IN：主输入 OUT：主输出 BR：分支输出
7	二分支器	IN BR1 BR2 OUT	
8	三分支器	IN BR1 BR3 BR2 OUT	
9	四分支器	IN BR1 BR3 BR2 BR4 OUT	
10	终端电阻		75Ω
11	用户终端出口	TV	电视插座

4. 有线电视系统识图实例

图 3-6 所示为某高层住宅有线电视系统图，有关的设计说明如下：

有线电视信号采用 SYWV-75-9 同轴电缆从本小区有线电视网络引入至底层电视前端箱，要求输入信号电平为 100dB 左右，如不能满足则应加信号放大器。二至七层每户通

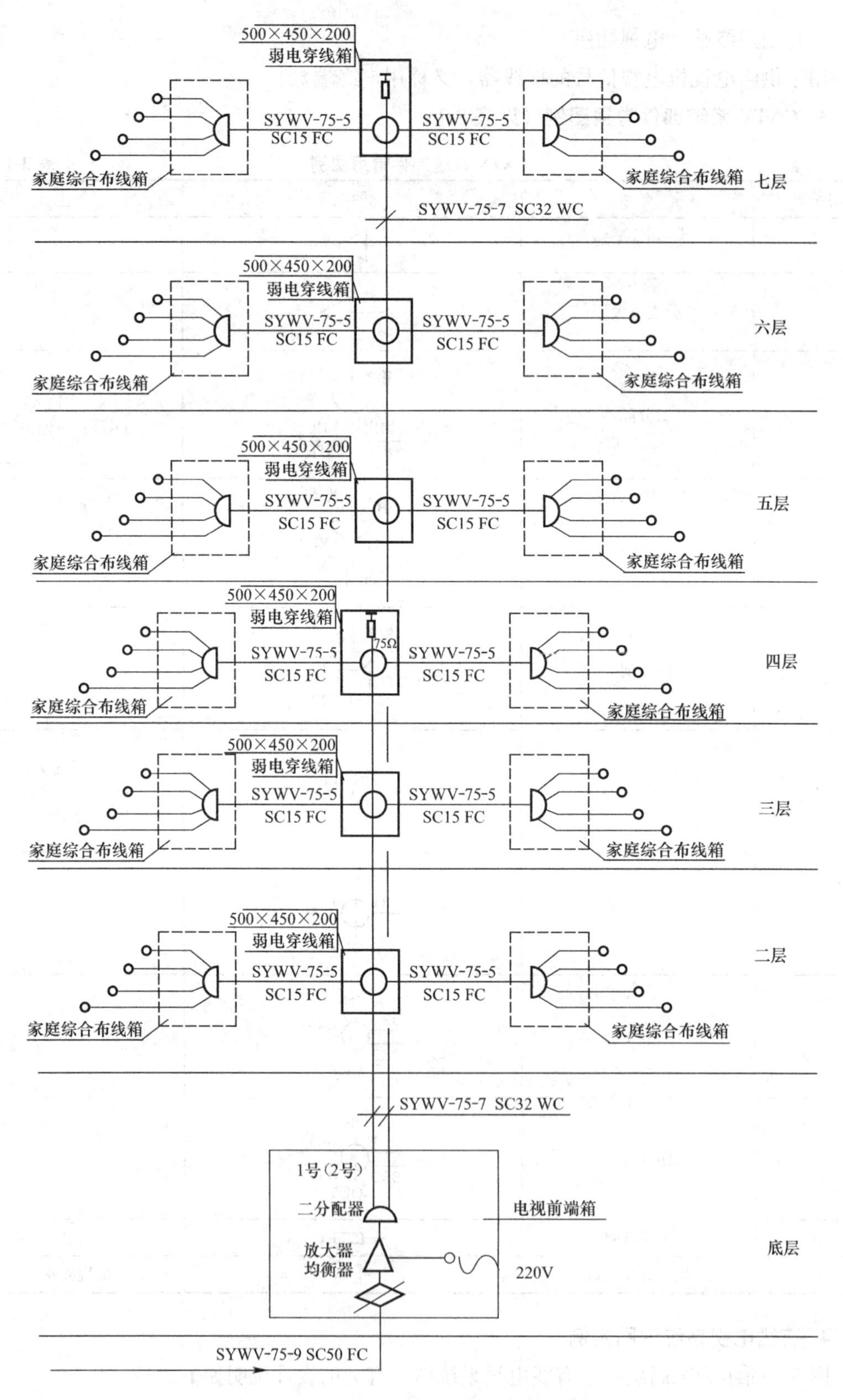

图 3-6 某住宅单元有线电视系统图

过层分支器引入一路电视信号至家庭多媒体布线箱，再分配至各出线座，终端信号电平不得小于 64±4dB。

除图中注明外，有线电视系统的支线均采用 SYWV-75-5 物理发泡聚氯乙烯绝缘同轴电缆穿 ϕ15 焊接钢管沿地和墙暗敷。

电视前端箱挂墙明装，距地 1m，各层电视分支器置于层弱电箱内，嵌墙暗装；终端电视出线插座距地 0.3m，电视系统的放大器，分支器及分配器，由当地广播电视局根据进户网络电平值进行调整，选定和安装，调试及开通。施工时只预埋管线和箱、盒。

从图中可以看出，外部电视电缆穿焊接钢管直径 50mm 沿地面暗敷设进入底层的电视前端箱，通过一个放大均衡器和一个二分配器，然后分成两条线路，每条线路均为电视电缆穿焊接钢管直径 15mm 沿地面暗敷，分别通向二、三、四层的弱电穿线箱和五、六、七层的弱电穿线箱。弱电穿线箱型号为 500×450×200。从每层的弱电穿线箱再引出两条电视电缆，穿焊接钢管，直径 15mm 沿地面暗敷至各层的家庭综合布线箱，向各个用户提供电视信号。

3.1.4　综合布线系统

知识构成

1. 综合布线系统的组成

从种类上看，布线系统可涵盖计算机网络数据布线、语音布线、监控系统布线、门禁系统布线以及多媒体教室综合布线。

从功能上看，综合布线系统包括工作区子系统、水平子系统、垂直干线子系统、设备间子系统共四个子系统（见图 3-7）。

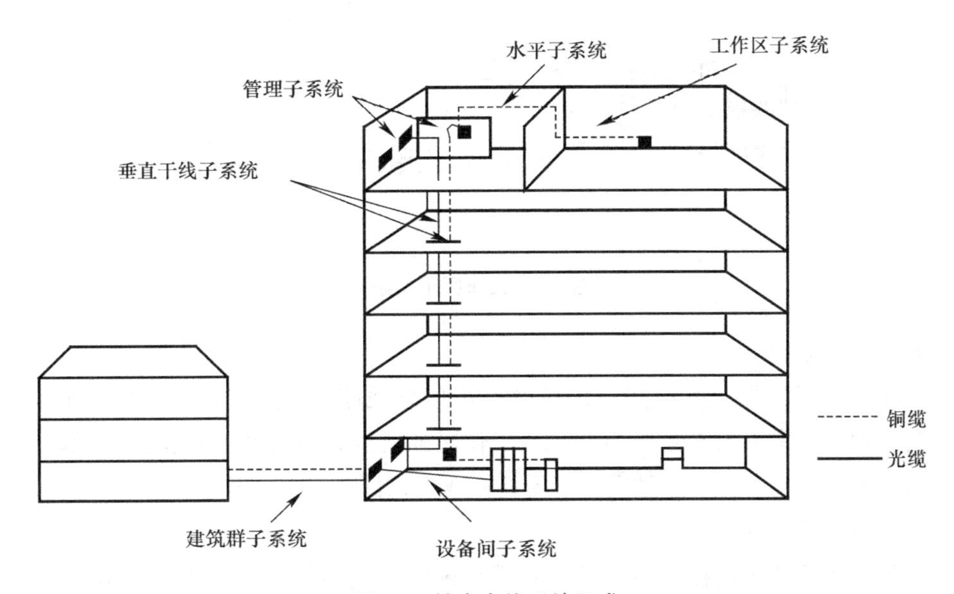

图 3-7　综合布线系统组成

(1) 工作区子系统

工作区指从由水平系统而来的用户信息插座延伸至数据终端设备的连接线缆和适配器。比如一个房间由用户的终端设备连接到信息点（插座）的连线所组成。工作区的UTP跳线长度通常不超过5m（见图3-8）。

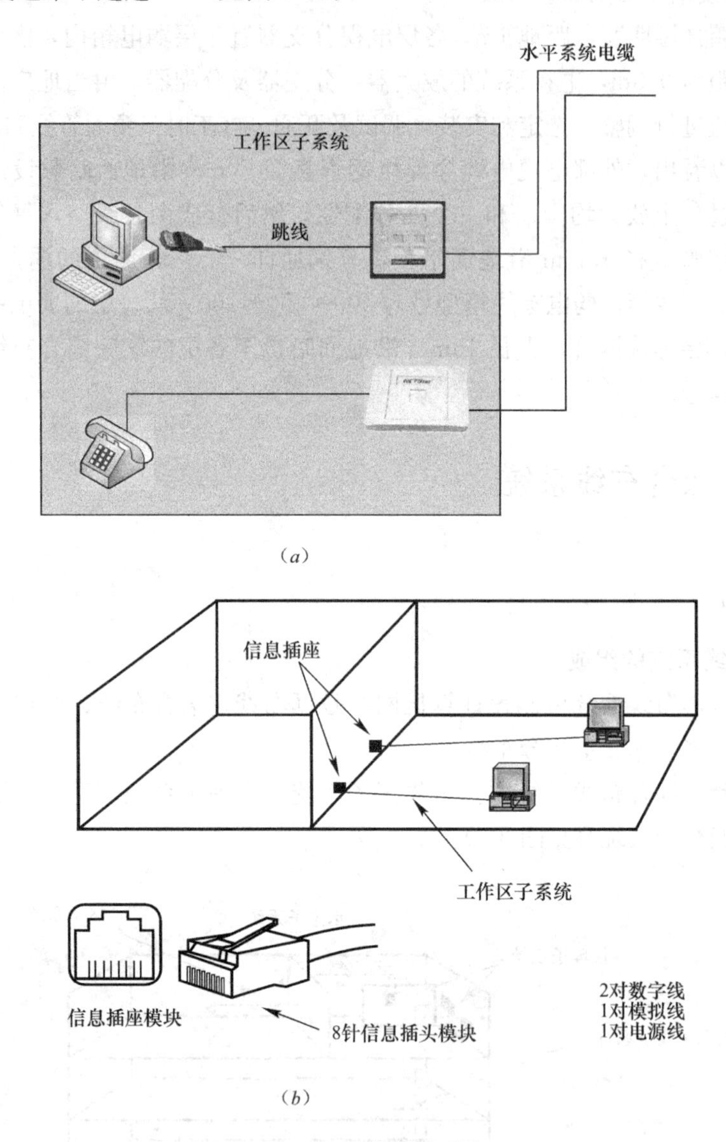

图3-8 工作区子系统

(2) 水平子系统

水平子系统指从楼层配线间至工作区用户信息插座。由用户信息插座、水平电缆、配线设备等组成。最大水平距离为90m。工作区的跳线以及配线间连接设备的跳线总长度不超过10m。特点：在一个楼层上，沿地板或天花板走线（见图3-9）。

(3) 垂直干线子系统

垂直干线子系统由连接主设备间至各楼层配线间之间的线缆构成。其功能主要是把各分层配线架与主配线架相连。用主干电缆提供楼层之间通信的通道，使整个布线系统

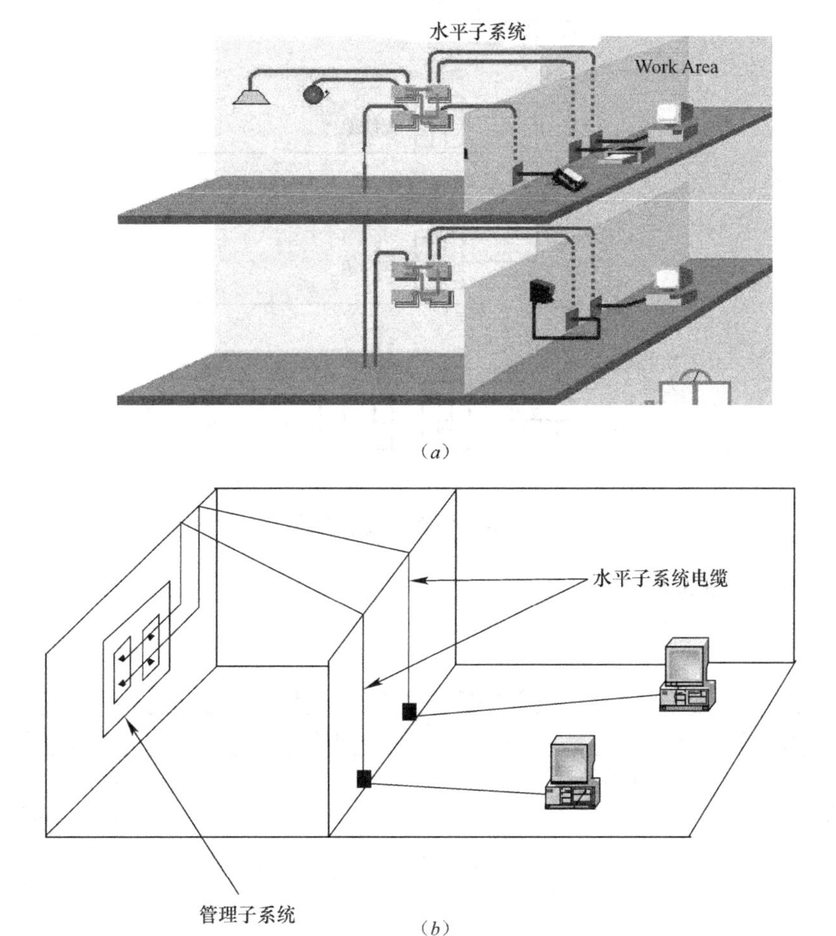

图 3-9 水平子系统

组成一个有机的整体。每个楼层配线间均需采用垂直主干线缆连接到大楼主设备间。对于网络数据，如果超过 90m 距离，垂直主干通常多采用多芯多/单模光缆；90m 以内，垂直主干常采用超 5 类和 6 类非屏蔽或屏蔽线缆；语音部分，通常采用 50/100/200 对大对数线缆（见图 3-10）。

（4）设备间子系统

设备间子系统是一个集中化设备区，连接系统公共设备，如 PBX、局域网（LAN）、主机、建筑自动化和保安系统及通过垂直干线子系统连接至管理子系统。

设备间子系统是大楼中数据、语音垂直主干线缆终接的场所；也是建筑群来的线缆进入建筑物终接的场所；更是各种数据语音主机设备及保护设施的安装场所。建议设备间子系统设在建筑物中部或在建筑物的一、二层，位置不应远离电梯，而且为以后的扩展留有余地，不建议在顶层或地下室。建议建筑群来的线缆进入建筑物时应有相应的过流、过压保护设施。

设备间子系统空间用于安装电信设备、连接硬件、接头套管等。为接地和连接设施、保护装置提供控制环境；是系统进行管理、控制、维护的场所。设备间子系统所在的空间还有对门窗、天花板、电源、照明、接地的要求。

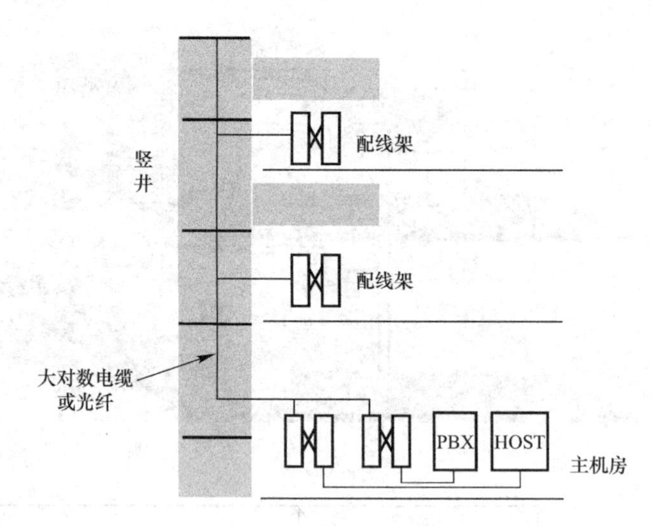

图 3-10 垂直干线子系统

2. 综合布线系统识图

（1）文字符号（见表 3-2）

综合布线系统常用文字符号 表 3-2

符号	中文名称	符号	中文名称
BD	建筑物配线架	CAS	建筑自动化系统
BEF	建筑物入口设施	FDDI	光纤分布式数据接口
BFOC	卡口式光纤连接器	GC	综合布线
B-ISDN	宽带综合业务数字网	IDF	分配线架
BAS	建筑物自动化系统	MMO	多媒体插座
CATV	有线电视	MIO	多用户信息插座
CD	建筑群配线架	MDF	主配线架

（2）综合布线常用图例（见表 3-3～表 3-5）

综合布线常用图例 表 3-3

名称	图例	名称	图例
电视监视器		计算机	CPU
彩色电视监视器		计算机操作键盘	KY
电视接收机		显示器	CRT
彩色电视接收机		打印机	PRT
调制器		通信接口	CI
混合器		监视墙壁	MS

综合布线常用图例 表 3-4

名称	图例	名称	图例	名称	图例
建筑群配线架	a	信息插座	TO	电源插座	
主配线架	a	综合台线接口		电话线盒	
楼层配线架	a	架空交接箱 A：符号 B：音量	a b	一般电话机	
程控交换机	IPC	落地交接箱 A：符号 B：音量	a b	按键式电话机	
集线器	WI	防爆电话机		一般传真机	
光缆配线设备	LID	壁龛交接箱 A：符号 B：音量	a b	楼层配线架	FD
自动交换设备	*	光纤配线架	ODF	综合布线配线架	
总配线架	MDF	单频配线架	VDF	集合点	CP
数字配线架	DDF	中间配线架	IDF	室内分线盒	
语音信息点	TP	数据信息点	PC	室外分线盒	
光纤光路中的转换接点		光衰减器		由下至上穿线	
由上至下穿线					

综合布线常用图例 表 3-5

名称	图例	名称	图例	名称	图例
分波器		带阻滤波器		调制器	
二分配器		陷波器		调制解调器	
三分配器（标有小圆点的一端输出电平较高）		调制器、解调器		视盘放像机	
四分配器		电视调制器		视频通路（电视）	
定向耦合器		电视解调器		光衰减器	
用户一分支器（圆内允许不做交线而标注分支量）		频道转换器			
用户二分支器		正玄信号发生器			

（3）部分综合布线的组件

1）配线架外观如图 3-11 所示。

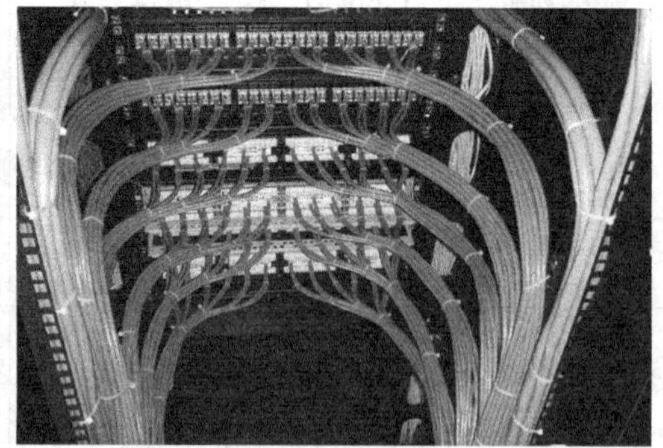

图 3-11 配线架

2）信息插座外观如图 3-12 所示。

3）大开间、大进深办公室地插式信息插座如图 3-13 所示。

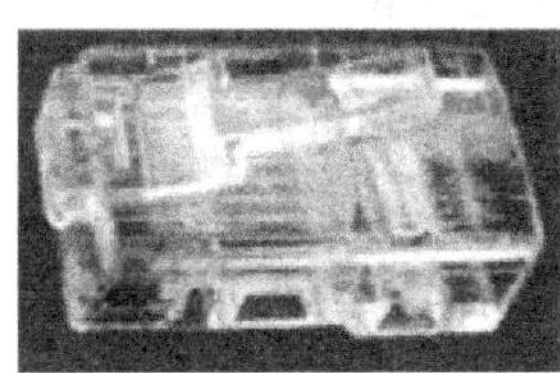

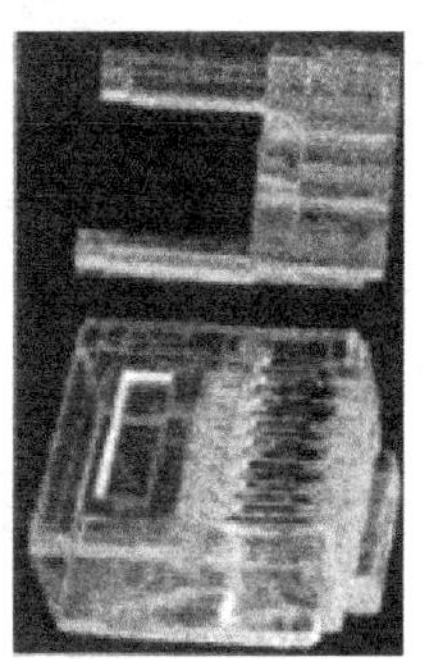

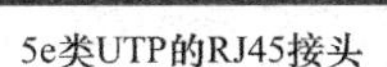

5e类UTP的RJ45接头　　5e类屏蔽RJ45接头　　6类UTP的RJ45接头

图 3-12　部分信息插座和模块

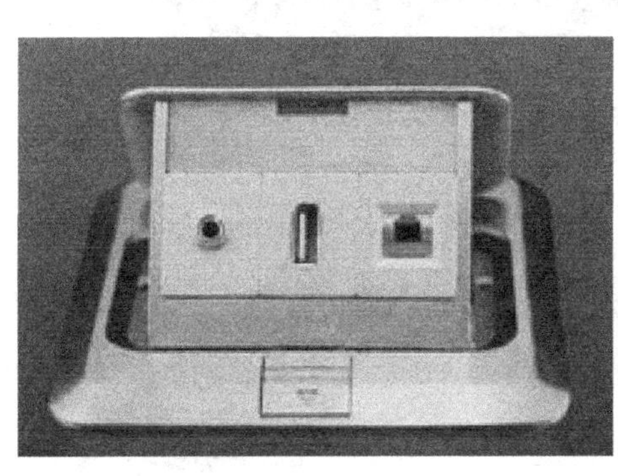

图 3-13　办公室地插式信息插座

4）综合布线系统中部分传输介质，如：对绞电缆、同轴电缆和光纤如图 3-14 所示。

5）用于线缆敷设的桥架如图 3-15 所示。

（4）识图要领

综合布线系统采用模块化结构，集合了语音、视频及数据信号，将传统的各自独立的电视系统、电话系统、宽带系统进行了整合，让智能建筑更加完善。综合布线系统图纸的识读重在厘清信息需求点的分布及数量，清晰辨别综合布线系统的六大模块。

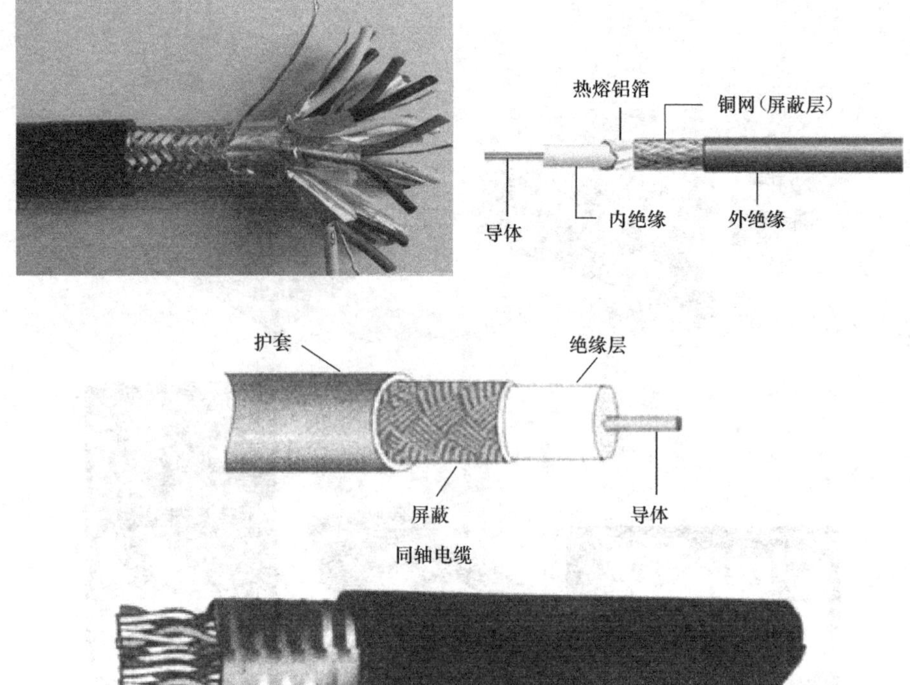

同轴电缆

大对数电缆

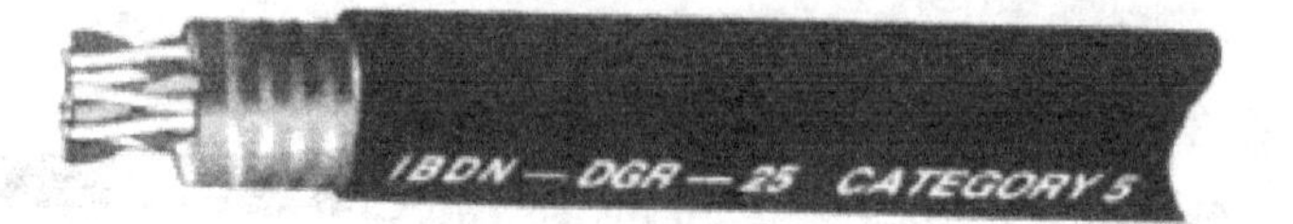

图 3-14　综合布线系统中部分传输介质

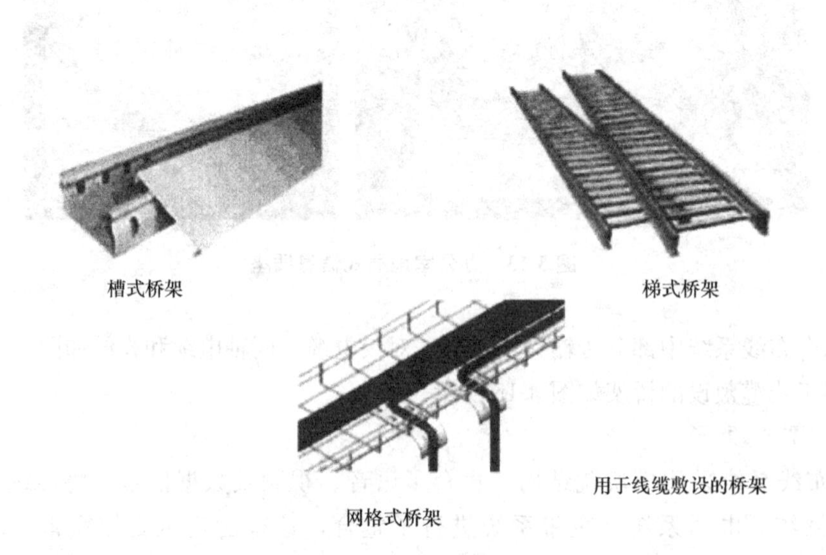

图 3-15　用于线缆敷设的桥架

综合布线系统施工图一般由：图纸目录、设计说明、主要设备材料表、综合布线系统工程图、综合布线平面图等组成。综合布线工程系统图一般相对精简，它清楚地展现了线缆在建筑中的分配情况，识读时，需要了解清楚六大模块相对应的线缆类型、组件设备，其中“水平干线子系统”模块一般线缆走向较为复杂。

识图顺序为：阅读目录和设计说明→阅读综合布线系统工程图→阅读综合布线平面图。电气平面图和一个相对详尽的通信系统图，对综合布线计量计价方法进行分析。

【例 3-1】 工程概况：某小区有 10 栋 20 层板式高层住宅楼。主体结构及内外装修已基本完工。所有用于弱电系统的走线管、槽、预埋盒已安装完毕。

综合布线系统工程：全部采用超五类布线系统。工程安装完毕后需进行光缆及超五类测试。

工作区子系统：终端采用 RJ45 双口信息插座。安装在墙上距地面 30cm 高的预埋盒上。

水平子系统：采用超五类 UTP 双绞线，由配线间出来沿弱电井金属线槽到每一楼层，穿预埋管到用户信息插座底盒。超五类 UTP 双绞线敷设。

设备间子系统：主配线间设在系统集成中心机房，在每一栋楼中间单元的首层弱电井中设分配线间。在配线中间安装机架、配线架、光纤盒等。计算机网络系统的智能集线器也可安装在该配线中间。

管理子系统：数据通信管理可由光纤跳线来完成。

建筑群子系统：楼群到机房之间采用室外管道中敷设四芯多模光缆做传输干线。

计算机网络及综合布线系统示意图见图 3-16，配套设备清单表见表 3-6。

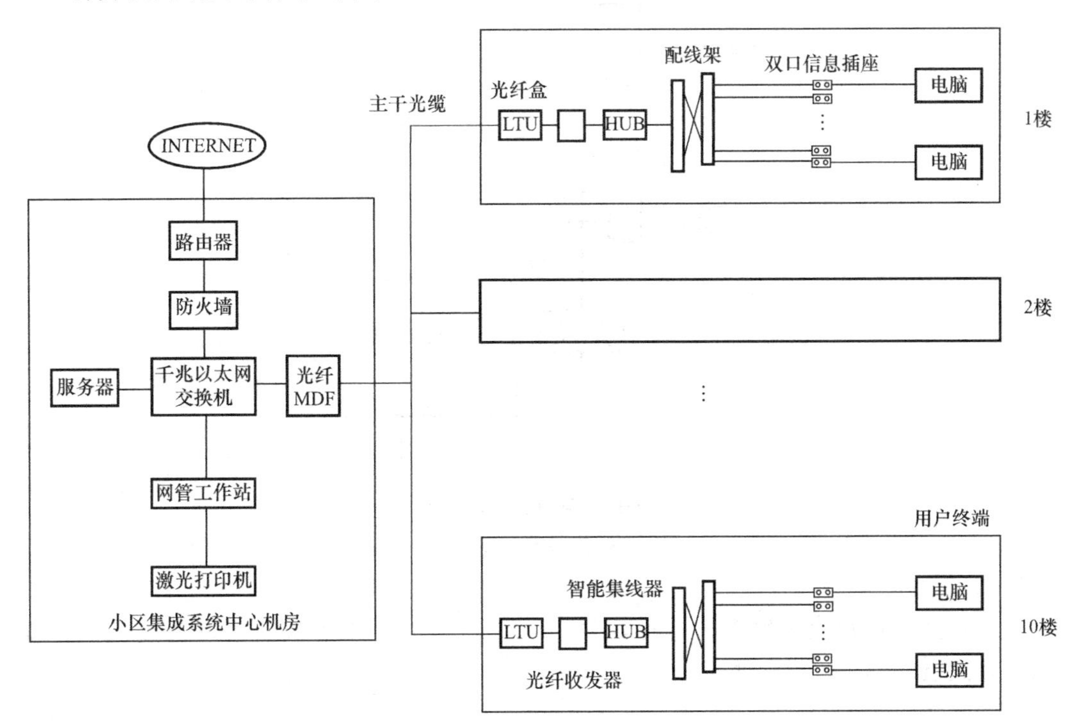

图 3-16　计算机网络及综合布线系统示意图

设备材料清单表　　表 3-6

序号	项目名称	计算式	工程量	单位
1	超五类 UTP 双绞线	70	70	箱
2	四芯多模光缆	1500	1500	米
3	壁挂式机架	10	10	个
4	24 口配线架	40	40	条
5	线管理器	40	40	个
6	光纤盒（连接盘）	11	11	块
7	双口信息插座	950	950	个
8	连接光纤（熔接法）	80	80	芯
9	超五类双绞线缆测试	1900	1900	点
10	光纤测试	40	40	芯

【例 3-2】 根据图 3-17 通信系统图及图 3-18 通信平面图，计算配管 *DN*20 的长度。

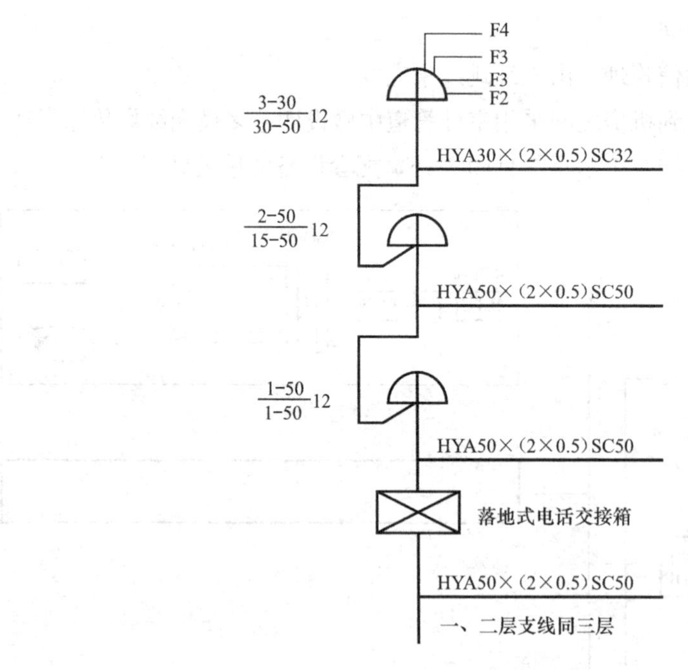

图 3-17　某办公楼电话通信系统示意图

【解】 图中穿 *DN*20 钢管的电话线有 H3-(F4)，按设计图示尺寸以长度计算，得 *DN*20 钢管工程量计算表见表 3-7。

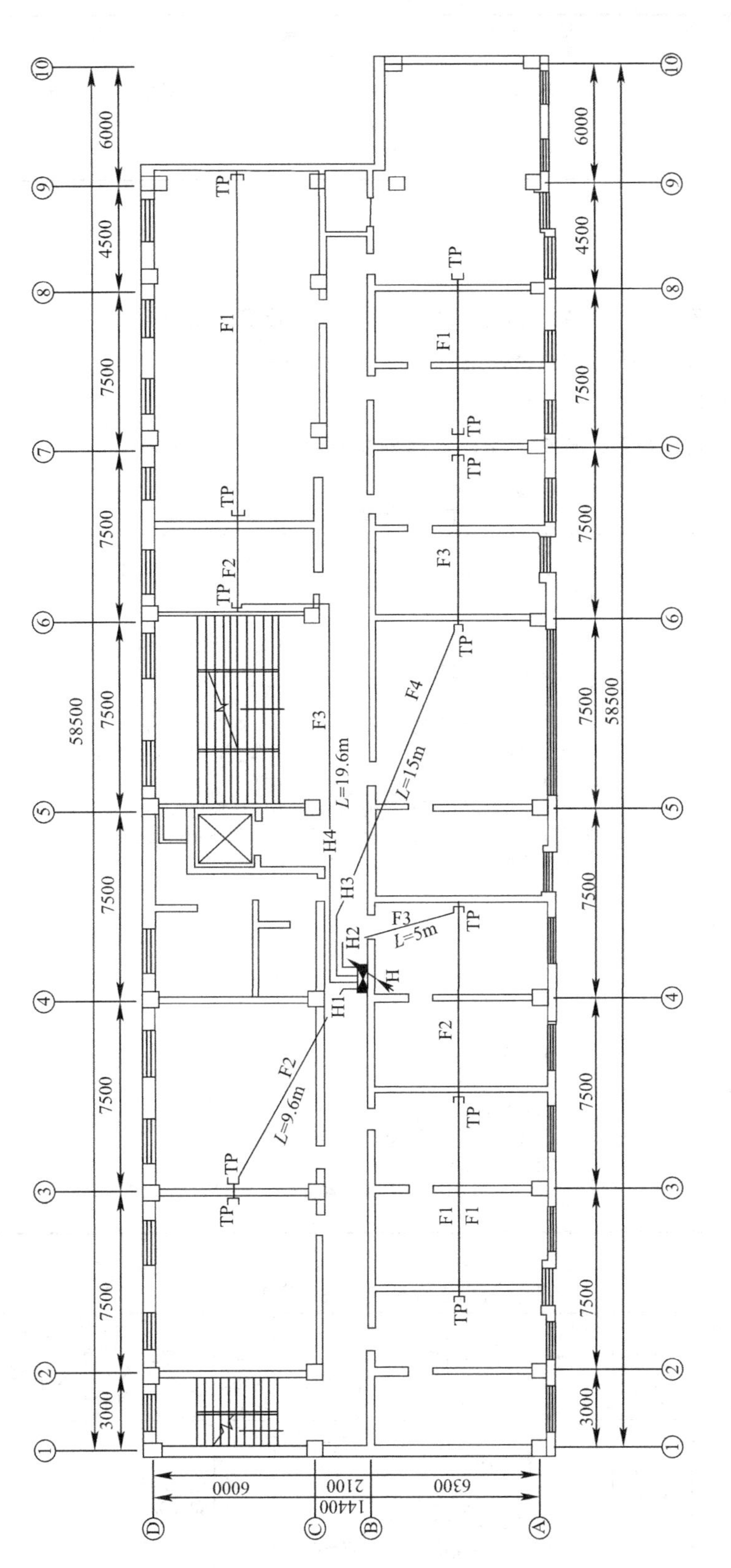

图3-18　某办公楼电话通信平面图

工程量计算表 表 3-7

序号	项目名称	单位	计算式	工程量
1	SC20 钢管暗敷设	m	H3(F4)：15(水平长度)＋(1.2＋0.1)(垂直长度)＋(0.5＋0.1)(插座高度)＝16.9m 1～3 层管合计：16.9×3＝50.7m	50.7

课堂活动

1. 根据图 3-17、图 3-18 完成双绞线缆清单工程量计算（表 3-8）。
2. 根据本地区规定填写相应清单与计价表格（表 3-9）。
3. 核对工程量。
4. 根据本地区消耗量定额及计费规定编制清单项目综合单价分析表（表 3-10）。

工程量计算表 表 3-8

序号	项目名称	单位	计算式	工程量
1	RVS-(2×0.5) 管内穿线	m	4RVS-(2×0.5)： H3：16.9(SC20 管长度)＋0.48(线预留长度)＝17.38m 线长小计：17.38×4＝69.52m 3RVS-(2×0.5)： H2：5.0(水平长度)＋(1.2＋0.1)(垂直长度)＋(0.5＋0.1)(插座高度)＝6.9m(SC15 管长)＋0.48(线预留长度)＝7.38m H3：8.7m H4：19.6(水平长度)＋(1.2＋0.1)(垂直长度)＋(0.5＋0.1)(插座高度)＝21.5m(SC15 管长)＋0.48(线预留长度)＝21.98m 线长小计：(7.38＋8.7＋21.98)×3＝114.18m 2RVS-(2×0.5)： H4：4.95m H2：8.7m H1：11.5m(SC15 管长)＋0.48(线预留长度)＝11.98m 线长小计：(4.95＋8.7＋11.98)×2＝51.26m 1RVS-(2×0.5)： H3：8.7m H4：16.95m H2：8.7m 线长小计：(8.7＋16.95＋8.7)×1＝34.35m 1 至 3 层线管小计： (69.52m＋114.18m＋51.26m＋34.35m)×3＝807.93m	807.93

分部分项工程量清单与计价表 表 3-9

序号	项目编码	项目名称	项目特征描述	计量单位	工程量	金额（元）		
						综合单价	合计	其中：暂估价
1	030502005001	双绞线缆	1. 名称：RVS 2. 规格：2×0.5 3. 线缆对数：4 对以内 4. 敷设方式：沿墙、沿地穿管暗敷	m	807.93			

任务3.2　综合布线系统安装工程计量与计价

任务描述

综合布线系统安装工程量清单共设置机柜、机架，抗震底座，分线接线盒，电视、电话插座，双绞线缆，大对数电缆，光缆，光纤束、光缆外护套，跳线，配线架，跳线架，信息插座，光纤盒，光纤连接，光缆终端盒，布放尾纤，线管理器，跳块，双绞线缆测试，光纤测试等共二十一个清单项目。

完成本任务的学习后，学习者应能按照施工图纸计算以上项目中常用项目的工程量，编制工程量清单，进行工程量清单计价。

本任务的工程概况如【例3-1】和【例3-2】中所示。

准备活动：课前准备好全套造价计价表格，本地区现行造价计价依据。

3.2.1　光缆

知识构成

1. 工程量清单项目设置

根据《工程量计算规范》附录E建筑智能化工程，表E.2综合布线工程，光缆安装工程量清单项目设置见表3-10。

E.2 综合布线工程　　　　**表3-10**

项目编码	项目名称	项目特征	计量单位	工程量计算规则	工作内容
030502007	光缆	1. 名称 2. 规格 3. 线缆对数 4. 敷设方式	m	按设计图示尺寸以长度计算	1. 敷设 2. 标记 3. 卡接

2. 光缆清单项目注释

(1) 项目编码及项目名称

编写方法：详见项目1中1.2.4描述。

(2) 项目特征描述

1) 名称：光缆；

2) 规格：按设计图示参数取定，以芯数划分；

3) 线缆对数：按设计图示参数取定；

4) 敷设方式：配管、暗槽内穿放，线槽、桥架、支架、活动地板内明布放。

3. 计算工程量时应注意事项

(1) 光缆的敷设，以“m”计算。

(2) 光缆工程量计算需要区别不同规格、不同对数，按设计图示尺寸以长度计算。

知识拓展

1. 定额项目设置

管/暗槽槽内穿放12芯以下、36芯以下、72芯以下光缆；线槽、桥架、支架、活动地板内明布放12芯以下、36芯以下、72芯以下光缆。

2. 定额工程量计算规则

(1) 双绞线、光缆、漏泄同轴电缆、电话线和广播线的敷设、布放、明放以“m”为计量单位。光缆敷设按单根延长米计算，如一个架上敷设3根各长100m的光缆，应按300m计算，依此类推。光缆附加及预留的长度是光缆敷设长度的组成部分，应计入长度工程量之内。光缆进入建筑物预留长度2m；光缆进入沟内或吊架上引上（下）预留1.5m；光缆中间接头盒，预留长度两端各留2m。

(2) 光缆敷设缆安装：以缆线芯数12、36、72等分档。

课堂活动

1. 根据图3-15、图3-16完成光缆清单工程量计算（表3-11）。
2. 根据本地区规定填写相应清单与计价表格（表3-12）。
3. 核对工程量。
4. 根据本地区消耗量定额及计费规定编制清单项目综合单价分析表（表3-13）。

工程量计算表 表3-11

序号	项目名称	计算式	工程量	单位
1	光缆	1500（表3-6）	1500	m

分部分项工程量清单与计价表 表3-12

序号	项目编码	项目名称	项目特征描述	计量单位	工程量	金额（元）		
						综合单价	合价	其中：暂估价
1	030502007001	光缆	1. 名称：四芯多模光缆 2. 线缆对数：4对 3. 敷设方式：室外管道内敷设	m	1500			

3.2.2 双绞线缆

知识构成

1. 工程量清单项目设置

根据《工程量计算规范》附录E建筑智能化工程，表E.2综合布线工程，双绞线缆安装工程量清单项目设置见表3-13。

E.2 综合布线工程表　　表 3-13

项目编码	项目名称	项目特征	计量单位	工程量计算规则	工作内容
030502005	双绞线缆	1. 名称 2. 规格 3. 线缆对数 4. 敷设方式	m	按设计图示尺寸以长度计算	1. 敷设 2. 标记 3. 卡接

2. 双绞线缆清单项目注释

（1）项目编码及项目名称

编写方法：详见项目 1 中 1.2.4 描述。

（2）项目特征描述

1）名称：双绞线缆；

2）规格：按设计图示参数取定，以横截面积划分；

3）线缆对数：按设计图示参数取定；

4）敷设方式：配管、暗槽内穿放，线槽、桥架、支架、活动地板内明布放。

3. 计算工程量时应注意事项

（1）双绞线缆敷设、穿放、明布放，以“m”计算。

（2）双绞线缆工程量计算需要区别不同规格、不同对数，按设计图示尺寸以长度计算。

知识拓展

1. 定额项目设置

管/暗槽槽内穿放 4 对以内、25 对以内、50 对以内、100 对以内、200 对以内双绞线缆；线槽、桥架、支架、活动地板内明布放 4 对以内、25 对以内、50 对以内、100 对以内、200 对以内双绞线缆。

2. 定额工程量计算规则

（1）双绞线、光缆、漏泄同轴电缆、电话线和广播线的敷设、布放、明放以“m”为计量单位。电缆敷设按单根延长米计算，如一个架上敷设 3 根各长 100m 的电缆，应按 300m 计算，依次类推。电缆附加及预留的长度是电缆敷设长度的组成部分，应计入长度工程量之内。电缆进入建筑物预留长度 2m；电缆进入沟内或吊架上引上（下）预留 1.5m；电缆中间接头盒预留长度两端各留 2m。

（2）双绞、多绞线缆安装：无论 3 类、5 类线或 6 类线只按屏蔽和非屏蔽（STP 及 UTP）分类。

（3）双绞线布放定额是按六类以下（含六类）系统编制的，六类以上的布线系统工程所用定额子目的综合工程的用量按增加 20%计列。

3. 工程量计算要领

首先根据图 3-17、图 3-18 计算穿管工程量。配管指电线管、钢管、防爆管、塑料管、软管、波纹管等；配管配置形式指明配、暗配、吊顶内、钢结构支架、钢索配管、埋地敷设、砌筑沟内敷设等。

各种配管应区别不同敷设方式、敷设位置、管材材质、规格，以“100m”或“10m”

为计量单位计算，不扣除管路中间部件所占长度。配管包括水平管和竖向管。

配管工程量表达式为：配管工程量=水平管长度+竖向管长度

水平管长度计算：平面图有标注尺寸的按标注尺寸计算，没有标注尺寸的按图纸比例分段量取。

竖向管长度计算：计算竖向配管长度时需要考虑水平管的敷设标高，分线盒、接线盒、电话电视插座、信息插座等的安装高度，竖向管长度+上节点标高−下节点标高。

【例 3-3】 根据图 3-17 通信系统图及图 3-18 通信平面图，计算配管 *DN*15 的长度。

【解】 Fn 为电话线对数，F1～F3 对穿 *DN*15，F4 对以上穿 *DN*20，电话线配管为 *DN*15、*DN*20 钢管。计算 F1～F3 对 *DN*15 配管工程量，工程量计算见表 3-14：

工程量计算表 **表 3-14**

序号	项目名称	单位	计算式	工程量
1	SC15 钢管暗敷设	m	H1（F2）：9.6（水平长度）+(1.2+0.1)(垂直长度)+(0.5+0.1)(插座高度)=11.5m 管 SC15 小计：11.5m H2（F3）：5.0（水平长度）+(1.2+0.1)(垂直长度)+(0.5+0.1)(插座高度)=6.9m H2（F2）：7.5（水平长度）+(0.5+0.1)×2 处（插座高度）=8.7m H2（F1）：7.5（水平长度）+(0.5+0.1)×2 处（插座高度）=8.7m 管 SC15 小计：6.9+8.7+8.7=24.3m H3（F1）：7.5（水平长度）+(0.5+0.1) ×2 处（插座高度）=8.7m H3（F3）：7.5（水平长度）+(0.5+0.1)×2 处（插座高度）=8.7m 管 SC15 小计：8.7m+8.7m=17.4m H4（F1）：3.75+7.5+4.5（水平长度）+(0.5+0.1)×2 处（插座高度）=16.95m H4（F2）：3.75（水平长度）+(0.5+0.1)×2 处（插座高度）=4.95m H4（F3）：19.6（水平长度）+(1.2+0.1)(垂直长度)+(0.5+0.1)(插座高度)=21.5m 管 SC15 小计：16.95m+4.95m+21.5m=43.4m 1～3 层管合计：(11.5+24.3+17.4+43.4)×3=289.8	289.8

【例 3-4】 根据图 3-17 通信系统图及图 3-18 通信平面图，计算配管 *DN*20 的长度。

【解】 图中穿 *DN*20 钢管的电话线有 H3（F4），按设计图示尺寸以长度计算，得以下 *DN*20 钢管工程量计算表（表 3-15）：

工程量计算表 **表 3-15**

序号	项目名称	单位	计算式	工程量
1	SC20 钢管暗敷设	m	H3(F4)：15（水平长度）+(1.2+0.1)（垂直长度）+(0.5+0.1)（插座高度）=16.9m 1～3 层管合计：16.9×3=50.7m	50.7

课堂活动

1. 根据图 3-17、图 3-18 完成双绞线缆清单工程量计算（表 3-16）。
2. 根据本地区规定填写相应清单与计价表格（表 3-17）。
3. 核对工程量。
4. 根据本地区消耗量定额及计费规定编制清单项目综合单价分析表。

工程量计算表 表 3-16

序号	项目名称	单位	计算式	工程量
1	RVS (2×0.5) 管内穿线	m	4RVS-(2×0.5)： H3：16.9 (SC20 管长度)+0.48 (线预留长度)=17.38m 线长小计：17.38×4=69.52m 3RVS- (2×0.5)： H2：5.0 (水平长度)+(1.2+0.1)(垂直长度)+(0.5+0.1) (插座高度)=6.9m (SC15 管长)+0.48 (线预留长度)=7.38m H3：8.7m H4：19.6 (水平长度)+(1.2+0.1)(垂直长度)+(0.5+0.1)(插座高度)=21.5m (SC15 管长)+0.48 (线预留长度)=21.98m 线长小计：(7.38+8.7+21.98)×3=114.18m 2RVS-(2×0.5)： H4：4.95m H2：8.7m H1：11.5m (SC15 管长)+0.48 (线预留长度)=11.98m 线长小计：(4.95+8.7+11.98)×2=51.26m 1RVS-(2×0.5)： H3：8.7m H4：16.95m H2：8.7m 线长小计：(8.7+16.95+8.7)×1=34.35m 1 至 3 层线管小计： (69.52m+114.18m+51.26m+34.35m)×3=807.93m	807.93

分部分项工程量清单与计价表 表 3-17

序号	项目编码	项目名称	项目特征描述	计量单位	工程量	金额（元）		
						综合单价	合价	其中：暂估价
1	030502005001	双绞线缆	1. 名称：RVS 2. 规格：2×0.5 3. 线缆对数：4 对以内 4. 敷设方式：沿墙、沿地穿管暗敷	m	807.93			

3.2.3 电视、电话插座

知识构成

1. 工程量清单项目设置

根据《工程量计算规范》附录 E 建筑智能化工程，表 E.2 综合布线工程，电视、电话插座安装工程量清单项目设置见表 3-18。

E.2 综合布线工程表 表 3-18

项目编码	项目名称	项目特征	计量单位	工程量计算规则	工作内容
030502004	电视、电话插座	1. 名称 2. 安装方式 3. 底盒材质、规格	个	按设计图示数量计算	1. 本体安装 2. 底盒安装

2. 清单项目设置注意事项

(1) 项目编码及项目名称

编写方法：详见项目 1 中 1.2.4 描述。

(2) 项目特征描述

1) 名称：电视、电话插座。

2) 安装方式：明装、暗装；墙面型、桌面型、地面型。

3) 底盒材质、规格：按设计图示及设计说明取定。材质常见铝材、PVC材质，规格有：86mm×86mm、86mm×90mm、100mm×100mm等。

3. 计算工程量时应注意事项

电视、电话插座数量应按照项目特征明确区分，按设计图示数量以计算数量。

知识拓展

1. 定额项目设置：

安装信息插座底盒：明装、砖墙内、混凝土墙内、木地板内、防静电钢质地板内。

2. 定额工程量计算规则：

信息插座及线路盒安装以"个"计量，应另计算插座盒安装。

3. 工程量计算要领：

插座安装应区别安装形式、底盒规格、底盒材质按照设计图示确定数量。

课堂活动

1. 根据图3-17、图3-18完成电话、电视插座清单工程量计算（表3-19）。
2. 根据本地区规定填写相应清单与计价表格（表3-20）。
3. 核对工程量。
4. 根据本地区消耗量定额及计费规定编制清单项目综合单价分析表。

工程量计算表 **表3-19**

序号	项目名称	计算式	工程量	单位
1	用户电话插座安装	3×12=36	36	个

分部分项工程量清单与计价表 **表3-20**

序号	项目编码	项目名称	项目特征描述	计量单位	工程量	金额（元）		
						综合单价	合价	其中：暂估价
1	030502004001	电视、电话插座	1. 名称：电话插座 2. 安装方式：距地0.5m 3. 底盒材质、规格：PVC材质，86mm×86mm	个	36			

3.2.4 分线、接线（箱）盒

知识构成

1. 工程量清单项目设置

根据《工程量计算规范》附录E建筑智能化工程，表E.2综合布线工程，分线、接线（箱）盒安装工程量清单项目设置见表3-21。

E.2 综合布线工程 表3-21

项目编码	项目名称	项目特征	计量单位	工程量计算规则	工作内容
030502003	分线接线箱（盒）	1. 名称 2. 材质 3. 规格 4. 安装方式	个	按设计图示数量计算	1. 本体安装 2. 底盒安装

2. 清单项目设置注意事项

（1）项目编码及项目名称

编写方法：详见项目1中1.2.4描述。

（2）项目特征描述

1）名称：分线盒、接线盒；

2）材质：金属、PVC、其他材料；

3）规格：按设计图示说明计取；

4）安装方式：明装、暗装。

3. 计算工程量时应注意事项

根据相关计算规范，分线接线箱（盒）的工程量计算规则均是按设计图示数量计算。

知识拓展

1. 定额项目设置

安装信息插座底盒（接线盒）明装；安装信息插座底盒（接线盒）砖墙内；安装信息插座底盒（接线盒）混凝土墙内；安装信息插座底盒（接线盒）木地板内；安装信息插座底盒（接线盒）防静电钢质地板内。

2. 定额工程量计算规则

安装各类信息插座底盒（接线分线盒）以“个”为计量单位计算，按设计图示数量计取。

3. 工程量计算要领

若图中标明分线接线盒的位置，出现其图例，则为专用分线接线盒，此时数量按设计图示数量计取，需要列出单独的清单项；某些工程插座底盒定额套接线盒安装定额，此时数量与插座数量相等。

课堂活动

1. 根据图3-17、图3-18完成分线接线盒（箱）清单工程量计算（表3-22）。
2. 根据本地区规定填写相应清单与计价表格（表3-23）。
3. 核对工程量。
4. 根据本地区消耗量定额及计费规定编制清单项目综合单价分析表。

工程量计算表 表 3-22

序号	项目名称	计算式	工程量	单位
1	分线接线盒安装	3	3	个
2	接线盒	3×12=36	36	个

分部分项工程量清单与计价表 表 3-23

序号	项目编码	项目名称	项目特征描述	计量单位	工程量	金额（元）		
						综合单价	合价	其中：暂估价
1	030502003001	分线接线箱（盒）	1. 名称：分线盒 2. 材质：PVC 3. 安装方式：明装	个	3			
2	030502003002	分线接线箱（盒）	1. 名称：电话插座底盒 2. 材质：PVC 3. 安装方式：明装	个	36			

3.2.5 综合单价分析

1. 结合工程案例条件和任务工程情况，根据清单计算规范及云南省安装定额，确定表 3-12 序号 1：030502007001 光缆工程量清单项目的组价内容及对应的定额子目。

根据项目特征描述，该项目为光缆，卡接，线缆敷设，进行标记。

按照工程量清单项目设置表 3-10，光缆的组价内容包括有：敷设、标记、卡接。云南省安装定额穿放、布放光缆安装子目包含了做标记的内容。由此可以确定 030502007001 光缆项目的组价内容及对应的定额子目。综合单价分析详见表 3-24。

2. 结合 3.2.3 条件，根据清单计算规范及云南省安装定额，结合任务工程情况，确定表 3-17 序号 1：030502005001 双绞线缆工程量清单项目的组价内容及对应的定额子目。

根据项目特征描述，该项目为 RVS 双绞线缆，卡接，线缆敷设，在室内安装，需进行标记。

按照工程量清单项目设置表 3-13，双绞线缆的组价内容包括有：敷设、标记、卡接。云南省安装定额穿放、布放双绞线缆安装子目包含了作标识的内容，未包括双绞线的卡接，卡接双绞线缆是属于制作和卡接跳线线缆的定额子目，跳线是一个独立的清单项。由此可以确定 030502005001 双绞线缆项目的组价内容及对应的定额子目。综合单价分析表详见表 3-25。

3. 结合任务工程情况，根据清单计算规范及云南省安装定额，确定表 3-20 序号 1：030502004001 电话插座工程量清单项目的组价内容及对应的定额子目。

根据项目特征描述，该项目为电视、电话插座，本体安装、底盒安装。

按照工程量清单项目设置表 3-18，电视、电话插座的组价内容包括有：本体安装、底盒安装。电视、电话插座本体安装套普通插座安装定额，修改主材价；电话插座底盒安装套信息插座（接线盒）底盒安装定额，由此确定 030502004001 电话插座项目的组价内容及对应的定额子目。综合单价分析表详见表 3-26。

分部分项工程量清单综合单价分析表

表 3-24

工程名称：

项目编码	030502007001			项目名称		光缆			计量单位	m		工程量	1500
综合单价组成明细													
定额编号	定额名称	定额单位	数量	单价（元）					合价（元）				
				人工费	材料费	机械费	管理费	利润	人工费	材料费	机械费	管理费	利润
03110066	桥架明布放光缆（12 芯以下）	100m	0.01	255.52	35.00	2.55	76.72	51.14	2.56	0.35+4.59	0.03	0.77	0.51
人工单价		小计							2.56	4.94	0.03	0.77	0.51
63.88 元/工日		未计价材料费							4.59				
清单项目综合单价									8.81				
材料费明细	主要材料名称、规格、型号						单位	数量	单价	合价	暂估价	暂估合价	
	四芯多模光缆						m	1.020	4.50	4.59			
	其他材料费								—	0.35			
	材料费小计								—	4.94			

注：套用定额时，人工、材料、机械费执行定额，未按市场价格调整，管理费、利润等主要费用的取费基数按 100%的人工费和 8%的机械费来计，管理费=(定额人工费+8%定额机械费)×30%，利润=(定额人工费+8%定额机械费)×20%，通用安装工程的管理费费率为 30%、利润率为 20%。03110066 敷设管道光缆（12 芯以下）安装定额未计价材料为光缆，材料数量按定额消耗量计算=0.01×102.00=1.020m。未计价材料的单价按市场价格计算（光缆取 4.5 元/m）。

分部分项工程量清单综合单价分析表

表 3-25

工程名称：

<table>
<tr><td>项目编码</td><td colspan="2">030502005001</td><td colspan="2">项目名称</td><td colspan="4">双绞线缆</td><td>计量单位</td><td>m</td><td>工程量</td><td colspan="2">807.93</td></tr>
<tr><td colspan="14">综合单价组成明细</td></tr>
<tr><td rowspan="2">定额编号</td><td rowspan="2">定额名称</td><td rowspan="2">定额单位</td><td rowspan="2">数量</td><td colspan="5">单价（元）</td><td colspan="5">合价（元）</td></tr>
<tr><td>人工费</td><td>材料费</td><td>机械费</td><td>管理费</td><td>利润</td><td>人工费</td><td>材料费</td><td>机械费</td><td>管理费</td><td>利润</td></tr>
<tr><td>03110001</td><td>管/暗槽内穿放双绞线缆（4 对以内）</td><td>100m</td><td>0.01</td><td>83.04</td><td>11.20</td><td>6.14</td><td>25.06</td><td>16.70</td><td>0.83</td><td>0.11+2.81</td><td>0.06</td><td>0.25</td><td>0.17</td></tr>
<tr><td colspan="2">人工单价</td><td colspan="7">小计</td><td>0.83</td><td>2.92</td><td>0.06</td><td>0.25</td><td>0.17</td></tr>
<tr><td colspan="2">63.88 元/工日</td><td colspan="7">未计价材料费</td><td colspan="5">2.81</td></tr>
<tr><td colspan="9">清单项目综合单价</td><td colspan="5">4.23</td></tr>
<tr><td rowspan="4">材料费明细</td><td colspan="6">主要材料名称、规格、型号</td><td>单位</td><td>数量</td><td>单价（元）</td><td>合价（元）</td><td>暂估价</td><td colspan="2">暂估合价</td></tr>
<tr><td colspan="6">双绞线缆 2×0.5</td><td>m</td><td>1.020</td><td>2.75</td><td>2.81</td><td></td><td colspan="2"></td></tr>
<tr><td colspan="8">其他材料费</td><td>—</td><td>0.11</td><td></td><td colspan="2"></td></tr>
<tr><td colspan="8">材料费小计</td><td>—</td><td>2.92</td><td></td><td colspan="2"></td></tr>
</table>

注：套用定额时，人工、材料、机械费执行定额，未按市场价格调整，管理费、利润等主要费用的取费基数按 100％的人工费和 8％的机械费来计，管理费＝(定额人工费＋8％定额机械费)×30％，利润＝(定额人工费＋8％定额机械费)×20％，通用安装工程的管理费费率为 30％、利润率为 20％。03110001 管/暗槽内穿放双绞线缆（4 对以内）安装定额未计价材料为双绞线缆，材料数量按定额消耗量计算＝0.01×102.00＝1.020m。未计价材料的单价按市场价格计算（双绞线缆取 2.75 元/m）。

分部分项工程量清单综合单价分析表

表 3-26

工程名称：

项目编码	030502004001		项目名称	电话插座					计量单位	个		工程量	36
综合单价组成明细													
定额编号	定额名称	定额单位	数量	单价（元）					合价（元）				
				人工费	材料费	机械费	管理费	利润	人工费	材料费	机械费	管理费	利润
03020405	单相明装5孔插座	10套	0.1	57.24	18.24	—	17.17	11.45	0.57	23.13	—	0.17	0.11
03110026	安装信息插座底盒（砖墙内）	个	1	8.94	—	—	2.68	1.79	8.94	3.64	—	2.68	1.79
人工单价		小计							9.51	26.77	—	2.85	1.90
63.88元/工日		未计价材料费							26.59				
清单项目综合单价									41.03				
材料费明细	主要材料名称、规格、型号						单位	数量	单价（元）	合价（元）	暂估价	暂估合价	
	电话插座						套	1.020	22.50	22.95			
	电话插座底盒						个	1.010	3.60	3.64			
	其他材料费								—	0.18			
	材料费小计								—	26.59			

注：套用定额时，人工、材料、机械费执行定额，未按市场价格调整，管理费、利润等主要费用的取费基数按100%的人工费和8%的机械费来计，管理费=(定额人工费+8%定额机械费)×30%，利润=(定额人工费+8%定额机械费)×20%，通用安装工程的管理费费率为30%、利润率为20%。03020405单相明装普通插座未计价材料为电话插座，03110026安装信息插座底盒未计价材料为插座底盒，未计价材料的单价按市场价格计算（电话插座取22.5元/个，电话插座底盒取3.6元/个）。

项目 4 通风空调工程计量与计价

项目概述

通过本项目的学习，学习者能熟练识读通风空调工程施工图，能根据施工图纸准确列出通风空调设备安装工程中常见项目名称及项目编码，能依据《通用安装工程工程量计算规范》GB 50856—2013 附录 G 通风空调工程编写项目特征并正确计算相应项目工程量，会编制工程量清单并能够进行清单计价。

任务 4.1　通风工程系统组成

任务描述

通风工程是送风、排风、除尘以及防、排烟等工程的总称。其任务是将室外的新鲜空气引送至室内，将室内受到污染的空气经过处理后排出室外。其目的是保持室内空气新鲜，温度适中，保证人们日常工作、学习的健康环境，为生产的正常进行提供良好的条件。

通风系统是包括送风口、排风口、通风管道、风机、过滤器、控制系统以及其他附属设备在内的一整套装置。

完成本案例的学习后，学习者应能说出通风系统的各种分类方式，列出通风系统的各个组成要素，并能区分每种通风方式对应的特点及适用条件，针对各种不同场所，能够准确选用合理的通风方式。

【例 4-1】本工程是某综合楼负一层通风工程，物业办公室及冷冻机房层高 4m，分别设有新风井一个和排风井一个，通风系统如图 4-1 所示。

物业办公室设置正压送风机一台，风量 G=800m³/h，风压 H=280Pa，电机功率 N=0.25kW（图中③）；冷冻机房设置正压送风机风两台，风量 G=4100m³/h，风压 H=250Pa，电机功率 N=1.1kW，其中一台用作排风（图中②），另一台用作送风（图中①）。

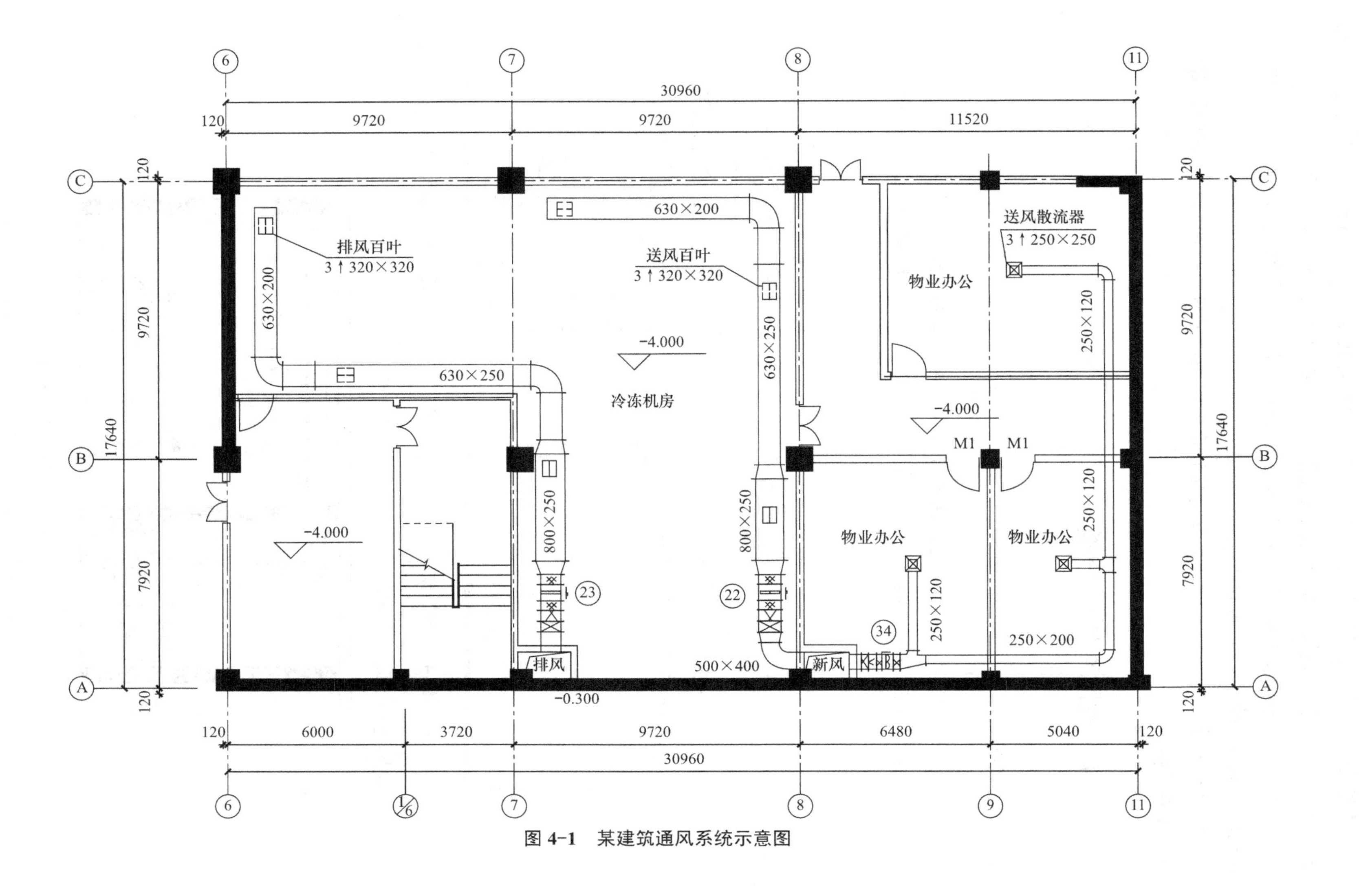

图 4-1　某建筑通风系统示意图

风管采用镀锌钢板风管，法兰连接，镀锌钢板厚度为 δ=0.5mm，风管底边距地面3m。风管吊架参照《金属、非金属风管支吊架》（19K112）图集规定设置。

送风口采用塑料散流器 250mm×250mm 及塑料单层百叶 320mm×320mm，排风口采用塑料单层百叶 320mm×320mm。

风机与风井间设置 70℃放火调节阀及分管止回阀，风机与止回阀及风管间设置帆布风管作软连接。

4.1.1 通风系统的分类

知识构成

1. 由于工作动力不同，可将通风系统分为自然通风和机械通风两种

自然通风是通过自然界热压和风压的作用，强迫空气形成流动，进而实现通风和换气（图 4-1～图 4-5）。

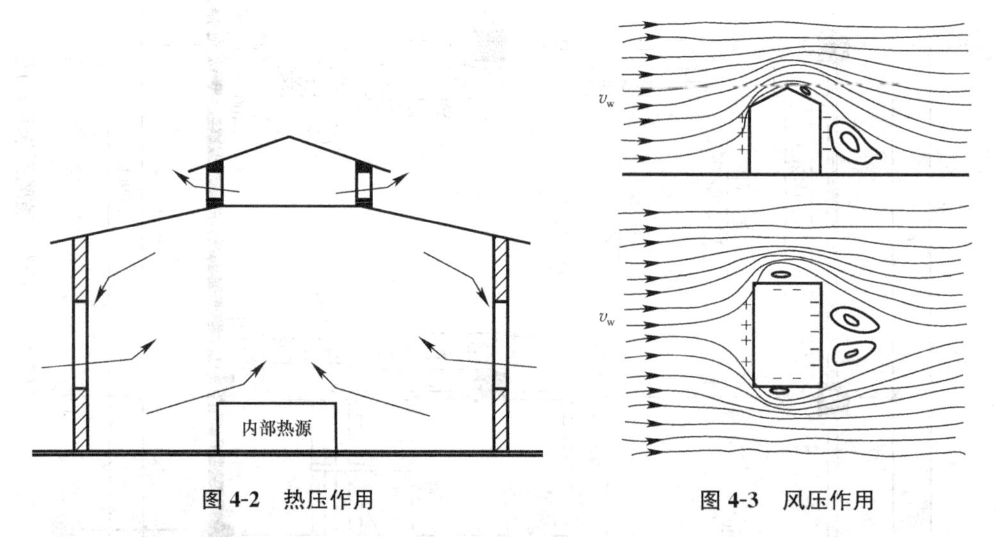

图 4-2 热压作用　　图 4-3 风压作用

机械通风是利用风机产生的气压强制空气流动换气。

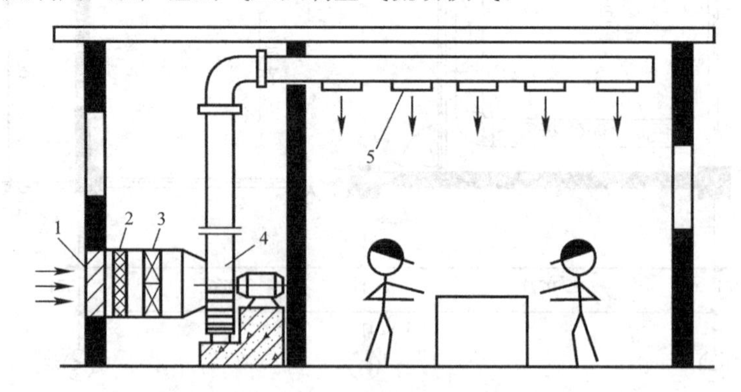

图 4-4 全面机械送风

1—吸风口；2—初级过滤器；3—净化段；4—离心风机；5—送风口

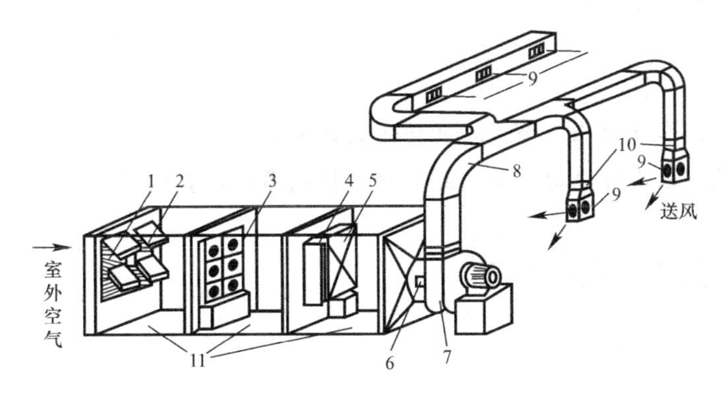

图 4-5　机械通风系统

1—百叶窗；2—保温阀；3—过滤器；4—旁通阀；5—空气加热器；6—启动阀；7—通风机；8—通风管网；9—出风口；10—调节活门；11—送风室

2. 根据作用范围不同，可将通风系统分为局部通风和全面通风

局部通风的作用范围较小，仅限于室内的个别地点或局部区域。其中局部送风是将新鲜空气或经过处理的空气送到室内的某个地点或局部区域；局部排风是将产生有害气体的局部地点（或一仪器设备）的污浊空气收集后直接排放或经过处理后集中排放至室外。机械通风可以实现局部通风和全面通风，而自然通风一般只能实现全面通风。

知识拓展

1. 全面送风可以使室内形成正压，此时室内空气会像气球一样膨胀，然后从所有的门、窗口及孔洞往室外溢出，而室外空气则无法进入室内。

2. 全面排风可以使室内形成负压，此时室内空气越来越少，室外空气便趁机通过门、窗口及孔洞流入室内，而室内空气则无法扩散至室外。

【例 4-2】对于化学试验室、地下停车场、通信终端设备房、室内羽毛球场等场所应该如何选择合理的通风方式。

【解】

（1）化学试验室：化学实验容易产生各种有毒有害气体，对室内空气造成不同程度的污染，而当被污染的空气扩散到室外后，则会对大气造成污染，因此必须采用全面排风或在污染源附近局部排风，阻止空气逃离室外。

（2）地下停车场：地下室空气难以流动，特别是负二层及以下，层间通道单一，难以形成对流，再加之汽车进出时排放的尾气严重污染地下室内空气，因此必须采用全面排风，使室内浑浊空气顺利排放到室外，同时让室外新鲜空气自然流入地下室内。对于面积较大的地下室停车场，自然通风难以到达室内较深处，应设置局部送新风，以确保室内有新鲜空气。

（3）通信终端设备房：大型设备终端一般都有着较大的散热量，其可以直接导致房间温度的升高，而且设备必须要有良好的散热条件才能够保持运行，因此对于这类房间，必须采取局部送风，既节约能源，又保证重要设备的工作区域周边时刻都有温度较低的空气流动，帮助设备顺利散热。

课堂活动

1. 根据图纸，尝试说出各个区域所使用的通风类型。
2. 日常生活中还有什么地方运用到自然和机械通风，尝试列举。

4.1.2 通风系统的组成

知识构成

根据案例图 4-1 所示，通风系统主要由通风机（新风、排风）、风道（风管）、管道部件及风口等组成。

通风机：通过提高气体的压力进而强迫气体形成流动，它是一种把机械能转化为气体的动能的机器。

风道（风管）：把气体按照一定的路径输送并分布至各个使用区域的通道。

管道部件：包括用作连接形状大小不同的风管的各种管件，防震软管接口，风管消声器，以及控制管道内气体流动状态的各种阀门。

风口：通风管道上的开口配件，一般分为出风口（送风）和进风口（排风）两种。

知识拓展

1. 通风机一般可以分为轴流风机、离心风机和混流（斜流）风机三种。轴流风机风量大，但风压较小，一般用于流程较短、管道部件较少的系统；离心风机风量较小，但风压大，一般用于流程长，管道部件也较多的系统；混流（斜流）风机风量和风压都介于轴流和离心风机之间，可以弥补轴流和离心风机在选型时的缺陷。通风机与风管及部件连接时，其间设置帆布软管作为过渡段。

2. 通风管道一般可分为金属风管、塑料风管、复合风管和柔性软风管，形状有矩形和圆形两种，而金属风管中的矩形镀锌钢板风管使用最为普遍，在相同截面积下矩形风管高度比圆形风管小，布置相对灵活，但圆形风管的阻力比矩形风管小，可以节省始端设备的动力。

3. 在通风系统中，蝶阀、止回阀、防火阀还有闸阀等都是常用的阀门。蝶阀可以通过控制其开度进而调节管道内气体流量大小以及管道开闭；止回阀可以有效防止管道系统内气体倒流；防火阀在所有要求有防火和防烟的房间内都必须设置，一般分为 70℃防火阀和 280℃防火阀；闸阀与蝶阀功能相似，但闸阀的密闭性比蝶阀更好，适用于管道末端的开闭。

4. 在通风系统中常用散流器和百叶这两种风口，散流器有圆形和矩形两种，而百叶风口常为矩形，可分为双层百叶风口、单层百叶风口、自垂百叶风口以及固定条形风口，以上风口均有金属和塑料两种材质。

5. 通风系统中常用图例如图 4-6 所示。

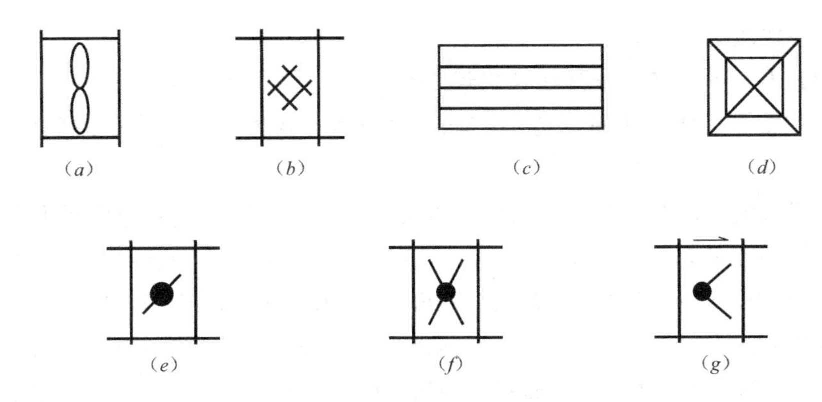

图 4-6　通风系统常用图例

(a) 轴流风机；(b) 柔性接口；(c) 百叶风口；(d) 散流器；(e) 防火阀；(f) 蝶阀；(g) 止回阀

【例 4-3】 在图 4-1 中，一共设置了多少台通风机，可分为哪几种？通风管道采用何种风管，其截面规格共有多少种？风口共设置多少个，可分为多少种？

【解】 图 4-1 中分别有以下设备和材料：

(1) 共设置了 3 台通风机，其中在物业办公室设置了 1 台轴流式送风机，在冷冻机房设置了 1 台轴流式送风机和 1 台轴流式排风机。

(2) 风管采用镀锌钢板风管，法兰连接，属于矩形风管，截面规格分别有 250×120、250×200、500×400、800×250、630×250 一共 5 种（以上单位均为 mm)。

(3) 风口一共设置了 9 个，其中 3 个为 250×250 的塑料散流器，其中 6 个为 320×320 的塑料百叶风口（以上单位均为 mm)。

课堂活动

1. 根据图 4-1 思考并尝试说出商场和餐厅中可能出现的通风工程设备和材料。
2. 分组讨论各种通风常见阀门的特点。

任务 4.2　空调系统的组成

任务描述

当人或生产对空气环境要求较高，而送入未经处理，变化无常的室外空气不能满足要求时，必须对送入室内的空气进行净化、加热或冷却、加湿或去湿等各种处理，使空气环境在温度、湿度、速度及洁净度等方面控制在设计范围内。这种对室内空气环境进行控制的通风称为空气调节，简称空调。

空气调节系统由冷热源、空气处理设备、空气输送管网、室内空气分配装置及调节控制设备等各部分组成。

完成本案例的学习后，学习者应能说出空调系统的各种分类方式，列出空调系统的各个组成要素，并能区分两种空调系统对应的特点及适用条件，针对各种不同场所，能够准确选用合理的空调系统。

【例 4-4】 本工程是某酒店舒适性空调安装工程，该建筑总建筑面积为 6790m^2；地上 5 层，地下 1 层。建筑物高度为 19.5m，该酒店客房层高 3.6m，空调系统如图 4-7 所示。

客房设置风机盘管加独立新风系统，楼层采用一台新风空气处理机组 LCAL-2.5A，H=11.7kPa，6 排管，G=2500m/h，N=0.32kW，105kg 吊装（图 4-7 中 15）；

风机盘管 LFC-800（左进），H=11.6kPa，G=1380m/h，N=147W，图中 1；

风机盘管 LFC-800（右进），H=11.6kPa，G=1380m/h，N=147W，图中 2；

风机盘管 LFC-500（左进），H=17.6kPa，G=880m/h，N=90W，图中 3；

风机盘管 LFC-500（右进），H=17.6kPa，G=880m/h，N=90W，图中 4；

风机盘管 LFC-200（左进），H=3.5kPa，G=230m/h，N=27W，图中 5。

风管采用镀锌钢板风管，法兰连接，镀锌钢板厚度为 δ=1.0mm，风管底距楼板 2.45m，风管吊架参照《金属、非金属风管支吊架》（19K112）图集规定设置。

送风口采用塑料方形散流器 150mm×150mm（图 4-7 中 6）、350mm×350mm（图 4-7 中 8）、250mm×250mm（图 4-7 中 9）及塑料单层百叶 150mm×150mm（图 4-7 中 21）、140mm×120mm（图 4-7 中 22）、120mm×120mm（图 4-7 中 23）；

回风口采用塑料单层百叶 120mm×120mm（图 4-7 中 7）、300mm×250mm（图 4-7 中 10）、200mm×150mm（图 4-7 中 11）；

新风口采用金属防雨百叶 450mm×300mm（图 4-7 中 12）。

新风机入口前设置电动对开多页调节阀（图 4-7 中 13）及手动对开多页调节阀（图 4-7 中 14），新风机出口设置 ZKS 型折板式消声器（图 4-7 中 16），再设置 70℃放火调节阀（图 4-7 中 17），风机出入口设置帆布柔性接口与风管及其他部件连接。

风管进入房间前设置手动风量调节阀 120mm×120mm（图 4-7 中 18）、140mm×120mm（图 4-7 中 19）、160mm×120mm（图 4-7 中 20）。

知识构成

根据案例图 4-7 所示空调系统主要由新风机、空气处理机组、风机盘管、风道（风管）、管道部件、风口等组成。

新风机：把室外新鲜的空气经过处理后送入室内，以满足室内新风量需求的设备。

空气处理机组：即空调器，用于对房间空气进行处理，通过控制房间空气的温度、湿度、洁净度和气流速度等参数，以满足人体舒适度或生产工艺的要求。

风机盘管：不断地循环处理房间的空气，以保持房间恒温的设备。

风道（风管）：把气体按照一定的路径输送并分布至各个使用区域的通道。

管道部件：包括用作连接形状大小不同的风管的各种管件，以及控制管道内气体流动状态的各种阀门。

风口：通风管道上的开口配件，一般分为出风口（送风）和进风口（新风、回风）两种。

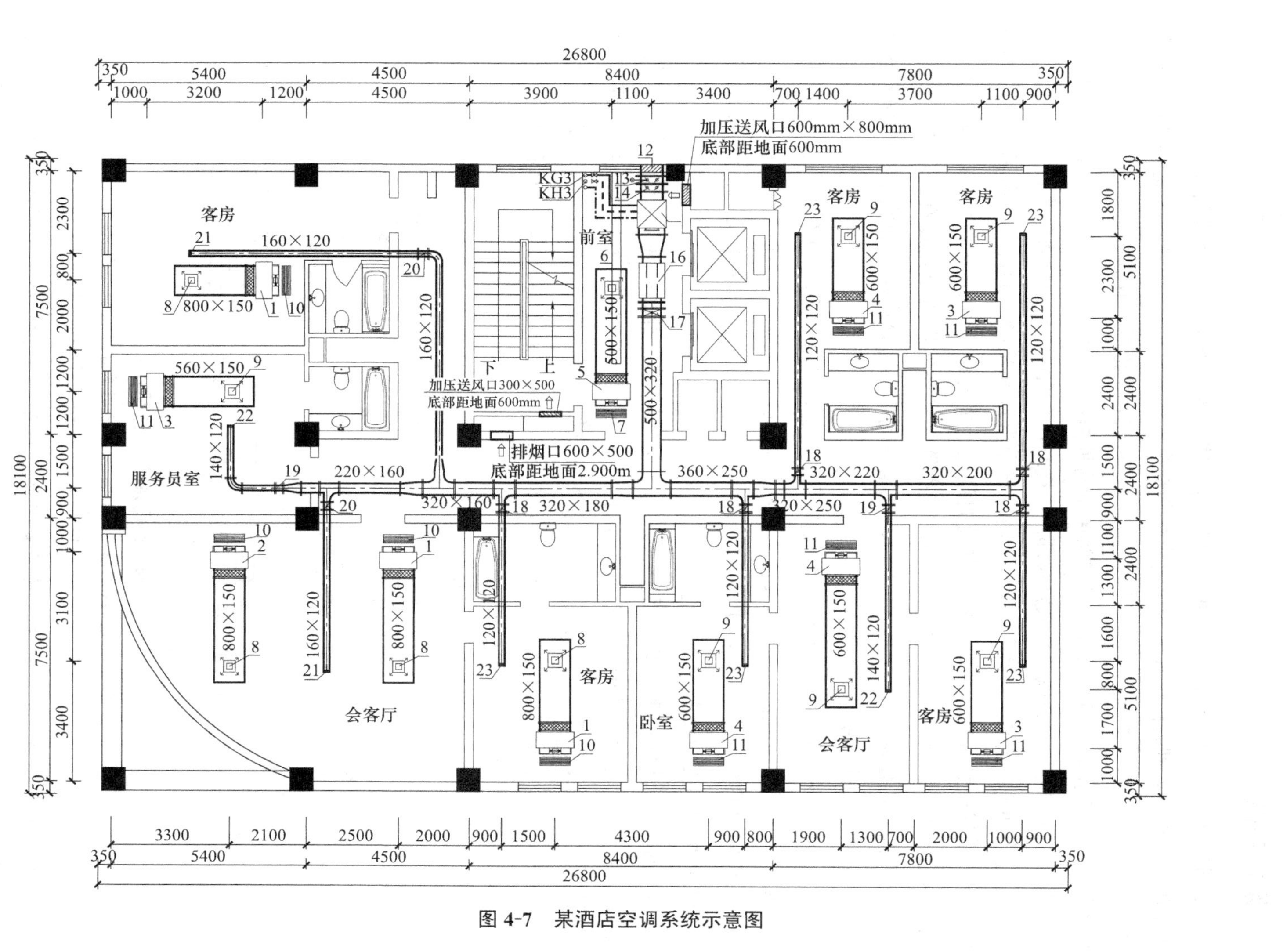

图 4-7　某酒店空调系统示意图

知识拓展

1. 新风机是一种有效的空气净化设备，能够把室外新鲜的空气经过杀菌，消毒、过滤等措施后，再输入到室内，让房间里每时每刻都是新鲜干净的空气。新风机运用新风对流专利技术，通过自主送风和引风，使室内空气实现对流，从而最大限度地进行室内空气置换，新风机主要分为排风式新风机和送风式新风机两种类型，可以在绝大部分室内环境下安装，安装方便，使用舒适。新风机与风管及部件连接时，其间设置帆布软管作为过渡段。

2. 空气处理机组是一种用于调节室内空气温湿度和洁净度的设备。有满足热湿处理要求用的空气加热器、空气冷却器、空气加湿器，净化空气用的空气过滤器，调节新风、回风用的混风箱以及降低通风机噪声用的消声器，空气处理机组均设有通风机。该设备对比风机盘管具有风量大、空气品质高、节能等优点，适合商场、展览馆、机场等空间大、人员密度大的场所。

3. 风机盘管是中央空调理想的末端产品，广泛应用于宾馆、办公楼、医院、商住、科研机构。其主要由热交换器，水管，过滤器，风机，接水盘，排气阀，支架等组成，通过对房间内的空气进行循环，使空气通过冷水（热水）盘管后被冷却（加热），以满足使用者对房间温度的要求。

4. 风道（风管）包括普通钢板风管、镀锌钢板风管、铝合金风管、塑料风管、复合型风管及柔性风管等；其中柔性风管是指用于不易于设置刚性风管位置的挠性风管，属通风管道系统，采用镀锌皮卡子连接，采用吊托支架固定，长度一般在 0.5～2.5m 左右，材质多是由金属、涂塑化纤织物、聚酯、聚乙烯、聚氯乙烯薄膜、铝箔等材料制成。

5. 空调系统中常用图例如图 4-8 所示。

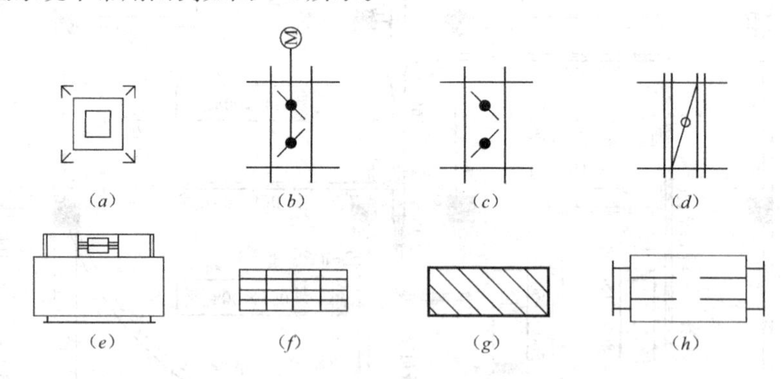

图 4-8　空调系统中常用图例

(a) 散流器；(b) 电动对开多叶调节阀；(c) 对开多叶调节阀；(d) 蝶阀；
(e) 风机盘管；(f) 双层百叶；(g) 防雨百叶；(h) 消声器

【例 4-5】 在图 4-7 中，一共设置了多少台空调器，其送风量是多少？风机盘管共有多少种型号，其送风量分别是多少？通风管道采用何种风管，其截面规格共有多少种？风口共设置多少个，可分为多少种？

【解】 图 4-7 中分别有以下设备和材料：

(1) 空调器共设置 1 台 LCAL-2.5A，*P*y=11.7kPa，新风送风量为 2500m/h。

(2) 风机盘管共 5 种型号，其中 LFC-800（左进），*P*a=11.6kPa，*G*=1380m/h；LFC-

800（右进），Pa=11.6kPa，G=1380m/h；LFC-500（左进），Pa=17.6kPa，G=880m/h；LFC-500（右进），Pa=17.6kPa，G=880m/h；LFC-200（左进），Pa=3.5kPa，G=230m/h。

（3）风管采用镀锌钢板风管，法兰连接，属于矩形风管，截面规格分别有500×320、360×250、320×180、320×160、320×250、320×220、320×200、220×160、180×140、160×120、140×120、120×120等一共12种（以上单位均为mm）。

（4）风口一共设置了32个，其中150×150的方形散流器1个，120×120的单层百叶回风口1个，350×350的方形散流器4个，300×250的单层百叶回风口4个，200×150的单层百叶回风口6个，450×300的防雨百叶新风口1个，150×150的单层百叶送风口2个，140×120的单层百叶送风口2个，120×120的单层百叶送风口5个（以上单位均为mm）。

课堂活动

1. 根据图4-7思考并尝试说出办公楼和酒店中可能出现的空调工程设备和材料。
2. 分组讨论各种空调常见阀门的特点。

任务4.3 通风及空调设备及部件制作安装

任务描述

通风及空调设备及部件制作安装工程量清单共设置空气加热器（冷却器）、除尘设备、空调器、风机盘管、表冷器、密闭门、挡水板、滤水器与溢水盘、金属壳体、过滤器、净化工作台、风淋室、洁净室、除湿机、人防过滤吸收器等共十五个清单项目。

完成本任务的学习后，学习者应能按照施工图纸计算以上项目中常用项目的工程量，编制工程量清单，进行工程量清单计价。

工程案例选取【例4-3】。准备活动：课前准备好全套造价计价表格，本地区现行造价计价依据。

4.3.1 空调器

知识构成

1. 工程量清单项目设置（见表4-1）

通风及空调设备工程量清单项目设置　　表4-1

项目编码	项目名称	项目特征	计量单位	工程量计算规则	工作内容
030701003	空调器	1. 名称 2. 型号 3. 规格 4. 安装形式 5. 质量 6. 隔振垫（器）、支架形式、材料	台（组）	按设计图示数量计算	1. 本体安装或组转、调试 2. 设备支架制作、安装 3. 补刷（喷）油漆

2. 空调器清单项目注释

(1) 项目编码及项目名称

编写方法：030701003 001 空调器。

(2) 项目特征描述

1) 名称：新风型、冷风型、热泵型、冷风除湿型、冷风热泵除湿型、热泵辅助电热型；

2) 型号：按设计图示参数取定；

K——房间空调器；

F——分体式房间空调器；

C——窗式房间空调器；

Q——嵌入式空调；

Y——移动式空调；

T——天井式空调；

R——热泵型，制热功能；

D——电辅加热功能。

3) 规格：按设计图示参数取定；

4) 安装形式：吊顶式、落地式、墙上式、窗式（嵌入式、台式）、分段组装；

5) 质量：按设计图示说明取定；

6) 隔振垫（器）、支架形式、材料：按设计大样图示及设备支吊架图集要求取定。

3. 计算工程量时应注意事项

空调器吊装时考虑支吊架，落地安装时考虑隔振垫（器）。

知识拓展

1. 定额项目设置：空调器安装（吊顶式）设备重量 0.15～0.8t，空调器安装（落地式）设备重量 0.4～5t，空调器安装（墙上式）设备重量 0.1～0.2t，空调器安装（窗式），分段组装式空调器安装。

2. 定额工程量计算规则：整体式空调机组安装，空调器区别不同重量和安装方式按设计图示数量以台计算；分段组装式空调器按设计图示尺寸以 kg 计算。

3. 工程量计算要领：先确定空调器的种类数量后，再针对每种类型的空调器进行详细列项计算。按图示尺寸或参考厂家资料取定重量。

【例 4-6】 计算图 4-7 中空调器的清单工程量。

计算如下：

如图 4-7 所示，空气处理机组（空调器）为，6 排管，G=2500m/h，N=0.32kW，Pa=11.7kPa，105kg，共 1 台。

课堂活动

1. 根据任务布置完成空调器清单工程量计算（表 4-2）。

2. 根据本地区规定填写相应清单与计价表格（表 4-3）。

3. 核对工程量。

4. 根据本地区消耗量定额及计费规定编制清单项目综合单价分析表。

工程量计算书　　表 4-2

项目名称	工程量计算式	计算结果
空气处理机组6排管 G=2500m/h，105kg	1	1台

分部分项工程和单价措施项目清单与计价表　　表 4-3

工程名称：　　标段：　　第　页　共　页

序号	项目编码	项目名称	项目特征描述	计量单位	工程量	金额（元）		
						综合单价	合价	其中：暂估价
1	030701003001	空调器	1. 名称：新风空气处理机组 2. 型号：LCAL-2.5A 3. 规格：N=0.32kW，Pa=11.7kPa 4. 安装形式：吊装 5. 质量：105kg	台	1			
本页小计								
合计								

4.3.2　风机盘管

知识构成

1. 工程量清单项目设置（表 4-4）

风机盘管工程量清单项目设置　　表 4-4

项目编码	项目名称	项目特征	计量单位	工程量计算规则	工作内容
030701004	风机盘管	1. 名称 2. 型号 3. 规格 4. 安装形式 5. 减振器、支架形式、材质 6. 试压要求	台	按设计图示数量计算	1. 本体安装、调试 2. 支架制作、安装 3. 试压 4. 补刷（喷）油漆

2. 风机盘管清单项目注释

（1）项目编码及项目名称

编写方法：030701004 001 风机盘管。

（2）项目特征描述

1）名称：风机盘管；

2）型号：按设计图示参数取定；吊装卧式、立式（含柱式和低矮式）、卡式、壁挂式、地板式；

3）规格：按设计图示参数取定；

4）安装形式：明装、暗装；

5）减振器、支架形式、材质：按设计大样图示及设备支吊架图集要求取定；

6）试压要求：按设计图示参数取定。

3. 计算工程量时应注意事项

风机盘管应按照项目特征明确区分种类以计算数量。若生产技术文件、设计、建设单位要求对风机盘管进行试压时，不分型号和安装方式，均执行落地式风机盘管安装子目。

知识拓展

1. 定额项目设置：风机盘管安装。

2. 定额工程量计算规则：风机盘管安装区别不同安装方式按设计图示数量以台计算。

3. 工程量计算要领：先确定风机盘管的种类和形式后，再针对不同分类的风机盘管进行详细列项计算。

【例 4-7】 计算图 4-7 中风机盘管的清单工程量。

计算如下：

如图 4-7 所示，风机盘管共 11 台，其中 LFC-800（左进），$Pa=11.6\text{kPa}$，$G=1380\text{m/h}$，$N=147\text{W}$ 共 4 台；LFC-800（右进），$Pa=11.6\text{kPa}$，$G=1380\text{m/h}$，$N=147\text{W}$ 共 2 台；LFC-500（左进），$Pa=17.6\text{kPa}$，$G=880\text{m/h}$，$N=90\text{W}$ 共 5 台；LFC-500（右进），$Pa=17.6\text{kPa}$，$G=880\text{m/h}$，$N=90\text{W}$ 共 2 台；LFC-200（左进），$Pa=3.5\text{kPa}$，$G=230\text{m/h}$，$N=27\text{W}$ 共 1 台。

课堂活动

1. 根据任务布置完成风机盘管清单工程量计算（表 4-5）。

2. 根据本地区规定填写相应清单与计价表格（表 4-6）。

3. 核对工程量。

4. 根据本地区消耗量定额及计费规定编制清单项目综合单价分析表。

工程量计算书 **表 4-5**

项目名称	工程量计算式	计算结果
风机盘管 LFC-800（左进）	1×4	4 台
风机盘管 LFC-800（右进）	1×2	2 台
风机盘管 LFC-500（左进）	1×5	5 台
风机盘管 LFC-500（右进）	1×2	2 台
风机盘管 LFC-200（左进）	1	1 台

分部分项工程和单价措施项目清单与计价表 表4-6

工程名称： 标段： 第 页 共 页

序号	项目编码	项目名称	项目特征描述	计量单位	工程量	金额（元）		
						综合单价	合价	其中：暂估价
1	030701004001	风机盘管	1. 名称：风机盘管 2. 型号：吊装卧式 LFC-800（左进） 3. 规格：Pa=11.6kPa，G=1380m/h，N=147W 4. 安装形式：暗装	台	4			
2	030701004002	风机盘管	1. 名称：风机盘管 2. 型号：吊装卧式 LFC-800（右进） 3. 规格：Pa=11.6kPa，G=1380m/h，N=147W 4. 安装形式：暗装	台	2			
3	030701004003	风机盘管	1. 名称：风机盘管 2. 型号：吊装卧式 LFC-500（左进） 3. 规格：Pa=17.6kPa，G=880m/h，N=90W 4. 安装形式：暗装	台	5			
4	030701004004	风机盘管	1. 名称：风机盘管 2. 型号：吊装卧式 LFC-500（右进） 3. 规格：Pa=17.6kPa，G=880m/h，N=90W 4. 安装形式：暗装	台	2			
5	030701004005	风机盘管	1. 名称：风机盘管 2. 型号：吊装卧式 LFC-200（左进） 3. 规格：Pa=3.5kPa，G=230m/h，N=27W 4. 安装形式：暗装	台	1			
本页小计								
合计								

4.3.3 综合单价分析

1. 结合【例4-7】条件，参照《广东省安装工程工程量清单计价指引》（2013），工作内容为：型号为 LFC-800（左进）的风机盘管安装、支架制作安装。综合单价分析见表4-7，表中人工费、材料费、机械费、管理费均按2010年《广东省安装工程综合定额》一类地区相应项目套用。

分部分项工程量清单综合单价分析表

表 4-7

工程名称：

项目编码	030701004001		项目名称	风机盘管					计量单位	台	清单工程量	4	
清单综合单价组成明细													
定额编号	子目名称	定额单位	工程数量	单价（元）					合价（元）				
				人工费	材料费	机械费	管理费	利润	人工费	材料费	机械费	管理费	利润
C9-8-54	风机盘管安装	台	4	40.04	2.30		11.10	15.54	160.16	9.20		44.40	62.16
C9-7-17	设备支架制作	100kg	0.127	199.92	97.27	132.63	55.42	35.99	25.39	12.35	16.84	7.04	4.57
C9-7-18	设备支架安装	100kg	0.127	85.68	35.35	7.00	23.75	15.42	10.88	4.49	0.89	3.02	1.96
人工单价		小计							49.11	6.51	4.43	13.61	17.17
51 元/工日		未计价材料费							3570.74				
清单项目综合单价									3661.57				
材料费明细	主要材料名称、规格、型号						单位	数量	单价（元）	合价（元）	暂估单价（元）		暂估合价（元）
	吊装卧式风机盘管 LFC-800（左进）						台	4	3550.00	14200.00			
	镀锌角钢支架∠30×30×3						kg	13.208	6.28	82.95			
	材料费小计								—	3570.74			

2. 吊装式风机盘管组价项目：镀锌角钢∠30×30×3。

3. 组价项目定额工程量：4 台风机盘管所需镀锌角钢长度为 4 台×3.4m/台＝13.6m，根据《五金手册》查得角钢∠30×30×3 的理论重量为 0.889kg/m，镀锌重量增加 5%，则可计算得出总重量为 13.6m×0.889kg/m×(1＋5%)＝12.7kg。

4. 假设吊装卧式风机盘管 LFC-800（左进）单价为 3550.00 元/台，镀锌角钢∠30×30×3 单价为 6280.00 元/t。

任务 4.4　通风管道制作安装

任务描述

通风管道制作安装工程量清单共设置碳钢通风管道、净化通风管道、不锈钢板通风管道、铝板通风管道、塑料通风管道、玻璃钢通风管道、复合型风管、柔性软风管、弯头导流叶片、风管检查孔、(温度、风量测定孔）等共十一个清单项目。

完成本任务的学习后，学习者应能按照施工图纸计算以上项目中常用项目的工程量，编制工程量清单，进行工程量清单计价。

工程实例选取【例 4-3】，准备活动：课前准备好全套造价计价表格，本地区现行造价计价依据。

4.4.1　碳钢通风管道

知识构成

1. 工程量清单项目设置（见表 4-8）

碳钢通风管道工程量清单项目设置　　表 4-8

项目编码	项目名称	项目特征	计量单位	工程量计算规则	工作内容
030702001	碳钢通风管道	1. 名称 2. 材质 3. 形状 4. 规格 5. 板材厚度 6. 管件、法兰等附件及支架设计要求 7. 接口形式	m^2	按设计图示内径尺寸以展开面积计算	1. 风管、管件、法兰、零件、支吊架制作、安装 2. 过跨风管落地支架制作、安装

2. 碳钢通风管道清单项目注释

(1) 项目编码及项目名称

编写方法：030702001 001 碳钢通风管道。

(2) 项目特征描述

1) 名称：钢板风管；

2) 材质：普通钢板、镀锌钢板；

3）形状：矩形、圆形；

4）规格：按设计图示内尺寸计算，矩形风管计算内周长，圆形风管计算内径；

5）板材厚度：按设计图示说明取定，常用钢板厚度为0.5～4mm；

6）管件、法兰等附件及支架设计要求：按设计图示及风管支吊架图集要求选定；

7）接口形式：抱箍连接、铆钉连接（铆接）、咬口连接、焊接、法兰连接。

通风管道的法兰垫料或封口材料，按图纸要求应在项目特征中描述。

3. 计算工程量时应注意事项

（1）风管按展开面积计算，不扣除检查孔、测定孔、送风口、吸风口等所占面积；风管长度一律以设计图示中心线长度为准（主管与支管以其中心线交点划分），包括弯头、三通、变径管、天圆地方等管件的长度，但不包括部件所占的长度。风管展开面积不包括风管、管口重叠部分面积。风管渐缩管：圆形风管按平均直径；矩形风管按平均周长。

（2）穿墙套管按展开面积计算，计入通风管道工程量中。

知识拓展

1. 定额项目设置

镀锌薄钢板圆形风管（δ=1.2mm以内咬口）直径200mm以下、500mm以下、1120mm以下及1120mm以上；薄钢板圆形风管（δ=2mm以内焊接）直径200mm以下、500mm以下、1120mm以下及1120mm以上；薄钢板圆形风管（δ=3mm以内焊接）直径200mm以下、500mm以下、1120mm以下及1120mm以上；镀锌薄钢板矩形风管（δ=1.2mm以内咬口）周长800mm以下、2000mm以下、4000mm以下及4000以上；薄钢板矩形风管（δ=2mm以内焊接）周长800mm以下、2000mm以下、4000mm以下及4000以上；薄钢板矩形风管（δ=3mm以内焊接）周长800mm以下、2000mm以下、4000mm以下及4000以上。

2. 定额工程量计算规则

（1）风管制作安装按设计图展开面积以m^2计算，不扣除检查孔、测定孔、送风口、吸风口等所占面积。

$$\text{圆管}\ F=\pi\times D\times L$$

式中 F——圆形风管展开面积（m^2）；

D——圆形风管直径；

L——管道中心线长度。

矩形风管按设计图示周长乘以管道中心线长度计算，规格直径为内径，周长为内周长。

（2）风管长度一律以设计图示中心线长度为准（主管与支管以其中心线交点划分），包括弯头、三通、变径管、天圆地方等管件的长度，但不得包括部件所占长度。重叠部分和堵头不得另行增加。

（3）整个通风系统设计采用渐缩管均匀送风者，圆形风管按平均直径、矩形风管按平均周长计算。

3. 工程量计算要领

（1）圆形渐缩管段

$$\text{平均直径}=(D+d)/2$$

式中　D——圆形风管较大端直径；

　　d——圆形风管较小端直径。

（2）矩形渐缩管段

$$平均周长 = A + a + B + b$$

式中　A、B——矩形风管较大端长、宽；

　　a、b——矩形风管较小端长、宽。

（3）天圆地方

$$平均直径 = [2(A + B) + \pi D]/2$$

式中　D——圆形端直径；

A、B——矩形端长、宽。

天圆地方一般计算至中心线中点（矩形段和圆形段各占一半长度）。

【例 4-8】 计算图 4-9 中风管的清单工程量。

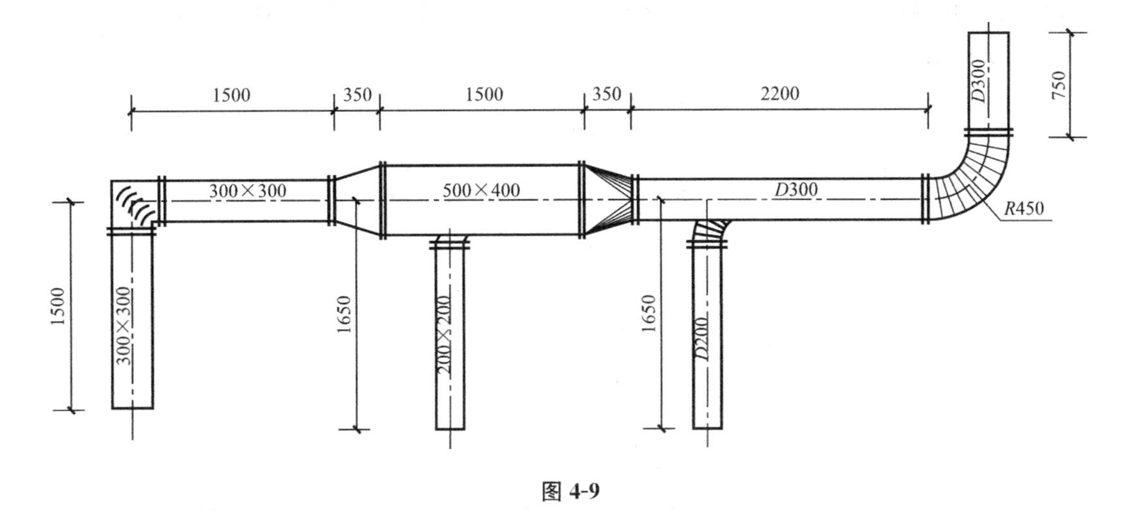

图 4-9

计算如下：

（1）如图 4-9 所示，风管由矩形风管和圆形风管组成，矩形渐缩管、天圆地方各一个。

（2）矩形风管段工程量

$=2\times(0.3+0.3)\text{m}\times(1.5+1.5)\text{m}+2\times(0.5+0.4)\text{m}\times(1.5+0.35/2)\text{m}+2\times(0.2+0.2)\text{m}\times(1.65-0.5/2)\text{m}=7.735\text{m}^2$

（3）圆形风管段工程量

$=0.3\pi\times(2.2+0.35/2+0.75+0.45\pi/2)\text{m}^2+0.2\pi\times(1.65-0.3/2)\text{m}^2=4.554\text{m}^2$

（4）矩形渐缩段工程量

$=(0.5+0.4+0.3+0.3)\times0.35\text{m}^2=0.525\text{m}^2$

（5）天圆地方工程量

$=(0.5+0.4+0.15\pi)\times0.35\text{m}^2=0.48\text{m}^2$

课堂活动

1. 根据任务布置完成碳钢风管清单工程量计算（表 4-9）。

2. 根据本地区规定填写相应清单与计价表格（表 4-10）。

3. 核对工程量。

4. 根据本地区消耗量定额及计费规定编制清单项目综合单价分析表。

工程量计算书 **表 4-9**

项目名称	工程量计算式	计算结果
镀锌钢板矩形风管周长＜2000mm 咬口连接 δ=1.0mm	7.735（直管段）+0.525（渐缩段）	8.26m^2
镀锌钢板圆形风管直径＜500mm 咬口连接 δ=1.0mm	0.3π×(2.2+0.35/2+0.75+0.45π/2)+0.2π×(1.65−0.3/2)	4.554m^2

分部分项工程和单价措施项目清单与计价表 **表 4-10**

工程名称： 标段： 第 页 共 页

序号	项目编码	项目名称	项目特征描述	计量单位	工程量	金额（元）		
						综合单价	合价	其中：暂估价
1	030702001001	碳钢通风管道	1. 名称：镀锌风管 2. 材质：镀锌钢板 3. 形状：矩形 4. 规格：周长＜2000mm 5. 板材厚度：δ=1.0mm 6. 接口形式：咬口	m^2	8.26			
2	030702001002	碳钢通风管道	1. 名称：镀锌风管 2. 材质：镀锌钢板 3. 形状：圆形 4. 规格：D＜500mm 5. 板材厚度：δ=1.0mm 6. 接口形式：咬口	m^2	4.554			
本页小计								
合计								

4.4.2 柔性软风管

知识构成

1. 工程量清单项目设置（表 4-11）

柔性软风管工程量清单项目设置 **表 4-11**

项目编码	项目名称	项目特征	计量单位	工程量计算规则	工作内容
030702008	柔性软风管	1. 名称 2. 材质 4. 规格 5. 风管接头、支架形式、材质	m（节）	1. 以米计量，按设计图示中心线以长度计算 2. 以节计量，按设计图示数量计算	1. 风管安装 2. 风管接头安装 3. 支吊架制作、安装

2. 柔性软风管清单项目注释

（1）项目编码及项目名称

编写方法：030702008 001 柔性软风管。

（2）项目特征描述

1）名称：柔性软风管；

2）材质：金属、其他材料；

3）规格：按设计图示说明选取，或按矩形风管计算内周长，圆形风管计算内径；

4）风管接头、支架形式、材质：按设计图示及风管支吊架图集要求选定。

注：通风管道的法兰垫料或封口材料，按图纸要求应在项目特征中描述。

3. 计算工程量时应注意事项

用于不易设置刚性风管位置的挠性风管时，风管按设计图示中心线长度计算，风管长度一律以设计图示中心线长度为准（主管与支管以其中心线交点划分），包括弯头、三通、变径管、天圆地方等管件的长度，但不包括部件所占的长度。

知识拓展

1. 定额项目设置

柔性软风管安装（无保温套管）直径150～910mm以内，柔性软风管安装（有保温套管）直径150～910mm以内。

2. 定额工程量计算规则

（1）柔性软风管安装，按设计图示管道中心线长度以m计算；

（2）穿墙套管按展开面积计算，计入通风管道工程量中。

3. 工程量计算要领

（1）按照长度计算管道时，则按设计图示中心线长度计算；

（2）按照“节”计算时，可按每3m为一节计算。

【例4-9】计算图4-10中柔性软风管的清单工程量。

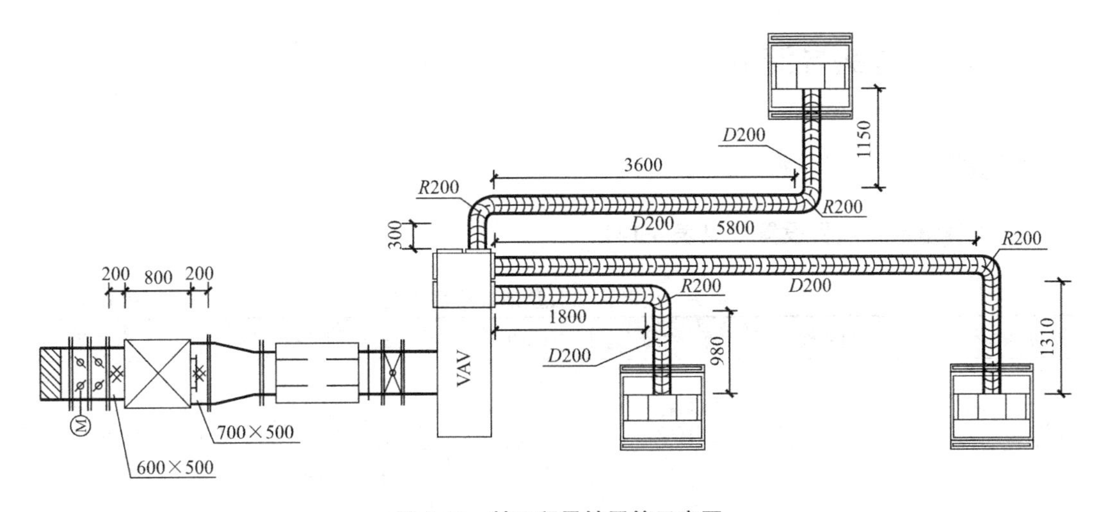

图4-10　某工程柔性风管示意图

计算如下：

(1) 如图 4-10 所示，柔性软风管为金属挠性风管，共 3 段。

(2) 金属挠性风管工程量＝(0.3＋0.2π/2＋3.6＋0.2π/2＋1.15)m＋(5.8＋0.2π/2＋1.31)m＋(1.8＋0.2π/2＋0.98)m＝16.2m

课堂活动

1. 根据任务布置完成柔性软风管清单工程量计算（表 4-12）。
2. 根据本地区规定填写相应清单与计价表格（表 4-13）。
3. 核对工程量。
4. 根据本地区消耗量定额及计费规定编制清单项目综合单价分析表。

工程量计算书 **表 4-12**

项目名称	工程量计算式	计算结果
金属挠性风管直径 250mm 无保温套管咬口连接	(0.3＋0.2π/2＋3.6＋0.2π/2＋1.15)＋(5.8＋0.2π/2＋1.31)＋(1.8＋0.2π/2＋0.98)	16.2m

分部分项工程和单价措施项目清单与计价表 **表 4-13**

工程名称： 标段： 第 页 共 页

序号	项目编码	项目名称	项目特征描述	计量单位	工程量	金额（元）		
						综合单价	合价	其中：暂估价
1	030702008001	柔性软风管	1. 名称：柔性软风管 2. 材质：金属 3. 规格：D=200mm 4. 风管接头、支架形式、材质：咬口连接	m	16.2			
本页小计								
合计								

4.4.3 弯头导流叶片

知识构成

1. 工程量清单项目设置（见表 4-14）

弯头导流叶片工程量清单项目设置 **表 4-14**

项目编码	项目名称	项目特征	计量单位	工程量计算规则	工作内容
030702009	弯头导流叶片	1. 名称 2. 材质 4. 规格 5. 形式	m^2（组）	1. 以面积计量，按设计图示以展开面积平方米计算 2. 以组计量，按设计图示数量计算	1. 制作 2. 组装

2. 弯头导流叶片清单项目注释

(1) 项目编码及项目名称

编写方法：030702009 001 弯头导流叶片。

(2) 项目特征描述

1) 名称：风管弯头导流叶片；

2) 材质：镀锌钢板；

3) 规格：按设计图示参数取定；

4) 形式：单叶片、香蕉形双叶片（月牙式）。

3. 计算工程量时应注意事项

(1) 设计图无要求时，弯头导流叶片按图示展开面积以 m^2 计算；

(2) 设计图示说明要求弯头导流叶片采用特殊材料并以"组"作单位时，按组计算。

知识拓展

1. 定额项目设置：弯头导流叶片制作安装。

2. 定额工程量计算规则：风管导流叶片制作安装按设计图示叶片尺寸以 m^2 计算。

3. 工程量计算要领：

首先根据表 4-15 中风管长边（A 边长）尺寸选择导流叶片的片数，然后根据表 4-16 中风管短边（B 边高）尺寸选择相应导流叶片单片面积（风管弯头的尺寸为 $A \times B$）。

弯头导流叶片工程量为：

单片叶片面积×导流叶片片数＝风管弯头导流叶片总面积。

风管长边尺寸表　　**表 4-15**

A 边长	500	600	800	1000	1250	1600	2000
片数	4	4	6	7	8	10	12

风管短边尺寸表　　**表 4-16**

B 边高	200	250	320	400	500	630	800	1000	1250	1600	2000
叶片面积（m^2）	0.075	0.091	0.114	0.14	0.17	0.216	0.273	0.425	0.502	0.623	0.755

【例 4-10】 计算图 4-11 中弯头导流叶片的清单工程量。

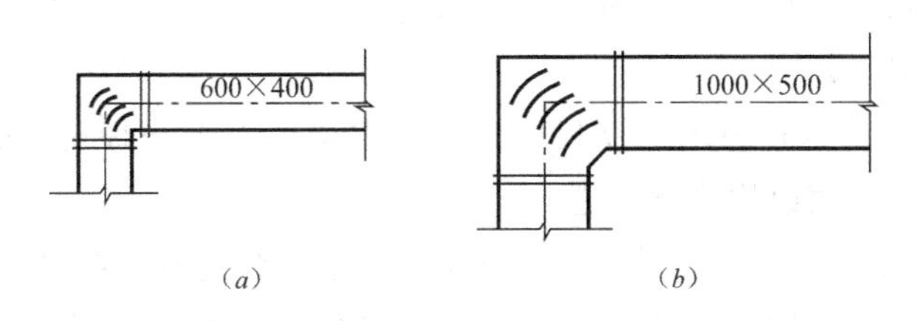

图 4-11

【解】 计算如下：

(1) 如图 4-11 (a) 所示，风管 A 边长为 600mm，B 边高为 400mm，查表 4-15 得出该弯头中导流叶片片数为 4，再查表 4-16 得出单片导流叶片面积为 0.14m^2，该弯头导流叶片工程量＝4×0.14m^2＝0.56m^2。

（2）如图4-11（*b*）所示，风管*A*边长为1000mm，*B*边高为500mm，查表4-15得出该弯头中导流叶片片数为7，再查表4-16得出单片导流叶片面积为0.17m^2，该弯头导流叶片工程量＝7×0.17m^2＝1.19m^2。

课堂活动

1. 根据任务布置完成弯头导流叶片清单工程量计算（表4-17）。
2. 根据本地区规定填写相应清单与计价表格（表4-18）。
3. 核对工程量。
4. 根据本地区消耗量定额及计费规定编制清单项目综合单价分析表。

工程量计算书 **表4-17**

项目名称	工程量计算式	计算结果
镀锌弯头导流叶片600mm×400mm弯头单叶片	4×0.14	0.56m^2

分部分项工程和单价措施项目清单与计价表 **表4-18**

工程名称： 标段： 第 页 共 页

序号	项目编码	项目名称	项目特征描述	计量单位	工程量	金额（元）		
						综合单价	合价	其中：暂估价
1	030702009001	弯头导流叶片	1. 名称：导流叶片 2. 材质：镀锌钢板 3. 规格：600mm×400mm弯头 4. 形式：单叶片	m^2	0.56			
本页小计								
合计								

4.4.4 综合单价分析

1. 结合【例4-8】条件，参照《广东省安装工程工程量清单计价指引》（2013），工作内容为：镀锌钢板矩形通风管道制作安装、支吊架除锈、支吊架刷油。综合单价分析见表4-19，表中人工费、材料费、机械费、管理费均按2010年《广东省安装工程综合定额》一类地区相应项目套用。

2. 镀锌钢板矩形通风管道组价项目：法兰、支吊架人工除轻锈，刷红丹防锈漆第一遍，刷银粉漆第一遍，刷银粉漆第二遍。

3. 组价项目定额工程量：根据《广东省安装工程综合定额》第九册子目C9-1-14，计价材料中关于法兰、支吊架项目包括：圆钢ϕ10以内1.930kg、扁钢（综合）1.330kg、角钢（综合）35.660kg，所需型钢工程量共计（1.930＋1.330＋35.660）kg/10m^2×8.26m^2＝321.5kg。

4. 假设镀锌薄钢板δ＝1.0mm的单价为43.5元/m^2，红丹防锈漆单价为9.50元/kg，银粉漆单价为12.00元/kg。

分部分项工程量清单综合单价分析表

表 4-19

工程名称：

项目编码	030702001001		项目名称	碳钢通风管道					计量单位	m²		清单工程量	8.26
清单综合单价组成明细													
定额编号	子目名称	定额单位	工程数量	单价（元）					合价（元）				
				人工费	材料费	机械费	管理费	利润	人工费	材料费	机械费	管理费	利润
C9-1-14	镀锌薄钢板矩形风管（δ＝1.2mm 以内咬口）周长（mm）2000 以下	10m²	0.826	263.31	191.79	23.24	72.99	47.40	217.49	158.42	19.20	60.29	39.15
C11-1-7	手工除锈一般钢结构轻锈	100kg	3.215	12.5	2.12	9.70	2.57	2.25	40.19	6.82	31.19	8.26	7.23
C11-2-67	一般钢结构红丹防锈漆第一遍	100kg	3.215	8.72	1.89	9.70	1.79	1.57	28.03	6.08	31.19	5.75	5.05
C11-2-72	一般钢结构银粉漆第一遍	100kg	3.215	8.31	5.92	9.70	1.71	1.50	26.72	19.03	31.19	5.50	4.81
C11-2-73	一般钢结构银粉漆第二遍	100kg	3.215	8.31	4.94	9.70	1.71	1.50	26.72	15.88	31.19	5.50	4.81
人工单价			小计						41.06	24.97	17.43	10.33	7.39
51 元/工日			未计价材料费						56.03				
清单项目综合单价									157.20				
材料费明细	主要材料名称、规格、型号						单位	数量	单价（元）	合价（元）	暂估单价（元）		暂估合价（元）
	镀锌薄钢板 δ＝1.0mm						m²	9.400	43.50	408.89			
	红丹防锈漆						kg	3.729	9.50	35.43			
	银粉漆						kg	1.543	12.00	18.52			
	材料费小计								—	56.03			

注：除锈、刷油部分可根据本书项目 7 单独进行综合单价分析。

任务 4.5 通风管道部件制作安装

任务描述

通风管道部件制作安装工程量清单共设置碳钢阀门、柔性软风管阀门、铝蝶阀、不锈钢蝶阀、塑料阀门、玻璃钢蝶阀、(碳钢风口、散流器、百叶窗)、(不锈钢风口、散流器、百叶窗)、(塑料风口、散流器、百叶窗)、玻璃钢风口、(铝及铝合金风口、散流器)、碳钢风帽、不锈钢风帽、塑料风帽、铝板伞形风帽、玻璃钢风帽、碳钢罩类、塑料罩类、柔性接口、消声器、静压箱、人防超压自动排气阀、人防手动密闭阀、人防其他部件等共二十四个清单项目。

完成本任务的学习后，学习者应能按照施工图纸计算以上项目中常用项目的工程量，编制工程量清单，进行工程量清单计价。

工程案例选取【例 4-3】，准备活动：课前准备好全套造价计价表格，本地区现行造价计价依据。

4.5.1 碳钢阀门

知识构成

1. 工程量清单项目设置（见表 4-20）

碳钢阀门工程量清单项目设置　　表 4-20

项目编码	项目名称	项目特征	计量单位	工程量计算规则	工作内容
030703001	碳钢阀门	1. 名称 2. 型号 3. 规格 4. 质量 5. 类型 6. 支架形式、材质	个	按设计图示数量计算	1. 阀体制作 2. 阀体安装 3. 支架制作、安装

2. 碳钢阀门清单项目注释

(1) 项目编码及项目名称

编写方法：030703003001 碳钢阀门。

(2) 项目特征描述

1) 名称：碳钢阀门；

2) 型号：按设计图示参数取定；

3) 规格：按设计图示参数取定，可参考与其连接的管道直径取定；

4) 质量：按设计图示说明（成品重量）取定，或按定额附录计算，设计无要求时可不填写；

5) 类型：空气加热器上通阀、空气加热器旁通阀、圆形瓣式启动阀、风管蝶阀、风管止回阀、密闭式斜插板阀、矩形风管三通调节阀、对开多叶调节阀、风管防火阀、各型风罩调节阀；

6）支架形式、材质：按设计图示及风管支吊架图集要求选定，设计无要求时可不填写。

通风部件如图纸要求制作安装或用成品部件只安装不制作，这类特征在项目特征中应明确描述。

3. 计算工程量时应注意事项

碳钢阀门应按照项目特征明确区分类型以计算数量。

知识拓展

1. 定额项目设置

（1）调节阀制作：空气加热器上（旁）通阀（T101-1、2），圆形瓣式启动阀（T301-5）单个重量 30kg 以下、30kg 以上，圆形保温蝶阀（T302-2）单个重量 10kg 以下、10kg 以上，方、矩形保温蝶阀（T302-4、6）单个重量 10kg 以下、10kg 以上，圆形蝶阀（T302-7）单个重量 10kg 以下、10kg 以上，方、矩形蝶阀（T302-8、9）单个重量 15kg 以下、15kg 以下，圆形风管止回阀（T303-1）单个重量 20kg 以下、20kg 以上，方形风管止回阀（T303-2）单个重量 20kg 以下、20kg 以上，密闭式斜插板阀（T309）单个重量 10kg 以下、10kg 以上，对开多叶调节阀（T311）单个重量 30kg 以下、30kg 以上，风管防火阀圆形，风管防火阀方、矩形。

（2）调节阀安装：空气加热器上通阀，空气加热器旁通阀，圆形瓣式启动阀直径 600～1300（mm 以内），风管蝶阀周长 800～4000（mm 以内），圆、方形风管止回阀周长 800～8000（mm 以内），密闭式斜插板阀直径 140～340（mm 以内），对开多叶调节阀周长 2800～10000（mm 以内），风管防火阀周长 2000～9600（mm 以内），人防自动排气阀安装公称直径 150～250（mm 以内），人防手动密闭阀安装公称直径 150～800（mm 以内）。

（3）调节阀制作安装：矩形风管三通调节阀制作安装（T310-1、2），各型风罩调节阀制作安装。

2. 定额工程量计算规则

标准部件（碳钢阀门）的制作，按其成品重量以 kg 计算。根据设计型号、规格，按《国际通风部件标准重量表》计算重量，非标准部件按设计图示尺寸以 kg 计算。部件的安装按图示数量以个计算。

3. 工程量计算要领

按照设计图示确定阀门类型及型号规格后，按照相关定额附录：国标通风部件标准重量表，计取阀门重量。

【例 4-11】 计算图 4-12 中各风管阀门的清单工程量。

【解】 计算如下：

（1）如图 4-12 所示，风管阀门包括 400mm×400mm 碳钢止回阀 1 个，400mm×400mm 对开多叶调节阀 1 个，630mm×400mm 碳钢防火蝶阀 1 个。

（2）根据《国际通风部件标准重量表》查得：

400mm×400mm 碳钢止回阀重量＝13.24kg/个

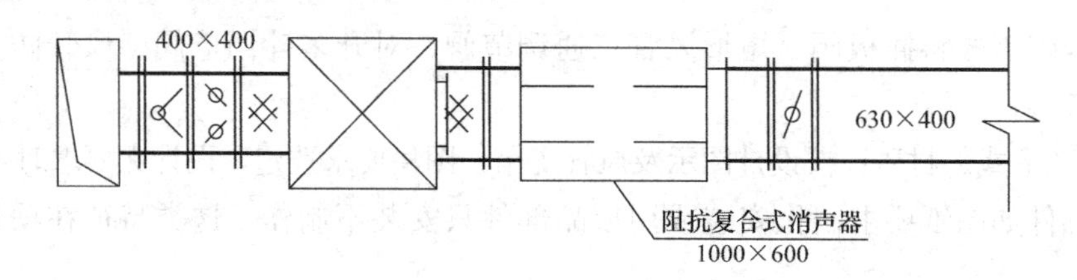

图 4-12

400mm×400mm 对开多叶调节阀重量=13.1kg/个

630mm×400mm 碳钢防火蝶阀重量=19.27kg/个

课堂活动

1. 根据任务布置完成碳钢阀门清单工程量计算（表 4-21）。
2. 根据本地区规定填写相应清单与计价表格（表 4-22）。
3. 核对工程量。
4. 根据本地区消耗量定额及计费规定编制清单项目综合单价分析表。

工程量计算书　　表 4-21

项目名称	工程量计算式	计量单位
碳钢风管止回阀 400mm×400mm	1	个
对开多叶调节阀 400mm×400mm	1	个
碳钢防火蝶阀 630mm×400mm	1	个

分部分项工程和单价措施项目清单与计价表　　表 4-22

工程名称：　　标段：　　第　页　共　页

序号	项目编码	项目名称	项目特征描述	计量单位	工程量	金额（元）		
						综合单价	合价	其中：暂估价
1	030703001001	碳钢阀门	1. 名称：碳钢阀门 2. 型号：T303-2 3. 规格：400mm×400mm 4. 质量：13.24kg 5. 类型：风管止回阀	个	1			
2	030703001002	碳钢阀门	1. 名称：碳钢阀门 2. 型号：T308-1 3. 规格：400mm×400mm 4. 质量：13.1kg 5. 类型：对开多叶调节阀	个	1			
3	030703001003	碳钢阀门	1. 名称：碳钢阀门 2. 型号：T302-5 3. 规格：630mm×400mm 4. 质量：19.27kg 5. 类型：防火阀	个	1			
			本页小计					
			合计					

4.5.2 碳钢风口、散流器、百叶窗

知识构成

1. 工程量清单项目设置（见表4-23）

碳钢风口、散流器、百叶窗工程量清单项目设置　　表4-23

项目编码	项目名称	项目特征	计量单位	工程量计算规则	工作内容
030703007	碳钢风口、散流器、百叶窗	1. 名称 2. 型号 3. 规格 4. 质量 5. 类型 6. 形式	个	按设计图示数量计算	1. 风口制作、安装 2. 散流器制作、安装 3. 百叶窗安装

2. 碳钢阀门、散流器、百叶窗清单项目注释

（1）项目编码及项目名称

编写方法：030703007 001 碳钢风口、散流器、百叶窗。

（2）项目特征描述

1）名称：碳钢风口、碳钢散流器、碳钢百叶窗；

2）型号：按设计图示参数取定；

3）规格：按设计图示参数取定；

4）质量：按设计图示说明（成品重量）取定，或按定额附录计算，设计无要求时可不填写；

5）类型：百叶风口、矩形送风口、矩形空气分布器、风管插板风口、旋转吹风口、圆形散流器、方形散流器、流线型散流器、送吸风口、活动篦式风口、网式风口、钢百叶窗；

6）形式：辐射形、轴向形、线形、面形，设计无要求时可不填写。

通风部件如图纸要求制作安装或用成品部件只安装不制作，这类特征在项目特征中应明确描述。

3. 计算工程量时应注意事项

碳钢风口、散流器、百叶窗应按照项目特征明确区分类型以计算数量。

知识拓展

1. 定额项目设置

（1）风口制作：带调节板活动百叶风口（T202-1）单个重量2kg以下、2kg以上，单层百叶风口（T202-2）单个重量2kg以下、2kg以上，双层百叶风口（T202-2）单个重量5kg以下、5kg以上，三层百叶风口（T202-3）单个重量7kg以下、7kg以上，连动百叶风口（T202-4）单个重量3kg以下、3kg以上，矩形风口（T203）单个重量5kg以下、5kg以上，矩形空气分布器（T206-1），风管插板风口制作安装T208-1、2周长660～1680（mm以内），旋转吹风口（T209-1），圆形直片散流器（CT211-1）单个重量6kg以下、6kg以上，方形直片散流器（CT211-2）单个重量5kg以下、5kg以上，流线型散流器（CT211-4），单面送吸风口（T212-1）单个重量10kg以下、10kg以上，双面送吸风

口（T212-2）单个重量10kg以下、10kg以上，活动篦式风口（T261）单个重量3kg以下、3kg以上，网式风口（T262）单个重量2kg以下、2kg以上，135型单层百叶风口（CT263-1）单个重量5kg以下、5kg以上，135型双层百叶风口（CT263-2）单个重量10kg以下、10kg以上，135型带导流片百叶风口（CT263-3）单个重量10kg以下、10kg以上，钢百叶窗（J718-1）单个面积0.5～4m^{2}以下、活动金属百叶风口（J718-1）。

（2）风口安装：百叶风口周长900～20000（mm以内），矩形送风口周长400～800（mm以内），矩形空气分布器周长1200～2100（mm以内），旋转吹风口直径320～3000（mm以内），圆形、流线形散流器直径200～500（mm以内），送吸风口周长1000～2000（mm以内），活动篦式风口周长1330～2590（mm以内），网式风口周长900～2600（mm以内），钢百叶窗框内面积0.5～4m^{2}以内；消声百叶安装，周长3000～20000mm以内。

2. 定额工程量计算规则

标准部件（碳钢风口、散流器、百叶窗）的制作，按其成品重量以kg计算。根据设计型号、规格，按《国际通风部件标准重量表》计算重量，非标准部件按设计图示尺寸以kg计算。部件的安装按图示数量以个计算。

3. 工程量计算要领

按照设计图示确定风口、散流器、百叶窗的类型及型号规格后，按照相关定额附录：国标通风部件标准重量表，计取相应重量。

【例4-12】计算图4-13中各风口的清单工程量。

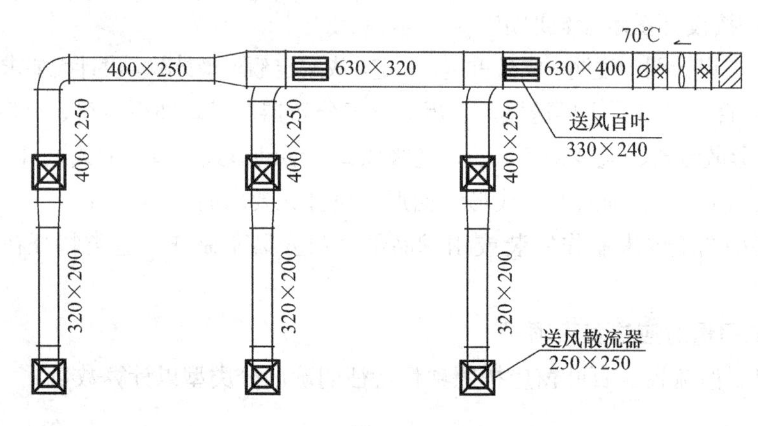

图4-13

【解】计算如下：

（1）如图4-13所示，风口包括250mm×250mm碳钢散流器6个，330mm×240mm碳钢百叶风口2个。

（2）根据《国际通风部件标准重量表》查得：

250mm×250mm碳钢散流器重量＝5.29kg/个

330mm×240mm碳钢百叶风口重量＝1.7kg/个

课堂活动

1. 根据任务布置完成碳钢风口、散流器、百叶窗清单工程量计算（表4-24）。

2. 根据本地区规定填写相应清单与计价表格（表 4-25）。

3. 核对工程量。

4. 根据本地区消耗量定额及计费规定编制清单项目综合单价分析表。

工程量计算书 表 4-24

项目名称	工程量计算式	计算结果
碳钢散流器 250mm×250mm	6	个
碳钢百叶风口 330mm×240mm	2	个

分部分项工程和单价措施项目清单与计价表 表 4-25

工程名称： 标段： 第 页 共 页

序号	项目编码	项目名称	项目特征描述	计量单位	工程量	金额（元）		
						综合单价	合价	其中：暂估价
1	030703007001	碳钢风口、散流器、百叶窗	1. 名称：碳钢风口 2. 型号：T211-2 3. 规格：250mm×250mm 4. 质量：5.29kg 5. 类型：散流器 6. 形式：辐射形	个	6			
2	030703007002	碳钢风口、散流器、百叶窗	1. 名称：碳钢风口 2. 型号：202-2 3. 规格：330mm×2240mm 4. 质量：1.7kg 5. 类型：百叶风口 6. 形式：轴向形	个	2			
本页小计								
合计								

4.5.3 柔性接口

知识构成

1. 工程量清单项目设置（见表 4-26）

柔性接口工程量清单项目设置 表 4-26

项目编码	项目名称	项目特征	计量单位	工程量计算规则	工作内容
030703019	柔性接口	1. 名称 2. 规格 3. 材质 4. 类型 5. 形式	m^2	按设计图示尺寸以展开面积计算	1. 柔性接口制作 2. 柔性接口安装

2. 柔性接口单项目注释

（1）项目编码及项目名称

编写方法：030703019 001 柔性接口。

（2）项目特征描述

1）名称：柔性接口；

2）规格：按设计图示参数取定；

3）材质：帆布、人造革或其他材料；

4）类型：金属、非金属软接口及伸缩节；

5）形式：按设计图示说明取定，设计无要求时可不填写。

通风部件如图纸要求制作安装或用成品部件只安装不制作，这类特征在项目特征中应明确描述。

3. 计算工程量时应注意事项

柔性接口应按照项目特征明确区分材质以计算数量。

知识拓展

1. 定额项目设置：软管接口制作安装，柔性接口及伸缩节无法兰、有法兰。
2. 定额工程量计算规则：软管（帆布接口）制作安装，按设计图示尺寸以 m^2 计算。
3. 工程量计算要领：柔性接口按规定尺寸每节 150～250mm 以 m^2 计算。

【例 4-13】 计算图 4-10 中柔性软风管的清单工程量。

【解】 计算如下：

（1）如图 4-10 所示，帆布软管长度为 200mm，在设备出口和入口各设一节。

（2）帆布软管工程量＝2×（0.6＋0.5）×0.2＋2×（0.7＋0.5）×0.2＝0.92m^2

课堂活动

1. 根据任务布置完成柔性接口清单工程量计算（表 4-27）。
2. 根据本地区规定填写相应清单与计价表格（表 4-28）。
3. 核对工程量。
4. 根据本地区消耗量定额及计费规定编制清单项目综合单价分析表。

工程量计算书 表 4-27

项目名称	工程量计算式	计算结果
新风机帆布接口 L＝200mm 600mm×50mm 700mm×500mm	2×(0.6＋0.5)×0.2＋2×(0.7＋0.5)×0.2	0.92m^2

分部分项工程和单价措施项目清单与计价表 表 4-28

工程名称： 标段： 第 页 共 页

序号	项目编码	项目名称	项目特征描述	计量单位	工程量	金额（元）		
						综合单价	合价	其中：暂估价
1	030703019001	柔性接口	1. 名称：柔性接口 2. 规格：L＝200mm 3. 材质：帆布 4. 类型：非金属软接口	m^2	0.92			
本页小计								
合计								

4.5.4　消声器

知识构成

1. 工程量清单项目设置（见表 4-29）

消声器工程量清单项目设置　　表 4-29

项目编码	项目名称	项目特征	计量单位	工程量计算规则	工作内容
030703020	消声器	1. 名称 2. 规格 3. 材质 4. 形式 5. 质量 6. 支架形式、材质	个	按设计图示数量计算	1. 消声器制作 2. 消声器安装 3. 支架制作安装

2. 柔性接口单项目注释

（1）项目编码及项目名称

编写方法：030703020 001 消声器。

（2）项目特征描述

1）名称：消声器；

2）规格：按设计图示参数取定；

3）材质：按设计图示说明取定；

4）形式：片式消声器、矿棉管式消声器、聚酯泡沫管式消声器、卡普隆纤维管式消声器、弧形声流式消声器、阻抗复合式消声器、微穿孔板消声器、消声弯头；

5）质量：按设计图示说明（成品重量）取定，或按定额附录计算，设计无要求时可不填写；

6）支架形式、材质：按设计图示及风管支吊架图集要求选定，设计无要求时可不填写。

通风部件如图纸要求制作安装或用成品部件只安装不制作，这类特征在项目特征中应明确描述。

3. 计算工程量时应注意事项

消声器应按照项目特征明确区分形式以计算数量。

知识拓展

1. 定额项目设置

（1）制作安装：片式消声器（T701-1），矿棉管式消声器（T701-2），聚酯泡沫管式消声器（T701-3），卡普隆纤维管式消声器（T701-4），弧形声流式消声器（T701-5），阻抗复合式消声器（T701-6）。

（2）成品消声器安装：长度 1000～4000mm，法兰周长 2000～6500mm。

（3）成品消声弯头安装：平面宽度 250～2000mm。

2. 定额工程量计算规则

标准部件（消声器）的制作，按其成品重量以 kg 计算。根据设计型号、规格，按

《国际通风部件标准重量表》计算重量，非标准部件按设计图示尺寸以 kg 计算。部件的安装按图示数量以个计算。

3. 工程量计算要领

按照设计图示确定消声器的类型及型号规格后，按照相关定额附录：国标通风部件标准重量表，计取相应重量。

【例 4-14】 计算图 4-12 中消声器的清单工程量。

【解】 计算如下：

(1) 如图 4-12 所示，消声器为阻抗复合式消声器 T701-6，1000mm×600mm。

(2) 根据《国际通风部件标准重量表》查得：

阻抗复合式消声器 T701-6，1000mm×600mm 重量＝120.56kg/个

课堂活动

1. 根据任务布置完成消声器清单工程量计算（表 4-30）。
2. 根据本地区规定填写相应清单与计价表格（表 4-31）。
3. 核对工程量。
4. 根据本地区消耗量定额及计费规定编制清单项目综合单价分析表。

工程量计算书 　　　　**表 4-30**

项目名称	工程量计算式	计量单位
阻抗复合式消声器 T701-6 1000mm×600mm	1	个

分部分项工程和单价措施项目清单与计价表 　　　　**表 4-31**

工程名称： 　　　　标段： 　　　　第 页 共 页

序号	项目编码	项目名称	项目特征描述	计量单位	工程量	金额（元）		
						综合单价	合价	其中：暂估价
1	030703020001	消声器	1. 名称：消声器 2. 规格：1000mm×600mm 3. 材质：镀锌钢板 4. 形式：阻抗复合式 5. 质量：120.56kg	个	1			
本页小计								
合计								

4.5.5 综合单价分析

1. 结合【例 4-11】条件，参照《广东省安装工程工程量清单计价指引》(2013)，工作内容为：碳钢防火阀制作、碳钢防火阀安装。综合单价分析见表 4-32，表中人工费、材料费、机械费、管理费均按《广东省安装工程综合定额》(2010) 一类地区相应项目套用。

2. 碳钢防火阀组价项目：碳钢防火阀制作、碳钢防火阀安装。

3. 组价项目定额工程量：碳钢防火阀周长为矩形风管周长（630＋400）×2＝2060mm，重量为 19.27kg/个，共计 19.27kg/个×1 个＝19.27kg。

分部分项工程量清单综合单价分析表

表 4-32

工程名称：

项目编码	030703001003		项目名称	碳钢阀门				计量单位	个		清单工程量	1	
清单综合单价组成明细													
定额编号	子目名称	定额单位	工程数量	单价（元）					合价（元）				
				人工费	材料费	机械费	管理费	利润	人工费	材料费	机械费	管理费	利润
C9-2-22	调节阀制作风管防火阀方、矩形	100kg	0.193	229.25	418.72	83.64	63.55	41.27	44.25	80.81	16.14	12.27	7.96
C9-2-51	调节阀安装风管防火阀周长（mm 以内）2200	个	1	8.31	6.09	5.40	2.30	1.50	8.31	6.09	5.40	2.30	1.50
人工单价		小计							52.56	86.90	21.54	14.57	9.46
51 元/工日		未计价材料费							0				
清单项目综合单价									185.03				
材料费明细	主要材料名称、规格、型号						单位	数量	单价（元）	合价（元）	暂估单价（元）	暂估合价（元）	
	材料费小计								—				

项目 5
消防工程计量与计价

项目概述

通过学习，使学习者能熟练识读消防工程施工图，能根据施工图纸及《通用安装工程工程量清单计算规范》GB 50856—2013（以下简称清单计算规范），准确列出消防工程中常见的清单项目，计算相应项目的清单工程量，编制分部分项工程量清单，并能够进行工程量清单项目的综合单价分析。

任务 5.1　消防水灭火系统组成

任务描述

水灭火系统包括有消火栓灭火系统和自动喷水灭火系统两大类型。本案例使用《某幼儿园消防工程施工图纸》（见项目 5 附录）进行学习，要求完成的学习任务是：了解水灭火系统的组成及原理；了解水灭火系统常用的管材与组件以及其安装方法；熟练识读水灭火系统施工图。

案例工程概况：某幼儿园消防工程为一幢五层幼儿园教学活动楼，建筑高度 17.5m，首层层高 4.3m，其余各层层高 3.3m。本工程设置了消火栓灭火系统及自动喷水灭火系统。

5.1.1　水灭火系统的组成

知识构成

1. 消火栓灭火系统的组成

消火栓灭火系统分为室外消火栓灭火系统和室内消火栓灭火系统。由管路、阀门和消火栓组成。

其中，室内消火栓灭火系统的组成见图5-1，室内消火栓系统除有管路、阀门和消火栓外，通常还有水箱、水泵、水泵结合器、消防稳压装置等。

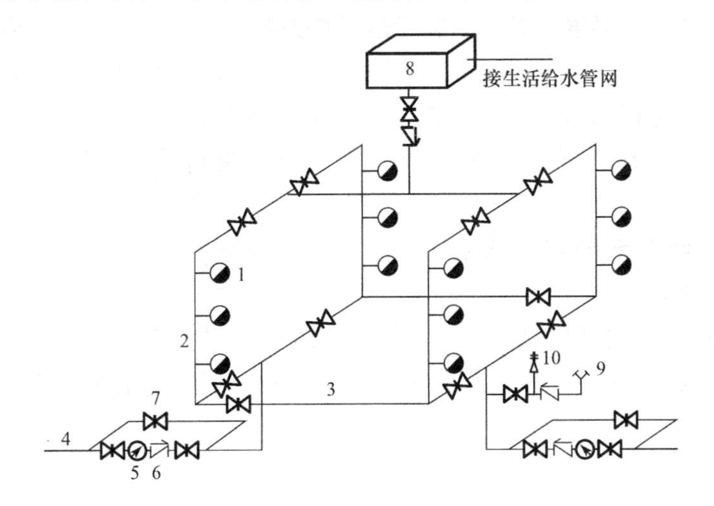

图5-1　室内消火栓灭火系统

1—室内消火栓；2—消防竖管；3—干管；4—进户管；5—水表；
6—止回阀；7—旁通管及阀门；8—水箱；9—水泵接合器；10—安全阀

2. 自动喷水灭火系统的组成及原理

自动喷水灭火系统是一种固定式灭火系统，是利用固定管网、喷头自动喷水灭火，并能发出报警信号的灭火系统。自动喷水灭火系统有湿式、干式、预作用、雨淋等多种系统类型，本案例主要学习湿式自动喷水灭火系统。

湿式自动喷水灭火系统由洒水喷头、湿式报警阀组、水流报警装置（水流指示器或压力开关）等组件，以及管道、供水设施组成（见图5-2）。

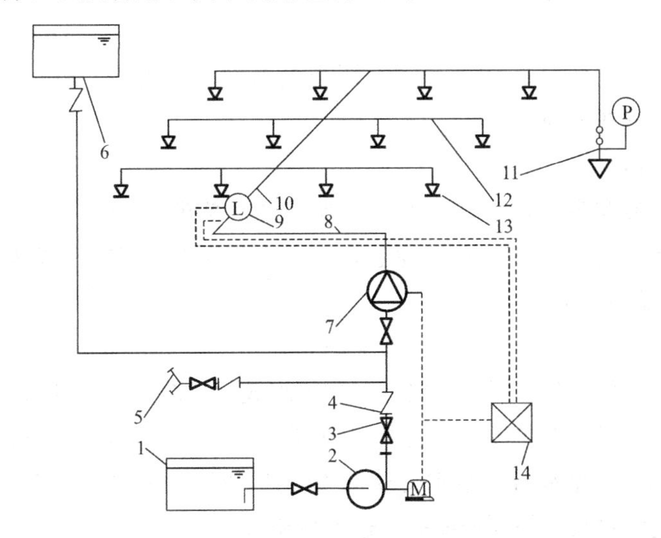

图5-2　湿式自动喷水灭火系统

1—水池；2—水泵；3—闸阀；4—止回阀；5—水泵接合器；6—消防水箱；7—湿式报警阀组；
8—配水干管；9—水流指示器；10—配水管；11—末端试水装置；12—配水支管；
13—闭式洒水喷头；14—报警控制器；P—压力表；M—驱动电机；L—水流指示器

湿式自动喷水灭火系统适用于室内温度不低于4℃且不高于70℃的建筑物、构筑物内。在准工作状态时系统管道内充满压力水，报警阀组前后压力相同，阀板紧闭。火灾发生初期，喷头周围的温度上升，当温度达到喷头的动作温度时，喷头感温元件爆破或熔化脱落，喷头开启喷水，使报警阀后管网压力下降，从而开启阀板，接通水源供水灭火。与此同时，水流指示器动作，将信号传输至火灾报警控制器；报警阀组水力警铃动作，发出声响警报；压力开关动作，启动消防水泵，并将动作信号传输至火灾报警控制器。

3. 水灭火系统设备组件及其安装

（1）室内消火栓

室内消火栓通常分为单栓与双栓，一般由水枪、水带、消火栓和消火栓箱组成，如图5-3所示。室内消火栓栓口的安装高度应便于消防水龙带的连接和使用，其距地面高度宜为1.1m。

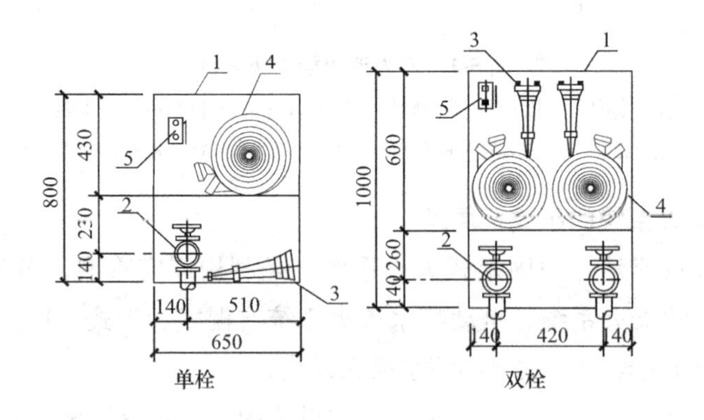

图5-3 室内消火栓

1—消火栓箱；2—消火栓；3—水枪；4—水带；5—消防按钮

设有室内消火栓的建筑还应设置带有压力表的试验消火栓，对于多层和高层建筑，试验消火栓一般设置在屋顶。

（2）水泵接合器

水泵接合器安装在室外，分有地上式、地下式和墙壁式三种。当室内消防用水量不足时，可利用消防车将室外消防水源通过水泵结合器输送至室内消防管网，供灭火用。图5-4为墙壁式水泵接合器。

（3）喷头

喷头由喷头架、溅水盘、喷水口堵水支撑等组成（见图5-5）。喷头按结构形式划分，可分为闭式喷头与开式喷头。喷水口有堵水支撑的为闭式喷头，常见有玻璃球支撑型和易熔合金锁片支撑型。喷水口无堵水支撑的为开式喷头。喷头按安装形式划分，可分为直立型喷头、下垂型喷头、吊顶型喷头、边墙型喷头等。

喷头可安装在楼板下，吊顶上及吊顶下，除吊顶型喷头及吊顶下安装的喷头外，直立型、下垂型标准喷头，其溅水盘与板的距离，不应小于75mm且不大于150mm（见图5-6）。

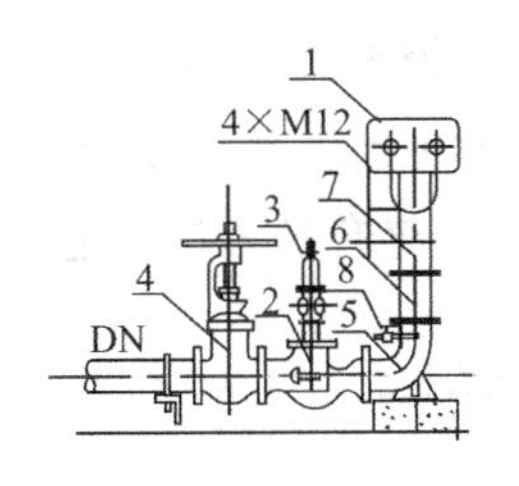

图 5-4 墙壁式水泵接合器

1—消防接口本体；2—止回阀；3—安全阀；4—闸阀；5—90°弯头；6—法兰直管；7—法兰弯头；8—截止阀

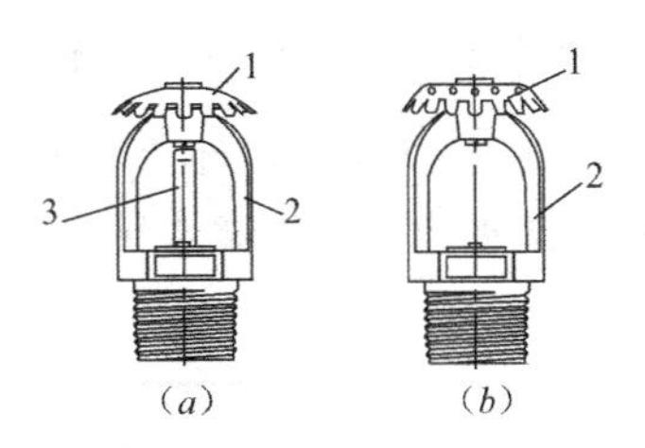

图 5-5 喷头

(a) 闭式喷头；(b) 开式喷头

1—溅水盘；2—喷头架；3—堵水支撑

(4) 湿式报警阀组

湿式报警阀组是成套的设备，其包括的部件见图 5-7。湿式报警阀组应安装在安全及易于操作的地点，报警阀距地面的高度宜为 1.2m，安装报警阀的部位应设有排水设施。水力警铃与报警阀连接的管道，管径应为 20mm，总长不宜大于 20m，且应设置在公共通道或有人值班的地点附近。

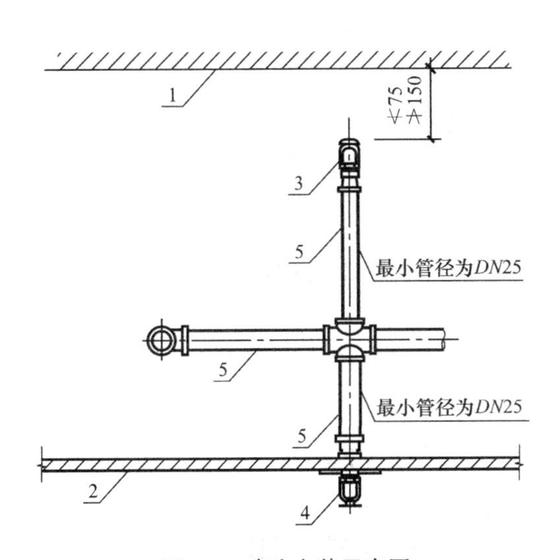

图 5-6 喷头安装示意图

1—顶板；2—吊顶；3—直立型喷头；4—下垂型喷头；5—管道

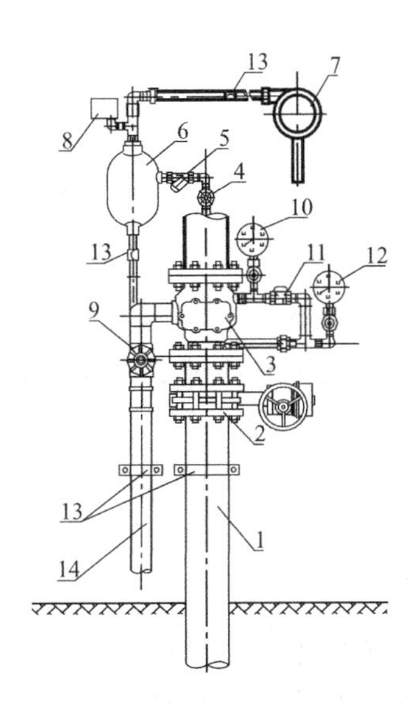

图 5-7 湿式报警阀组

1—消防给水管；2—信号蝶阀；3—湿式报警阀；4—球阀；5—过滤器；6—延迟器；7—水力警铃；8—压力开关；9—球阀；10—出水口压力表；11—止回阀；12—进水口压力表；13—管卡；14—排水管

(5) 水流指示器

水流指示器是一种将水流信号转换成电信号的报警装置，在每个防火分区，每个楼层均应安装水流指示器。水流指示器一般安装在自动喷水灭火系统的配水管上，当某区发生火警使喷头开启喷水时，配水管的水流动作可使水流指示器导通有关电路，向火灾报警控制器发出电信号，显示该区发生火警。

(6) 末端试水装置

为检测系统的可靠性，每个报警阀组控制的最不利点喷头处，应设置末端试水装置，用于测试系统能否在开放一只喷头的最不利条件下可靠报警并正常启动。末端试水装置由试水阀、压力表及试水接头组成（见图 5-8）。其他防火分区、楼层均应设置直径为25mm 的试水阀。末端试水装置和试水阀应便于操作，且应有足够排水能力的排水设施。

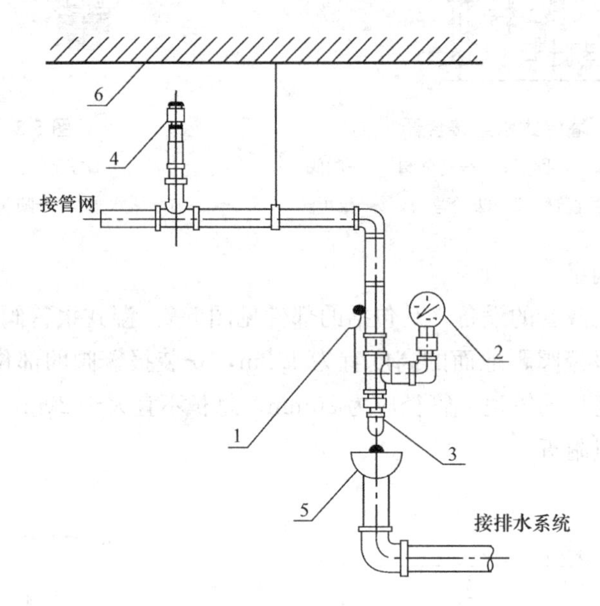

图 5-8　末端试水装置安装图

1—试水阀；2—压力表；3—试水接头；4—最不利点喷头；5—排水漏斗；6—顶板

（7）减压孔板

减压孔板是一种通过限流来降低管网压力，使各层配水管压力均衡的减压组件。减压孔板的安装应符合以下要求：

1）应设在直径不小于 50mm 的水平直管段上，前后管段的长度均不宜小于该管段直径的 5 倍；

2）孔口直径不应小于设置管段直径的 30%，且不应小于 20mm；

3）应采用不锈钢板材制造。

减压孔板的安装方式有活接头内安装及法兰连接安装两种形式（见图 5-9）。

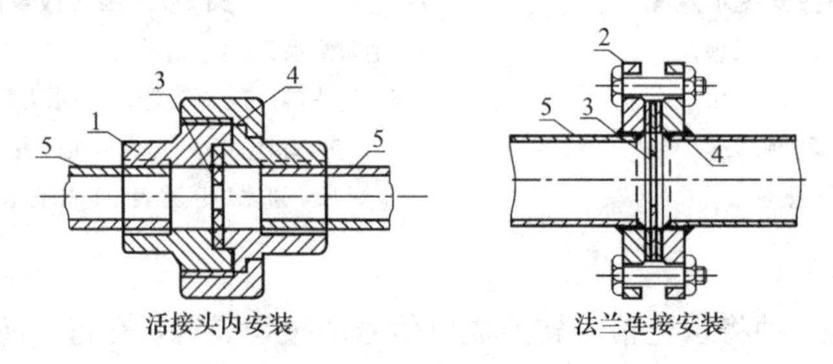

图 5-9　减压孔板安装图

1—活接头；2—法兰；3—减压孔板；4—密封垫；5—管道

课堂活动

1. 阅读任务图纸，分组讨论消火栓灭火系统的组件有哪些及其布置情况。

2. 阅读任务图纸，分组讨论自动喷水灭火系统的组件有哪些及其布置情况。

5.1.2　水灭火系统管网及其安装

知识构成

1. 水灭火系统管网与安装

(1) 管道

消火栓系统管网包括有引入管、立管及横干管。自动喷水灭火系统管网包括有引入管、配水干管、配水管、配水支管和短立管。报警阀后向配水管供水的管道是配水干管；向配水支管供水的管道是配水管；直接或通过短立管向喷头供水的管道是配水支管；连接喷头与配水支管的立管是短立管，短立管管径不应小于 25mm。

消防给水管道埋地时，宜采用球墨铸铁管、钢丝网骨架塑料复合管、加厚钢管和无缝钢管等管材，室内外架空管道应采用热浸镀锌钢管、热浸镀锌加厚钢管或热浸镀锌无缝钢管等管材。

热浸镀锌钢管的连接宜采用沟槽连接件（卡箍）、螺纹、法兰、卡压等方式，不宜采用焊接连接。报警阀前采用内壁不防腐钢管时，可焊接连接。系统中大于或等于 100mm 的管道，应分段采用法兰或沟槽式连接件（卡箍）连接。埋地球墨铸铁管通常采用橡胶圈承插连接。

消防给水管穿过地下室外墙、构筑物墙壁以及屋面等有防水要求处时，应设防水套管；穿过墙体或楼板时应加设套管，穿墙套管的长度不应小于墙体厚度，穿楼板套管顶部应高出楼面或地面 50mm，底部与楼板平齐；套管直径一般比管道直径大 1～2 号，套管与管道的间隙应采用不燃材料填塞，管道的接口不应位于套管内。

消防给水管必须穿过伸缩缝及沉降缝时，应采用波纹管和补偿器等技术措施。

当设计无要求时，管道的中心线与梁、柱、楼板等的最小距离应符合表 5-1 的规定。

管道的中心线与梁、柱、楼板等的最小距离表　　表 5-1

公称直径（mm）	25	32	40	50	70	80	100	125	150	200
距离（mm）	40	40	50	60	70	80	100	125	150	200

(2) 阀门

埋地管道的阀门应采用球墨铸铁阀门，室内外架空管道的阀门应采用球墨铸铁或不锈钢阀门。对于自动喷水灭火系统，在管道中连接报警阀组进出口的控制阀以及在水流指示器入口前设置的控制阀，均应采用信号阀。信号阀是一种具有输出启闭状态信号功能的阀门，可使消防值班人员随时监测到阀门是处于开启还是关闭的状态。

消火栓给水系统管道的最高点处应设置排气阀；自动喷水灭火系统配水干管的顶部或配水管的末端宜设置自动排气阀。

(3) 管道支（吊）架

管道支架的支撑点宜设在建筑物的结构上，支（吊）架的位置和间距应按设计规定。管道支架或吊架的设置间距不应大于表 5-2 的要求。

管道支架或吊架的设置间距（mm） 表 5-2

管径	25	32	40	50	70	80
间距	3.5	4	4.5	5	6	6
管径	100	125	150	200	250	300
间距	6.5	7.0	8.0	9.5	11	12

竖直安装的立管，楼层高度小于等于 5m 时，每层必须安装 1 个立管管卡，大于 5m 时每层必须安装 2 个。立管的顶部应采用四个方向的支撑固定，以防止任何方向的移动。

（4）管道试压与冲洗

水灭火系统管网安装完毕后，应对其进行强度试验、严密性试验和冲洗。相关的试验和冲洗应按《消防给水及消火栓系统技术规范》GB 50974—2014 及《自动喷水灭火系统施工及验收规范》GB 50261—2017 的有关条款执行。

2. 系统调试

水灭火系统施工完成后应进行系统调试，消火栓灭火系统及自动喷水灭火系统调试的内容和方法按《消防给水及消火栓系统技术规范》GB 50974—2014 及《自动喷水灭火系统施工及验收规范》GB 50261—2017 的有关条款执行。

课堂活动

1. 阅读任务图纸，分组讨论消火栓灭火系统的管材、阀门及连接方式。
2. 阅读任务图纸，分组讨论自动喷水灭火系统的管材、阀门及连接方式。

5.1.3 水灭火系统施工图识读

知识构成

1. 水灭火系统常用图例（见表 5-3）。

水灭火系统常用图例 表 5-3

名称	图例	备注	名称	图例	备注
消火栓给水管	XH		室内消火栓（双口）	平面 系统	
自动喷水灭火给水管	ZP		水泵接合器		
室外消火栓			自动喷洒头（开式）	平面 系统	
室内消火栓（单口）	平面 系统	白色为开启面	自动喷洒头（闭式）	平面 系统	下喷

续表

名称	图例	备注	名称	图例	备注
自动喷洒头（闭式）	平面 系统	上喷	水流指示器	L	
自动喷洒头（闭式）	平面 系统	上下喷	水力警铃		
干式报警阀组	平面 系统		末端试水装置	平面 系统	
湿式报警阀组	平面 系统		自动排气阀	平面 系统	
信号闸阀			手提灭火器		
信号蝶阀			推车式灭火器		

2. 识图要点

1）了解工程基本概况；

2）了解工程水灭火系统有哪些设备或组件，其布置情况及型号。

【例 5-1】阅读任务图纸消防平面图与消火栓给水系统图，了解工程消火栓灭火系统有哪些设备或组件，其布置情况及型号。

【解】结合消防平面图、消火栓给水系统图及设计说明可知，本工程每层设置3个消火栓箱，消火栓箱采用铝合金（半暗装），消火栓为单栓乙型，栓口直径均为65mm；水枪为铝合金ϕ19；水龙带为衬胶，每根长25m；接口为65mm；消火栓水龙带、水枪之间均采用内扣式快速接口连接；消火栓箱内均设有消防泵启动按钮。消火栓栓口中心离地面1100mm安装。另屋面设置1个试验消火栓，试验栓为单栓，栓口直径65mm。每个消火栓箱旁放置灭火器箱，内置磷酸铵盐干粉灭火器2个，灭火器重量为30kg，型号为MF/ABC3。室外设置水泵接合器1组，型号为SQS100-A地上式。

【例 5-2】阅读任务图纸喷淋平面图与喷淋给水系统图，了解工程自动喷水灭火系统有哪些设备或组件，其布置情况及型号。

【解】 结合喷淋平面图、喷淋给水系统图及设计说明可知，本工程室外设置水泵接合器2组，型号为SQS100-A地上式；室内首层卫生间处设置湿式报警阀组1组，型号为ZSFZ100；每层均设置洒水喷头34个，型号为ZSTZ-15/68玻璃球直立型标准喷头；每层配水管上均设置水流指示器1个，规格为*DN*80，与管道螺纹连接；1至3层配水横管上均设置减压孔板1个，用不锈钢板制作，孔口直径为$\phi39$；1～4层最不利喷头处均设置末端试水阀1个，规格为*DN*25；第5层最不利喷头处设置末端试水装置1个，规格为*DN*25。

3）了解水灭火系统管网情况，包括管道、阀门的材料与规格，连接方式；管道敷设方式与管道走向等相关情况。

【例5-3】 阅读任务图纸消防平面图与消火栓给水系统图，了解消火栓系统管网的管道、阀门的材料与规格，连接方式；管道敷设方式与管道走向等相关情况。

【解】 结合消防平面图、消火栓给水系统图及设计说明可知，本工程消防给水管道由园区泵房引来，在大楼两侧经阀门井分别接入室内消防立管XL-01及XL-03。另外在室外（Ⓓ轴与⑥轴交接的墙角处）设置1组地上式水泵接合器，水泵接合器与消防给水引入管之间有埋地管道连接。由阀门井至消防立管的管道以及由水泵接合器至消防引入管之间的管道均采用*DN*100球墨铸铁管，橡胶圈连接，埋地－1.2m。

室内有XL-01、XL-02及XL-03三根立管，三根立管在首层与屋面有横干管连接，立管沿墙明装，首层横干管在梁下吊装，屋顶横干管离屋面300mm架空安装。室内消火栓给水管采用内外壁热浸镀锌钢管，除突出屋面连接试验栓的立管为*DN*65外，其余立管与横干管均为*DN*100，另外立管与消火栓连接的支管均为*DN*65。*DN*100的管道采用卡箍连接，*DN*65的管道采用螺纹连接。

室外阀门井内设有闸阀及止回阀，室内立管两端均设有闸阀，除屋面立管的闸阀为*DN*65外，其余阀门均为*DN*100，所有阀门均为球墨铸铁阀。屋面立管最高处设有*DN*25自动排气阀。在试验消火栓的管道上设有压力表。

【例5-4】 阅读任务图纸喷淋平面图与喷淋给水系统图，了解自动喷水灭火系统管网的管道、阀门的材料与规格，连接方式；管道敷设方式与管道走向等相关情况。

【解】 结合喷淋平面图、喷淋给水系统图及设计说明可知，喷淋给水管道由园区泵房引来，在大楼右侧经阀门井引至室内卫生间，与湿式报警阀组连接。阀门井内设有闸阀及止回阀。另外在室外（Ⓓ轴与⑥轴交接的墙角处）设置2组地上式水泵接合器，水泵接合器与喷淋给水引入管之间有埋地管道连接。由阀门井至湿式报警阀的管道以及水泵接合器至喷淋引入管之间的管道均采用*DN*100球墨铸铁管，橡胶圈连接，埋地－1.2m。

湿式报警阀组前后管段均设置信号阀。ZPL-01为喷淋配水干（立）管，管径为*DN*100，穿过屋面后在干管顶端设置*DN*25的自动排气阀。配水立管在卫生间沿墙明装。各层配水管与立管连接后，穿过卫生间墙在走廊梁底吊装。各层配水管均设置信号阀及水流指示器，1至3层配水管设置减压孔板。配水管管径分别为*DN*80、*DN*65和*DN*50。配水支管在走廊与配水管连接，在室内梁下吊装。配水支管管径分别为*DN*32和*DN*25。喷头采用直立型喷头，喷头与支管连接的短立管管径为*DN*25。1至4层最不利喷头处（①～②轴×Ⓒ～Ⓓ轴的休息室内）设置了*DN*25试水阀，5层最不利喷头处设置了末端试水装置。各层试水管由喷头处引至走廊，将水排至走廊排水管。试水管管径均为 DN25。连接水力警铃的管道由湿式报警阀组接出，管径为 DN20，警铃安装在首层梯间的走廊处，安装高度为 2.2m。室内喷淋给水管均采用内外壁热浸镀锌钢管，DN100 的管道采用卡箍连接，小于 DN100 的管道采用螺纹连接。

课堂活动

1. 阅读任务图纸，了解工程水灭火系统有哪些设备或组件，其布置情况及型号。

2. 阅读任务图纸，了解水灭火系统管网情况，包括管道、阀门的材料与规格，连接方式；管道敷设方式与管道走向等相关情况。

任务 5.2　水灭火系统安装工程计量与计价

任务描述

本任务使用《某幼儿园消防工程施工图纸》（见项目 5 附录一）进行学习，要求完成以下学习任务：

1. 计算水灭火系统室内管道清单工程量，编制水灭火系统室内管道分部分项工程量清单；

2. 计算水灭火系统设备组件清单工程量，编制水灭火系统设备组件分部分项工程量清单；

3. 进行水灭火系统管道及设备组件工程量清单项目综合单价分析。

5.2.1　消火栓钢管

知识构成

1. 工程量清单项目设置

根据《工程量计算规范》附录 J 消防工程，表 J.1 水灭火系统，消火栓管道安装工程量清单项目设置见表 5-4。

表 J.1 水灭火系统　　表 5-4

项目编码	项目名称	项目特征	计量单位	工程量计算规则	工作内容
030901002	消火栓钢管	1. 安装部位 2. 材质、规格 3. 连接形式 4. 钢管镀锌设计要求 5. 压力试验及冲洗设计要求 6. 管道标识设计要求	m	按设计图示管道中心线以长度计算	1. 管道及管件安装 2. 钢管镀锌 3. 压力试验 4. 冲洗 5. 管道标识

2. 清单项目设置注意事项

(1) 按表 5-4 填写项目编码、项目名称、计量单位，根据表 5-4 及施工图纸相关设计要求描述项目特征。

(2) 应根据项目特征分别列项，例如不同材质、不同规格、不同连接方式的管道应分别列项。

(3) 注意消火栓管道室内外界线的划分。

根据《工程量计算规范》J.6.1.2，消火栓给水管道室内外界限划分应以外墙皮 1.5m 为界，入口处设阀门者应以阀门为界。

【例 5-5】 根据任务图纸，试确定室内消火栓钢管应设置哪几项清单项目。

【解】 该工程室内消火栓管道应设置的清单项目有：

(1) *DN*100 球墨铸铁管，橡胶圈承插连接，埋地－1.2m。该部分管道包括由阀门井至室内立管的引入管，以及由水泵接合器至引入管之间的管段。

(2) *DN*100 内外壁热浸镀锌钢管，卡箍连接，室内沿墙或沿梁底明装，部分在屋面架空明装。

(3) *DN*65 内外壁热浸镀锌钢管，螺纹连接，室内沿墙或沿梁底明装，部分屋面架空明装。

3. 计算工程量时应注意事项

根据清单计算规范，消火栓管道工程量计算规则是：按设计图示管道中心线以长度计算，不扣除阀门、管件及各种组件所占的长度。

管道的长度包括垂直高度及水平长度。立管的高度可根据建筑物的层高、与之相连接的设备或组件的安装高度及与之相连接的水平管道的安装高度进行计算。相关的数据可从消火栓给水系统图中读取。横管的水平长度，可根据平面图进行计算或量度。当图纸尺寸标注不清晰时，可用比例尺在图纸上直接量度其长度。如本工程平面图中，从阀门井接出的引入管，以及水泵接合器的引入管，尺寸标注不清晰，可直接用比例尺在平面图中量取其长度。如果图纸标注尺寸清晰，可根据相应的尺寸进行计算。

【例 5-6】 根据任务图纸的消防平面图及消火栓给水系统图，计算 XL-01 立管的长度。

【解】 XL-01 立管的长度

＝17.5[屋面标高]＋1.2[与之相连接的水平引入管埋深]＋0.3[屋面管道架空高度]＝19m

【例 5-7】 根据任务图纸的消防平面图及消火栓给水系统图，计算首层 XL-01 至 XL-03 之间的横干管长度。

【解】 首层 XL-01 至 XL-03 之间的横干管长度

＝33.6[①轴至⑥轴长]－0.18×2[①轴墙与⑥轴墙墙厚]－0.1×2[立管离墙距离]＝33.04m

课堂活动

1. 完成任务图纸室内消火栓管道的清单工程量（表 5-5）。
2. 校对工程量。
3. 编制室内消火栓管道分部分项工程清单与计价表（表 5-6）。

工程量计算表　　表 5-5

序号	项目名称	计算式	工程量	单位
1	消火栓球墨铸铁管 DN100 橡胶圈连接	(1.9+1.4)×2[阀门井至立管] +(3.43+7.3)[水泵接合器至引入管]	17.33	m
2	消火栓内外壁热浸镀锌钢管 DN100 卡箍连接	(33.6−0.18×2−0.1×2)×2[首层及屋面横管] +(17.5+1.2+0.3)×2[XL-01、XL-03] +(17.5+0.3−1.1)[XL-02]	120.78	m
3	消火栓内外壁热浸镀锌钢管 DN65 螺纹连接	1.1[试验栓立管]+0.5×15[立管与消火栓连接的支管，暂定为 0.5 长]	8.6	m

分部分项工程和单价措施项目清单与计价表　　表 5-6

工程名称：　　标段：　　第　页　共　页

序号	项目编码	项目名称	项目特征描述	计量单位	工程量	金额（元）		
						综合单价	合价	其中：暂估价
1	030901002001	消火栓钢管	1. 安装部位：室内 2. 材质、规格：球墨铸铁管 DN100 3. 连接形式：橡胶圈承插连接 4. 压力试验及冲洗设计要求：按规范进行强度试验、严密性试验及冲洗	m	17.33			
2	030901002002	消火栓钢管	1. 安装部位：室内 2. 材质、规格：内外壁热浸镀锌钢管 DN100 3. 连接形式：卡箍连接 4. 压力试验及冲洗设计要求：按规范进行强度试验、严密性试验及冲洗	m	120.78			
3	030901002003	消火栓钢管	1. 安装部位：室内 2. 材质、规格：内外壁热浸镀锌钢管 DN65 3. 连接形式：螺纹连接 4. 压力试验及冲洗设计要求：按规范进行强度试验、严密性试验及冲洗	m	8.6			

5.2.2　水喷淋钢管

知识构成

1. 工程量清单项目设置

根据《工程量计算规范》附录 J 消防工程，表 J.1 水灭火系统，水喷淋钢管安装工程量清单项目设置见表 5-7。

表 J.1 水灭火系统　　　　表 5-7

项目编码	项目名称	项目特征	计量单位	工程量计算规则	工作内容
030901001	水喷淋钢管	1. 安装部位 2. 材质、规格 3. 连接形式 4. 钢管镀锌设计要求 5. 压力试验及冲洗设计要求 6. 管道标识设计要求	m	按设计图示管道中心线以长度计算	1. 管道及管件安装 2. 钢管镀锌 3. 压力试验 4. 冲洗 5. 管道标识

2. 清单项目设置注意事项

(1) 按表 5-7 填写项目编码、项目名称、计量单位，根据表 5-7 及施工图纸相关设计要求描述项目特征。

(2) 应根据项目特征分别列项，例如不同材质、不同规格、不同连接方式的管道应分别列项。

(3) 注意喷淋系统水灭火管道室内外界线的划分。

根据《工程量清单计算规范》J.6.1.1，喷淋系统水灭火管道：室内外界限应以建筑物外墙皮 1.5m 为界，入口处设阀门者应以阀门为界；设在高层建筑物内的消防泵间管道应以泵间外墙皮为界。

3. 计算工程量时应注意事项

根据清单计算规范，水喷淋管道工程量计算规则是：按设计图示管道中心线以长度计算，不扣除阀门、管件及各种组件所占的长度。

水喷淋管道工程量计算的顺序应按水流的方向，先计算引入管，再计算配水干（立）管、配水管、配水支管，最后计算短立管。

【例 5-8】 根据任务图纸的喷淋平面图及喷淋给水系统图，计算 ZPL-01 立管长度。

【解】 ZPL-01 立管长度

=17.5[屋面标高]+1.2[与之相连接的水平引入管埋深]+0.3[立管突出屋面高度]=19m

说明： 本工程喷淋给水系统图立管无标注突出屋面的高度，暂按 0.3m 计算。

【例 5-9】 根据任务图纸的喷淋平面图及喷淋给水系统图，计算首层 *DN*25 试水管长度。

【解】 首层 *DN*25 试水管长度

=(1.49+5.08)[试水管水平段长]+(4.3−0.5−1.5)[试水管垂直段高]

=8.87m

说明： 试水管水平段长度可根据喷淋平面图量度，计算示意图见图 5-10。因末端试水阀及末端试水装置应安装在便于操作处，所以各层试水管立管按离地 1.5m 考虑。另配水横管按离楼板 0.5m 考虑。试水管垂直段长度计算示意图见图 5-11。

【例 5-10】 根据任务图纸的喷淋平面图及喷淋给水系统图，计算 *DN*25 短立管长度。

【解】 *DN*25 短立管长度

=0.3×34×5[短立管高，每层 34 个喷头，共 5 层]

=51m

说明：短立管垂直长度图纸并无标注，按配水配横管离楼板0.5m，喷头离楼板底0.1m，板厚100mm考虑。短立管垂直长度计算示意图见图5-11。

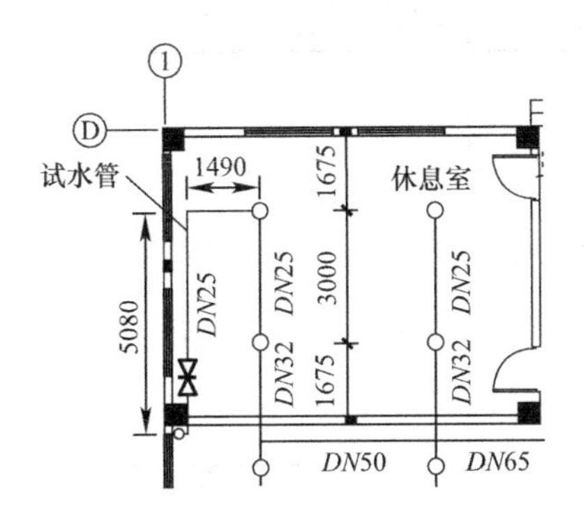

图5-10 试水管水平段长度计算示意图

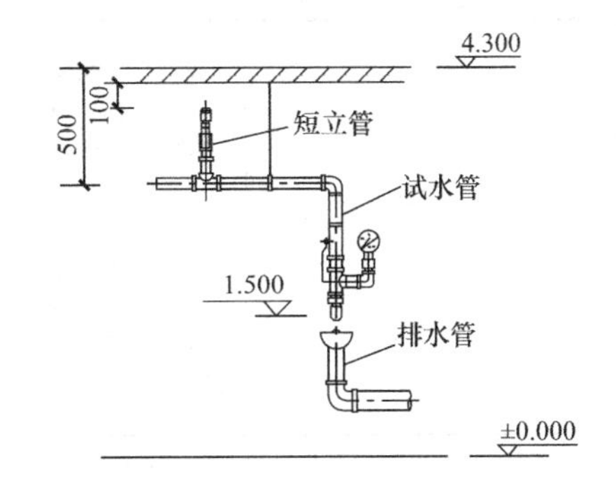

图5-11 试水管及短立管垂直段计算示意图

课堂活动

1. 完成任务图纸室内水喷淋钢管的清单工程量（表5-8）。
2. 校对工程量。
3. 编制室内水喷淋钢管分部分项工程清单与计价表（表5-9）。

工程量计算表 表5-8

序号	项目名称	计算式	工程量	单位
1	水喷淋球墨铸铁管 *DN*100 橡胶圈连接	(1.95+1.42)[阀门井至报警阀组] +(1.85+4)[水泵接合器至引入管]	9.22	m
2	水喷淋内外壁热浸镀锌钢管 *DN*100 卡箍连接	17.5+1.2+0.3 [ZPL-01]	19	m
3	水喷淋内外壁热浸镀锌钢管 *DN*80 螺纹连接	(3.36+18.45)×5[ZPL-01 至配水管，共5层]	109.05	m
4	水喷淋内外壁热浸镀锌钢管 *DN*65 螺纹连接	8.37×5 [配水管，共5层]	41.85	m
5	水喷淋内外壁热浸镀锌钢管 *DN*50 螺纹连接	4×5 [配水管，共5层]	20	m
6	水喷淋内外壁热浸镀锌钢管 *DN*32 螺纹连接	(3.67×8+2.2×5)×5[配水支管，共5层]	201.8	m
7	水喷淋内外壁热浸镀锌钢管 *DN*25 螺纹连接	(3×13)×5[配水支管，共5层] +(1.49+5.08)×5[试水管水平段，共5层] +(4.3−0.5−1.5)[试水管垂直段，首层] +(3.3−0.5−1.5)×4[试水管垂直段，2-5层] +0.3×34×5[短立管高，每层34个喷头，共5层]	286.35	m
8	水喷淋内外壁热浸镀锌钢管 *DN*20 螺纹连接	(0.4+8+0.6)[警铃管水平段，阀组至警铃] +(2.2−1.2)[警铃管垂直段]	10	m

分部分项工程和单价措施项目清单与计价表　　表 5-9

工程名称：　　标段：　　第　页　共　页

序号	项目编码	项目名称	项目特征描述	计量单位	工程量	金额（元）		
						综合单价	合价	其中：暂估价
1	030901001001	水喷淋钢管	1. 安装部位：室内 2. 材质、规格：球墨铸铁管 $DN100$ 3. 连接形式：橡胶圈承插连接 4. 压力试验及冲洗设计要求：按规范进行强度试验、严密性试验及冲洗	m	9.22			
2	030901001002	水喷淋钢管	1. 安装部位：室内 2. 材质、规格：内外壁热浸镀锌钢管 $DN100$ 3. 连接形式：卡箍连接 4. 压力试验及冲洗设计要求：按规范进行强度试验、严密性试验及冲洗	m	19			
3	030901001003	水喷淋钢管	1. 安装部位：室内 2. 材质、规格：内外壁热浸镀锌钢管 $DN80$ 3. 连接形式：螺纹连接 4. 压力试验及冲洗设计要求：按规范进行强度试验、严密性试验及冲洗	m	109.05			
	……	……	……		……			
8	030901001008	水喷淋钢管	1. 安装部位：室内 2. 材质、规格：内外壁热浸镀锌钢管 $DN20$ 3. 连接形式：螺纹连接 4. 压力试验及冲洗设计要求：按规范进行强度试验、严密性试验及冲洗	m	10			

5.2.3　设备组件

知识构成

1. 工程量清单项目设置

根据《工程量计算规范》附录 J 消防工程，表 J.1 水灭火系统，水灭火系统设备或组件安装工程量清单项目设置见表 5-10。

表 J.1 水灭火系统　　　　表 5-10

项目编码	项目名称	项目特征	计量单位	工程量计算规则	工作内容
030901003	水喷淋（雾）喷头	1. 安装部位 2. 材质、型号、规格 3. 连接形式 4. 装饰盘设计要求	个	按设计图示数量计算	1. 安装 2. 装饰盘安装 3. 严密性试验
030901004	报警装置	1. 名称 2. 型号、规格	组		1. 安装 2. 电气接线 3. 调试
030901006	水流指示器	1. 规格、型号 2. 连接形式	个		1. 安装 2. 电气接线 3. 调试
030901007	减压孔板	1. 材质、规格 2. 连接形式			1. 安装 2. 电气接线 3. 调试
030901008	末端试水装置	1. 规格 2. 组装形式	组		1. 安装 2. 电气接线 3. 调试
030901010	室内消火栓	1. 安装方式 2. 型号、规格 3. 附件材质、规格	套		1. 箱体及消火栓安装 2. 配件安装
030901012	消防水泵接合器	1. 安装部位 2. 型号、规格 3. 附件材质、规格			1. 安装 2. 附件安装
030901013	灭火器	1. 形式 2. 规格、型号	（具）组		1. 设置

2. 清单项目设置注意事项

(1) 按表5-10填写项目编码、项目名称、计量单位，根据表5-10及施工图纸相关设计要求描述项目特征。

(2) 报警装置适用于湿式报警装置、干湿两用报警装置、电动雨淋报警装置、预作用报警装置等报警装置安装。报警装置安装包括装配管（除水力警铃进水管）的安装，水力警铃进水管并入消防管道工程量。其中湿式报警装置（湿式报警阀组）包括的内容有：湿式阀、蝶阀、装配管、供水压力表、装置压力表、试验阀、泄放试验阀、泄放试验管、试验管流量计、过滤器、延时器、水力警铃、报警截止阀、漏斗、压力开关等。湿式报警装置以组为单位列项，阀组内的配件如压力开关、水力警铃等不再单独列项。

(3) 末端试水装置包括压力表、控制阀等附件安装，以组为单位列项，压力表等组内附件不再单独列项。但末端试水装置安装不含连接管及排水管安装，其工程量应并入消防管道计算。

(4) 室内消火栓，包括消火栓箱、消火栓、水枪、水龙头、水龙带接扣、自救卷盘、挂架、消防按钮等配件，列项时以套为单位，所有配件不再单独列项。另外，室内消火栓和屋面试验栓，两者所带的配件不相同，应分别列项。

(5) 消防水泵接合器，包括法兰接管及弯头安装，接合器井内阀门、弯管底座、标牌等附件安装。列项时以套为单位，水泵接合器阀门井内的止回阀、闸阀、安全阀等不需再单独列项。

(6) 落地消火栓箱包括箱内手提灭火器。对于带灭火器的落地组合式消防柜，灭火器包含在室内消火栓项目内，不再单独列项。当灭火器在消火栓箱旁的灭火器箱内设置时，应单独列出灭火器的项目。

(7) 各种设备或组件应区分型号、规格、材质、安装及连接方式等分别设置清单项目。如 *DN*100 卡箍连接的水流指示器与 *DN*80 螺纹连接的水流指示器应分别列项；直立型喷头与吊顶型喷头也应分别列项。

3. 计算工程量时应注意事项

根据《工程量计算规范》，水灭火系统设备或组件的工程量计算规则均是按设计图示数量计算。

课堂活动

1. 完成任务图纸水灭火系统设备组件清单工程量（表 5-11）。
2. 校对工程量。
3. 编制水灭火系统设备组件分部分项工程清单与计价表（表 5-12）。

工程量计算表 **表 5-11**

序号	项目名称	计算式	工程量	单位
1	水喷淋喷头 ZSTZ-15/68	34×5	170	个
2	湿式报警装置 ZSFZ100	1	1	组
3	水流指示器 *DN*80 螺纹连接	1×5	5	个
4	减压孔板见 ϕ39/*DN*80	1×3	3	个
5	末端试水装置 *DN*25	1	1	组
6	室内消火栓单栓 *DN*65	3×5	15	套
7	试验消火栓单栓 *DN*65	1	1	套
8	消防水泵接合器 SQS100-A	3	3	套
9	磷酸铵盐干粉灭火器	3×5	15	组

分部分项工程和单价措施项目清单与计价表 **表 5-12**

工程名称： 标段： 第 页 共 页

序号	项目编码	项目名称	项目特征描述	计量单位	工程量	金额（元）		
						综合单价	合价	其中：暂估价
1	030901003001	水喷淋喷头	1. 安装部位：室内顶板下 2. 材质、型号、规格：ZSTZ-15/68 玻璃球直立型标准喷头 3. 连接形式：无吊顶	个	170			

续表

序号	项目编码	项目名称	项目特征描述	计量单位	工程量	金额（元）		
						综合单价	合价	其中：暂估价
2	030901004001	报警装置	1. 名称：自动喷水湿式报警阀组 2. 型号、规格：ZSFZ100（详见 04S206 第 8～9 页）	组	1			
3	030901006001	水流指示器	1. 规格、型号：ZSJZ-80 2. 连接形式：螺纹连接	个	5			
4	030901007001	减压孔板	1. 材质、规格：不锈钢 $\phi39/DN80$ 2. 连接形式：螺纹连接（活接头内安装）	个	3			
5	030901008001	末端试水装置	1. 规格：$DN25$ 2. 组装形式：详见 04S2026 第 76 页组成详图（一）	组	1			
6	030901010001	室内消火栓	1. 安装方式：墙壁上半暗装 2. 型号、规格：SN65 乙型 3. 附件材质、规格：铝合金消火栓箱，$\phi19$ 铝合金水枪，25m 衬胶水龙带，启泵按钮（详见 04S202 第 4 页材料表）	套	15			
7	030901010002	试验消火栓	1. 安装方式：屋面明装 2. 型号、规格：SN65	套	1			
8	030901012001	消防水泵接合器	1. 安装部位：室外地上式 2. 型号、规格：SQS100-A 3. 附件材质、规格：详见 99S203 第 11 页材料表	套	3			
9	030901013001	灭火器	1. 形式：手提式磷酸铵盐干粉灭火器 2. 规格、型号：30kg MF/ABC3	组	15			

5.2.4 综合单价分析

知识构成

综合单价分析包括确定组价内容，计算组价（定额）工程量，套用定额计算综合单价三个步骤。

1. 确定组价内容

应根据《工程量计算规范》、安装工程综合定额，并结合工程实际情况确定每个分部分项工程量清单项目的组价内容。由于各地区的定额有一定的差异，此处以《广东省安装工程综合定额》(2010)（以下简称广东省安装定额）为依据进行计算。

【例 5-11】根据《工程量计算规范》及广东省安装定额，结合任务工程情况，确定表5-6 序号 2：030901002002 消火栓钢管工程量清单项目的组价内容及对应的定额子目。

【解】根据项目特征描述，该项目为 *DN*100 内外壁热浸镀锌钢管，卡箍连接，在室内安装，需进行强度试验、严密性试验及冲洗。

按照《工程量计算规范》附录 J.1 表（见表 5-4），消火栓钢管的组价内容包括有：①管道及管件安装；②钢管镀锌；③压力试验；④冲洗；⑤管道标识。由于本工程不需要对钢管进行现场的镀锌，所以没有第 2 项的组价内容。另外，广东省安装定额卡箍连接钢管安装子目包含了压力试验及管道标识的内容，但未包括管件及卡箍的安装，卡箍安装有相应的定额子目，在卡箍安装子目中包含管件的安装。

由此可以确定 030901002002 消火栓钢管项目的组价内容及对应的定额子目，见表 5-13。

消火栓管道安装工程量清单项目组价内容及对应的定额子目　　表 5-13

序号	项目编码	项目名称	项目特征描述	组价内容	对应的定额子目
2	030901002002	消火栓钢管	1. 安装部位：室内 2. 材质、规格：内外壁热浸镀锌钢管 *DN*100 3. 连接形式：卡箍连接 4. 压力试验及冲洗设计要求：按规范进行强度试验、严密性试验及冲洗	1. 管道安装（包含压力试验及管道标识）	C8-1-298
				2. 卡箍安装（包含管件安装）	C8-1-312
				3. 管道冲洗	C8-1-412

注：根据广东安装定额，消火栓系统管道安装，执行第八册《给排水、采暖、燃气工程》管道安装的相应子目。

【例 5-12】根据《工程量计算规范》及广东省安装定额，结合任务工程情况，确定表5-9 序号 3：030901001003 水喷淋钢管工程量清单项目的组价内容及对应的定额子目。

【解】该项目组价内容及对应的定额子目见表 5-14。

水喷淋钢管安装工程量清单项目组价内容及对应的定额子目　　表 5-14

序号	项目编码	项目名称	项目特征描述	组价内容	对应的定额子目
3	030901002003	水喷淋钢管	1. 安装部位：室内 2. 材质、规格：内外壁热浸镀锌钢管 *DN*80 3. 连接形式：螺纹连接 4. 压力试验及冲洗设计要求：按规范进行强度试验、严密性试验及冲洗	1. 管道及管件安装（包含压力试验及管道标识）	C7-2-6
				2. 管网冲洗	C7-2-78

【例 5-13】根据《工程量计算规范》及广东省安装定额，结合任务工程情况，确定表5-12 各项设备或组件工程量清单项目的组价内容及对应的定额子目。

【解】水灭火系统设备组件各清单项目组价内容及对应的定额子目见表 5-15。

水灭火系统设备组件安装工程量清单项目组价内容及对应的定额子目 表5-15

序号	项目编码	项目名称	项目特征描述	组价内容	对应的定额子目
1	030901003001	水喷淋喷头	1. 安装部位：室内顶板下 2. 材质、型号、规格：ZSTZ-15/68玻璃球直立型标准喷头 3. 连接形式：无吊顶	喷头安装（包含严密性试验）	C7-2-10
2	030901004001	报警装置	1. 名称：自动喷水湿式报警阀组 2. 型号、规格：ZSFZ100（详见04S206第8～9页）	1. 湿式报警阀组安装（包含调试）	C7-2-23
				2. 电气接线	C2-4-161
3	030901006001	水流指示器	1. 规格、型号：ZSJZ-80 2. 连接形式：螺纹连接	1. 水流指示器安装（包含调试）	C7-2-33
				2. 电气接线	C2-4-161
4	030901007001	减压孔板	1. 材质、规格：不锈钢$\phi39/DN80$ 2. 连接形式：螺纹连接（活接头内安装）	减压孔板安装（包含调试）	C7-2-42
5	030901008001	末端试水装置	1. 规格：$DN25$ 2. 组装形式：详见04S206第76页组成详图（一）	末端试水装置安装（包含调试）	C7-2-45
6	030901010001	室内消火栓	1. 安装方式：墙壁上半暗装 2. 型号、规格：$SN65$乙型 3. 附件材质、规格：铝合金消火栓箱，$\Phi19$铝合金水枪，25m衬胶水龙带，启泵按钮（详见04S202第4页材料表）	消火栓安装（包含箱体安装及配件安装）	C7-2-48
7	030901010002	试验消火栓	1. 安装方式：屋面明装 2. 型号、规格：$SN65$	消火栓安装（不含箱体及配件）	C8-2-7
8	030901012001	消防水泵接合器	1. 安装部位：室外地上式 2. 型号、规格：SQS100-A 3. 附件材质、规格：详见99S203第11页材料表	消防水泵接合器安装（包含附件安装）	C7-2-66
9	030901013001	灭火器	1. 形式：手提式磷酸铵盐干粉灭火器 2. 规格、型号：30kg MF/ABC3	1. 灭火器箱安装	C7-5-9
				2. 灭火器放置	C7-5-4

注：根据广东省安装定额，单独安装的不带箱及配件的室内消防栓，执行第八册《给排水、采暖、燃气工程》阀门安装的相应子目。

2. 计算组价（定额）工程量

(1) 管道安装

根据广东省安装定额，消火栓管道及喷淋管道安装的定额工程量计算规则是：按设计图示管道中心线长度，以延长米计算，不扣除阀门、管件及各种组件所占长度（与清单工程量计算规则相同）。

【例5-14】 试计算表5-13消火栓钢管项目组价内容“1. 管道安装”的定额工程量。

【解】DN100 卡箍连接消火栓钢管安装定额工程量

=相应的消火栓钢管清单工程量=120.78m（见表 5-6 序号 2）

（2）卡箍安装

根据广东省安装定额，卡箍安装的工程量虽没明确的计算规则，但卡箍安装定额子目的计量单位是 10 套，所以卡箍安装的定额工程量应以卡箍的数量计算。卡箍的数量可以这样考虑：①管道拐弯、分支处也即在弯头、三通、四通等管件连接处有卡箍；②管道与阀门连接处有卡箍；③管道直长每超过 6m 有 1 套卡箍。

【例 5-15】试计算表 5-13 消火栓钢管项目组价内容“2. 卡箍安装”的定额工程量。

【解】DN100 消火栓钢管卡箍安装定额工程量=2×14[立管与消火栓支管的连接三通，DN65 的一端螺纹连接，DN100 的两端卡箍连接]+1[XL-02 与首层消火栓连接弯头，一端螺纹连接，一端卡箍连接]+3×2[首层横管与 XL-01、XL-03 立管连接的三通]+4[首层横管与 XL-02 立管连接的四通]+2×2[屋面横管与 XL-01、XL-03 立管连接的弯头]+3[屋面横管与 XL-02 立管连接的四通，一端螺纹连接，三端卡箍连接]+2×5[管道与阀门连接]+4×2[首层与屋面横管直管段每超 6m 计 1 套]=64 套

（3）管道或管网冲洗

根据广东省安装定额，管道或管网冲洗的定额工程量计算规则与管道安装同。

【例 5-16】试计算表 5-13 消火栓钢管项目组价内容“3. 管道冲洗”的定额工程量。

【解】DN100 卡箍连接消火栓钢管管道冲洗定额工程量

=管道安装定额工程量=120.78m（见【例 5-14】）

（4）设备或组件安装

根据广东省安装定额，水喷淋喷头、室内消火栓、水流指示器等设备或组件安装的定额工程量均为按图示数量计算（与相应项目的清单工程量计算规则相同）。

【例 5-17】试计算表 5-15 序号 6 室内消火栓项目组价内容 1 消火栓安装的定额工程量。

【解】消火栓安装定额工程量

=相应的消火栓安装清单工程量=15 套（见表 5-12 序号 6）

3. 套用定额，计算工程量清单项目综合单价

【例 5-18】试对表 5-6 序号 2：030901002002 消火栓钢管清单项目进行综合单价分析。

【解】分析过程见表 5-16。

说明：套用定额时，人工、材料、机械费执行定额，未按市场价格调整，管理费按一类地区计算，利润按 18%计算。C8-1-298 管道安装定额未计价材料为镀锌钢管，材料数量按定额消耗量计算=12.078×10.2=123.20m；C8-1-312 卡箍安装定额未计价材料为卡箍与管件，卡箍数量按定额消耗量计算=6.4×10=64 套；管件数量按实计算，根据图纸，管道弯头、三通、四通等管件共 21 个，考虑 1%的损耗，镀锌钢管管件数量=21×(1+1%)=21.21 个。所有未计价材料的单价按市场价格计算。

【例 5-19】试对表 5-12 中的序号 6：030901010001 室内消火栓清单项目进行综合单价分析。

【解】分析过程见表 5-17～表 5-19。

综合单价分析表

表 5-16

工程名称：　　　　标段：　　　　第　页　共　页

<table>
<tr><td>项目编码</td><td colspan="3">030901002002</td><td>项目名称</td><td colspan="4">消火栓钢管</td><td colspan="2">计量单位</td><td>m</td><td>工程量</td><td>120.78</td></tr>
<tr><td colspan="14">综合单价组成明细</td></tr>
<tr><td rowspan="2">定额编号</td><td rowspan="2">定额名称</td><td rowspan="2">定额单位</td><td rowspan="2">数量</td><td colspan="5">单价（元）</td><td colspan="5">合价（元）</td></tr>
<tr><td>人工费</td><td>材料费</td><td>机械费</td><td>管理费</td><td>利润</td><td>人工费</td><td>材料费</td><td>机械费</td><td>管理费</td><td>利润</td></tr>
<tr><td>C8-1-298</td><td>镀锌钢管沟槽式卡箍连接 DN100</td><td>10m</td><td>12.078</td><td>33.51</td><td>10.80</td><td>41.73</td><td>9.29</td><td>6.03</td><td>404.73</td><td>130.44</td><td>504.01</td><td>112.20</td><td>72.83</td></tr>
<tr><td>C8-1-312</td><td>卡箍安装 DN100</td><td>10 套</td><td>6.4</td><td>38.10</td><td>37.56</td><td>—</td><td>10.56</td><td>6.86</td><td>243.84</td><td>240.38</td><td>—</td><td>67.58</td><td>43.90</td></tr>
<tr><td>C8-1-412</td><td>管道冲洗 DN100</td><td>100m</td><td>1.208</td><td>25.4</td><td>22.62</td><td>—</td><td>7.04</td><td>4.57</td><td>30.68</td><td>27.32</td><td>—</td><td>8.50</td><td>5.52</td></tr>
<tr><td colspan="2">人工单价</td><td colspan="7">小计</td><td>5.62</td><td>3.30</td><td>4.17</td><td>1.56</td><td>1.01</td></tr>
<tr><td colspan="2">51 元/工日</td><td colspan="7">未计价材料费</td><td colspan="5">121.53</td></tr>
<tr><td colspan="9">清单项目综合单价</td><td colspan="5">137.19</td></tr>
<tr><td rowspan="6">材料费明细</td><td colspan="5">主要材料名称、规格、型号</td><td>单位</td><td colspan="2">数量</td><td>单价</td><td>合价</td><td>暂估价</td><td colspan="2">暂估合价</td></tr>
<tr><td colspan="5">内外壁热浸镀锌钢管 DN100</td><td>m</td><td colspan="2">123.20</td><td>83.23</td><td>10253.94</td><td></td><td colspan="2"></td></tr>
<tr><td colspan="5">卡箍 DN100</td><td>套</td><td colspan="2">64</td><td>57.66</td><td>3690.24</td><td></td><td colspan="2"></td></tr>
<tr><td colspan="5">镀锌钢管管件 DN100</td><td>个</td><td colspan="2">21.21</td><td>34.76</td><td>734.26</td><td></td><td colspan="2"></td></tr>
<tr><td colspan="8">其他材料费</td><td>—</td><td>—</td><td></td><td colspan="2"></td></tr>
<tr><td colspan="8">材料费小计</td><td></td><td>121.53</td><td></td><td colspan="2"></td></tr>
</table>

综合单价分析表

表 5-17

工程名称： 标段： 第 页 共 页

项目编码	030901010001		项目名称	室内消火栓				计量单位		套	工程量		15
综合单价组成明细													
定额编号	定额名称	定额单位	数量	单价					合价				
				人工费	材料费	机械费	管理费	利润	人工费	材料费	机械费	管理费	利润
C7-2-48	室内消火栓安装单栓 *DN*65	套	15	37.94	7.68	0.55	10.52	6.83	569.1	115.2	8.25	157.8	102.45
人工单价		小计							37.94	7.68	0.55	10.52	6.83
51 元/工日		未计价材料费							558				
清单项目综合单价									621.52				
材料费明细	主要材料名称、规格、型号					单位		数量	单价	合价		暂估价	暂估合价
	室内消火栓 *DN*65					套		15	558	8370			
	其他材料费								—	—			
	材料费小计								—	558			

注：套用定额时，人工、材料、机械费执行定额，未按市场价格调整，管理费按一类地区计算，利润按 18%计算。C7-2-48 消火栓安装定额未计价设备为消火栓，成套消火栓（含箱及配件）的单价按市场价格计算。

课堂活动

1. 完成表 5-6、表 5-9、表 5-12 消火栓钢管、喷淋钢管及水灭火系统设备组件等项目的综合单价分析。
2. 校对综合单价。

表 5-18

综合单价分析表

工程名称：　　　　　　　　　　　　标段：　　　　　　　　　　　　第　页　共　页

项目编码	030901001003		项目名称		水喷淋钢管				计量单位		m	工程量	109.05
综合单价组成明细													
定额编号	定额名称	定额单位	数量	单价（元）					合价（元）				
				人工费	材料费	机械费	管理费	利润	人工费	材料费	机械费	管理费	利润
C7-2-6	镀锌钢管螺纹连接 *DN*100	10m	10.905	123.32	13.37	7.78	34.20	22.20	1344.8	145.80	84.84	372.95	242.09
C7-2-78	自动喷水灭火系统管网冲洗 *DN*80	100m	1.091	33.71	124.81	14.18	9.35	6.07	36.78	136.17	15.47	10.20	6.62
人工单价		小计							12.67	2.59	0.92	3.51	2.28
51元/工日		未计价材料费							65.76				
清单项目综合单价									87.73				

材料费明细	主要材料名称、规格、型号	单位	数量	单价	合价	暂估价	暂估合价
	内外壁热浸镀锌钢管 *DN*80	m	111.23	54.41	6052.02		
	镀锌钢管管件 *DN*80	个	90.08	12.42	1118.79		
	其他材料费			—	—		
	材料费小计				65.76		

注：套用定额时，人工、材料、机械费执行定额，未按市场价格调整，管理费按一类地区计算，利润按18%计算。C7-2-6管道安装定额未计价材料为镀锌钢管及管件，材料数量按定额消耗量计算。镀锌钢管=10.905×10.2=111.23m；镀锌钢管管件=10.905×8.26=90.08个。所有未计价材料的单价按市场价格计算。

综合单价分析表

表 5-19

工程名称： 标段： 第 页 共 页

项目编码	030901006001		项目名称	水流指示器				计量单位		个	工程量	5	
综合单价组成明细													
定额编号	定额名称	定额单位	数量	单价（元）					合价（元）				
				人工费	材料费	机械费	管理费	利润	人工费	材料费	机械费	管理费	利润
C7-2-33	水流指示器安装螺纹连接 *DN*80	个	5	49.83	111.02	1.75	13.82	8.97	249.15	555.1	8.75	69.1	44.85
C2-4-161	水流指示器电器接线	个	5	6.07	7.76	—	1.74	1.09	30.35	38.8	—	8.7	5.45
人工单价		小计							55.9	118.78	1.75	15.56	10.06
51元/工日		未计价材料费							341				
清单项目综合单价									543.05				
材料费明细	主要材料名称、规格、型号						单位	数量	单价	合价	暂估价	暂估合价	
	水流指示器 ZSJZ-80						个	5	341	170.5			
	其他材料费								—	—			
	材料费小计									341			

注：套用定额时，人工、材料、机械费执行定额，未按市场价格调整，管理费按一类地区计算，利润按18%计算。C7-2-33 水流指示器安装定额未计价材料为水流指示器，材料数量按定额消耗量计算。所有未计价材料的单价按市场价格计算。

任务 5.3　火灾自动报警系统组成

任务描述

本任务使用《某幼儿园消防工程施工图纸》（见项目 5 附录）进行学习，要求完成的学习任务是：了解火灾自动报警系统的组成及原理；了解火灾自动报警系统常用的设备组件及其安装；了解火灾自动报警系统的常用管线及其布置与安装；熟练识读火灾自动报警系统施工图。

工程实例：某幼儿园消防工程为一幢五层幼儿园教学活动楼，建筑高度 17.5m，首层层高 4.3m，其余各层层高 3.3m。本工程在园区值班室内设置区域火灾自动报警控制器 1 台，在教学活动楼每层均设置感烟探测器、声光警报器和手动报警按钮等消防报警设备组件。

5.3.1　火灾自动报警系统的组成

知识构成

1. 火灾自动报警系统的组成及原理

火灾自动报警系统包括有区域报警系统、集中报警系统和控制中心报警系统三种基本形式。其中，区域报警系统由火灾探测器、手动火灾报警按钮、火灾警报器及火灾报警控制器等组成，系统中可包括消防控制室图形显示装置和指示楼层的区域显示器。

火灾探测器和手动火灾报警按钮是一种触发装置，是能自动或手动发出火警信号通报火警位置的器件。火灾报警控制器是火灾自动报警系统的心脏，是分析、判断、记录和显示火灾情况与位置的部件。火灾报警控制器接收触发装置发来的报警信号，经分析判断确认火灾后，首先在控制器上发出声光报警信号，显示火灾位置，同时向现场发出声光警报，指示人们撤离现场。火灾警报器是一种可由火灾报警控制器自动或手动控制，向现场发出火灾警报信号的设备，如警铃、警笛、声光警报器等。

2. 火灾自动报警系统的线制

火灾自动报警系统的线制，主要是指火灾探测器与火灾自动报警控制器之间的传输线的线数。火灾自动报警系统的线制主要有多线制与总线制两种类型。多线制是一种早期应用的线制，现已逐步被淘汰。总线制有二总线制和四总线制两种形式，其中二总线制是目前应用最广泛的线制，其连接方式见图 5-12。图中 G 线为公共地线，P 线则完成供电、选址、自检、获取信息等功能。

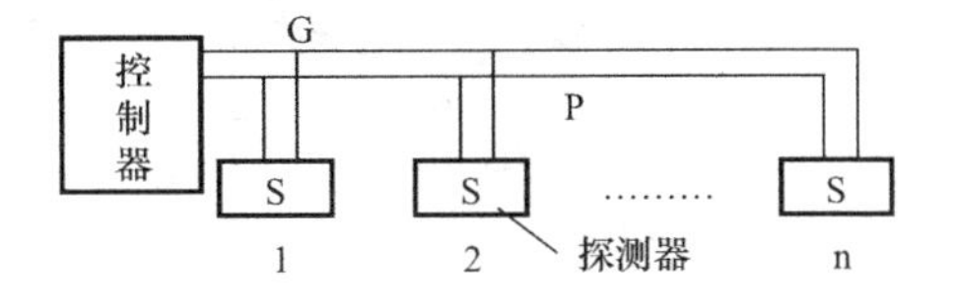

图 5-12　二总线制连接方式

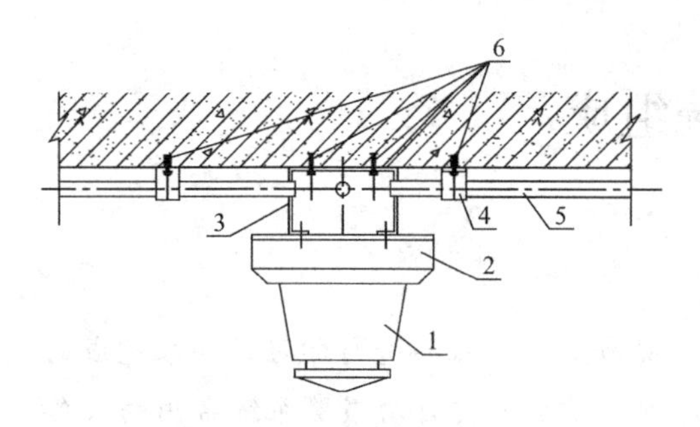

图 5-13　点型探测器安装示意图

1—探测器；2—底座；3—接线盒；4—管卡子；5—明装管线；6—膨胀螺栓

3. 火灾自动报警系统设备组件及其安装

(1) 火灾探测器

火灾探测器分为点型探测器和线型探测。其中点型探测器又可分为感烟探测器、感温探测器、红外光触探测器、火焰探测器和可燃气体探测器等。点型探测器的安装见图 5-13。

(2) 按钮

按钮包括手动报警按钮和消火栓起泵按钮。手动报警按钮可通过手动操作，向火灾报警控制器发出火警信号；消火栓起泵按钮可通过手动操作，启动消火栓泵。按钮应设置在明显和易于操作的地方，其底边距地高度宜为 1.3～1.5m，手动报警按钮一般安装在墙壁上，消火栓按钮安装在消火栓箱内。手动报警按钮安装见图 5-14。

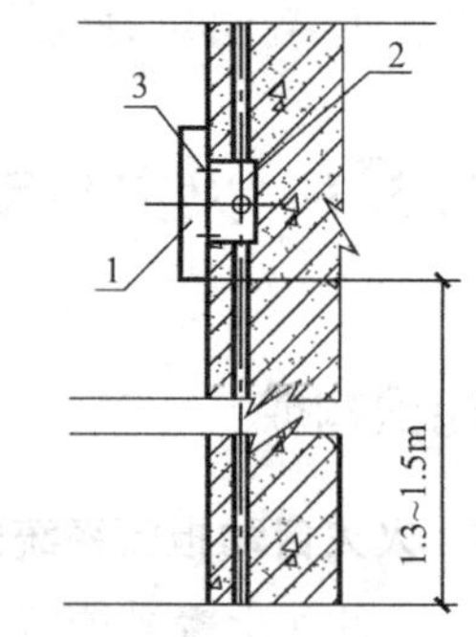

图 5-14　手动报警按钮安装示意图

1—按钮；2—接线盒；3—螺钉

(3) 火灾警报器

火灾警报器包括有警铃、警笛、声光警报器、报警闪灯等。火灾警报器应设置在每个楼层的楼梯口、消防电梯前室、建筑内部拐角处等明显部位。当火灾警报器采用壁挂方式安装时，其底边距地面高度应大于 2.2m。

(4) 模块

消防模块有输入模块、输出模块、输入输出模块、隔离模块等多种类型。输入模块属于监视模块，主要用于接收消防设施的动作信号，并将动作信号传回火灾报警控制器，它只起监视和报警的作用。输入模块一般与水流指示器、压力开关、信号阀等组件连接。输出模块属于控制模块，火灾自动报警控制器以编码方式输出动作指令至输出模块，可使模块内置继电器动作，启动或关闭现场设备。输出模块一般与现场需消防联动的设备如消防水泵、排烟风机等连接。隔离模块的作用是，当总线发生故障时，将发生故障的总线部分与整个系统隔离开来，以保证系统的其他部分能够正常工作，同时便于确定发生故障的总线部位。当故障部分的总线修复后，隔离器可自行恢复工作，将被隔离出去的部分重新纳入系统。隔离模块只起保护作用，它与总线连接时无需编码，不占用总线地址。

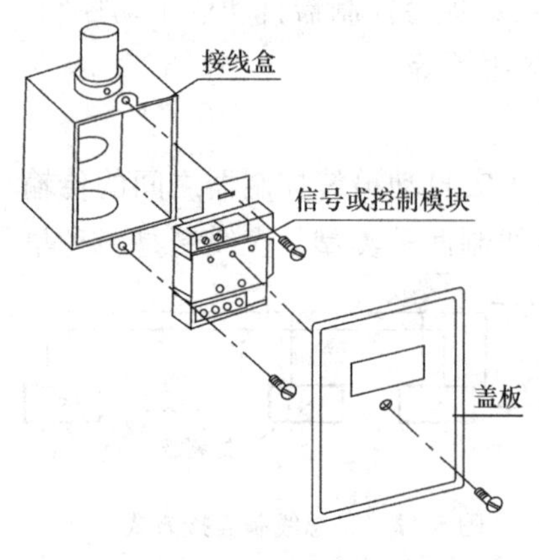

图 5-15　模块安装示意图

每个报警区域内的模块宜相对集中设置在所属报警区域内的金属模块箱中。未集中设置的模块附近应有明显的标识。模块安装见图 5-15。

(5) 火灾报警控制器

火灾报警控制器按安装方式可分为壁挂式和落地式。火灾报警控制器应设置在消防控制室或有人值班的房间和场所。控制器在墙上安装时，其底边距地面高度宜为 1.3～1.5m；落地安装时，其底边宜高出地面 0.1～0.2m。

课堂活动

阅读任务图纸，分组讨论火灾自动报警系统的设备组件有哪些及其布置情况。

5.3.2　火灾自动报警系统布线

知识构成

1. 火灾自动报警系统布线

火灾自动报警系统的布线，应符合现行国家标准《建筑电气工程施工质量验收规范》GB 50303—2015 和《火灾自动报警系统设计规范》GB 50116—2013 的相关规定。

(1) 火灾自动报警系统的供电线路、消防联动控制线路应采用耐火铜芯电线电缆，报警总线、消防应急广播和消防专用电话等传输线路应采用阻燃或阻燃耐火电线电缆。

(2) 线路暗敷设时，应采用金属管、可挠（金属）电气导管或 Bl 级以上的刚性塑料管保护，并应敷设在非燃烧体的结构层内，且保护层厚度不宜小于 30mm；线路明敷设时，应采用金属管、可挠（金属）电气导管或金属封闭线槽保护。矿物绝缘类不燃性电缆可直接明敷。

(3) 不同电压等级的线缆不应穿入同一根保护管内，当合用同一线槽时，线槽内应有隔板分隔。

(4) 采用穿管水平敷设时，除报警总线外，不同防火分区的线路不应穿入同一根管内。

(5) 从接线盒、线槽等处引到探测器底座盒、控制设备盒、扬声器箱的线路，均应加金属保护管保护，其长度不应大于 2m。

(6) 导线在管内或线槽内，不应有接头或扭结。导线的接头，应在接线盒内焊接或用端子连接。

(7) 管路超过下列长度时，应在便于接线处装设接线盒：

1) 管子长度每超过 30m，无弯曲时；

2) 管子长度每超过 20m，有 1 个弯曲时；

3) 管子长度每超过 10m，有 2 个弯曲时；

4) 管子长度每超过 8m，有 3 个弯曲时。

2. 火灾自动报警系统调试

火灾自动报警系统调试应在系统施工完成后进行，调试的内容有：火灾报警控制器及联动控制器调试、探测器调试、手动报警按钮调试、消防电话及消防应急广播调试、系统备用电源及消防应急电源调试、各种受控部件调试、火灾自动报警系统系统性能调试等。

课堂活动

1. 阅读任务图纸，分组讨论火灾自动报警系统使用的电线电缆的型号与规格。

2. 阅读任务图纸，分组讨论火灾自动报警系统电线电缆的敷设方式。

5.3.3 火灾自动报警系统施工图识读

知识构成

1. 火灾自动报警系统常用图形符号（见表5-20）。

火灾自动报警系统常用图形符号　　表5-20

名称	图例	名称	图例
火灾报警控制器		消火栓起泵按钮	
输入输出模块	I/O	水流指示器	
输入模块	I	压力开关	P
输出模块	O	火灾报警电话	
感温火灾探测器（点型）		火警电铃	
感温火灾探测器（点型、非地址编码）	N	警报发声器	
感烟火灾探测器（点型）		火灾光警报器	
感烟火灾探测器（点型、非地址编码）	N	火灾声光报警器	
手动火灾报警按钮		火灾应急广播扬声器	

2. 识图要点

1）了解工程基本概况；

2）了解工程火灾自动报警系统有哪些设备或组件，其布置情况及型号。

【例5-20】 阅读任务图纸消防报警平面图、消防报警系统图，了解工程火灾自动报警系统有哪些设备或组件，其布置情况及型号。

【解】 结合消防报警平面图、消防报警系统图及设计说明可知，本工程在园区值班室内设置区域火灾自动报警控制器1台，壁挂式安装，安装高度为底边距地1.5m。每层均设置编码感烟探测器 8 个，编码声光警报器 1 个，编码手动报警按钮 1 个及编码消火栓起泵按钮 3 个。每层均设置总线隔离模块 1 个。首层设置 3 个总线输入模块，分别与水流指示器、信号阀及湿式报警阀组的压力开关连接。2～5 层每层均设置 2 个总线输入模块，分别与水流指示器和信号阀连接。

3）了解工程火灾自动报警系统电线及电缆的型号、规格；电线及电缆导管的管材、规格；电线及电缆的敷设方式及敷设部位以及管线的走向等相关情况。

【例 5-21】阅读任务图纸消防报警平面图、消防报警系统图，了解工程火灾自动报警系统电线及电缆的型号、规格；电线及电缆导管的管材、规格；电线及电缆的敷设方式及敷设部位，以及管线的走向等相关情况。

【解】结合消防报警平面图、消防报警系统图及设计说明可知，本工程火灾自动报警系统为区域报警系统，报警控制器设置在园区值班室。报警信号线及 24V 电源线由报警控制器引下，分别穿 *DN*20 镀锌钢管在园区埋深−0.8m 水平引至 1 号楼②～③轴梯间走廊处。进入 1 号楼后，报警信号线及 24V 电源线分别穿 *DN*20 镀锌电线管沿墙及混凝土顶板暗敷。报警信号线采用阻燃铜芯聚氯乙烯绝缘双绞软导线（ZR-RVS 2×2.5），各层支线与总线隔离模块连接后，再与各层的感烟探测器、手动报警按钮及消火栓起泵按钮、声光警报器及总线输入模块等连接。24V 电源线采用耐火铜芯聚氯乙烯绝缘导线（NH-BV 2×2.5），与各层声光警报器连接。2～5 层信号线及电源线均在②～③轴梯间走廊处穿楼板引上。

另外，从园区水泵房消火栓泵控制柜和喷淋泵控制柜分别引出消火栓泵控制电缆及喷淋泵控制电缆，2 根电缆分别穿 *DN*20 镀锌钢管在园区埋深−0.8m 水平引至 1 号楼②～③轴梯间走廊处。进入 1 号楼后，消火栓泵控制电缆穿 *DN*20 镀锌电线管沿首层地板暗敷至各消火栓起泵按钮，并在首层各消火栓起泵按钮处穿 *DN*20 镀锌电线管沿墙暗敷并穿越楼板引上与 2～5 层各消火栓起泵按钮连接。按下某一处的消火栓起泵按钮，启动信号即由控制电缆传输至消火栓泵控制柜，启动消火栓泵。喷淋泵控制电缆进入 1 号楼后，穿 *DN*20 镀锌电线管沿首层地板暗敷至首层卫生间湿式报警阀组的压力开关，当压力开关动作时，其动作信号作为触发信号，通过控制电缆传输至喷淋泵控制柜，直接启动喷淋泵。2 根控制电缆采用耐火铜芯聚氯乙烯绝缘聚氯乙烯护套控制电缆（NH-KVV 2×1.5）。

本工程自动报警系统的线制为二总线制。

课堂活动

1. 阅读任务图纸，了解工程火灾自动报警系统有哪些设备或组件，其布置情况及型号。

2. 阅读任务图纸，了解工程火灾自动报警系统电线及电缆的型号、规格；电线及电缆导管的管材、规格；电线及电缆的敷设方式及敷设部位，以及管线的走向等相关情况。

任务 5.4　火灾自动报警系统安装工程计量与计价

任务描述

本任务使用《某幼儿园消防工程施工图纸》（见项目 5 附录）进行学习，要求完成以下学习任务：

1. 计算火灾自动报警系统设备或组件清单工程量，编制火灾自动报警系统设备或组件分部分项工程量清单；

2. 计算火灾自动报警系统电气配管、配线清单工程量，编制火灾自动报警系统电气配管、配线分部分项工程量清单；

3. 进行火灾自动报警系统设备组件及电气配管、配线工程量清单项目综合单价分析。

5.4.1 设备组件

知识构成

1. 工程量清单项目设置

根据《工程量计算规范》附录J消防工程，表J.4火灾自动报警系统，火灾自动报警系统设备或组件安装工程量清单项目设置见表5-21。

表J.4火灾自动报警系统 表5-21

<table>
<tr><th>项目编码</th><th>项目名称</th><th>项目特征</th><th>计量单位</th><th>工程量计算规则</th><th>工作内容</th></tr>
<tr><td>030904001</td><td>点型探测器</td><td>1. 名称
2. 规格
3. 线制
4. 类型</td><td rowspan="3">个</td><td rowspan="5">按设计图示数量计算</td><td>1. 底座安装
2. 探头安装
3. 校接线
4. 编码
5. 探测器调试</td></tr>
<tr><td>030904003</td><td>按钮</td><td>1. 名称
2. 规格</td><td rowspan="3">1. 安装
2. 校接线
3. 编码
4. 调试</td></tr>
<tr><td>030904005</td><td>声光报警器</td><td>1. 名称
2. 规格</td></tr>
<tr><td>030904008</td><td>模块（模块箱）</td><td>1. 名称
2. 规格
3. 类型
4. 输出形式</td><td>个/台</td></tr>
<tr><td>030904009</td><td>区域报警控制箱</td><td>1. 多线制
2. 总线制
3. 安装方式
4. 控制点数量
5. 显示器类型</td><td>台</td><td>1. 本体安装
2. 校接线、摇测绝缘电阻
3. 排线、绑扎、导线标识
4. 显示器安装
5. 调试</td></tr>
</table>

2. 清单项目设置注意事项

（1）按表5-21填写项目编码、项目名称、计量单位，根据表5-21及施工图纸相关设计要求描述项目特征

1）点型探测器的类型包括有火焰、烟感、温感、红外光束、可燃气体探测器等。名称是指在某种类型下的具体描述，如离子感烟探测器、光电感烟探测器、复合式感烟感温探测器等。

2）模块的类型有控制模块、监视模块等，输出的形式是指单输出或多输出。

3）区域报警控制箱的安装方式有壁挂式、落地式等。总线制报警控制器的控制点数量是指控制器所带的有地址编码的报警器件的数量。

【例 5-22】试确定任务图纸中区域报警控制器的控制点数量。

【解】本工程有地址编码的器件包括有探测器、手动报警按钮、消火栓起泵按钮、声光警报器和总线输入模块，总计点数为 76 点。总线隔离模块不需编码，所以不计算点数。

（2）各种设备或组件应区分类型、规格等分别设置清单项目。如按钮应区分手动报警按钮及消火栓起泵按钮分别列项；模块也应区分隔离模块、输入模块、输出模块等分别列项。

3. 计算工程量时应注意事项

根据《工程量计算规范》，感烟探测器、手动报警按钮、声光报警器等火灾自动报警系统的设备或组件的工程量计算规则均是按设计图示数量计算。

课堂活动

1. 完成任务图纸火灾自动报警系统设备组件清单工程量（表 5-22）。
2. 校对工程量。
3. 编制火灾自动报警系统设备组件分部分项工程清单与计价表（表 5-23）。

工程量计算表 **表 5-22**

序号	项目名称	计算式	工程量	单位
1	编码型感烟探测器	8×5	40	个
2	编码手动报警按钮	1×5	5	个
3	编码消火栓起泵按钮	3×5	15	个
4	编码声光警报器	1×5	5	个
5	总线隔离模块	1×5	5	个
6	总线输入模块	3+2×4	11	个
7	区域报警控制器	1	1	台

分部分项工程和单价措施项目清单与计价表 **表 5-23**

工程名称： 标段： 第 页 共 页

序号	项目编码	项目名称	项目特征描述	计量单位	工程量	金额（元）		
						综合单价	合价	其中：暂估价
1	030904001001	点型探测器	1. 名称：编码感烟探测器 2. 线制：总线制 3. 类型：点型感烟探测器	个	40			
2	030904003001	按钮	名称：编码手动报警按钮	个	5			
3	030904003002	按钮	名称：编码消火栓起泵按钮	个	15			
4	030904005001	声光报警器	名称：编码声光警报器	个	5			
5	030904008001	模块	名称：总线隔离模块	个	5			
6	030904008002	模块	1. 名称：总线输入模块 2. 类型：监视模块	个	11			
7	030904009001	区域报警控制箱	1. 线制：总线制 2. 安装方式：壁挂式 3. 控制点数量：76 点	台	1			

5.4.2 电气管线

知识构成

1. 工程量清单项目设置

根据《工程量计算规范》附录J消防工程，表J.4火灾自动报警系统相关说明：消防报警系统配管、配线、接线盒均应按本规范附录D电气设备安装工程相关项目编码列项。火灾自动报警系统配管、配线安装工程量清单项目设置见表5-24；控制电缆安装工程量清单设置见表5-25。

表D.11配管、配线　　表5-24

项目编码	项目名称	项目特征	计量单位	工程量计算规则	工作内容
030411001	配管	1. 名称 2. 材质 3. 规格 4. 配置形式 5. 接地要求 6. 钢索材质、规格	m	按设计图示尺寸以长度计算	1. 电线管路敷设 2. 钢索架设（拉紧装置安装） 3. 预留沟槽 4. 接地
030411004	配线	1. 名称 2. 配线形式 3. 型号 4. 规格 5. 材质 6. 配线部位 7. 配线线制 8. 钢索材质、规格	m	按设计图示尺寸以单线长度计算（含预留长度）	1. 配线 2. 钢索架设（拉紧装置安装） 3. 支持体（夹板、绝缘子、槽板等）安装
030411006	接线盒	1. 名称 2. 材质 3. 规格 4. 安装形式	个	按设计图示数量计算	本体安装

表D.8电缆安装　　表5-25

项目编码	项目名称	项目特征	计量单位	工程量计算规则	工作内容
030408002	控制电缆	1. 名称 2. 型号 3. 规格 4. 材质 5. 敷设方式、部位 6. 电压等级（kV） 7. 地形	m	按设计图示尺寸以长度计算（含预留长度及附加长度）	1. 电缆敷设 2. 揭（盖）盖板
030408003	电缆保护管	1. 名称 2. 材质 3. 规格 4. 敷设方式	m	按设计图示尺寸以长度计算	保护管敷设

2. 清单项目设置注意事项

电气设备安装工程计量与计价在项目2已学习，电气管线清单设置注意事项详见项目2相关学习内容。

3. 计算工程量时应注意事项

电气设备安装工程计量与计价在项目2已学习，电气管线清单工程量计算规则及计算具体要求详见项目2相关学习内容。

课堂活动

1. 完成任务图纸火灾自动报警系统室内管线清单工程量（表5-26）。
2. 校对工程量。
3. 编制火灾自动报警系统室内管线分部分项工程清单与计价表（表5-27）。

工程量计算表　　　　表5-26

序号	项目名称	计算式	工程量	单位
1	镀锌电线管 *DN*20 沿墙及楼板暗敷（信号线线管）	79[首层线管水平长，由梯间走廊引上点起至各组件]+(4.3−1.5)×4[首层按钮线管竖高]+(4.3−2.2)[首层声光警报器线管竖高]+0.5×2[首层水流指示器及信号阀模块线管竖高]+(4.3−1.5)[首层报警阀组压力开关模块线管竖高]+75×4[2～5层信号线管水平长，由梯间走廊引上点起至各组件]+(3.3−1.5)×4×4[2～5层按钮线管竖高]+(3.3−2.2)×4[2～5层声光警报器线管竖高]+0.5×2×4[2～5层水流指示器及信号阀模块线管竖高]+17.5[1～5层引上线管总高]	450.8	m
	镀锌电线管 *DN*20 沿墙及楼板暗敷（电源线线管）	10.6×5[1～5层线管水平长，由梯间走廊引上点起至声光警报器]+(4.3−2.2)[首层声光警报器线管竖高]+(3.3−2.2)×4[2～5声光警报器线管竖高]+17.5[1～5层引上线管总高]	77	m
	配管小计（镀锌电线管 *DN*20）	450.8+77	527.8	m
2	镀锌电线管 *DN*20 沿墙及地板暗敷（消火栓泵控制电缆线管）	32 [首层线管水平长，由梯间走廊引上点起至各消火栓起泵按钮]+1.5×3[首层消火栓起泵按钮线管竖高]+(4.3−1.5+3.3×3+1.5)×3[1～5层按钮引上线管总高]	79.1	m
	镀锌电线管 *DN*20 沿墙及地板暗敷（喷淋泵控制电缆线管）	33[首层线管水平长，由梯间走廊引上点起至报警阀组压力开关]+1.5[首层压力开关模块线管竖高]	34.5	m
	电缆保护管小计（镀锌电线管 *DN*20）	79.1+34.5	113.6	m
3	金属软管 *DN*20（报警信号线）	0.5×2×5[水流指示器及信号阀]+0.5[压力开关]	5.5	m
	金属软管 *DN*20（控制电缆）	0.5 [压力开关]	0.5	m
	配管小计（金属软管 *DN*20）	5.5+0.5	6	m
4	管内穿线 ZR-RVS 2×2.5	450.8 [信号线线管长]+5.5[信号线金属软管长]	456.3	m
5	管内穿线 NH-BV 2×2.5	77×2[电源线线管长，管内穿2根电线]	154	m
6	控制电缆 NH-KVV 2×1.5	79.1[消火栓泵电缆线管长]+34.5[喷淋泵电缆线管长]+0.5[控制电缆金属软管长]	114.1	m
7	接线盒　暗装	81[组件个数]+2×5[每层电线分支，共5层]+1[首层电缆分支]	92	个

注：(1) 室外埋地引入的管线暂按引至首层梯间走廊管线引上点处。室内报警信号线及电源线从引上点开始沿墙及沿楼板暗敷，室内起泵控制电缆从引上点开始沿地板及沿墙暗敷。室内管线由该引上点开始起计，引上点以外的埋地管线暂不计算。

(2) 模块按就近安装考虑。水流指示器及信号阀模块的安装高度暂定为离楼板0.5m；报警阀组压力开关模块的安装高度暂定为离地1.5m。

(3) 由接线盒或模块等处至水流指示器、信号阀及压力开关的线路，考虑加金属软管保护，软管长度暂按0.5m计算。

(4) 接线盒的计算，按探测器、按钮、警报器及模块等所有组件均设置接线盒，线路分支处均设置接线盒考虑。

分部分项工程和单价措施项目清单与计价表 表 5-27

工程名称： 标段： 第 页 共 页

序号	项目编码	项目名称	项目特征描述	计量单位	工程量	金额（元）		
						综合单价	合价	其中：暂估价
1	030408002001	控制电缆	1. 名称：控制电缆 2. 型号：NH-KVV 3. 规格：2×1.5 4. 材质：铜芯 5. 电压等级（kV）：1kV 以下	m	114.1			
2	030408003001	电缆保护管	1. 名称：电缆保护管 2. 材质：镀锌电线管 3. 规格：*DN*20 4. 敷设方式：砖、混凝土结构暗配	m	113.6			
3	030411001001	配管	1. 名称：电线管 2. 材质：镀锌 3. 规格：*DN*20 4. 配置形式：砖、混凝土结构暗配	m	527.8			
4	030411001002	配管	1. 名称：金属软管 2. 材质：钢 3. 规格：*DN*20	m	6			
5	030411004001	配线	1. 名称：管内穿线 2. 材质：铜芯 3. 规格：2×2.5 4. 型号：ZR-RVS 5. 配线形式：照明线路	m	456.3			
6	030411004002	配线	1. 名称：管内穿线 2. 配线形式：照明线路 3. 型号：NH-BV 4. 规格：2.5mm^2 5. 材质：铜芯	m	154			
7	030411006001	接线盒	1. 名称：接线盒 2. 材质：镀锌钢 3. 规格：86 型 4. 安装形式：暗装	个	92			

5.4.3 综合单价分析

知识构成

综合单价分析包括确定组价内容，计算组价（定额）工程量，套用定额计算综合单价三个步骤。

1. 确定组价内容

应根据《工程量计算规范》、安装工程综合定额，并结合工程实际情况确定每个分部分项工程量清单项目的组价内容。由于各地区的定额有一定的差异，此处以《广东省安装工程综合定额》（2010）（以下简称广东省安装定额）为依据进行计算。

【例 5-23】 根据《工程量计算规范》及广东省安装定额，结合任务工程情况，确定表 5-23 各项设备组件工程量清单项目的组价内容及对应的定额子目。

【解】 火灾自动报警系统设备组件各清单项目组价内容及对应的定额子目见表 5-28。

火灾自动报警系统设备或组件安装

工程量清单项目组价内容及对应的定额子目　　表 5-28

序号	项目编码	项目名称	项目特征描述	组价内容	对应的定额子目
1	030904001001	点型探测器	1. 名称：编码感烟探测器 2. 线制：总线制 3. 类型：点型感烟探测器	探测器安装（包含底座安装、探头安装、校接线、编码、探测器调试）	C7-1-6
2	030904003001	按钮	名称：编码手动报警按钮	按钮安装（包含校接线、编码、调试）	C7-1-12
3	030904003002	按钮	名称：编码消火栓起泵按钮	按钮安装（包含校接线、编码、调试）	C7-1-12
4	030904005001	声光报警器	名称：编码声光警报器	声光警报器安装（包含校接线、编码、调试）	C7-1-51
5	030904008001	模块	名称：总线隔离模块	模块安装（包含校接线、编码、调试）	C7-1-15
6	030904008002	模块	1. 名称：总线输入模块 2. 类型：监视模块	模块安装（包含校接线、编码、调试）	C7-1-15
7	030904009001	区域报警控制箱	1. 多制：总线制 2. 安装方式：壁挂式 3. 控制点数量：76 点	控制器安装（包含校接线、摇测绝缘电阻、排线、绑扎、导线标识、显示器安装、调试）	C7-1-21

2. 计算组价（定额）工程量

根据广东省安装定额，表 5-28 各项目组价内容的定额工程量均为按图示数量计算。

3. 套用定额，计算工程量清单项目综合单价

【例 5-24】 试对表 5-23 序号 1：030904001001 点型探测器清单项目进行综合单价分析。

【解】 分析过程见表 5-29。

综合单价分析表

表 5-29

工程名称：　　　　　　　　　　标段：　　　　　　　　　　第　页　共　页

项目编码	030904001001		项目名称	点型探测器				计量单位	个		工程量	40	
综合单价组成明细													
定额编号	定额名称	定额单位	数量	单价（元）					合价（元）				
				人工费	材料费	机械费	管理费	利润	人工费	材料费	机械费	管理费	利润
C7-1-6	总线制感烟探测器安装	个	40	11.93	5.39	0.9	3.31	2.15	477.2	215.6	36	132.4	86
人工单价		小计							11.93	5.39	0.9	3.31	2.15
51 元/工日		未计价材料费							125.10				
清单项目综合单价									148.78				
材料费明细	主要材料名称、规格、型号					单位	数量		单价	合价	暂估价	暂估合价	
	编码感烟探测器					个	40		125.10	5004			
	其他材料费								—	—			
	材料费小计									125.10			

注：套用定额时，人工、材料、机械费执行定额，未按市场价格调整，管理费按一类地区计算，利润按 18%计算。C7-1-6 探测器安装定额未计价材料为探测器，其单价按市场价格计算。

课堂活动

1. 完成表 5-23 火灾自动报警系统设备组件各项目的综合单价分析。
2. 校对综合单价。

任务 5.5　消防系统调试工程计量与计价

任务描述

本任务使用《某幼儿园消防工程施工图纸》（见项目 5　附录一）进行学习，要求完成以下学习任务：

1. 计算自动报警系统调试、水灭火控制装置调试的清单工程量；
2. 编制自动报警系统调试、水灭火控制装置调试的分部分项工程量清单；
3. 进行自动报警系统调试、水灭火控制装置调试工程量清单项目综合单价分析。

5.5.1　自动报警系统调试

知识构成

1. 工程量清单项目设置

根据《工程量计算规范》附录 J 消防工程，表 J.5 火灾自动报警系统调试工程量清单项目设置见表 5-30。

表 J.5 火灾自动报警系统　　　　**表 5-30**

项目编码	项目名称	项目特征	计量单位	工程量计算规则	工作内容
030905001	自动报警系统调试	1. 点数 2. 线制	系统	按系统计算	系统调试

2. 清单项目设置注意事项

（1）按表 5-30 填写项目编码、项目名称、计量单位，根据表 5-30 及施工图纸相关设计要求描述项目特征。

1）总线制自动报警系统的控制点数量是指控制器所带的有地址编码的报警器件的数量。

2）线制是指总线制或多线制。

（2）自动报警系统，是包括各种探测器、报警器、报警按钮、报警控制器、消防广播、消防电话等组成的报警系统。

3. 计算工程量时应注意事项

根据《工程量计算规范》，自动报警系统调试清单工程量按系统计算。

课堂活动

1. 完成任务图纸自动报警系统调试清单工程量（表 5-31）。
2. 校对工程量。
3. 编制自动报警系统调试分部分项工程清单与计价表（表 5-32）。

工程量计算表　　表 5-31

序号	项目名称	计算式	工程量	单位
1	自动报警系统调试	1	1	系统

分部分项工程和单价措施项目清单与计价表　　表 5-32

工程名称：　　标段：　　第　页　共　页

序号	项目编码	项目名称	项目特征描述	计量单位	工程量	金额（元）		
						综合单价	合价	其中：暂估价
1	030905001001	自动报警系统调试	1. 点数：76 点 2. 线制：总线制	系统	1			

5.5.2　水灭火装置调试

知识构成

1. 工程量清单项目设置

根据《工程量计算规范》附录 J 消防工程，表 J. 5 水灭火装置调试工程量清单项目设置见表 5-33。

表 J. 5 火灾自动报警系统　　表 5-33

项目编码	项目名称	项目特征	计量单位	工程量计算规则	工作内容
030905002	水灭火控制装置调试	系统形式	点	按控制装置的点数计	调试

2. 清单项目设置注意事项

（1）按表 5-33 填写项目编码、项目名称、计量单位，根据表 5-33 及施工图纸相关设计要求描述项目特征。系统形式是指消火栓系统、自动喷水灭火系统等。

（2）应根据系统形式分别设置清单项目。如消火栓系统与自动喷水灭火系统应分别列项。

3. 计算工程量时应注意事项

水灭火控制装置，自动喷洒系统按水流指示器数量以点计算；消火栓系统按消火栓启泵按钮数量以点计算。

课堂活动

1. 完成任务图纸水火装置调试清单工程量（表 5-34）。
2. 校对工程量。
3. 编制水灭火装置调试分部分项工程清单与计价表（表 5-35）。

工程量计算表 表 5-34

序号	项目名称	计算式	工程量	单位
1	消火栓系统控制装置调试	3×5	15	点
2	自动喷水灭火系统控制装置调试	5	5	点

分部分项工程和单价措施项目清单与计价表 表 5-35

工程名称： 标段： 第 页 共 页

序号	项目编码	项目名称	项目特征描述	计量单位	工程量	金额（元）		
						综合单价	合价	其中：暂估价
1	030905002001	水灭火控制装置调试	系统形式：消火栓系统	点	15			
2	030905002002	水灭火控制装置调试	系统形式：自动喷水灭火系统	点	5			

5.5.3 综合单价分析

知识构成

综合单价分析包括确定组价内容，计算组价（定额）工程量，套用定额计算综合单价三个步骤。

1. 确定组价内容

应根据《工程量计算规范》、安装工程综合定额，并结合工程实际情况确定每个分部分项工程量清单项目的组价内容。由于各地区的定额有一定的差异，此处以《广东省安装工程综合定额》(2010)（以下简称广东省安装定额）为依据进行计算。

【例 5-25】根据《工程量计算规范》及广东省安装定额，结合任务工程情况，确定表 5-32 及表 5-35 各项消防系统调试工程量清单项目的组价内容及对应的定额子目。

【解】消防系统调试各项清单项目组价内容及对应的定额子目见表 5-36。

消防系统调试工程量清单项目组价内容及对应的定额子目 表 5-36

序号	项目编码	项目名称	项目特征描述	组价内容	对应的定额子目
1	030905001001	自动报警系统调试	1. 点数：76 点 2. 线制：总线制	系统调试	C7-6-1
2	030905002001	水灭火控制装置调试	系统形式：消火栓系统	调试	C7-6-6
3	030905002002	水灭火控制装置调试	系统形式：自动喷水灭火系统	调试	C7-6-6

2. 计算组价（定额）工程量

根据广东省安装定额，表 5-36 各项目组价内容的定额工程量均为按图示数量以系统计算。

3. 套用定额，计算工程量清单项目综合单价

【例 5-26】试对表 5-32 序号 1：030905001001 自动报警系统调试清单项目进行综合单价分析。

【解】分析过程见表 5-37。

综合单价分析表 表 5-37

工程名称：　　　　　　　　标段：　　　　　　　　第　页　共　页

项目编码	030905001001		项目名称	自动报警系统调试				计量单位		系统	工程量		1
综合单价组成明细													
定额编号	定额名称	定额单位	数量	单价（元）					合价（元）				
				人工费	材料费	机械费	管理费	利润	人工费	材料费	机械费	管理费	利润
C7-6-1	自动报警系统装置调试 128 点内	系统	1	1294.64	236.28	1172.08	359.00	233.04	1294.64	236.28	1172.08	359.00	233.04
人工单价		小计							1294.64	236.28	1172.08	359.00	233.04
51 元/工日		未计价材料费							—				
清单项目综合单价									3295.04				
材料费明细	主要材料名称、规格、型号						单位	数量	单价		合价	暂估价	暂估合价
	其他材料费												
	材料费小计												

注：套用定额时，人工、材料、机械费执行定额，未按市场价格调整，管理费按一类地区计算，利润按 18%计算。

课堂活动

1. 完成表 5-32 及表 5-35 消防系统调试各项目的综合单价分析。
2. 校对综合单价。

项目5附录 某幼儿园消防工程施工图

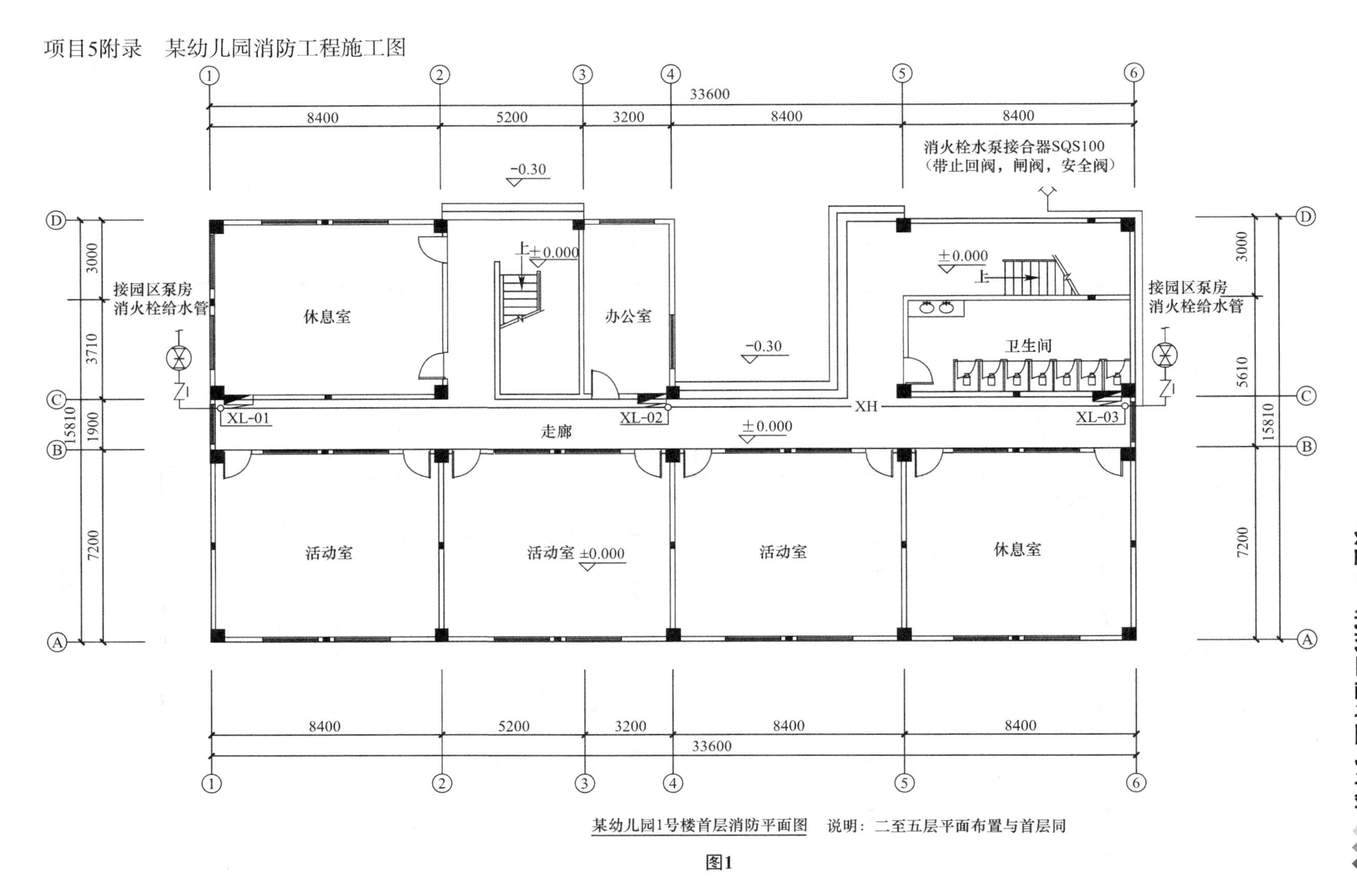

某幼儿园1号楼首层消防平面图 说明：二至五层平面布置与首层同

图1

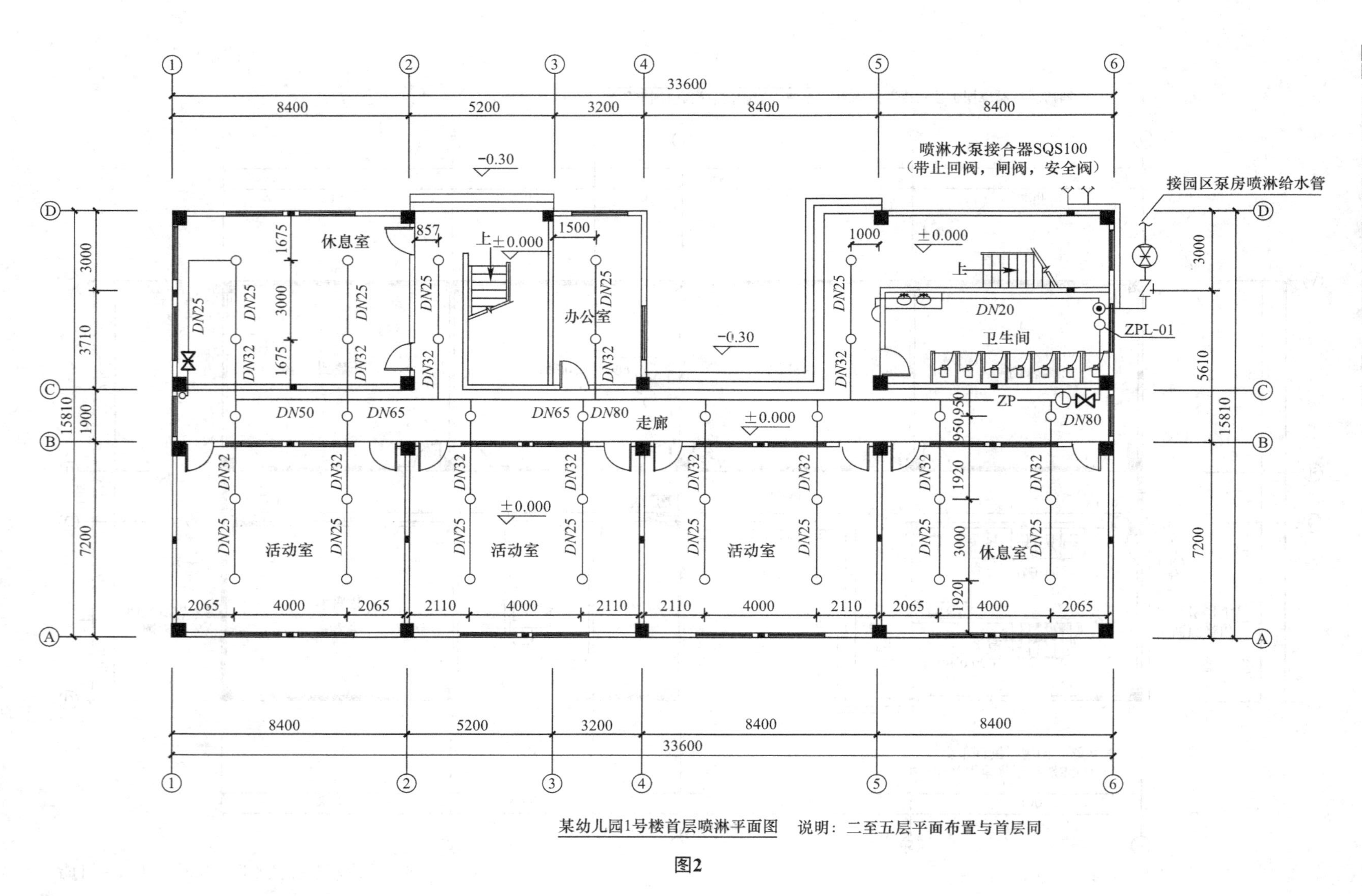

某幼儿园1号楼首层喷淋平面图　说明：二至五层平面布置与首层同

图2

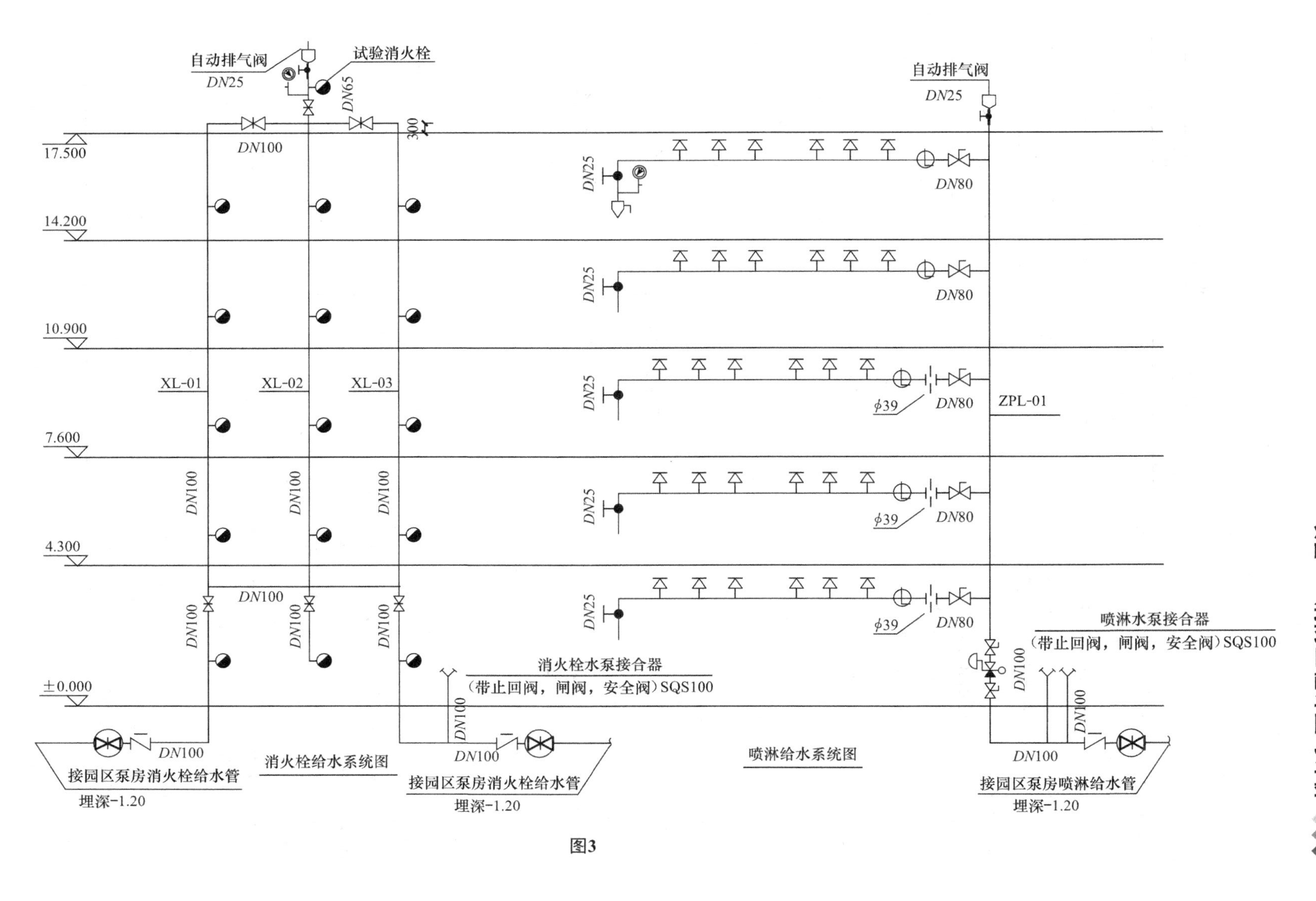

自动排气阀
DN25
试验消火栓
DN65
DN100
300
17.500
14.200
10.900
7.600
4.300
±0.000
XL-01
XL-02
XL-03
DN100
消火栓水泵接合器
（带止回阀，闸阀，安全阀）SQS100
接园区泵房消火栓给水管
埋深-1.20
消火栓给水系统图
DN25
DN80
ϕ39
ZPL-01
喷淋水泵接合器
（带止回阀，闸阀，安全阀）SQS100
喷淋给水系统图
接园区泵房喷淋给水管
埋深-1.20

图3

说明

1. 本建筑消防水由园区内泵房提供。

2. 除单独说明，架空安装时消防水管均采用内外壁热浸镀锌钢管，*DN*＜100 时，采用螺纹连接；*DN*≥100 时，采用沟槽式连接件（卡箍）连接。埋地管采用球墨铸铁管，橡胶圈连接。

3. 所有消防给水管上的阀门均采用球墨铸铁闸阀或蝶阀，工作压力为：1.6MPa。

4. 除特别注明，所有管道的横管在室内部分为梁底吊装，室外部分埋地安装，其余管道均为明装。

5. 消防管道穿楼板、梁、剪力墙时应预埋钢套管；管道穿地下室外墙、水池壁、卫生间楼板、屋面板时，应预埋防水套管。套管管径比给水管径大 2 级。

6. 系统安装完毕后，应对管网进行强度试验、严密性试验和冲洗。管道竣工后应进行水压试验，如无特别标明，消火栓管网压力按 1.6MPa，自动喷淋管网压力按 1.4MPa。并应按《建筑给水排水及采暖工程施工质量验收规范》GB 50242—2002 的规定实行。

7. 消火栓箱采用铝合金（半暗装），消火栓为单栓乙型（参见 04S202 第 4 页）。所有消火栓栓口直径均为 65mm；水枪为铝合金 Φ19；水龙带为衬胶，每根长 25m；接口为 65mm；消火栓水龙带、水枪之间均采用内扣式快速接口连接；消火栓箱内均设有消防泵启动按钮。消火栓栓口中心离地面 1100mm 安装。

8. 灭火器配置：本工程按民用建筑中危险级 A 类火灾配置灭火器。采用磷酸铵盐干粉灭火器，每具灭火器配置灭火级别为 2A，灭火器重量为：30kg MF/ABC3。每组配置 2 具，放置在消火栓边箱内。

9. 水泵接合器采用 SQS100-A 地上式，安装详国标 99S203。

10. 湿式报警阀组采用 ZSFZ100，安装详细国标 04S206。水力警铃安装在公共通道上，底边距地面 2.2m。

11. 喷头采用 ZSTZ-15/68 玻璃球直立型标准喷头，其溅水盘与顶板的距离，不应小于 75mm。且不应大于 150mm。喷头与配水支管连接的短立管管径为 *DN*25。

图例及缩写

序号	名称	图例
1	消火栓给水管	—— XH ——　XL-
2	湿式喷淋管	—— ZP ——　ZPL-
3	阀门	
4	阀门井	
5	止回阀	
6	自动排气阀	
7	压力表	
8	消防水泵结合器	
9	室内单口消火栓	
10	水流指示器	
11	信号阀	
12	自动喷洒头（闭式）	
13	湿式报警阀	
14	水力警铃	
15	减压孔板	
16	末端试水装置	

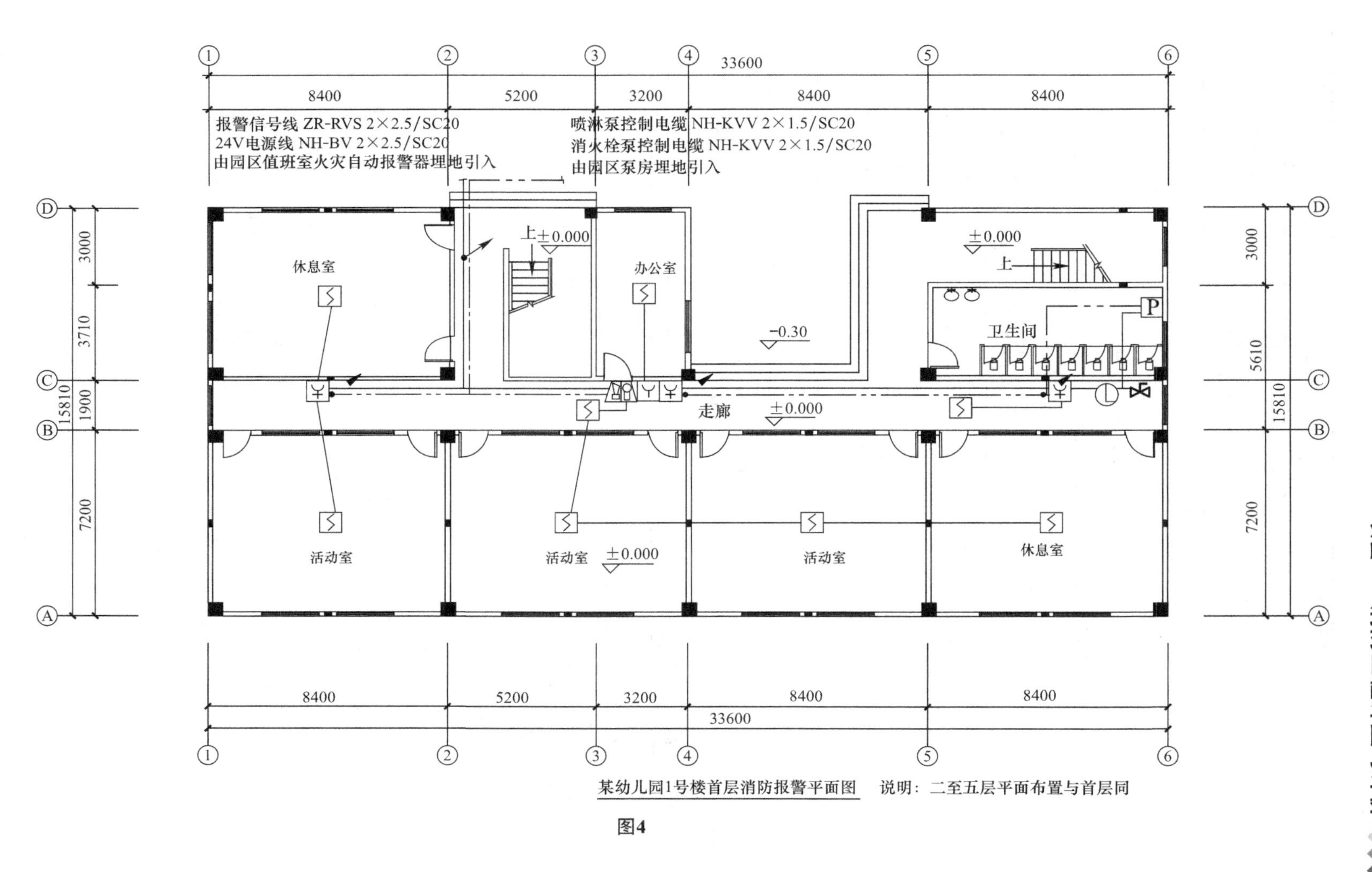

某幼儿园1号楼首层消防报警平面图　说明：二至五层平面布置与首层同

图4

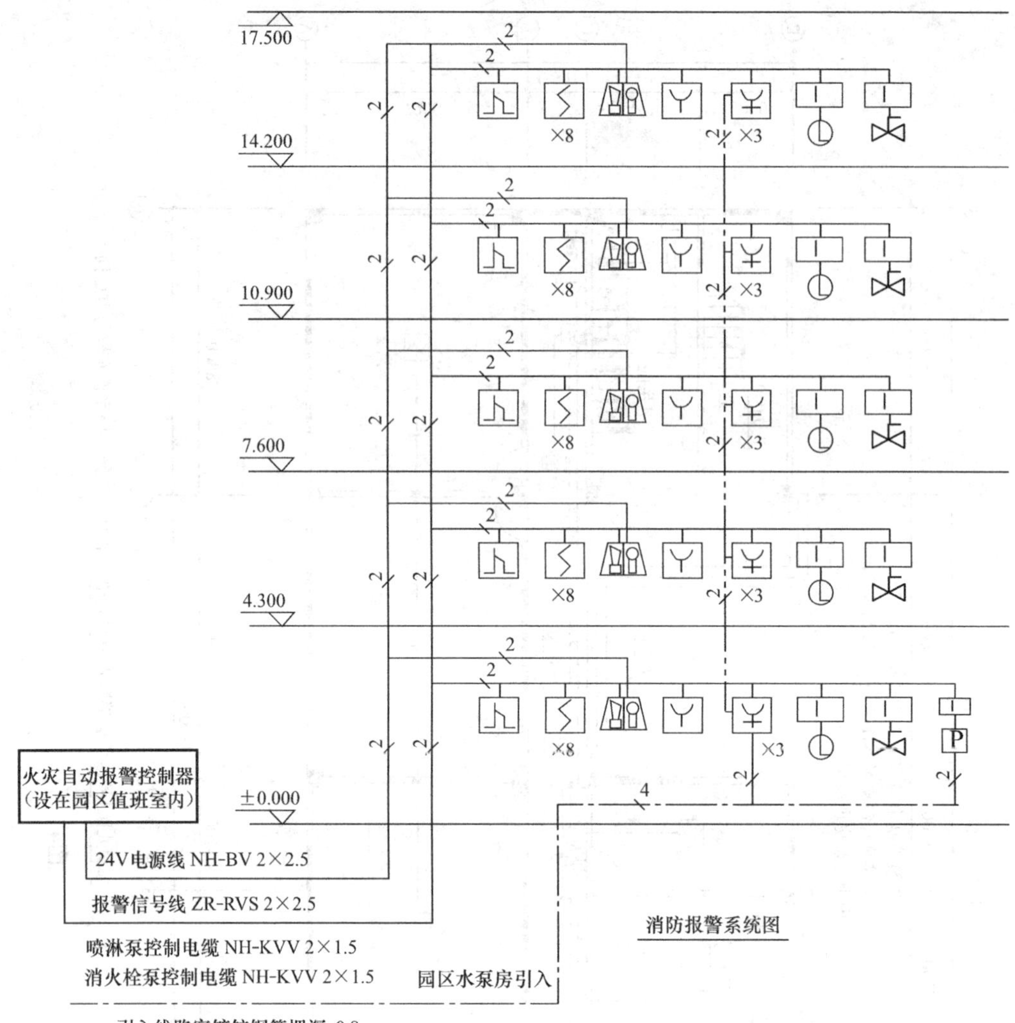

消防报警系统图

图例及缩写

序号	名称	图例
1	火灾自动报警控制器	
2	总线隔离模块	
3	总线输入模块	
4	编码感烟探测器	
5	编码声光警报器	
6	编码手动报警按钮	
7	编码消火栓起泵按钮	
8	压力开关	P
9	水流指示器	
10	信号阀	

说明

1. 本工程为区域报警系统，火灾报警控制器设在园区值班室，壁挂式安装，安装高度为底边距地面1.5m。
2. 消火栓及手动按钮距地面1.5m安装，声光警报器底边距地面2.2m安装，感烟探测器吸顶安装。
3. 室内报警信号线及24V电源线穿*DN*20镀锌电线管沿墙及顶板暗敷，消火栓泵控制电缆及喷淋泵控制电缆穿*DN*20镀锌电线管沿墙及地面暗敷。

项目6
给排水、采暖、燃气工程计量与计价

项目概述

通过本项目的学习，学习者能熟练识读给排水、采暖、燃气工程施工图，能根据施工图纸准确列出给排水、采暖、燃气工程中常见项目名称及项目编码，能编写项目特征并正确计算相应项目工程量，会编制工程量清单并能够进行清单计价。

任务6.1 给排水、采暖、燃气工程施工图识读

任务描述

给排水、采暖、燃气工程施工图识读，其知识构成包括：施工图常用图例符号、常用材料及施工方法、施工图识读方法等，完成本任务的学习后，学习者应能完整准确地理解设计图纸内容，为准确计算工程量，保证施工图预算的准确性奠定基础。

具体工程案例以×××学校后勤服务楼给排水施工图为例，通过学习本任务相关知识，正确阅读该图所表达的工程内容。给排水施工图纸如图6-1～图6-5（水施01～水施05）所示。

6.1.1 给排水、采暖、燃气施工图常用图例符号

知识构成

识读给排水、采暖、燃气施工图，首先应了解并熟记有关图例符号，这样才能准确、迅速地看懂施工图纸，编制预算时才可能做到有条不紊，不多算也不漏算，保证施工图预算的准确性，为组织施工的后续工作打好基础。

给排水设计施工总说明

1. 设计说明

1.1 设计依据

1.1.1 建设单位提供的本工程的有关资料和设计任务书，建筑和有关工种提供的作业图和有关资料

1.1.2 国家现行有关给水排水，消防和卫生等设计规范及规程《建筑给水排水设计规范》GB50015-2003（2009年版）

1.2 工程概况：本工程为×××学校后勤服务楼，地上3层，建筑高度12.15m，建筑面积1850.59m².为多层公共办公楼

1.3 设计范围，包括红线以内的给水，排水给水管道出外墙不小于2.5m，排水管道处处墙不小于3.0m.

1.4 系统设计，本工程生活用水由校区给水管网直接供给，本工程室内采用污废水合流制，室内±0.000以上污废水均重力自流排入室外污水管网

2. 施工说明

2.1 管材

2.1.1 生活给水：生活给水管采用建筑给水用铝合金衬塑管，热熔连接，塑料给水管管经与公称管径对照表如下：

塑料管外径mm(De)	20	25	32	40	50	63	75	90	110
公称直径mm(DN)	15	20	25	32	30	50	65	80	100

2.1.2 排水管道：排水立管采用UPVC螺旋消间管挤压橡胶密封圈连接，排水支管、通气立管及出户管道采用普通UPVC排水管，粘接，排支管接入立管时必须采用挤压密封圈接关连接。

2.2. 阀门及附件 生活给水管上管经≥50采用蝶阀，管经<50的采用截止阀。卫生间采用与管道同质防返溢地漏，地漏水封高度不小于50mm，安装低于地面1~2cm；地面清扫口采用与管道同质产品，清扫口表面与地面平.

2.3. 节水设施：本工程所用卫生洁具均采用节水型陶资制品，颜色由业主和装修设计确定。卫生间采用水低水箱坐式大便器，大便器单次冲水量不在于L。台上式防溅龙头洗手盆。卫生洁具给水及排水五金件应采用与卫生洁具配套的节水型

2.4. 管道敷设，所有管道未特殊说明均明设，各管道尺可能敷设在吊顶内，无吊顶则应沿墙柱边角敷设。

2.4.1 给水立管穿楼板时，应设套管安装于楼板内的套管，其顶部应高出装饰地面20mm，安装在卫生间的套管，其顶部高出装饰地面50mm，底部应于楼板底相平，套管与管道之间缝隙用阻烯密实防水油膏严密搞实，立管周围应设高出楼板面设计标高10~20mm底部应于楼板底相平，套管与管道之间缝隙用阻火圈。

2.4.2 管道穿钢筋混凝土墙和楼板、梁时，应根据图中所注管道标高，位置配合土建预留孔洞，留洞管顶上部净空高度不小于0.15m，穿基础或地下室外墙时应设刚性防水大套管（B型）。套管尺寸见下表。

管道管径*De*	*De*50	*De*75	*De*110	*De* 60	*De*200	
管道管径*DN*	*DN*40	*DN*65	*DN*100	*DN*150	*DN*200	参见标准图集
刚性防水套管*D*3	114	140	159	219	273	02S404/17-25
壁厚	3.5	4	4.5	6	8	

2.4.3 排水管上的吊钩或卡箍应固定在承重结构上，固定件间距：横管不得大于2m，立管不得大于3m。层高小或等于4m，立管中部可安一个固定件，安装高度距离地面1.5m。

2.4.4 排水立管检查口距地面或楼板面1.00m。

2.4.5 管道连接污不横管和横管的连接，须采用须用须水三通或须水四通管件连接。污水立管与排出管连接时采用2个45°弯头，且立管底部弯管处应设支墩。

2.4.6 管道和设备保温，所有暴露在外墙外侧及楼梯间的给水管道均采用30mm聚氨脂材料做保温。

2.4.7 给水，消火栓管道等压力管道穿越变形缝位置应加装金属波纹管或橡胶软接头。

2.5 管道防腐及没漆，压力排水管外壁刷灰色调和漆二道；管道支架除锈后刷樟丹二道灰色调和漆二道

2.6 管道试压

2.6.1 各种管道器具，压力容器在施工完毕后均应按《建筑给水排水及采暖工程施施工质量验收规范》GB50242-2002的规定及要求进行试压，试验压力如下：给水管试验玉力为1.0MPa。

2.6.2 污水及雨水的立管，横十管，还应按要求做通球试验。

2.7 管道冲洗

2.7.1 给水管道大系统运行前须用水冲洗和消毒，要求以不小1.5m/s的流速进行冲洗，并符合规范规定

2.7.2 雨水管和排水管冲洗以管道通畅为合格，并作通球试验。

2.8 其他

2.8.1 图中所注尺寸除管长，标高以m计外，其余以mm计。

2.8.2 本设计施工说明与图纸具有两只等交力二者有予盾时业主及施工单位应及时提出并以设计单位解释为准。

2.8.3 除本设计说明外，施工中还应遵守《建筑给水排水及采暖工程施工质量验收规范》GB50242-2002及《给水排水构筑物施工及验收规范》GB50141-2008施工。

主要设备及材料表

序号	名称	型号及规格	单位	数量	备注
	卫生洁具				
1	洗验盆	材质颜色甲方定	套	10	包括配套五金
2	残疾人用洗脸盆	材质颜色甲方定	套	1	包括配套五金
3	坐便器（残疾人用）	材质颜色甲方定	套	1	包括配套五金
4	延时自闭蹲便器	材质颜色甲方定	套	19	包括配套五金
5	延时自闭小便器	材质颜色甲方定	套	8	包括配套五金
6	污水盆	材质颜色甲方定	套	6	包括配套五金

使用标准图纸目录

序号	标准图编号	标准图名称	页次	备注
1	01SS105	常用小型仪表及特种阀门选用安装	全册	
2	04S301	排水设备附件构造及安装	全册	
3	03S401	管道和设备保温、防结露及电伴热	全册	
4	03S402	室内管道支架及吊架	全册	
5	03S404	防水套管	全册	
6	09S304	单柄单孔龙头台下式洗脸盆安装	09S304-45	参照安装
7	09S304	下排水（普能连接）坐便器安装	09S304-72	参照安装（E=400）
8	09S304	蹲式延时自闭阀蹲式大便器	09S304-72	参照安装（E=400）液压阿换为
9	09S304	落地式小便器安装	09S304-113	参照变堆采用延封肩阿
10	09S304	污水池安装（乙型）	09S304-20	参照安装

图例

序号	图例	名称
	管道：	
1	JL-x	生活给水管及立管
2	WL-x	污水管及立管
3	Dexx J	市政给水进户管及编号
4	Dexx W	污水出户管及编号
	卫生器具	
1		拖布盆
2		坐式大便器
3		小便斗
4		蹲式大便器

序号	图例	名称
	阀门、附件：	
1	DN≥50	截止阀
2	DN<50	截止阀
3		止回阀
4		自动排气阀
5		角阀
6		自阀式冲洗阀
7		蝶阀
8		立管检查口
9		地漏
10		伸顶通气帽
11		P型存水弯
12		S型存水弯

×××学校后勤服务楼			
给排水设计施工总说明		比例	
专业	水施	张次	水施01

图 6-1　给排水设计施工图总说明

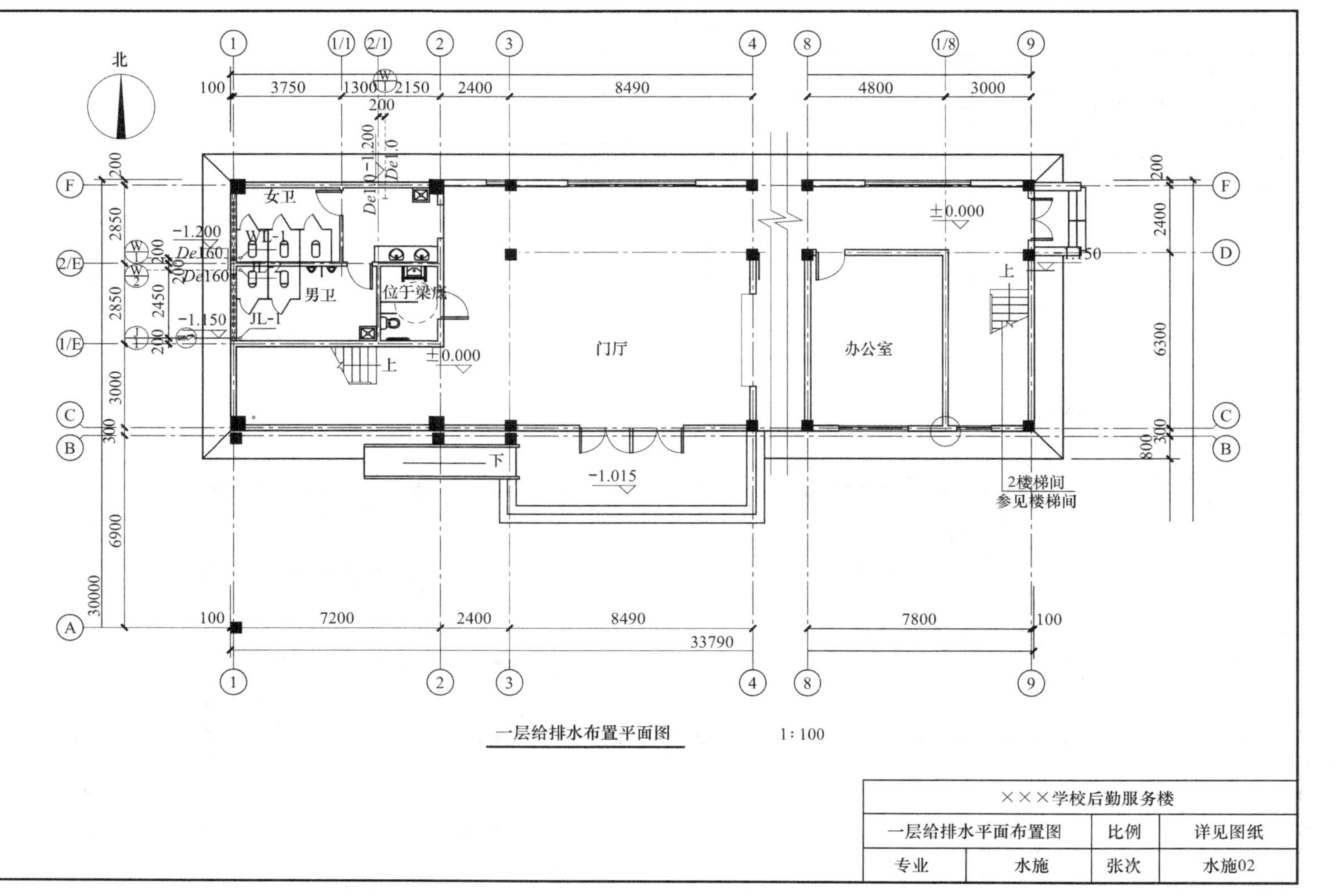

图 6-2 一层给排水布置平面图

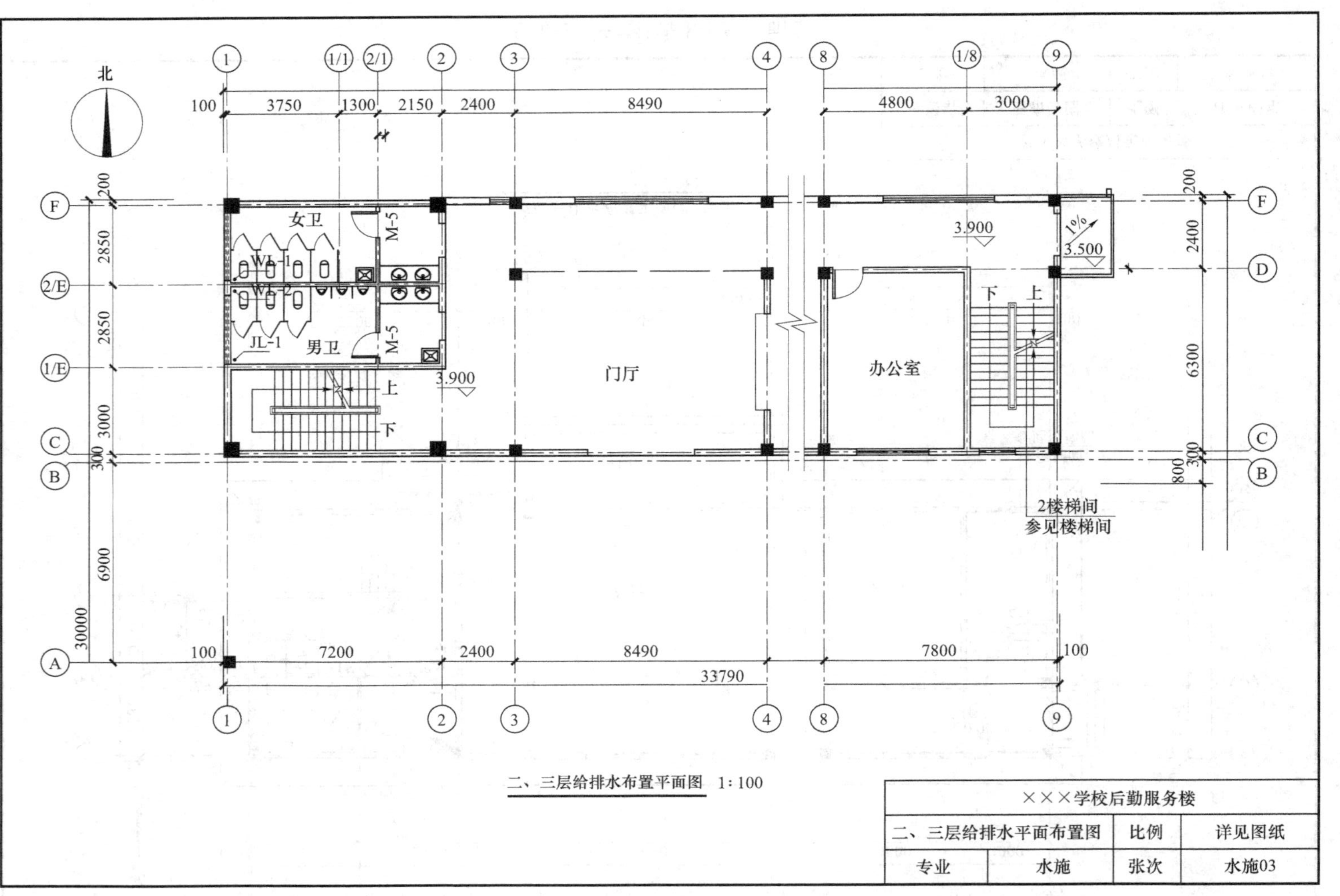

图6-3 二、三层给排水布置平面图

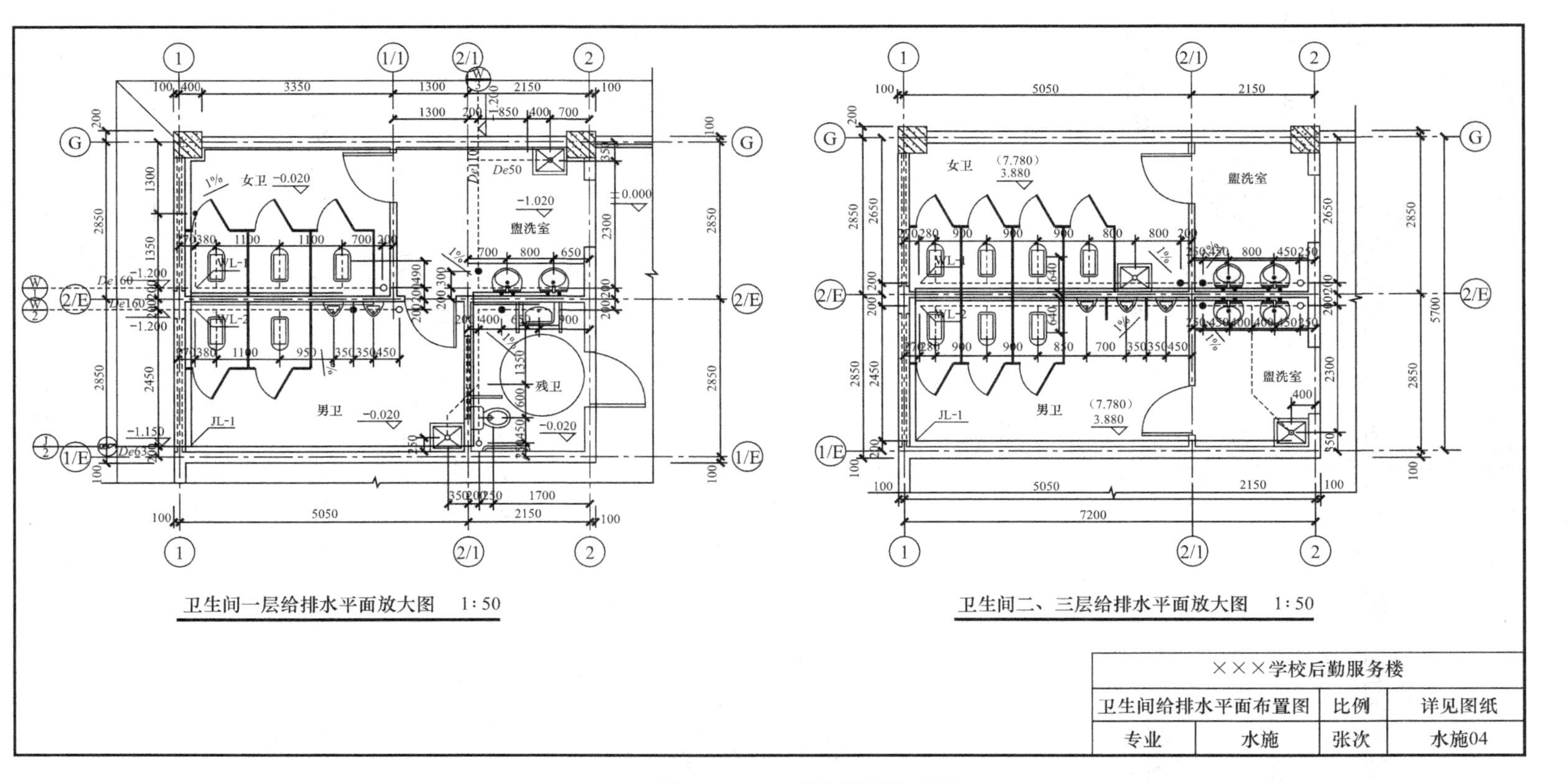

图 6-4 卫生间层平面放大图

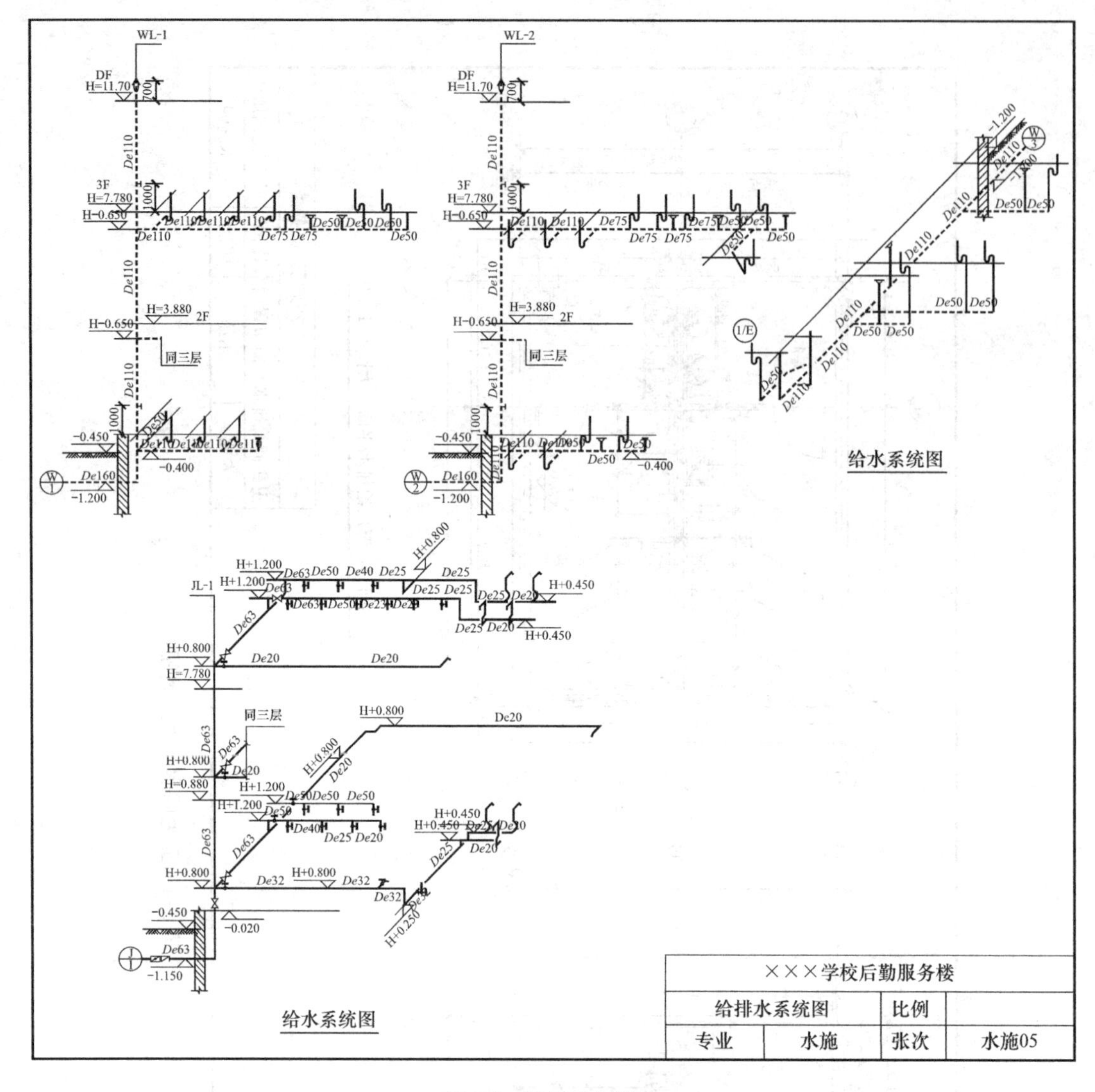

图 6-5　给排水系统图

建筑给水排水、采暖、燃气施工图中的管道、给排水附件、卫生器具、升压和贮水设备以及给排水构造物等都是用图例符号表示的，在识读施工图时，必须明白这些图例符号。

根据《建筑给水排水制图标准》GB/T 50106—2010，给排水、采暖、燃气施工图常用图例符号见表 6-1、表 6-2。

给排水施工图常用图例符号　　　　表 6-1

名称	图例	名称	图例
生活给水管	—— J ——	截止阀	[symbol]
生活污水管	—— SW ——	闸阀	[symbol]
通气管	—— T ——	止回阀	[symbol]
雨水管	—— Y ——	蝶阀	[symbol]
水表	[symbol]	自闭冲洗阀	[symbol]

续表

名称	图例	名称	图例
雨水口		蹲式大便器	
存水弯		坐式大便器	
消火栓		洗涤池	
检查口		立式小便器	
清扫口		室外水表井	
地漏		矩形化粪池	
浴盆		圆形化粪池	
洗脸盆		阀门井（检查井）	

采暖施工图常用图例符号　　　　**表 6-2**

名称	图例	名称	图例
采暖供水管		压力表	
采暖回水管		温度计	
截止阀		自动排气阀	
蝶阀		活性接头	
闸阀		压差自动平衡阀	
温度调节阀		方形补偿器	
铜球阀		固定支架	
散热器		坡度、坡向	0.003
Y型过滤器		换气扇	
热量表		采暖系统	R-××
泄水阀-泄水丝堵		固定流量动态平衡阀	

6.1.2　室内给排水、采暖系统的组成

1. 室内给水系统的组成

如图 6-6 所示，室内给水系统由以下几部分组成。

（1）引入管

引入管是指由建筑物外第一个给水阀门井引至室内给水总阀门或室内进户总水表之间的管段，是室外给水管网与室内给水管网之间的联络管段，也称进户管。它多埋设于室内外地面以下。

（2）水表节点

水表节点是指引入管上装设的水表及在其前后设置的阀门、泄水装置、旁通管等的总称。水表节点有设有旁通管水表节点和无旁通管水表节点。

（3）给水管道系统

室内给水管道系统由水平的或垂直的干管、立管及横管等组成。干管是指从室内总阀门或水表将水自引入管沿水平方向或竖直方向输送到各个立管。立管是垂直于建

筑物各楼层的管道，它将水自干管沿竖直方向输送到各个用水楼层的横支管。横支管是同层内配水的管道，将立管送来的水送至各配水点的配水龙头或卫生器具的配水阀门。

（4）给水附件

给水附件是指给水管道系统上装设的阀门、止回阀、消火栓及各式配水龙头等。它主要用于控制管道中的水流，以满足用户的使用要求。

（5）升压和贮水设备

当用户对水压的稳定性和供水的可靠性要求较高时，室内给水系统中通常还需要设置水池、水泵、水箱、气压给水装置等。

2. 室内排水系统的组成

如图 6-7 所示，室内排水系统由以下几部分组成：

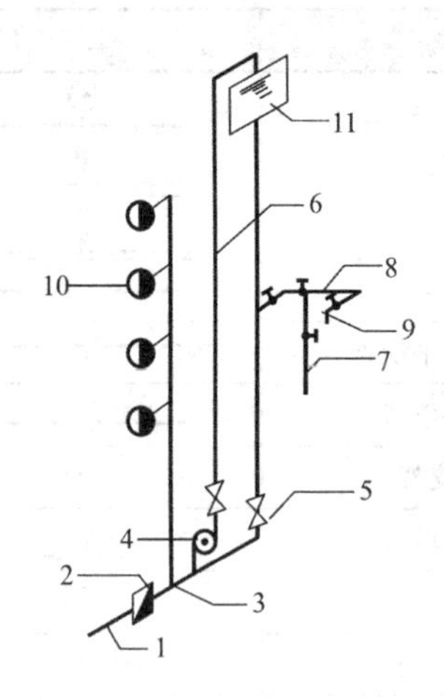

图 6-6　给水系统组成示意图

1—引入管；2—水表节点；3—水平支管；4—水泵；5—主控制阀；6—立干管；7—立支管；8—水平支管；9—水嘴；10—消火栓；11—水箱

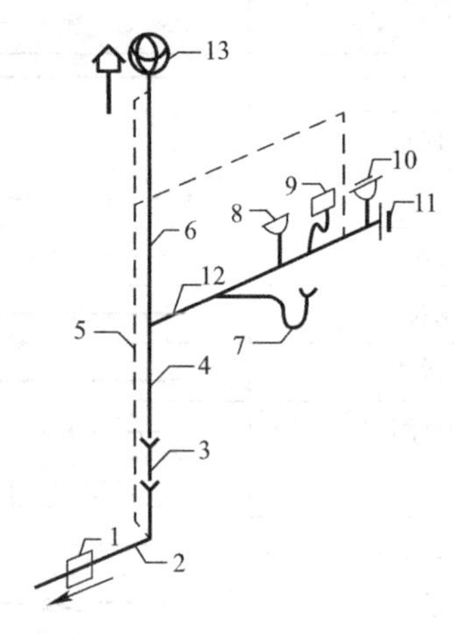

图 6-7　室内排水系统示意图

1—检查井；2—排水管；3—检查口；4—排水立管；5—排气管；6—通气管；7—大便器；8—地漏；9—脸盆；10—地面清扫口；11—清通口；12—排水横管；13—通气帽

（1）污水收集设备

常见的污水收集设备主要为卫生器具。按其用途可分为便溺类用卫生器具、盥洗及淋浴用的卫生器具、洗涤用的卫生器具、地漏等。

（2）排水管道系统

它主要由排水干管、排水横管、排水支管组成。

（3）通气装置

通气装置通常由通气管、透气帽等组成。一般建筑物内只设普通通气管，即排水立管向上延伸出建筑物屋面。透气帽设置在通气管顶端，防止杂物落入管中。

（4）清通设备

清通设备主要有检查口、清扫口及检查井等。清扫口的主要形式有两种，即地面清扫口和横管丝堵清扫口。

（5）排水管附件

主要有排水栓、存水弯等。排水栓一般设在盥洗槽、污水盆的下水口处，防止大颗粒的污染物堵塞管道。存水弯一般设在排水支立管上，防止管道内的污浊空气进入室内。

3. 室内采暖系统的组成

采暖工程的任务就是将热源（锅炉房）所产生的热量通过室外供热管网输送到建筑物内的室内采暖系统。采暖工程根据载热体的不同一般分为热水供暖系统、蒸汽供暖系统、热风供暖系统、烟气供暖系统四大类。下面以热水供暖系统为例，介绍系统组成：

根据热水供暖系统的供水温度的不同可分为两种，即一般热水采暖系统（供水温度为 95℃，回水温度为 70℃）和高温热水采暖系统（供水温度为 96～130℃，回水温度为 70℃）。

按热水采暖系统的循环动力不同，可分为自然循环热水采暖系统（靠供、回水在不同温度下的重度差形成压力进行循环）和机械循环热水采暖系统（靠水泵将机械能转化为液体的动能和压能）。

（1）热水采暖系统一般由以下三部分组成：

1）热源：是指能够提供热量的设备，常见的热源有热水锅炉、蒸汽锅炉、工业余热等。

2）室外热力管网：它一般是指由锅炉房外墙皮 1.5m 以外至各采暖点之间（入口装置以外）的管道。

3）室内采暖系统：它一般是指由入口装置以内的管道、散热器、排气装置等设施所组成的供热系统。

（2）室内采暖系统的形式

在采暖工程中，管道的布置形式较多，常用的有以下几种：

1）双管上行下给式

这种布置方式又称为上分式供热系统。供热干管是由室外直接引入建筑物顶层的顶棚下或吊顶中，然后由顶层设置立管分别送给以下各层的散热器。回水干管敷设在建筑物的底层。

2）单管上行下给式

单管上行下给系统是连接散热器的立管只有一根，供热干管和回水干管同双管的敷设方式一样。这种方式能够保证进入各层散热器的热媒流量相同，不会出现垂直失调现象。

3）下行上给式

这种布置方式又称为下分式供热系统，供热干管是由室外直接引入建筑物室内底层，再通过立管送到以上各层散热器。它一般适用于建筑物顶层不宜布置管道的情况。

4）水平串联式

水平串联式采暖系统的特点是构造简单、节省管材、减少穿越楼板。但每一串联环路连接的散热器组数不宜太多。

知识拓展

1. 室内给水管道的布置与敷设

室内给水管道的布置原则是力求管线最短，阀件最少，敷设简便。

给水引入管通常埋地敷设，引入管穿越承重墙时，应注意保护管道。若穿越基础埋设较浅，则管道可以从基础底部穿过；若穿越基础埋设较深，则管道穿越承重墙或基础本体，此时承重墙或基础上应预留直径大于引入管直径200mm的孔洞。

室内管道的敷设分为明装和暗装两种方式。

明装即给水管道沿建筑物的墙、梁、柱等的表面裸露装设。管道与建筑物表面的距离以能够进行施工、维修即可，一般最小间距为20～50mm。

暗装即将给水管道敷设在室内的天花板下或吊顶内，或是在管道井、管槽、管沟内隐蔽。

2. 室内排水管道的布置与敷设

排水横支管的布置，是根据卫生器具的布置和排水管道布置的要求而定，底层直接埋设于地下，深度不小于0.50m，楼层一般悬吊在楼板下0.35～0.50m或吊顶内。

排水立管一般沿墙角明装，距墙面5cm，立管每层距地面1.6m处设立管支架一个。排出管是直接埋于地下或悬吊于地下室顶下。通气管一般伸出屋面，其高度一般为0.7m；在有人活动的屋面其高度一般不低于2.2m。

3. 采暖管道的敷设

室内采暖管道除有特殊的要求外，一般均采用明装敷设。常用的管材为焊接钢管。供水立管与散热器支管的连接，当直径≤32mm时采用活接头、弯头、三通等管件丝扣连接；当管道直径>40mm时可采用焊接连接。

焊接安装钢管管件一般在施工现场用煨弯、挖眼接管等方法制作。立管与支管在同一平面交叉，立管应煨制成“元宝弯”的形式绕开。水平管与散热器连接，因不在同一条直线上，需要煨制“来回弯（灯叉弯）”进行连接。

课堂活动

1. 根据图纸6-1施工图总说明，尝试说出本图纸中的图例符号用到哪些？
2. 根据图纸内容说明，尝试说出本图纸室内给排水系统的组成。

6.1.3 给排水、采暖、燃气工程常用的材料

1. 常用的管材

（1）金属管材

金属管材及管件，可以分为黑色金属和有色金属两种，给排水工程中常用黑色金属管材。

1）钢管

钢管可以分为有缝钢管和无缝钢管两大类

① 有缝钢管：又称焊接钢管，包括普通焊接钢管（也叫水煤气管），直缝卷制电焊钢

管和螺旋缝电焊钢管等，材质采用普通碳素钢制造而成。

焊接钢管按管道壁厚不同又分为一般焊接钢管和加厚焊接钢管。一般焊接钢管用于工作压力小于1MPa的管路系统中，加厚焊接钢管用于压力小于1.6MPa的管路系统中。

普通焊接钢管：普通焊接钢管又名水煤气管，可分为镀锌钢管（白铁管）和非镀锌钢管（黑铁管）。适用于生活给水、消防给水、采暖系统等工作压力和要求不高的管道系统中。其规格用公称直径“*DN*”表示，如*DN*100。

焊接钢管的连接方式有焊接、螺纹、法兰和沟槽连接，镀锌钢管应避免焊接。

② 无缝钢管：无缝钢管是用普通碳素钢、优质碳素钢或低合金钢用热轧或冷轧制造而成，其外观特征是纵向、横向均无焊缝。常用于生产给水系统，满足冷却用水、锅炉给水等工业用水。无缝钢管常用管外径*D*×壁厚表示，如*D*20×2.5，无缝钢管通常采用焊接连接。

2）铸铁管

铸铁管由生铁制成，多用于给水管道埋地敷设的给水排水系统工作中。铸铁管的优点是耐腐蚀、耐用，缺点是质脆、重量大、加工和安装难度大、不能承受较大的动荷载。

铸铁管通常采用承插口连接和法兰式连接两种方式，管段之间采用承插连接，需要拆卸和与设备、阀门之间连接采用法兰连接。铸铁管以公称“*DN*”表示，如*DN*300。工程中对于大管径的铸铁管通常仅用“*D*”表示，如*DN*300也可写成*D*300。

3）不锈钢管

分为不锈钢无缝钢管和不锈钢焊接钢管两大类；其规格表示为：外径×壁厚。广泛应用于石油、食品、医疗等工业输送管道等，在国外也广泛用于给水工程中。

不锈钢管的连接方式多种多样，常见的管件类型有压缩式、压紧式、活接式、推进式、推螺纹式、承插焊接式、活接式法兰连接、焊接式及焊接与传统连接相结合的派生系列连接方式等。

4）铜管

铜管主要优点在于其具有很强的抗锈蚀能力，强度高，可塑性强，坚固耐用，能承受较高的外力负荷，热胀冷缩系数小，能抗高温环境，防火性能也较好，使用寿命长，可完全被回收利用，不污染环境。管材和管件齐全，接口方式多样，较多的应用在热水管路中。其主要缺点是价格较高。

（2）非金属管材

1）塑料给水管

① PP-R塑料管：PP-R塑料管是由丙烯-乙烯共聚物加入适量的稳定剂，挤压成型的热塑性塑料管。特点是耐腐蚀、不结垢；耐高温（95℃）、高压；质量轻、安装方便。主要应用于建筑室内生活冷、热水供应系统及中央空调水系统中。PP-R塑料管常采用热熔连接，与阀门、水表或设备连接时采用螺纹或法兰连接。

塑料给水管道规格常用“*De*”符号表示外径。

② PE塑料管：PE塑料管常用于室外埋地敷设的燃气管道和给水轨工程中，一般采用电容焊、对焊接、热熔承插焊等。

③ 硬聚氯乙烯塑料管（PVC-U）：硬聚氯乙烯塑料管是以PVC树脂为主加入必要的

添加剂进行混合、加热挤压而成，该管材常用于输送温度不超过45℃的水。PVC-U管一般采用承插连接或弹性密封圈连接，与阀门、水表或设备连接时采用螺纹或法兰式连接。

④ 工程塑料管：工程塑料管又称ABS管，是由丙烯腈-丁二烯-苯乙烯三元共聚物粒料注射、挤压成型的热塑料管。该管强度高，耐冲击，使用温度为－40～80℃。常用于建筑室内生活冷、热水供应系统及空调系统中。工程塑料管采用承插粘和连接，与阀门、水表或设备连接时可采用螺纹或法兰连接。

2）塑料排水管

① 硬聚氯乙烯塑料管（PVC-U）管：建筑排水用硬聚氯乙烯塑料管的材质为硬聚氯乙烯，公称外径（*DN*）有40mm、50mm、75mm、110mm和160mm，壁厚2～4mm。PVC-U排水管用公称外径×壁厚的方法表示规格，连接方式为承插粘接。

② 双壁波纹管：双壁波纹管分为高密度聚乙烯（HDPE）双壁波纹管和聚氯乙烯（U-PVC）双壁波纹管，是一种用料省，刚性高，弯曲性优良，具有波纹状外壁、光滑内壁的管材。连接形式为挤压夹紧、热熔合、电熔合。

3）其他非金属管材

给排水工程中除采用塑料管外，还经常在室外给排水系统中使用钢筋混凝土、带釉陶土排水管和直埋式预制保温管等。

钢筋混凝土管的特点是节省钢材，价格低廉（和金属管材相比），防腐性能好，具有较好的抗渗性、耐久性，能就地取材。目前大多生产的钢筋混凝土管管径为100～1500mm。

直埋式预制保温管就是把排蒸汽或热水的管道直接埋在地下，起到节省空间和城市美观的效果，为了不让管道热损耗减到最低，所以保温层是预制好了的，由于保温层不耐水所以在保温层外面有一层防护管一般为钢管、玻璃钢或HDPE。直埋式预制保温管包含各类管件、补偿器、滚动或固定支架、疏水器、排潮口等组成。

（3）复合管

在室内外给水工程中，除采用镀锌钢管和塑料管以外，目前各种复合管也在开始推广和应用。

1）钢塑复合管：钢塑复合管由普通镀锌钢管和管件以及ABS、PVC、PE等工程塑料管道复合而成，非镀锌钢管和普通塑料管的优点。塑料复合管一般采用螺纹连接。适用于室内外给水的冷热水管道和消防管道。

2）铜塑复合管：铜塑复合管是一种新型的给水管材，通过外层为热导率小的塑料，内层为稳定性极高的铜管复合而成，从而综合了铜管和塑料管的优点，具有良好的保温性能和耐腐蚀性能，有配套的铜质管件，连接快捷方便，但价格较高，主要用于星级宾馆的室内热水供应系统。

3）铝塑复合管：铝塑复合管是以焊接铝管为中间层，内外层均为乙烯塑料管道。广泛用于民用建筑室内冷热水、空调水、采暖系统和室内煤气管道系统。铜塑复合管和铝塑复合管一般采用卡套式连接。

4）钢骨架塑料复合管：钢骨架塑料复合是钢丝缠绕网骨架增强聚乙烯复合管的简称，它是用高强度钢丝左右缠绕的钢丝骨架为基体，内外覆高密度PE，是解决塑料管道承压问题的最佳方案，具有耐冲击性、耐附属性和内壁光滑、输送阻力小等特点。管道连接方式一般为热熔连接。

2. 常用阀门

阀门种类繁多，为了便于选用，每种阀门都有一个特定的型号，以说明阀门类别、驱动方式、连接形式、结构形式、密封面或衬里材料、公称压力及阀体材料等。

(1) 按作用和用途分类

1) 闸阀

闸阀主要用于 $DN \geqslant 50$mm 的冷热水、采暖、室内煤气等工程的管路或需双向流动的管段上。利用闸板的升降控制管道内介质的流量大小。闸板开启有力，介质阻力小，具有较好的严密性和调节流量的性能。按连接方式分为螺纹闸阀和法兰闸阀。

2) 截止阀

截止阀主要用于 $DN \leqslant 50$ 的冷热水及高压蒸汽管路中。它内部严密可靠，但水流阻力大，安装有方向性。按连接方式分为螺纹截止阀和法兰截止阀。

3) 旋塞阀

旋塞阀最适于作为切断和接通介质以及分流适用，主要是利用阀体内开设的孔道旋转塞子达到开启。它具有结构简单，开启迅速，操作方便的特点。该阀门的密闭性较差，仅适用于低压、需要快速启闭的管路。

4) 止回阀

止回阀又称为逆止阀或单向阀，它是利用流体介质的压力自行开启，阻止流体介质逆向流动的阀门。一般用于引入管、水泵出水管，密闭用水设备的进水管和进出合用一条管道的水箱的出水管。

5) 球阀

球阀在管路中主要用来做切断、分配和改变介质的流动方向，它只需要用旋转 90°的操作和很小的转动力矩就能关闭严密。球阀最适宜做开关、切断阀使用，常用于管径较小的给水管道中。按连接方式分为内螺纹球阀和法兰球阀和对夹式球阀。

6) 蝶阀

又叫翻板阀，是一种结构简单的调节阀，蝶阀启闭件是一个圆盘形的蝶板，在阀体内绕其自身的轴线旋转，从而达到启闭或调节的目的。在管道上主要起切断和节流作用。它体积小、质量轻、启闭灵活，水头损失小，适合制造较大直径的阀门。适用于室外管径较大的给水管道和室外消火栓给水系统的主干管。

7) 减压阀

是通过调节，将进口压力减至某一需要的出口压力，并依靠介质本身的能量，使出口压力自动保持稳定的阀门。适用于空气、蒸汽设备和管道上，通过把蒸汽压力降到需要的数值，保证设备安全。按构造类型分为薄膜式减压阀、内弹簧活塞式减压阀等。

8) 浮球阀

浮球阀是一种利用液位变化可以自动开启和关闭的阀门，多安装于水箱或水池内。浮球阀口径为 15～100mm。采用浮球阀时不宜少于两个，且与进水管标高一致。

9）安全阀

是启闭件受外力作用下处于常闭状态，当设备或管道内的介质压力升高超过规定值时，通过向系统外排放介质来防止管道或设备内介质压力超过规定数值的特殊阀门。安全阀属于自动阀类，主要用于锅炉、压力容器和管道上，控制压力不超过规定值，对人身安全和设备运行起重要保护作用。安全阀必须经过压力试验才能使用。按其整体结构及加载机构的不同可以分为重锤杠杆式、弹簧式和脉冲式三种。

10）疏水阀

又称疏水器，排水阀，基本作用是将蒸汽系统中的凝结水、空气和二氧化碳气体尽快排出；同时最大限度地自动防止蒸汽的泄漏。多用于蒸汽管道系统中。有浮球疏水阀、倒吊桶疏水阀、波纹管疏水阀、双金属片疏水阀、脉冲疏水阀等。

（2）按连接方法分类

1）螺纹连接阀门：阀体带有内螺纹或外螺纹，与管道螺纹连接；

2）法兰连接阀门：阀体带有法兰，与管道法兰连接；

3）焊接连接阀门：阀体带有焊接坡口，与管道焊接连接；

4）卡箍连接阀门：阀体带有夹口，与管道夹箍连接；

5）卡套连接阀门：与管道采用卡套连接；

6）对夹连接阀门：用螺栓直接将阀门及两头管道穿夹在一起的连接形式。

3. 法兰

在给排水、采暖、煤气及工业管道安装工程中，一些管道采用法兰连接。

法兰，又叫法兰凸缘盘或突缘。法兰是管子与管子之间相互连接的零件，用于管端之间的连接；也有用在设备进出口上的法兰，用于两个设备之间的连接。法兰连接的主要特点是拆卸方便、强度高、密封性能好。在工业管道中，法兰连接的使用十分广泛，比如在室内消火栓给水系统中，蝶阀、闸阀、止回阀等各类阀门与管道的连接。

法兰种类，按法兰与管道的固定方式分为螺纹法兰、焊接法兰、松套法兰；按密封面形式，可分为光滑式、凹凸式、榫槽式、透镜式和梯形槽式；按照材质可分为铸铁法兰、钢制法兰、塑料法兰等。

平焊钢法兰一般用于给排水、采暖、煤气工程中经常需要拆卸或检修处的连接件。在给排水和采暖工程中，有些管道的端头需要封堵时，一般采用法兰盖进行封堵。

4. 管件

管件是将管子连接成管路的零件。是管道系统中起连接、控制、变向、分流、密封、支撑等作用的零部件的统称。多用与管子相同的材料制成。有弯头（肘管）、法兰、三通管、四通管（十字头）和异径管（大小头）等。弯头用于管道转弯的地方；法兰用于使管子与管子相互连接的零件，连接于管端，三通管用于三根管子汇集的地方；四通管用于四根管子汇集的地方；异径管用于不同管径的两根管子相连接的地方。

按照材料不同可分为铸钢管件、铸铁管件、不锈钢管件、塑料管件、PVC 管件、橡胶管件、石墨管件、锻钢管件、PPR 管件、合金管件、PE 管件、ABS 管件等。

根据连接方法可分为焊接管件、螺纹管件、卡套管件、卡箍管件、承插管件、粘接管件、热熔管件、胶圈连接式管件等。

5. 卫生洁具

卫生洁具是指厨房、卫生间内的盥洗设施。它包括洗涤盆、洗澡盆、淋浴器、洗脸盆、大便器（坐便、蹲便）、小便器、化验盆以及冲洗水箱、水龙头、排水栓、地漏等。使用时既要满足功能要求，又要考虑节能、节水的要求。卫生器具的材质，使用最多的是陶瓷、搪瓷生铁、搪瓷钢板，还有水磨石等。随着建材技术的发展，国内外已相继推出玻璃钢、人造大理石、人造玛瑙、不锈钢等新材料。卫生洁具五金配件的加工技术，也由一般的镀铬处理，发展到用各种手段进行高精度加工，以获得造型美观、节能、消声的高档产品。

（1）浴盆

浴盆按材质可分为铸铁搪瓷浴盆、钢板搪瓷浴盆、亚克力浴盆、玻璃钢浴盆等，规格为1080～1700mm不等。浴盆由盆体、供水管、控制混合水龙头、存水弯等组成。按安装形式又可分为自带支撑和砖砌支撑，按使用情况又可分为不带淋浴器、带固定淋浴器、带活动淋浴器等几种形式。

安装范围是：给水是水平管与支管交接处；排水是存水弯处。

图6-8所示为浴盆安装示意图。

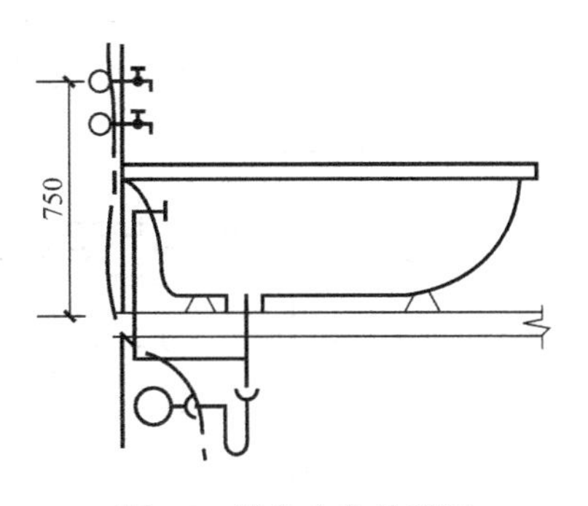

图6-8 浴盆安装示意图

（2）洗面（脸）盆

目前广泛采用的洗面盆有台式和柱式两种。

台式洗面（脸）盆一般由大理石、人造大理石、花岗岩等为台面，固定于焊接支架上。还有一种亚克力整体洗面（脸）盆（盆与台面为整体）。

柱式洗面（脸）盆是由盆体和柱体两部分组成。

洗面（脸）盆一般由冷热水管道供水，冷热水管道将水送至盆体上方的调节水龙头。洗面盆的水龙头品种繁多，按照功能可分为旋转式、旋钮式、感应式等。

排水部分由排水栓、存水弯流入室内排水管道。

图6-9为洗面（脸）盆安装示意图。

（3）大便器

大便器分为坐式大便器和蹲式大便器两种。

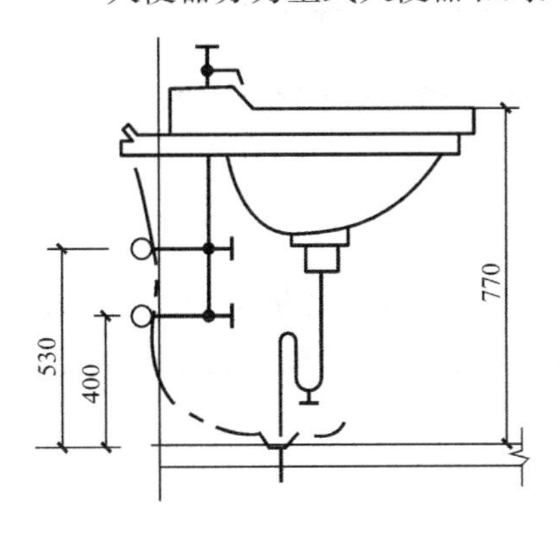

图6-9 洗面（脸）盆安装示意图

坐式大便器由坐便池和冲洗水箱组成。按其结构形式分为联体低水箱坐便器、分体式坐便器。图6-10所示为坐式低水箱大便器安装示意图。

蹲式大便器由蹲便池和冲洗部分组成。冲洗部分分为高位水箱冲洗设备和冲洗阀冲洗设备两种。图6-11所示为直接冲洗蹲式大便器安装示意图。图6-12所示为高水箱蹲式大便器的安装示意图。

（4）小便器

小便器按照安装方式和形状分为平面小便器、三角小便器、立式小便器、挂式小便器和小便槽等数种。

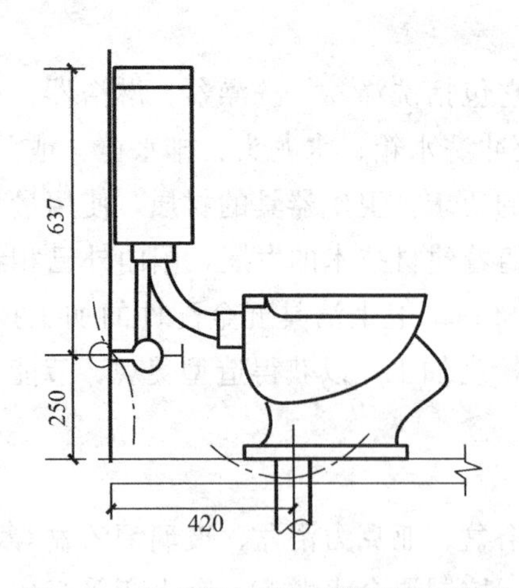

图 6-10 坐式低水箱大便器安装示意图

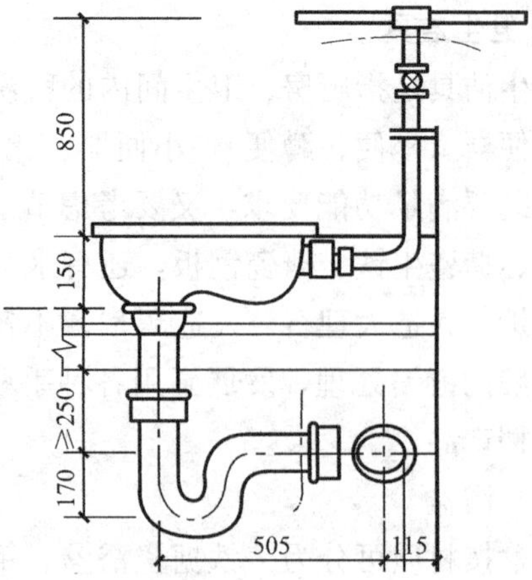

图 6-11 直接冲洗蹲式大便器安装示意图

排水方式：经小便器排水栓和存水弯排入室内排水管道中。

排水方式：排水一般经槽底的专门排水栓或地漏排入室内排水管道中。

图 6-13 所示为挂式小便器安装示意图。图 6-14 所示为立式小便器安装示意图。图 6-15 所示为小便槽安装示意图。

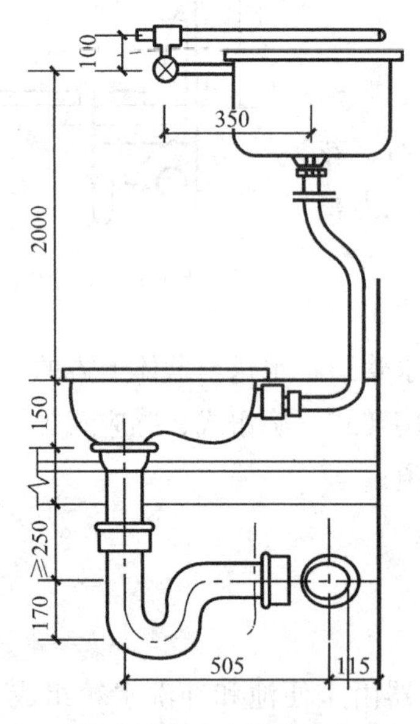

图 6-12 高水箱蹲式大便器的安装示意图

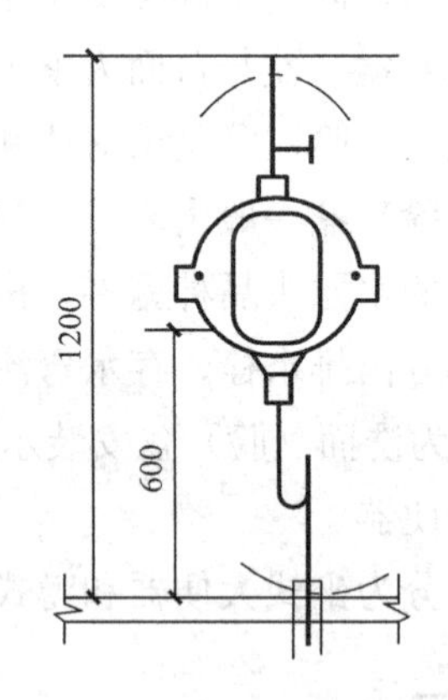

图 6-13 挂式小便器安装示意图

（5）洗涤盆

目前经常采用的洗涤盆有不锈钢和白色陶瓷制品。

供水方式：洗涤盆一般仅设置冷水管，而目前家庭和酒店、宾馆等场所均设置了热水管道，经水龙头供洗涤用冷热水。水嘴已向高档发展，有转脖式水嘴、旋钮式水嘴、压力长颈式水嘴等。

排水方式：污水经排水栓、存水弯排入室内排水管道中。

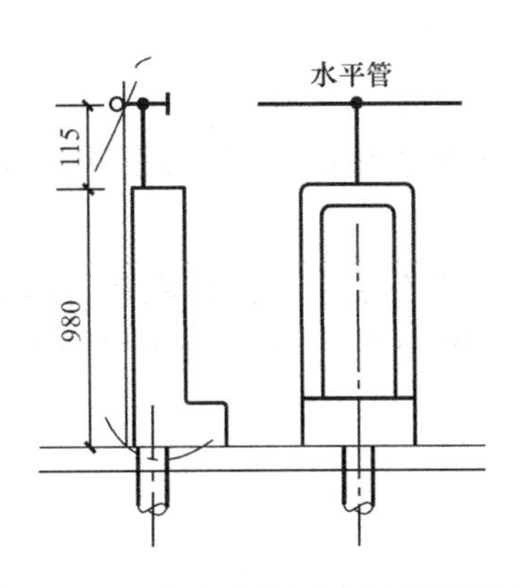

图6-14　为立式小便器安装示意图

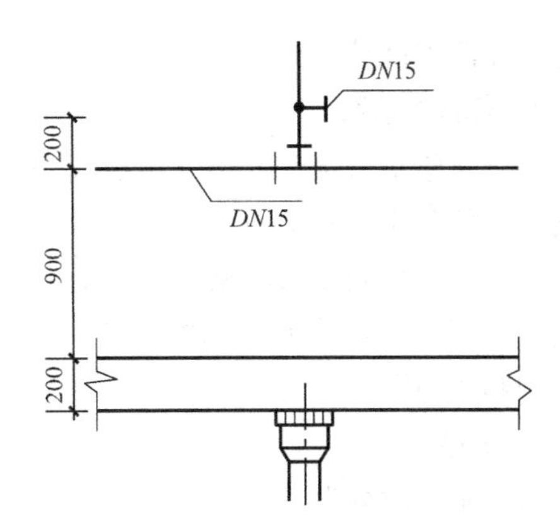

图6-15　小便槽安装示意图

（6）地漏

地漏一般设置在厨房、厕所、盥洗室、浴室、洗衣房及工厂车间，以及其他需要从地面上排除污水的房间内。地漏在排水口处盖有篦子，用以阻止杂物落入管道内。其自身带有水封，不需要存水弯即可直接与室内排水管道连接。

地漏按材质分为铜地漏、铸铁地漏、不锈钢地漏、塑料地漏等多种。

（7）排水栓

为防止污物进入排水管道，造成管道堵塞，在洗脸盆、浴盆、污水池、洗涤盆等卫生器具与存水弯之间需设置排水栓。常用的排水栓规格有 *DN*32、*DN*40、*DN*50 等。

（8）散热器

散热器的功能是将热介质所携带的热能散发到建筑物的室内空间。工程中散热器的型号、每组的片数都是由设计确定的。

散热器的安装包括散热器的现场组对、活接头的连接以及与其配置的阀门、放风门的连接。散热器一般设置于建筑物室内窗台下。

6. 常用给水仪表

（1）水表

水表是一种计量建筑物或设备用水量的仪表，根据连接方式及管道直径不同分为螺纹水表（$DN \leqslant 40$）及法兰水表（$DN \geqslant 50$）两种。

（2）热量表，是计算热量的仪表，按使用功能可分为：单用于采暖分户计量的热量表，和可用于空调系统的（冷）热量表。按功率划分：户用热量表（口径 $DN \leqslant 40$mm）和工业用热量表（口径 $DN > 40$mm）。

（3）压力表

压力表是指以弹性元件为敏感元件，测量并指示高于环境压力的仪表，常用在热力管网、供水供气系统等领域。压力表按接头及安装方式分为：直接安装压力表、嵌装（盘装）压力表、凸装（墙装）压力表。

（4）温度计

温度计是测温仪器的总称，根据所用测温物质的不同和测温范围的不同，有煤油温度计、酒精温度计、水银温度计、气体温度计、电阻温度计、温差电偶温度计、辐射温度计和光测温度计等。

7. 离心式水泵

水泵是给水系统中的主要增压设备，室内给水系统中多采用离心式水泵，它具有结构简单、体积小、效率高等优点。

对于噪声控制要求严格的建筑物，应有减振措施，通常在水泵下设减震装置，在水泵的吸水管和压水管上设隔振装置。水泵吸水管上应设置阀门，出水管上应设置阀门、止回阀和压力表。

8. 水箱

（1）水箱的分类

1）膨胀水箱：在热水采暖系统中起着容纳系统膨胀水量、排除系统中的空气、为系统补充水量及定压的作用。

2）给水水箱：在给水系统中起贮水、稳压作用，是重要的给水设备，多用钢板焊制而成，也可用钢筋混凝土制成。

（2）水箱的构造

1）进水管：水箱进水管一般从侧壁接入，进水管上应装设浮球阀或液位阀，在浮球阀前设置检修阀门；

2）出水管：水箱出水管一般从侧壁接出；

3）溢流管：用以控制水箱的最高水位，溢流管高于设计最高水位 50mm；

4）信号管：安装在水箱壁的溢流管口以下 10mm 处，管径 15～20mm，信号管的另一端通到值班室的洗涤盆处，以便随时发现浮球阀失灵而能及时修理；

5）泄水管：泄水管从水箱底接出，用以检修或清洗水箱时泄水；

6）通气管：供应生活饮用水的水箱应设密封箱盖，箱盖上设检修人孔和通气管，使水箱内空气流通，通气管管径一般不小于 50mm，管口应朝下并设网罩，管上不设阀门。

9. 集气罐、自动排气阀

一般在供热管路的室内干管末端设置集气罐、排气阀，用以收集和排除系统中的空气。集气罐一般采用 *DN*100～*DN*250mm 的钢管焊接而成，有立式和卧式两种。自动排气阀常用的规格有 *DN*15、*DN*20、*DN*25 等，与末端管道的直径相同。

知识拓展

常用管道连接技术

1. 焊接连接

钢管焊接可采用焊条电弧焊或氧-乙炔气焊。由于电焊的焊缝强度较高，焊接速度快，又较经济，所以钢管焊接大多采用电焊，只有当管壁厚度小于 4mm 时才采用气焊。而焊条电弧焊在焊接壁管时容易烧穿，一般只用于焊接壁厚为 3.5mm 及以上的管道。

2. 螺纹连接

螺纹连接又叫丝扣连接。即将管端加工的外螺纹和管件的内螺纹紧密连接。它适用于所有白铁管的连接，以及较小直径（公称直径 100mm 以内），较低工作压力（如 1MPa 以内）焊接钢管的连接和带螺纹的阀类及设备接管的连接。

3. 法兰连接

法兰连接就是把两个管道、管件或器材，先各自固定在一个法兰盘上，两个法兰盘之间加上法兰垫，用螺栓紧固在一起，完成管道连接。法兰按连接方式分为螺纹法兰和焊接法兰。管道与法兰之间采用焊接连接称为焊接法兰，管道与法兰之间采用螺纹连接则称为螺纹法兰。低压小直径用螺纹法兰，高压和低压大直径均采用焊接法兰。

4. 管道（卡箍）沟槽连接

卡箍连接件是一种新型的钢管的连接方式，具有很多优点。系统管道的连接应采用沟槽式连接件和螺纹、法兰连接；系统中直径等于或大于 100mm 的管道，应采用法兰或沟槽式连接件连接。

卡箍连接的结构非常简单，包括卡箍、密封圈和螺纹紧固件。规格从 *DN*25～*DN*600，配件除卡箍连接器外，还有变径卡箍、法兰与卡箍转换接头、螺纹与卡箍转换接头等。卡箍根据连接方式分为刚性接头和柔性接头。

5. 承插连接

将承插式管道的插口插入承口内，在承口和插口的缝隙填入填料，使管道连接起来即为承插连接。承插口连接有刚性接口和柔性接口之分，以橡胶圈、膨胀圈、油麻绳等为填料的承插口称为柔性接口，其余各种填料的接口称为刚性接口。

6. 热熔连接

热熔连接是塑料管道（如 PE 管、PP-R 管）的一种连接方法，其技术方案是：用专用加热工具，在压力下加热聚乙烯管材或管件的待连接部位，使其熔融后，移走加热工具，施压将两个熔融面连在一起，在稳定的压力下保持一段时间，直到接头冷却。热熔连接包括热熔对接连接、热熔承插连接、热熔鞍形连接。

7. 管道电熔连接

电熔连接是用内埋电阻丝的专用电熔管件与管材或管件的连接部位紧密接触通电，通过内埋的电阻丝加热连接部位，使其熔融连为一体，直至接头冷却。电熔连接可用于与不同类型和不同熔体流动速率的聚乙烯管材或插口管件连接。

8. 管道钢塑过渡接头连接

钢塑过渡接头连接是采用通过冷压或其他方式预制的钢塑过渡接头来连接聚乙烯管道和金属管道。钢塑过渡接头内有抗拉拔的锁紧环和密封圈，通常要求其有良好的密封性能和抗拉拔、耐压性能要大于系统中聚乙烯管道。

课堂活动

1. 根据图纸内容，尝试说出本图纸中用到哪几种管材，各自的连接方式是什么？
2. 分组讨论图纸中的阀门，卫生洁具的种类。

6.1.4　给排水、采暖、燃气工程施工图识读方法

1. 给排水工程施工图的内容

建筑给排水施工图是工程项目中单项工程的组成部分之一，按设计任务要求，一套

完整的建筑给水排水施工图一般由图纸目录、设计说明、主要设备材料表、图例、平面图、系统图（轴测图）、施工详图或大样图以及注明所采用的标准图集的名称等组成。

（1）设计说明及主要材料设备表

凡是图纸中无法表达或表达不清的而又必须为施工技术人员所了解的内容，均应用文字说明。文字说明应力求简洁。设计说明应表达如下内容：设计概况、设计内容、引用规范、施工方法等。例如：给排水管材以及防腐、防冻、防结露的做法；管道的连接、固定、竣工验收的要求；施工中特殊情况的技术处理措施；施工方法要求严格必须遵循的技术规程、规定等。

工程中选用的主要材料及设备，应列表注明。表中应列出材料的类别、规格、数量，设备的品种、规格和主要尺寸。此外，施工图还应绘制出图中所用的图例；所有的图纸及说明应编排有序，写出图纸目录。

（2）给水、排水平面图

给水、排水平面图应表达给水排水管线和设备的平面布置情况。建筑内部给排水，以选用的给排水方式来确定平面布置图的数量。底层及地下室必绘；顶层若有水箱等设备，也须单独给出；建筑物中间各层，如卫生设备或用水设备的种类、数量和位置均相同，可绘一张标准层平面图，否则，应逐层绘制。一张平面图上可以绘制几种类型管道，若管线复杂，也可分别绘制，以图纸能清楚表达设计意图而图纸数量又较少为原则。平面图中应突出管线和设备，即用粗线表示管线，其余均为细线。平面图的比例一般与建筑图一致，常用的比例尺为1∶100。

给排水平面图应表达如下内容：用水房间和用水设备的种类、数量、位置等；各种功能的管道、管道附件、卫生器具、用水设备，如消火栓箱、喷头等，均应用图例表示；各种横干管、立管、支管的管径、坡度等均应标出；各管道、立管均应编号标明。

（3）给水、排水系统图

给水、排水系统图，也称“给水、排水轴测图”，应表达出给排水管道和设备在建筑中的空间布置关系。系统图一般应按给水、排水、热水供应、消防等各系统单独绘制，以便于安装施工和造价计算使用。其绘制比例应与平面图一致。

给排水系统图应表达如下内容：各种管道的管径、坡度；支管与立管的连接处、管道各种附件的安装标高；各立管的编号应与平面图一致。

系统图中对用水设备及卫生器具的种类、数量和位置完全相同的支管、立管可不重复绘制但应用文字标明。当系统图立管、支管在轴测方向重复交叉影响视图时，可标号断开移至空白处绘制。

（4）详图

凡平面图、系统图中局构造因受图面比例影响而表达不完善或无法表达时，必须绘制施工详图。详图中应尽量详细注明尺寸，不应以比例取代尺寸。

施工详图首先应采用标准图、通用施工详图，如卫生器具安装、排水检查井、阀门井、水表井、雨水检查井、局部污水处理构筑物等，均有各种施工标准图。

2. 给排水、采暖、燃气工程施工图的识读方法

阅读主要图纸之前，应当首先看设计说明和设备材料表，然后以系统图为线索深入阅读平面图和系统图及详图。阅读时，应将三种图相互对照来看。先对系统图有大致了解，看给水系统图时，可由建筑的给水引入管开始，沿水流方向经干管、立管、支管到用水设备；看排水系统图时，可由排水设备开始，沿排水方向经支管、横管、立管、干管到排出管。

知识拓展

室内采暖施工图的识读

1. 图纸组成

完整的室内采暖施工图有图纸目录、说明书、设备材料表、平面图、轴测图和详图等。

（1）平面图

在平面图上表明散热设备、管道、阀门、集气罐、除污器、进出口的位置、管径、坡度、坡向、设备的规格型号等。

（2）轴测图

根据平面图而绘制的轴测图，表明散热设备、管道、除污器、集气罐等标高、管径、坡度、坡向等。

（3）详图

表示管道与墙的间距、管支架、散热器等的具体安装。

（4）设计说明书

设计说明书上有热负荷、室内外温度计算参数、流量、所用管材、散热规格、保温刷油以及竣工验收等要求。

2. 室内采暖施工图的识读

识读采暖施工图应按热媒在管内所走的路程顺序进行，以便掌握全局；识读其系统图时，应将系统图与平面图结合对照进行，以便弄清整个采暖系统的空间布置关系。

（1）平面图的识读

供暖平面图是供暖施工图的主体图纸，它主要表明供暖管道，散热设备及附件在建筑平面图上的位置及其它们之间的相互关系。识读时，应掌握的主要内容及注意事项如下：

1）弄清热入口在建筑平面上的位置、管道直径、热媒来源、流向、参数及其做法等；

2）弄清建筑物内散热设备散热器、辐射板、暖风机的平面布置、种类、数量、片数以及散热器的安装方式（即明装、半暗装、暗装）；

3）弄清供水干管的布置方式、干管上阀件附件的布置位置、型号以及干管的直径；

4）按立管编号弄清立管的平面位置及其数量；

5）对蒸汽供暖系统，应在平面图上查出疏水装置的平面位置及其规格尺寸；

6）对热水供暖系统，应在平面图上查明膨胀水箱、集气罐等设备的平面位置、规格尺寸。

(2) 系统图的识读

供暖系统图是表示从热媒入口到热媒出口的供暖管道、散热设备，主要阀件、附件的空间位置及相互关系的图形。识读时应掌握的主要内容及注意事项如下：

1) 查明热入口装置的组成和热入口处热媒来源、流向、坡向、标高、管径以及热入口采用的标准图号或节点图编号；

2) 弄清各管段的管径、坡度、坡向，水平管道和设备的标高，各立管的编号；

3) 弄清散热器型号规格及数量；

4) 弄清阀件、附件、设备在空间中的位置。凡系统图已注明规格尺寸的，均须与平面图、设备材料表等进行核对。

(3) 详图的识读

室内采暖施工图的详图包括标准图和节点详图。必须掌握这些标准图，记住必要的安装尺寸和管道连接用的管件，以便做到运用自如。

标准图主要包括：膨胀水箱和凝结水箱的制作、配管与安装；分汽罐、分水器、集水器的构造、制作与安装；疏水器、减压阀、调压板的安装和组成形式；散热器的连接与安装；采暖系统立、支、干管的连接；集气罐的制作与安装等。

【例 6-1】 现以案例资料中×××学校后勤服务楼给排水施工图为例进行识读。

1) 说明

① 本工程为×××学校后勤服务楼，地上 3 层，生活用水由校区给水管网直接供给。排水采用污废水合流制，室内±0.000 以上污废水均重力自流排入室外污水管网。

② 生活给水管采用铝合金衬塑管，热熔连接；排水立管采用 UPVC 螺旋消音管挤压橡胶密封圈连接，排水支管、通气立管及出户管道采用普通 UPVC 排水管，粘接，排水支管接入立管时必须采用挤压密封圈接头连接。

③ 阀门：生活给水管上管径≥50 采用蝶阀，管径<50 的采用截止阀。

④ 附件：卫生间采用与管道同质防返溢地漏，安装低于地面 1～2cm；地面清扫口采用与管道同质产品，清扫口表面与地面平。

⑤ 卫生洁具：卫生间采用下出水低水箱坐式大便器，大便器单次冲水量不大于 6L。台上式防溅龙头洗手盆均采用与卫生洁具配套的节水型。

⑥ 管道和设备保温：所有暴露在外墙外侧及楼梯间的给水管道均采用 30mm 聚氨酯材料做保温。

⑦ 刷油、防腐：压力排水管外壁刷灰色调和漆二道；管道支架除锈后刷樟丹二道，灰色调和漆二道。

2) 给排水平面图

① 给水管道

入户管：从图 6-2、图 6-4 一层给排水平面图及平面放大图可看出，该后勤服务楼进水管由校区给水管网直接供给，J/1 从①轴左侧①/Ⓔ轴基础墙处（标高－1.15m）引入，供水管管径为 *De*63，进入房间后向上引出供水立管 JL-1。

生活给水管：继续看图 6-2 及图 6-3 的二、三层给排水平面图可看出，供水管引入供水立管 JL-1 后；至高出一层地面 0.8m 处分出两条支管，向右引一条支管至残疾人卫生间；向北引一条支管至男卫生间，过②/Ⓔ轴后再引向女卫生间及盥洗间。二、三层相同，至高出一层地面 0.8m 也分出两条支管，向右一条支管至男卫右侧的盥洗间的拖布盆；向北一条支管至男卫生间，过②/Ⓔ轴后再引向女卫生间和盥洗间。

② 用水设备、卫生设施的平面布置和数量

该后勤服务楼共三层，一层设男卫、女卫、残卫三个卫生间及盥洗室一间，共有拖布盆 2 个，盆上设水嘴 2 个；洗脸盆 2 个，残疾人洗脸盆 1 个；男卫、女卫设蹲式大便器 2+3=5 个，男卫设小便斗 2 个，残卫设坐式大便器 1 个；二、三层相同，男卫及盥洗室设拖布盆 2 个，两层共 2×2=4 个，盆上设水嘴 4 个；洗脸盆 4×2=8 个，蹲式大便器 (3+4)×2=14 个，小便斗 3×2=6 个。

③ 排水管道

排水出户管：从图 6-2 可以看出，污水由三根排出管 W/1、W/2、W/3 分别排出。其中，W/1、W/2 从①轴左侧穿基础（标高－1.2m 处）排出，W/3 从Ⓖ轴北侧穿基础（标高 1.2m 处）排出。

排水管道：从一层给排水平面图及平面放大图可看出：女卫便器及地漏污水通过排水横管至 1 轴右侧汇入 WL-1，通过 W/1 排出。男卫便器及地漏污水通过排水横管至 1 轴右侧流汇入 WL-2，通过 W/2 排出。男卫拖布盆、残卫及盥洗室便器及地漏污水通过排水横管至Ⓖ轴北侧通过 W/3 排出。

从二、三层给排水平面图及平面放大图可看出：男、女盥洗室的排水横管分别汇入相应男卫、女卫的排水横管中，然后分别通过 WL-1、WL-2 排出。

④ 排水设施的位置和数量

地漏：一层男卫、女卫和残卫各 1 个，盥洗室 2 个，一层共 3+2=5 个，二、三层每层 4 个，两层共 8 个；地漏合计 5+8=13 个。

清扫口：一层男卫、女卫和残卫各 1 个，二、三层盥洗室每层各 2 个，两层共 4 个；清扫口合计 3+4=7 个。

排水栓：每层拖布盆上各设一个，共 4 个。

3）给排水系统图

在识读给水系统图时，要从给水引入管开始，沿水流方向，经干管到支管直到各用水设备。识读排水系统图时，则由排水设备开始，沿水流方向，经支管到干管直到排出管。上面我们阅读了平面图，知道了该后勤服务楼用水设备、排水设施的平面布置和数量，以及管网的走向和布置等工程内容，但用水设备、排水设施、管道的规格、标高等情况，在平面图上不易看出，还需要配合系统图加以判断。

① 给水管道系统图所表示的工程内容

由给水管道系统图可知：引入管为 *De*63 的铝合金衬塑管，埋地引入，穿墙进入室内，引入管在建筑外埋地深度为－1.15m，进入建筑物后，向上引出 JL-1，标高上升到出地面后设 *DN*50 截止阀一个，上升到标高 0.8m 处，向右引出一条 *DN*32 支管向残卫供水，另一支 *DN*63 支管向男卫、女卫及盥洗室供水。JL-1 继续向上至二层距地面 0.8m 处、三层距地面 0.8m 处分别向右引出一条 *De*20 支管向盥洗室拖布盆供水，向北一支 *DN*63 支管向男卫、女卫及盥洗室供水。

② 排水管道系统图所表示的工程内容

由排水管道系统图可知：该后勤服务楼排水分为 W/1、W/2、W/3、三个排出管，其中 W/1 排出管管径为 *De*160，设在女卫内；W/2 排出管管径为 *De*160，设在男卫内，W/3 排出管管径为 *De*110，设在盥洗室内，埋深为−1.2m。

WL/1 立管与 W/1 排出管相连，管径为 *De*110，上设通气帽一个，在一层、三层分别设检查口一个，安装高度为 1.0m，同时每层都设有清扫口 1 个，一层排水横管为 *De*110，其上连接蹲式大便器 P 型存水弯 3 个。排水横管埋深−0.4m。二、三层相同，每层排水横管分别由 *De*110 变径到 *De*75 又到 *De*50。其上连接蹲式大便器 P 型存水弯 4 个。洗脸盆 S 型存水弯 2 个，拖布盆排水栓 1 个，地漏 2 个。排水横管安装在楼板下−0.65m 的高度。

WL/2 立管与 W/2 排出管相连，管径为 *De*110，上设通气帽一个，在一层、三层分别设检查口一个，安装高度为 1.0m，同时每层都设有清扫口一个，一层排水横管为 *De*110、*De*50，其上连接蹲式大便器 P 型存水弯 2 个，小便器 S 型存水弯 2 个，地漏 1 个，排水横管埋深−0.4m。二、三层相同，每层排水横管分别有 *De*110、*De*75、*De*50。其上连接蹲式大便器 P 型存水弯 3 个，小便器 S 型存水弯 3 个。洗脸盆 S 型存水弯 2 个，拖布盆排水栓 1 个，地漏 2 个。排水横管安装在楼板下−0.65m 的高度。

W/3 排水管没有排水立管，一层残卫、盥洗室污水都由此排出管排出，排水横管为 *De*110，局部 *De*50。其上连接坐式大便器 P 型存水弯 1 个。洗脸盆 S 型存水弯 3 个，拖布盆排水栓 2 个，地漏 3 个，清扫口 1 个。

课堂活动

1. 建筑给排水工程施工图通常由哪几部分组成，各有什么作用？
2. 如何识读给排水、采暖施工图？

任务 6.2　给排水、采暖、燃气管道

任务描述

给排水、采暖、燃气管道清单共设置镀锌钢管、钢管、不锈钢管、铜管、铸铁管、塑料管、复合管、直埋式预制保温管、承插陶瓷缸瓦管、承插水泥管、室外管道碰头十一个清单项目。

完成本任务的学习后，学习者应能按照施工图纸计算以上项目的工程量，编制工程量清单；进行工程量清单计价。

本任务中工程案例以×××学校后勤服务楼采暖施工图为例，通过学习相关知识，根据该图所表达的工程内容，正确编制出相应工程量清单并进行工程量清单计价。采暖施工图纸如图 6-16～图 6-20（暖施 01～暖施 05）所示。

准备活动：课前准备好全套造价计价表格，清单指引及综合定额。

暖通设计总说明

施工总说明

一、工程概况

1.1 本工程为河南省xxx学校后勤服务楼，本工程为多层楼，建筑层数三层，属多层民用建筑。

1.2 本工程总建筑面积为1850 59m²建筑高度为12 15m。

2.设计依据

2.1 有关文件及资料

2.2 所执行规范，规程及标准

《工业建筑供暖通风与空气调节设计规范》 GB50019-2015

《民用建筑热工设计规范》 GB50176-2016

《建筑设计防火规范》 GB50016-2014

《全国民用建筑工程设计技术措施节能专篇--暖通空调×动力》(2007年版)

《全国民用建筑工程设计技术措施》暖通空调 动力 (2009年版)

《05系列工程建设标准设计图集-采暖通风专业》(DBJT19-20-2005)

甲方提供的委托设计任务书及建筑专业提供的图纸。

2.3 室内设计计算参数 挂号间、药房、办公室、库房 18°各个科室、注射、化验 20°C

卫生间 16°C

3.采暖通风设计

3.1 本建筑总设计热负荷为59 2kW，热指标为31 9W/m，热源为市政热网，由校区换热站热交换后为采暖系统提供85°c 60°c热水。

3.2 本设计采暖采用下供下回双管热水供暖系统，每层散热器分支处设温控调节阀，通过改变供水流量来调节室调节室内温度。

3.3 采暖系统供回水温度分别是85°C和60°C

3.4 各采暖系统热力入口处均设供回水温度计、压力表、热量表、Y型水过滤器、调节用平衡阀及检修用蝶阀，采暖系统热力入口装置设于楼梯间内明装，详见放大图。

4. 节能设计

1. 穿越不采暖区域和设在管井里的供暖管道保温。

2. 各房间散热器均安装温控阀。

二、采暖系统

1. 明装供回水管公称直径≤DN100采用热镀锌钢管，螺纹连接，套丝扣时破坏的镀锌层表面及外露螺纹部分应刷两遍防锈漆做防腐处理，所有阀门均采用铜制阀门。

2. 穿越不采暖区域的供暖干管和设在管井里的供暖管道均做保温，采用离心玻璃棉进行保温，管径≤DN50mm，保温层厚度为50mm，管径DN60 150mm，保温材料厚度60mm

本楼一层穿越外走廊的供暖管道均做保温，保温厚度40mm。

管道埋地部分应进行保温。保温材料为聚氨酯现场发泡，厚度为35mm，外采用玻璃钢做保护层。

3. 管道穿墙及楼板处应加焊接钢套管，其内径比管道外径大两号。安装在楼板内的套管，其顶部应高出装饰地面20mm；安装在卫生间及厨房内的套管，其顶部应高出装饰地面50mm，底部应与楼板底面相平；安装在墙壁内的套管其两端与饰面相平。穿过楼板的套管与管道之间缝隙应用阻燃密实材料和防水油膏填实，端面光滑。穿墙套管与管道之间缝隙宜用阻燃密实材料填实，且端面应光滑。

4. 管道安装完毕须进行清洗和水压试验，采暖系统的工作压力为0 60MPa，系统顶点实验压力为0 45MPa。

5. 系统经试压和冲洗合格后，即可进行系统的调试。

6. 管道上必须配备必要的支、吊、托架，具体形式由安装单位根据现场具体情况确定，其表参见国标05R417-1。所有支吊架在除锈后刷两遍防锈漆，再刷两遍面漆。

7 散热设备采用无砂铸铁760散热器，承压为0 6MPa。散热器需配置支腿，落地式安装。

8. 凡设计及说明未及之处均按《建筑给排水及采暖工程施工质量验收规范》GB50242-2002和《通风与空调工程施工质量验收规范》GB50243-2002中的有关规定进行施工

所有支吊架在除锈后刷两遍防锈漆，再刷两遍面漆。

三、其他

凡设计及说明未及之处均按《建筑给排水及采暖工程施工质量验收规范》GB50242-2002和《通风与空调工程施工质量验收规范》GB50243-2013中的有关规定进行施工

图例

序号	名称	图例
01	采暖供水管	
02	采暖回水管	
03	截止阀	
04	蝶阀	
05	闸阀	
06	温度调节阀	
07	铜球阀	
08	散热器	
09	Y型过滤器	
10	热量表	
11	泄水阀 泄水丝堵	
12	压力表	
13	温度计	
14	自动排气阀	
15	活性接头	
16	压差自动平衡阀	
17	方形补偿器	
18	固定支架	
19	坡度、坡向	0.003
20	换气扇	
21	采暖系统	R-××

主要设备材料表

序号		规格及型号（技术参数）	单位	数量	备注
01	内腔无砂铸铁散热器	TZ4-6-5(8)-5片	组	2	温差54 5°C
02	内腔无砂铸铁散热器	TZ4-6-5(8)-6片	组	1	片散热量: 99w
03	内腔无砂铸铁散热器	TZ4-6-5(8)-7片	组	2	
04	内腔无砂铸铁散热器	TZ4-6-5(8)-8片	组	2	
05	内腔无砂铸铁散热器	TZ4-6-5(8)-9片	组	2	
06	内腔无砂铸铁散热器	TZ4-6-5(8)-10片	组	4	
07	内腔无砂铸铁散热器	TZ4-6-5(8)-12片	组	1	
08	内腔无砂铸铁散热器	TZ4-6-5(8)-13片	组	2	
09	内腔无砂铸铁散热器	TZ4-6-5(8)-14片	组	3	
10	内腔无砂铸铁散热器	TZ4-6-5(8)-15片	组	8	
11	内腔无砂铸铁散热器	TZ4-6-5(8)-16片	组	10	
12	内腔无砂铸铁散热器	TZ4-6-5(8)-17片	组	6	
13	内腔无砂铸铁散热器	TZ4-6-5(8)-18片	组	2	
14	内腔无砂铸铁散热器	TZ4-6-5(8)-19片	组	2	
15	内腔无砂铸铁散热器	TZ4-6-5(8)-24片	组	4	
16	温度调节阀	DN20	个	51	
17	调节阀	DN20	个	51	
18	自动放气阀	5020型 DN15	个	2	
19	铜闸阀	Q11F-16T DN20	个	24	
20	蝶阀	Q11F-16T DN40	个	4	
21	平衡阀	ZTY47-DN32	个	1	
22	过滤器	WF11B DN40	个	2	
23		孔径3mm			
24	过滤器	WF11B DN40	个	1	
25		不小于60目			
26	内标式玻璃温度计	JWNY-11 0-100℃	个	2	
27	压力表	Y-100 0-1.0MPa	个	4	
28	超声波热量表	sonocal 2000系列-DN25	个	1	
		公称流量 3.5m³/h			

国家及地方编制的标准图集

序号	标准图集名称	标准图集编号	标准图集类别	备注
1	散热器系统安装	K402-1~2	国标	
2	压力表安装	01R405	国标	
3	温度仪表安装	01R406	国标	
4	室内热力管道支吊架	95R417-1	国标	
5	管道及设备保温	08R418-1	国标	
6	卫生间通风器安装图	94K302	国标	

xxx学校后勤服务楼			
暖通设计总说明		比例	
专业	暖施	张次	暖施01

图 6-16 暖通设计总说明

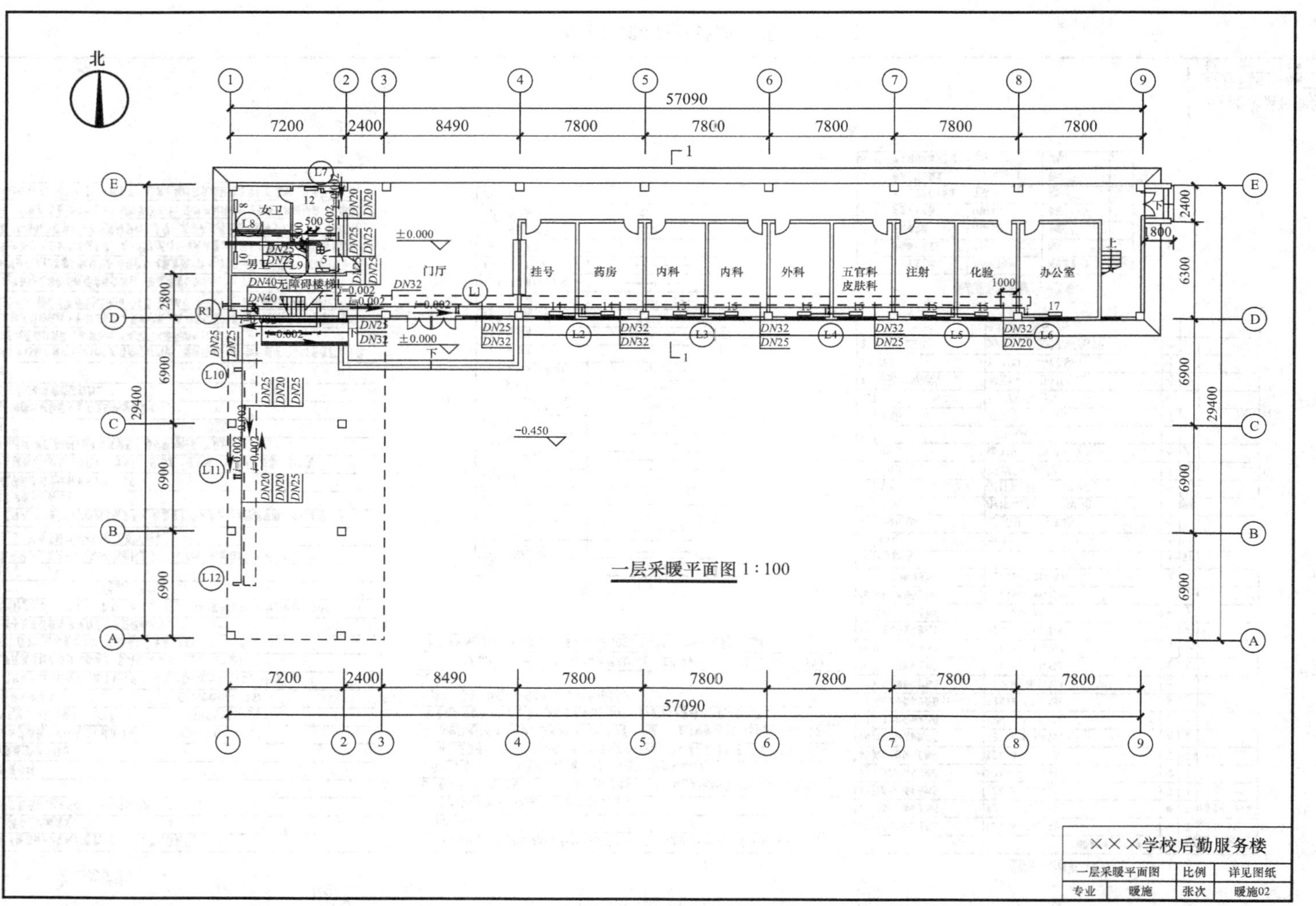

图 6-17　一层采暖平面图

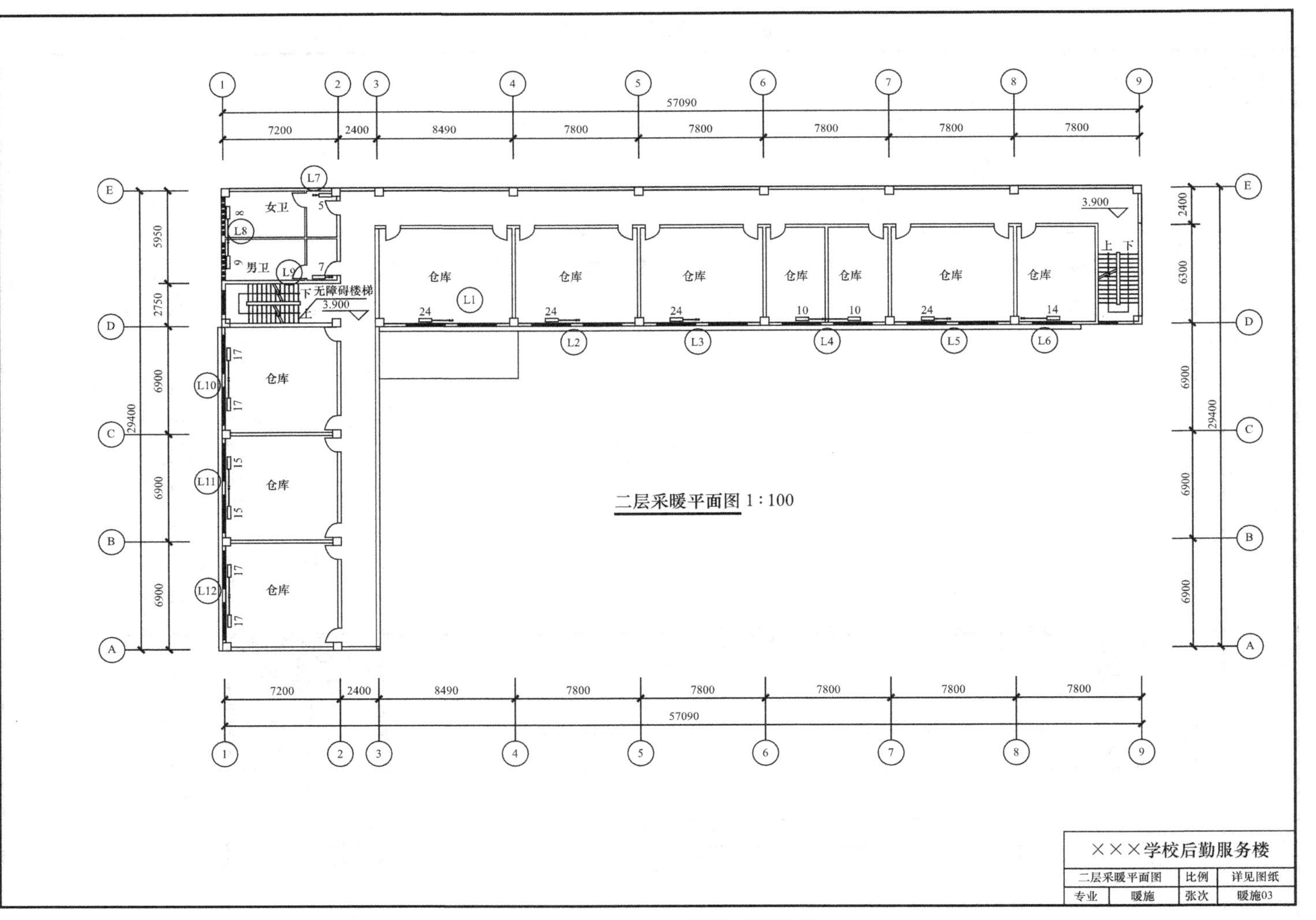

图 6-18 二层采暖平面图

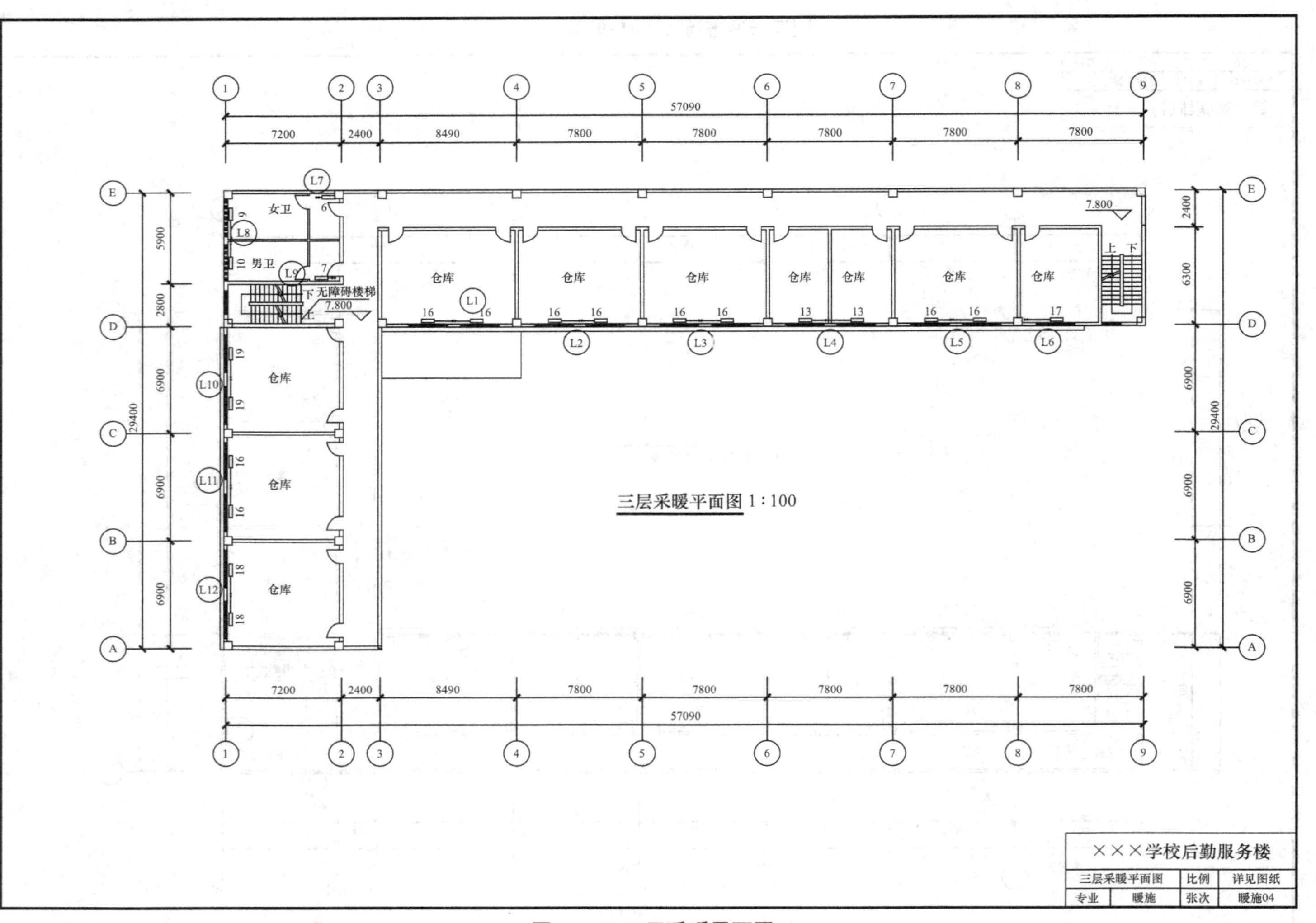

图 6-19　三层采暖平面图

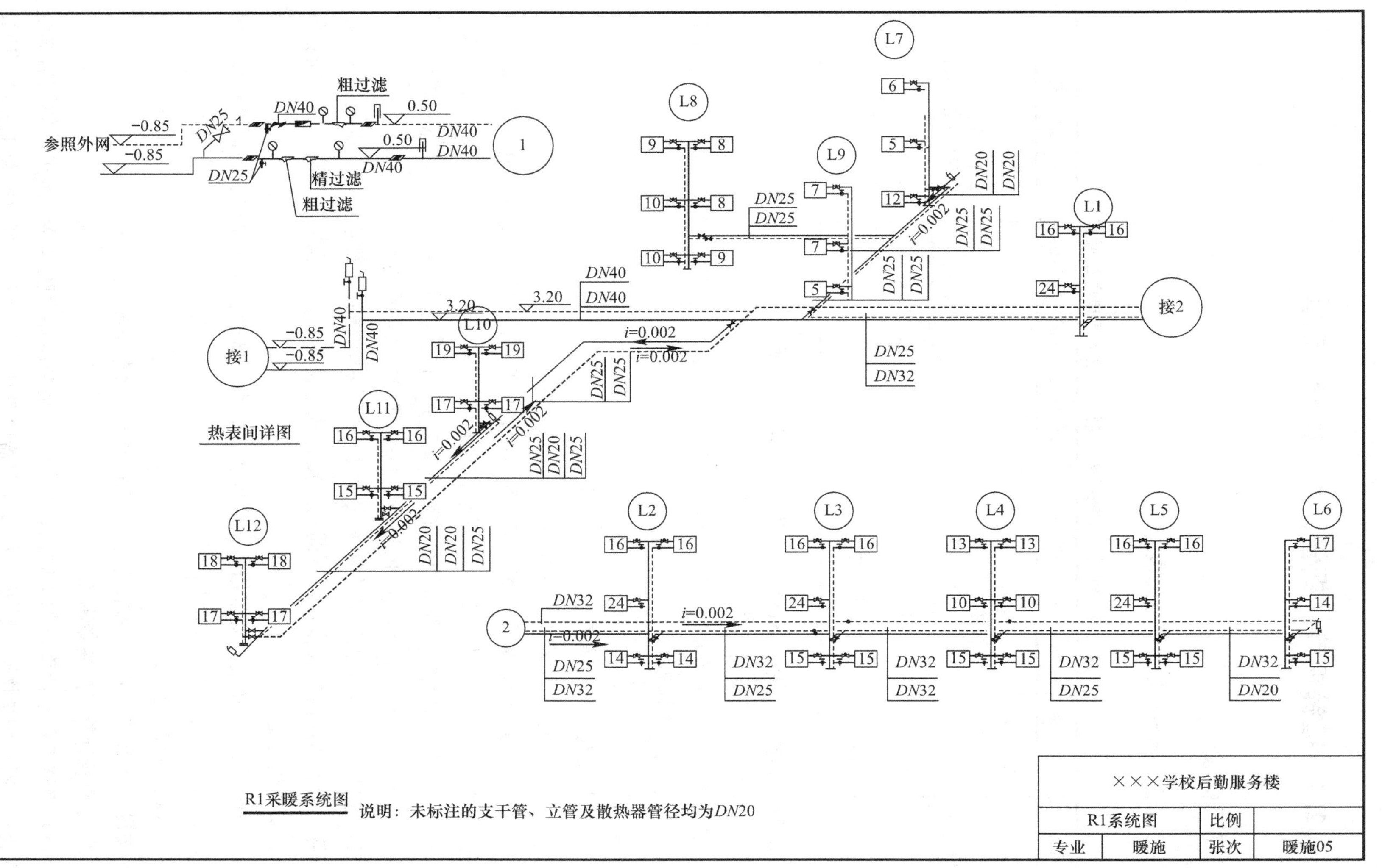
参照外网
-0.85
-0.85
DN25
DN25
DN40
粗过滤
精过滤
粗过滤
0.50
0.50
DN40
DN40
DN40
1
热表间详图
接1
接2
2
3.20
3.20
DN40
DN40
i=0.002
L1
L2
L3
L4
L5
L6
L7
L8
L9
L10
L11
L12
DN25
DN32
DN20
R1采暖系统图
说明：未标注的支干管、立管及散热器管径均为DN20
×××学校后勤服务楼
R1系统图
比例
专业
暖施
张次
暖施05

图6-20 采暖系统图

6.2.1 镀锌钢管、钢管、不锈钢管、铜管

知识构成

1. 工程量清单项目设置（见表6-3）

镀锌钢管、钢管、不锈钢管、铜管工程量清单项目设置　　表6-3

项目编码	项目名称	项目特征	计量单位	工程量计算规则	工作内容
031001001	镀锌钢管	1. 安装部位 2. 介质 3. 规格、压力等级 4. 连接形式 5. 压力试验及吹、洗设计要求 6. 警示带形式	m	按设计图示管道中心线以长度计算	1. 管道安装 2. 管件制作、安装 3. 压力试验 4. 吹扫、冲洗 5. 警示带铺设
031001002	钢管				
031001003	不锈钢管				
031001004	铜管				

2. 镀锌钢管、钢管、不锈钢管、铜管清单项目注释

（1）项目编码及项目名称

编写方法：031001001 001 镀锌钢管、031001002 001 钢管、031001003 001 不锈钢管、031001004 001 铜管。

（2）项目特征描述

1）安装部位：指管道安装在室内、室外。

2）输送介质：包括给水、热媒体、燃气、空调水等。

3）规格：镀锌钢管分为热镀锌钢管和冷镀锌钢管（冷镀锌钢管就是电镀锌，因其本身的耐腐蚀性差，已被国家禁用），规格按设计图示说明选取。此类管道规格采用符号*DN*表示，在设计图纸中一般采用公称直径来表示。在描述管径规格时，注意不同材质管道的管径表示方法有所不同，例如：*DN*、*De*、*D*的含义是不同的。

4）连接形式：镀锌钢管的连接方式螺纹、法兰和沟槽式卡箍连接，应避免焊接。不锈钢管、铜管的连接方式多样，不同的连接方式造价不同，工程量要分别计算，项目特征一定要描述清楚。

5）压力试验：按设计要求描述试验方法，如水压试验、气压试验、泄漏性试验、闭水试验、通球试验、真空试验等。

6）吹、洗设计要求：

按设计要求描述吹扫、冲洗方法，如水冲洗、消毒冲洗、空气吹扫等。

3. 工程量计算时应注意事项

（1）管道工程量计算不扣除阀门、管件（包括减压器、疏水器、水表、伸缩器等组成安装）及附属构筑物所占长度；方形补偿器以其所占长度列入管道安装工程量。计算时注意施工图标注的比例。

(2) 方形补偿器制作安装应含在管道安装综合单价中。

(3) 管道室内外界限的划分：

给水管道：以建筑物外墙皮1.5m为界，入口处设阀门者以阀门为界。

排水管道：以出户第一个排水检查井为界。

采暖管道：以建筑物外墙皮1.5m为界，入口处设阀门者以阀门为界。

燃气管道：地下引入室内的管道以室内第一个阀门为界，地上引入室内的管道以墙外三通为界。

知识拓展

1. 定额工程量计算规则

各种管道，均以施工图所示中心长度，以“m”为计量单位，不扣除阀门，管件（包括减压器、疏水器、水表、伸缩器等组成安装）所占的长度。

计算时注意以下内容执行其他分册相应项目：①工业管道、生产生活共用的管道、锅炉房和泵类配管以及高层建筑物内加压泵间管道应使用《工业管道工程》相应项目；②刷油、防腐蚀、绝热工程执行《刷油、防腐蚀、绝热工程》相应项目。生产生活共用的管道、锅炉房和泵类配管以及高层建筑内加压泵间的管道执行第六册“工艺管道”定额的有关项目；③有关各类泵、风机等传动设备安装执行《机械设备》定额的有关项目；④锅炉安装执行《热力设备》定额的有关项目；⑤压力表、温度计执行《自控仪表》定额的有关项目。

2. 工程量计算要领

(1) 连接管道的管件、阀门（包括减压阀、疏水器、水表、伸缩器、除污器等）所占长度均不得扣除。安装的设计规格与定额子目规格不符时，使用接近规格的项目，规格居中时按大者套；超过定额最大规格时可作补充定额。室内 $DN32$ 以内钢管包括管卡及托钩制作安装。

(2) 给水管道工程量计算

本项目管道主要用于给水、采暖管道，为了便于以后计算刷油工程量，要将各种管材的管道按埋地、走地沟、明装分开计算。

1) 水平管道的长度要尽量按平面图上所注尺寸计算。当平面图上未标注尺寸时，可用比例尺度量。竖直管道的长度尽量用系统图上的标高差计算。管道中有些弯曲部分在图上未表示出来时，按施工实际考虑管道的弯曲长度。

2) 计算各种规格管道长度时，要注意管道安装的变径点。丝扣管道的变径点一般在分支三通处，焊接管道的变径点一般在大变小分支后300m处，然后按变径点位置计算每段不同规格管子的长度。

3) 为了清楚地算出和复核各部分管道长度，计算给水管道延长米时，给水立管要编号（图上有立管号的不再另编），先计算干管长度，然后按立管编号的顺序计算各立管长度及立管上支管、横管长度。

(3) 采暖管道工程量计算

在计算中首先量截供暖进户管、立管、干管；再量回水管，最后量截立支管。进户管、立管、干管工程量的计算可参考给水工程量计算方法。立支管的计算方法如下；

1）连接散热器立管的工程量计算

管道的安装长度为上下干管的标高差，加上上部干管、立管与墙面的距离差（立管乙字弯也可按 0.06～0.10m 取值），减去散热器进出口之间的间距，再加上立管与下部干管连接时规范规定的增加长度（当立管高度大于 15m 时，可按 0.3m 计取；当立管高度小于 15m 时，可按 0.06～0.10m 计取）。

2）连接散热器支管的工程量计算

连接散热器支管的安装长度等于立管中心到散热器中心的距离，再减去散热器长度的 1/2，再加上支管与散热器连接时的乙字弯的增加长度（一般可按 0.035～0.060m 计取）。

课堂活动

1. 根据任务资料×××学校后勤服务楼采暖施工图，计算图中热镀锌钢管的清单工程量（热力入口装置本预算暂不考虑，仅计算室内部分管道工程量）。
2. 根据本地区规定填写相应清单与计价表格。
3. 核对工程量。
4. 根据本地区消耗量定额及计费规定编制清单项目综合单价分析表。

为了便于计算，防止重算漏算，按从左向右（入户管至 L6），然后向北至 L7、L8、L9，再向南至 L10、L11、L12 的顺序计算，计算如下（见表 6-4～表 6-7）：

工程量计算书 **表 6-4**

项目名称		工程量计算式	计算结果
供水干管	±0.000 以下 *DN*40 热镀锌钢管（螺纹连接）	进户管：1.5（建筑物外墙皮外）+0.2（墙厚）+0.1（距墙面间距）+0.85（↑）	2.65m
	±0.000 以上 *DN*40 热镀锌钢管（螺纹连接）	3.2（↑）+5.12（→）（Ⓓ轴）	8.32m
	*DN*32 热镀锌钢管（螺纹连接）	22.77（→）（Ⓓ轴）	22.77m
	*DN*25 热镀锌钢管（螺纹连接）	15.58（Ⓓ轴上）+4.58（②轴）+6.25（男、女卫隔墙处）+1.2+4.63（至①轴）+9.73（①轴）	41.97m
	*DN*20 热镀锌钢管（螺纹连接）	4.66（Ⓓ轴）+2.76+0.81（②轴、Ⓔ轴）+6.9（①轴）+0.5×12（分支至各立管处）	21.13m
供水立支管	DN20 热镀锌钢管（螺纹连接）	L1：[0.2（向下预留）+7.8（↑）+0.72（散热器进水管距地面高度）−3.2]×2（双管系统）+1.5（单根支管平均长度）×2×3	20.04m
		L2、L3、L5：(7.8+0.72)×2×3(↑立管)+1.5×2×5×3(→支管)	96.12m
		L4、L8：(7.8+0.72)×2×2(↑)+1.5×2×6×2(→)	70.08m
		L6、L7、L9：(7.8+0.72)×2×3(↑)+1.5×2×3×3(→)	78.12m
		L10、L11、L12：(0.2+7.8+0.72-3.2)×2×3(↑)+1.5×2×4×3(→)	69.12m

续表

项目名称		工程量计算式	计算结果
回水干管	±0.000以下DN40热镀锌钢管（螺纹连接）	出户管：1.5(建筑物外墙皮外)+0.2(墙厚)+0.1(距墙面间距)+0.85(↓)	2.65m
	±0.000以上DN40热镀锌钢管（螺纹连接）	5.32（←）+3.2（↓）（Ⓓ轴）	8.52m
	DN32热镀锌钢管（螺纹连接）	0.5+1.09+43.30（←）+0.5+4.67+7.84+7.8+7.45（→）（Ⓓ轴）	73.15m
	DN25热镀锌钢管（螺纹连接）	15.38(Ⓓ轴上)+4.5(②轴)+6.25(男、女卫隔墙处)+1.87+4.0(至①轴)+16.26+0.5(①轴)	48.76m
	DN20热镀锌钢管（螺纹连接）	2.77+1.1(②轴、Ⓔ轴)+13.81(①轴)+0.5×12(分支至回水干管处)	23.68m
汇总	±0.000以下DN40热镀锌钢管（螺纹连接）	2.65+2.65	5.3m
	±0.000以上DN40热镀锌钢管（螺纹连接）	8.32+8.52	16.84m
	DN32热镀锌钢管（螺纹连接）	22.77+73.15	95.92m
	DN25热镀锌钢管（螺纹连接）	41.97+48.76	90.73m
	DN20热镀锌钢管（螺纹连接）	21.12+20.04+96.12+70.08+78.12+69.12+23.68	378.28m

分部分项工程和单价措施项目清单与计价表　　表6-5

工程名称：×××学校后勤服务楼采暖　　标段：　　第　页　共　页

序号	项目编码	项目名称	项目特征描述	计量单位	工程量	金额（元）		
						综合单价	合价	其中：暂估价
1	031001001001	镀锌钢管	1. 安装部位：室内 2. 介质：热媒体 3. 规格、压力等级：DN40 4. 连接形式：丝接 5. 压力试验、水冲洗：按规范要求	m	22.14			
2	031001001002	镀锌钢管	1. 安装部位：室内 2. 介质：热媒体 3. 规格、压力等级：DN32 4. 连接形式：丝接 5. 压力试验、水冲洗：按规范要求	m	95.92			

续表

<table>
<tr><th rowspan="2">序号</th><th rowspan="2">项目编码</th><th rowspan="2">项目名称</th><th rowspan="2">项目特征描述</th><th rowspan="2">计量单位</th><th rowspan="2">工程量</th><th colspan="3">金额（元）</th></tr>
<tr><th>综合单价</th><th>合价</th><th>其中：暂估价</th></tr>
<tr><td>3</td><td>031001001003</td><td>镀锌钢管</td><td>1. 安装部位：室内
2. 介质：热媒体
3. 规格、压力等级：DN25
4. 连接形式：丝接
5. 压力试验、水冲洗：按规范要求</td><td>m</td><td>90.73</td><td></td><td></td><td></td></tr>
<tr><td>4</td><td>031001001004</td><td>镀锌钢管</td><td>1. 安装部位：室内
2. 介质：热媒体
3. 规格、压力等级：DN20
4. 连接形式：丝接
5. 压力试验、水冲洗：按规范要求</td><td>m</td><td>378.28</td><td></td><td></td><td></td></tr>
<tr><td colspan="7">本页小计</td><td></td><td></td></tr>
<tr><td colspan="7">合计</td><td></td><td></td></tr>
</table>

工程量清单综合单价分析表 **表 6-6**

工程名称：×××学校后勤服务楼采暖　　标段：　　第　页　共　页

<table>
<tr><td>项目编码</td><td colspan="2">031001001001</td><td colspan="2">项目名称</td><td colspan="2">镀锌钢管</td><td colspan="2">计量单位</td><td>m</td><td>工程量</td><td>22.14</td></tr>
<tr><td colspan="12">清单综合单价组成明细</td></tr>
<tr><td rowspan="2">定额编号</td><td rowspan="2">定额名称</td><td rowspan="2">定额单位</td><td rowspan="2">数量</td><td colspan="4">单价（元）</td><td colspan="4">合价（元）</td></tr>
<tr><td>人工费</td><td>材料费</td><td>机械费</td><td>管理费和利润</td><td>人工费</td><td>材料费</td><td>机械费</td><td>管理费和利润</td></tr>
<tr><td>C8-20</td><td>室内镀锌钢管（螺纹连接）安装公称直径（mm 以内）40</td><td>10m</td><td>0.1</td><td>183.4</td><td>27.17</td><td>1.03</td><td>81.01</td><td>18.34</td><td>2.72</td><td>0.1</td><td>8.1</td></tr>
<tr><td colspan="3">人工单价</td><td colspan="5">小计</td><td>18.34</td><td>2.72</td><td>0.1</td><td>8.1</td></tr>
<tr><td colspan="3">定额工日：70 元/工日</td><td colspan="5">未计价材料费</td><td colspan="4">20.15</td></tr>
<tr><td colspan="8">清单项目综合单价</td><td colspan="4">49.4</td></tr>
<tr><td rowspan="5">材料费明细</td><td colspan="5">主要材料名称、规格、型号</td><td>单位</td><td>数量</td><td>单价（元）</td><td>合价（元）</td><td>暂估单价（元）</td><td>暂估合价（元）</td></tr>
<tr><td colspan="5">镀锌钢管接头 DN40 室内</td><td>个</td><td>0.716</td><td>2.81</td><td>2.01</td><td></td><td></td></tr>
<tr><td colspan="5">热镀锌钢管 DN40</td><td>m</td><td>1.02</td><td>19.75</td><td>20.15</td><td></td><td></td></tr>
<tr><td colspan="7">其他材料费</td><td>—</td><td></td><td>—</td><td></td></tr>
<tr><td colspan="7">材料费小计</td><td>—</td><td>22.16</td><td>—</td><td></td></tr>
</table>

注：1. 如不使用升级或行业建设主管部门发布的计价依据，可不填定额项目、编号等；
2. 招标文件提供了暂估单价的材料，按暂估的单价填入表内“暂估单价”栏及“暂估合价”栏。

工程量清单综合单价分析表　　表 6-7

工程名称：×××学校后勤服务楼采暖　　标段：　　第　页　共　页

项目编码	031001001004	项目名称		镀锌钢管		计量单位		m	工程量	378.28
清单综合单价组成明细										
定额编号	定额名称	定额单位	数量	单价（元）				合价（元）		
				人工费	材料费	机械费	管理费和利润	人工费	材料费	机械费	管理费和利润
C8-17	室内镀锌钢管（螺纹连接）安装公称直径（mm以内）20	10m	0.1	128.1	21.36		56.59	12.81	2.14		5.66
人工单价		小计						12.81	2.14		5.66
定额工日：70元/工日		未计价材料费						10.71			
清单项目综合单价								31.32			
材料费明细	主要材料名称、规格、型号				单位	数量		单价（元）	合价（元）	暂估单价（元）	暂估合价（元）
	管卡子（单立管）*DN*25				个	0.129		0.3	0.04		
	管子托钩 *DN*20				个	0.144		0.6	0.09		
	镀锌钢管接头 *DN*20 室内				个	1.152		0.97	1.12		
	热镀锌钢管 *DN*20				m	1.02		10.5	10.71		
	其他材料费							—		—	
	材料费小计							—	11.95	—	

注：1. 如不使用升级或行业建设主管部门发布的计价依据，可不填定额项目、编号等；
2. 招标文件提供了暂估单价的材料，按暂估的单价填入表内“暂估单价”栏及“暂估合价”栏。

6.2.2 塑料管

知识构成

1. 工程量清单项目设置（见表 6-8）

塑料管工程量清单项目设置　　表 6-8

项目编码	项目名称	项目特征	计量单位	工程量计算规则	工作内容
031001006	塑料管	1. 安装部位 2. 介质 3. 材质、规格 4. 连接形式 5. 阻火圈设计要求 6. 压力试验及吹、洗设计要求 7. 警示带形式	m	按设计图示管道中心线以长度计算	1. 管道安装 2. 管件安装 3. 塑料卡固定 4. 阻火圈安装 5. 压力试验 6. 吹扫、冲洗 7. 警示带铺设

2. 塑料管清单项目注释

（1）项目编码及项目名称

编写方法：031001006 001 塑料管。

（2）项目特征描述

1）安装部位：室内、室外。

2）介质：给水、排水、中水、雨水、空调水等。

3）材质、规格：塑料管安装适用于UPVC、PVC、PP-C、PP-R、PE、PB管等塑料管材。规格按设计图纸尺寸确定。

4）连接形式：热熔、密封胶圈、粘接和法兰连接等。

5）阻火圈设计要求：高层建筑物内管径大于等于110mm的明设立管以及穿越墙体处的横管应按设计要求设置阻火圈或防火套管，阻火圈或防火套管主要由金属外壳和热膨胀芯材组成，安装时套在UPVC管的管壁上，固定于楼板或墙体部位。火灾发生时，阻火圈内芯材受热后急剧膨胀，并向内挤压塑料管壁，在短时间内封堵住洞口，起到阻止火势蔓延的作用。

3. 工程量计算时应注意事项

塑料管包括多种塑料管材，不同管材的连接方式不同，热熔连接是塑料管道（如PE管、PP-R管）常用的一种连接方法，PVC管的连接方式主要有密封胶圈、粘接和法兰连接三种。管径大于等于100mm的管道一般采用胶圈接口；管径小于100mm的管道则一般采用粘接接头，也有部分采用活接头。管道在跨越下水道或其他管道时，一般都使用金属管，这时塑料管与金属管采用法兰连接。阀门前后与管道的连接也都是采用法兰连接。任务6.1资料图纸中，排水立管采用UPVC螺旋消音管挤压橡胶密封圈连接，排水支管、通气立管及出户管道采用普通UPVC排水管，粘接，排水支管接入立管时必须采用挤压密封圈接头连接。计算时要注意分别列项。

知识拓展

1. 定额中已包括的工作内容及未计价材

塑料排水管均包括管卡及托吊支架、臭气帽、雨水漏斗制作安装。但未包括雨水漏斗的本身价格雨水漏斗及雨水管件按设计量另计主材价格。

在排水管道安装定额子目中，塑料管项目中塑料管及管件均为未计价材，而铸铁管项目中仅铸铁管为未计价材，在编制预算时应注意区分。

2. 工程量计算要领

当塑料管用于给水管道时，计算要领参考6.2.1镀锌钢管项目，用于排水管道时，计算管道安装工程量，首先弄清卫生器具成组安装中包括了哪部分排水管道，然后按排水立管的编号或排出管的编号顺序，先计算各排出管、立管长度，再计算各立管或排出管上的横管、横支管、立支管的长度。

（1）排出管安装长度的计算

排出管的安装长度应计算至室外第一个检查井。如果施工图上未标示出检查井，则排出管的安装长度可计算至建筑物外墙皮3.0m处。

（2）排水立管的安装长度计算

排水立管的安装长度计算方法是先看立管有无变径。当有变径时，先确定变径点的位置，然后按排水系统图上的标高计算各段立管的长度。

（3）排水横支管及横管的长度

排水横管的长度应按平面图上所标注的尺寸进行计算，或直接从平面图上度量。对于横支管长度，平面图不一定能准确地反映出来，因此，应按卫生器具安装详图或标准图上的尺寸计算。

（4）排水立支管的安装长度计算

排水立支管是指卫生器具下面除去卫生器具成组安装已包括的排水管部分所剩余的排水短立管的长度。

排水立支管的长度应按其上下端高差计算，即按卫生器具与排水管道分界点处的标高与排水横管标高的差进行计算，当施工图所标注的尺寸不全时，可按实际情况进行计算。一般情况下，排水立支管的长度按400～500mm计算。

课堂活动

1. 根据任务6.1图纸资料完成图纸中塑料排水管清单工程量计算（表6-9）。
2. 核对工程量。
3. 根据本地区规定填写相应清单与计价表格（表6-10）。
4. 根据本地区消耗量定额及计费规定编制清单项目综合单价分析表（表6-11、表6-12）。

工程量计算书 **表6-9**

项目名称		工程量计算式	计算结果
W1系统	立管UPVC螺旋消音排水管 *De*160（挤压橡胶密封圈连接）	3（建筑物外墙皮外）+0.2（墙厚）+0.17（距墙面间距）	3.37m
	立管UPVC螺旋消音排水管 *De*110（挤压橡胶密封圈连接）	1.2+7.78−0.65（↑）	8.33m
	UPVC排水管 *De*110（粘接）	11.7−7.78+0.65+0.7（↑通气管）+0.38+1.1×2+0.7（一层横管）+0.4×4（↑支管）+[0.28+0.9×3（二、三层横管）+0.65×4（支管）]×2（两层）	26.96m
	UPVC排水管 *De*75（粘接）	0.8×2（横管）×2（两层）	3.2m
	UPVC排水管 *De*50（粘接）	1.35（一层横管）+0.4（↑一层支管）+[0.2+0.2+0.45+0.8+0.45（二、三层横管）+0.65×6（支管）]×2（两层）	13.75m
W2系统	立管UPVC螺旋消音排水管 *De*160（挤压橡胶密封圈连接）	3（建筑物外墙皮外）+0.2（墙厚）+0.17（距墙面间距）	3.37m
	立管UPVC螺旋消音排水管 *De*110（挤压橡胶密封圈连接）	1.2+7.78−0.65（↑）	8.33m
	UPVC排水管 *De*110（粘接）	11.7−7.78+0.65+0.7（↑通气管）+0.38+1.1×2+0.7（一层横管）+0.4×4（↑支管）+[0.28+0.9×2（二、三层横管）+0.65×3（支管）]×2（两层）	18.21m

续表

项目名称		工程量计算式	计算结果
W2系统	UPVC 排水管 De75（粘接）	0.8+0.7+0.35×2+0.45+0.2（横管）×2（两层）	3.05m
	UPVC 排水管 De50（粘接）	0.95+0.35×2+0.45（一层横管）+0.4×4（↑一层支管）+[0.45+0.4+0.4+0.45（二、三层横管）+0.65×8（支管）]×2（两层）	17.5m
W3系统	UPVC 排水管 De110（粘接）	3+0.2+2.85×2(一层横管)+1.2(↑支管)	10.1m
	UPVC 排水管 De50（粘接）	0.85+0.4+0.7+0.8+0.4+0.65+0.6+0.45+0.35+0.2（一层横管）+1.2×9（↑支管）	16.2m
汇总	UPVC 螺旋消音排水管 De160（挤压橡胶密封圈连接）	3.37+3.37	6.74m
	UPVC 螺旋消音排水管 De110（挤压橡胶密封圈连接）	8.33+8.33	16.66m
	UPVC 排水管 De110（粘接）	26.96+18.21+10.1	55.27m
	UPVC 排水管 De75（粘接）	3.2+3.05	6.25m
	UPVC 排水管 De50（粘接）	13.75+17.5+16.2	47.45m

分部分项工程和单价措施项目清单与计价表 **表 6-10**

工程名称：×××学校后勤服务楼给排水　　标段：　　第　页　共　页

序号	项目编码	项目名称	项目特征描述	计量单位	工程量	金额（元）		
						综合单价	合价	其中：暂估价
1	031001006001	塑料管	1. 安装部位：室内 2. 介质：排水 3. 材质、规格：UPV 螺旋消音管 De160 4. 连接形式：挤压橡胶密封圈 5. 阻火圈设计要求：按图纸要求 6. 闭水、通球试验：按规范要求	m	6.74			
2	031001006002	塑料管	1. 安装部位：室内 2. 介质：排水 3. 材质、规格：UPV 螺旋消音管 De110 4. 连接形式：挤压橡胶密封圈 5. 阻火圈设计要求：按图纸要求 6. 闭水、通球试验：按规范要求	m	16.66			

续表

序号	项目编码	项目名称	项目特征描述	计量单位	工程量	金额（元）		
						综合单价	合价	其中：暂估价
3	031001006003	塑料管	1. 安装部位：室内 2. 介质：排水 3. 材质、规格：UP-VC *De*110 4. 连接形式：粘接 5. 阻火圈设计要求：按图纸要求 6. 闭水、通球试验：按规范要求	m	55.27			
4	031001006004	塑料管	1. 安装部位：室内 2. 介质：排水 3. 材质、规格：UP-VC *De*75 4. 连接形式：粘接 5. 阻火圈设计要求：按图纸要求 6. 闭水、通球试验：按规范要求	m	6.25			
5	031001006005	塑料管	1. 安装部位：室内 2. 介质：排水 3. 材质、规格：UP-VC *De*50 4. 连接形式：粘接 5. 阻火圈设计要求：按图纸要求 6. 闭水、通球试验：按规范要求	m	47.45			
本页小计								
合计								

工程量清单综合单价分析表　　　　表 6-11

工程名称：×××学校后勤服务楼给排水　　　　标段：　　　　第　页　共　页

项目编码	031001006002		项目名称		塑料管		计量单位		m	工程量	16.66
清单综合单价组成明细											
定额编号	定额名称	定额单位	数量	单价（元）				合价（元）			
				人工费	材料费	机械费	管理费和利润	人工费	材料费	机械费	管理费和利润
C8-240	室内承插塑料排水管（零件粘接）安装公称直径（mm 以内）100	10m	0.1	161.7	38.75	0.53	71.73	16.17	3.88	0.05	7.17
C8-314	排水管阻火圈安装管外径（mm 以内）110	10 个	0.012	70	6.18		30.92	0.84	0.07		0.37
人工单价			小计					17.01	3.95	0.05	7.54
定额工日：70 元/工日			未计价材料费					41.35			
清单项目综合单价								69.9			

续表

	主要材料名称、规格、型号	单位	数量	单价（元）	合价（元）	暂估单价（元）	暂估合价（元）
材料费明细	挤压橡胶密封圈塑料排水管接头 *De*110 室内	个	1.138	9.5	10.81		
	UPVC 螺旋消音排水管 *De*110	m	0.852	32.7	27.86		
	阻火圈 *DN*100	个	0.12	22.3	2.68		
	其他材料费			—	1.44	—	
	材料费小计			—	42.79	—	

注：1. 如不使用升级或行业建设主管部门发布的计价依据，可不填定额项目、编号等；
2. 招标文件提供了暂估单价的材料，按暂估的单价填入表内“暂估单价”栏及“暂估合价”栏。

工程量清单综合单价分析表 **表 6-12**

工程名称：×××学校后勤服务楼给排水 标段： 第 页 共 页

项目编码	031001006005		项目名称		塑料管		计量单位		m	工程量	47.45
清单综合单价组成明细											
定额编号	定额名称	定额单位	数量	单价（元）				合价（元）			
				人工费	材料费	机械费	管理费和利润	人工费	材料费	机械费	管理费和利润
C8-238	室内承插塑料排水管（零件粘接）安装公称直径（mm 以内）50	10m	0.1	106.4	19.12	0.53	47.31	10.64	1.91	0.05	4.73
人工单价			小计					10.64	1.91	0.05	4.73
定额工日：70 元/工日			未计价材料费					18.37			
清单项目综合单价								35.7			
材料费明细	主要材料名称、规格、型号				单位	数量		单价（元）	合价（元）	暂估单价（元）	暂估合价（元）
	承插塑料排水管接头 *DN*50 室内				个	0.902		4.5	4.06		
	UPVC 排水管 *DN*50 承插				m	0.967		14.8	14.31		
	其他材料费							—	0.62	—	
	材料费小计							—	18.99	—	

注：1. 如不使用升级或行业建设主管部门发布的计价依据，可不填定额项目、编号等；
2. 招标文件提供了暂估单价的材料，按暂估的单价填入表内“暂估单价”栏及“暂估合价”栏。

6.2.3 复合管

知识构成

1. 工程量清单项目设置（见表 6-13）

复合管工程量清单项目设置 **表 6-13**

项目编码	项目名称	项目特征	计量单位	工程量计算规则	工作内容
031001007	复合管	1. 安装部位 2. 介质 3. 材质、规格 4. 连接形式 5. 压力试验及吹、洗设计要求 6. 警示带形式	m	按设计图示管道中心线以长度计算	1. 管道安装 2. 管件安装 3. 塑料卡固定 4. 压力试验 5. 吹扫、冲洗 6. 警示带铺

2. 复合管清单项目注释

（1）项目编码及项目名称

编写方法：031001007 001 复合管。

（2）项目特征描述

1）安装部位：指管道安装在室内、室外。

2）输送介质：包括给水、热媒体、消防、空调水等。

3）材质、规格：复合管安装适用于钢塑复合管、铝塑复合管、钢骨架复合管等复合型管道安装。规格按设计图纸尺寸确定。

4）连接形式：夹紧式、热熔式、电熔合、螺纹、法兰、沟槽连接等。

3. 工程量计算时应注意事项

复合管的种类比较多，连接形式也多样，例如钢塑复合管用铜配件丝扣连结、铝塑复合管用夹紧式铜配件连结、钢骨架 PE 管用法兰连结、涂塑钢管用热熔连接及新型涨压式管的连接结构等。不同的连接方式造价不同，工程量要分别计算。

知识拓展

1. 计算时要注意定额中不包括以下工作内容，应另行计算

（1）室内外管道沟土方及管道基础，应执行土建工程预算定额；

（2）管道安装中不包括法兰、阀门及伸缩器的制作安装，按相应定额子目另计；

（3）*DN*32 以上的钢管支架按管道支架另计。

2. 工程量计算要领

复合管道计算要领参考 6.2.1 镀锌钢管、钢管工程量计算。

课堂活动

1. 根据任务 6.1 图纸资料完成图纸中复合给水管清单工程量计算（表 6-14）。
2. 核对工程量。
3. 根据本地区规定填写相应清单与计价表格（表 6-15）。
4. 根据本地区消耗量定额及计费规定编制清单项目综合单价分析表（表 6-16、表 6-17）。

工程量计算书　　**表 6-14**

项目名称		工程量计算式	计算结果
J-1系统	±0.000 以下 *De*63 铝合金衬塑管（热熔连接）	进户管：1.5（建筑物外墙皮外）+0.2（墙厚）+0.17（距墙面间距）+1.15（↑）	3.02m
	±0.000 以上 *De* 63 铝合金衬塑管（热熔连接）	7.78+0.8(↑)+2.45(→一层)+[2.45+0.4+0.28×2(→)+(1.2-0.8)×2(↑)]×2(二、三层)	19.45m
	*De*50 铝合金衬塑管（热熔连接）	0.4+0.38+1.1(→)+0.4×2(↑)(一层)+1.1×2×2(二、三层)	7.08m
	*De*40 铝合金衬塑管（热熔连接）	1.1+1.1(→)(一层)+1.1×2(二、三层)	4.4m

续表

	项目名称	工程量计算式	计算结果
J-1系统	*De*32 铝合金衬塑管（热熔连接）	5.05－0.27＋0.2＋0.45（→）＋0.8－0.25（↓）（一层）＋1.1×2（二、三层）	8.18m
	*De*25 铝合金衬塑管（热熔连接）	0.6＋1.35＋0.4＋0.7(→)＋0.45－0.25(↑)＋0.7－0.2(一层)＋[0.7×2＋0.45＋0.2＋0.45(→)＋1.2－0.45(↓)＋0.8＋0.8＋0.2＋0.2＋0.45(→)＋1.2－0.45(↓)]×2(二、三层)＋(1.2－0.6)×20(大便器支管)	28.65m
	*De*20 铝合金衬塑管（热熔连接）	0.45－0.2＋0.4＋0.65＋0.8＋1.35＋1.3－0.2＋0.4－0.2＋3.35＋1.3＋0.2＋0.85＋0.4(一层)＋(7.2－0.27－0.4＋0.8×2)×2(二、三层)＋(1.2－1)×6(小便器支管)	23.21m

分部分项工程和单价措施项目清单与计价表 **表 6-15**

工程名称：×××学校后勤服务楼　　标段：　　第　页　共　页

序号	项目编码	项目名称	项目特征描述	计量单位	工程量	金额（元）		
						综合单价	合价	其中：暂估价
1	031001007003	复合管	1. 安装部位：室内 2. 介质：给水 3. 材质、规格：铝合金衬塑管 *De*63 4. 连接形式：热熔连接 5. 压力试验、水冲洗：按规范要求	m	22.47			
2	031001007004	复合管	1. 安装部位：室内 2. 介质：给水 3. 材质、规格：铝合金衬塑管 *De*50 4. 连接形式：热熔连接 5. 压力试验、水冲洗：按规范要求	m	7.08			
3	031001007005	复合管	1. 安装部位：室内 2. 介质：给水 3. 材质、规格：铝合金衬塑管 *De*40 4. 连接形式：热熔连接 5. 压力试验、水冲洗：按规范要求	m	4.4			

续表

序号	项目编码	项目名称	项目特征描述	计量单位	工程量	金额（元）		
						综合单价	合价	其中：暂估价
4	031001007006	复合管	1. 安装部位：室内 2. 介质：给水 3. 材质、规格：铝合金衬塑管 *De*32 4. 连接形式：热熔连接 5. 压力试验、水冲洗：按规范要求	m	8.18			
5	031001007007	复合管	1. 安装部位：室内 2. 介质：给水 3. 材质、规格：铝合金衬塑管 *De*25 4. 连接形式：热熔连接 5. 压力试验、水冲洗：按规范要求计	m	28.65			
6	031001007008	复合管	1. 安装部位：室内 2. 介质：给水 3. 材质、规格：铝合金衬塑管 *De*20 4. 连接形式：热熔连接 5. 压力试验、水冲洗：按规范要求	m	23.21			
本页小计								
合计								

工程量清单综合单价分析表 表6-16

工程名称：×××学校后勤服务楼给排水　　标段：　　第　页　共　页

项目编码		031001007003		项目名称	复合管	计量单位		m	工程量		22.47
清单综合单价组成明细											
定额编号	定额名称	定额单位	数量	单价（元）				合价（元）			
				人工费	材料费	机械费	管理费和利润	人工费	材料费	机械费	管理费和利润
C8-271	室内给水衬塑铝合金复合管安装公称直径（mm以内）65	10m	0.1	153.3	5.23	0.91	67.72	15.33	0.52	0.09	6.77
人工单价			小计					15.33	0.52	0.09	6.77
定额工日：70元/工日			未计价材料费					39.22			
清单项目综合单价								61.93			

续表

材料费明细	主要材料名称、规格、型号	单位	数量	单价（元）	合价（元）	暂估单价（元）	暂估合价（元）
	衬塑铝合金给水管 *De*63 室内	m	1.02	38.45	39.22		
	其他材料费			—	0.23	—	
	材料费小计			—	39.44	—	

注：1. 如不使用升级或行业建设主管部门发布的计价依据，可不填定额项目、编号等；

2. 招标文件提供了暂估单价的材料，按暂估的单价填入表内“暂估单价”栏及“暂估合价”栏。

工程量清单综合单价分析表 **表 6-17**

工程名称：×××学校后勤服务楼　　标段：　　第　页　共　页

项目编码	031001007007		项目名称		复合管		计量单位		m	工程量	28.65
清单综合单价组成明细											
定额编号	定额名称	定额单位	数量	单价（元）				合价（元）			
				人工费	材料费	机械费	管理费和利润	人工费	材料费	机械费	管理费和利润
C8-267	室内给水衬塑铝合金复合管安装公称直径（mm以内）25	10m	0.1	140	5.82	0.37	61.84	14	0.58	0.04	6.18
人工单价			小计					14	0.58	0.04	6.18
定额工日：70元/工日			未计价材料费					17.79			
清单项目综合单价								38.59			

材料费明细	主要材料名称、规格、型号	单位	数量	单价（元）	合价（元）	暂估单价（元）	暂估合价（元）
	衬塑铝合金给水管 *DN*25 室内	m	1.02	17.44	17.79		
	其他材料费			—	0.19	—	
	材料费小计			—	17.98	—	

注：1. 如不使用升级或行业建设主管部门发布的计价依据，可不填定额项目、编号等；

2. 招标文件提供了暂估单价的材料，按暂估的单价填入表内“暂估单价”栏及“暂估合价”栏。

任务 6.3　支架及其他

任务描述

支架及其他清单共设置管道支架、设备支架、套管三个清单项目。

完成本任务的学习后，学习者应能按照施工图纸计算以上项目的工程量，编制工程量清单；进行工程量清单计价。

本任务工程案例以×××学校后勤服务楼给排水、采暖施工图为例，通过学习相关知识，根据该图所表达的工程内容，正确编制出相应工程量清单并进行工程量清单计价。

准备活动：课前准备好全套造价计价表格，清单指引及综合定额。

6.3.1　管道支架

知识构成

1. 工程量清单项目设置及工程量计算规则（表6-18）

管道支架工程量清单项目设置　　表6-18

项目编码	项目名称	项目特征	计量单位	工程量计算规则	工作内容
031002001	管道支架	1. 材质 2. 管架形式	1. kg 2. 套	1. 以千克计量，按设计图示质量计算； 2. 以套计量，按设计图示数量计算	1. 制作 2. 安装

2. 管道支架清单项目注释

（1）项目编码及项目名称

编写方法：031002001 001 管道支架。

（2）项目特征

1）材质：型钢、塑料，尼龙，铝合金，钢管等。

2）管架形式：滑动支架、固定支架、导向支架及吊架等。

3. 工程量计算时应注意事项

（1）单件支架质量100kg以上的管道支吊架执行设备支吊架制作安装。

（2）成品支架安装执行相应管道支架或设备支架项目，不再计取制作费，支架本身价值含在综合单价中。

知识拓展

1. 定额工程量计算规则：管道支架制作安装，室内管道公称直径32mm以下的安装工程已包括在内，不得另行计算。公称直径32mm以上的，管道金属支架按设计图示质量以“kg”为计量单位。

2. 工程量计算要领：计算管道支架的制作与安装重量时，首先要弄清支架架设的部位（支架的种类），各类支架的数量以及每个支架的重量。

（1）支架数量的计算

支架的个数＝某规格的管道长度÷该规格管道支架的间距

计算的得数有小数时就进1取整。

（2）管道支架的间距的确定

1）钢管水平安装的支、吊架间距不应大于表6-19的规定。

钢管管道支架的最大间距　　表 6-19

公称直径（mm）		15	20	25	32	40	50	70	80	100	125	150	200	250	300
支架最大间距	保温管	2	2.5	2.5	2.5	3	3	4	4	4.5	6	7	7	8	8.5
	不保温管	2.5	3	3.5	4	4.5	5	6	6	6.5	7	8	9.5	11	12

2）采暖、给水及热水供应系统的塑料管及复合管垂直或水平安装的支架间距应符合表 6-20 的规定。采用金属制作的管道支架，应在管道与支架间加衬非金属垫或套管。

塑料管及复合管管道支架的最大间距　　表 6-20

公称直径（mm）			12	14	16	18	20	25	32	40	50	63	75	90	110
支架最大间距（m）	立管		0.5	0.6	0.7	0.8	0.9	1.0	1.1	1.3	1.6	1.8	2.0	2.2	2.4
	水平管	冷水管	0.4	0.4	0.5	0.5	0.6	0.7	0.8	0.9	1.0	1.1	1.2	1.35	1.55
		热水管	0.2	0.2	0.25	0.3	0.3	0.35	0.4	0.5	0.6	0.7	0.8		

3）铜管垂直水平安装的支架间距应符合表 6-21 的规定。

铜管垂直水平安装支架的最大间距　　表 6-21

公称直径（mm）		15	20	25	32	40	50	65	80	100	125	150	200
支架最大间距（m）	垂直管	1.8	2.4	2.4	3.0	3.0	3.0	3.5	3.5	3.5	3.5	4.0	4.0
	水平管	1.2	1.8	1.8	2.4	2.4	2.4	3.0	3.0	3.0	3.0	3.5	3.5

（3）各种管道支架的重量

1）沿墙安装的不保温水平管道托钩式支架

图 6-21 为沿墙托钩式支架的安装示意图。支架的规格、重量详见表 6-22。

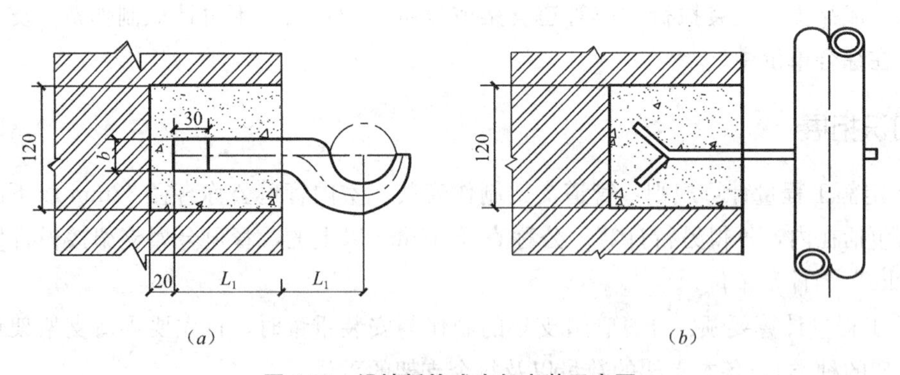

图 6-21　沿墙托钩式支架安装示意图

（*a*）立面；（*b*）平面

砖墙上托钩式支架的规格及质量表　　表 6-22

公称直径（mm）	15	20	25	32	40	50	70	80
规格	15×5	15×5	15×5	20×6	20×6	20×6	25×8	25×8
全长 L（mm）	198	208	217	234	245	264	293	315
质量（kg）	0.12	0.12	0.13	0.22	0.23	0.25	0.46	0.49

2）混凝土墙、砖墙上的单管立式支架

图6-22所示为单管立式支架标准图（一）。安装在混凝土墙、砖墙上的单管立式支架（一）主材规格及重量详见表6-23。

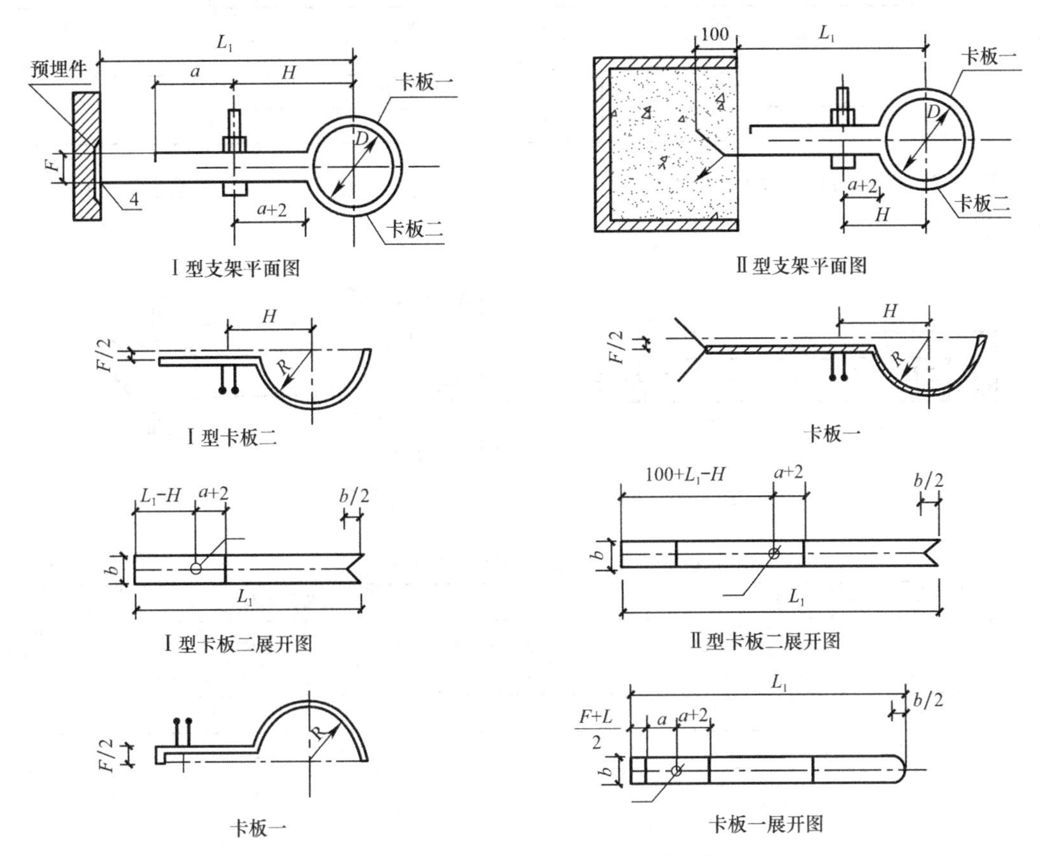

图6-22　单管立式支架（一）安装示意图

单管立式支架（一）主材规格及质量表　　表6-23

公称直径（mm）	扁钢					六角带帽螺栓带垫		单个支架的质量（kg）	
保温	规格	展开（mm）		质量（kg）					
不保温		Ⅰ型	Ⅱ型	Ⅰ型	Ⅱ型	规格（套）	质量（kg）	Ⅰ型	Ⅱ型
15	30×3	237	337	0.17	0.24	M8×40	0.03	0.20	0.27
15	25×3	195	295	0.12	0.17	M8×40	0.03	0.15	0.20
20	30×3	251	351	0.18	0.25	M8×40	0.03	0.21	0.28
20	25×3	219	319	0.13	0.19	M8×40	0.03	0.16	0.22
25	35×3	282	382	0.23	0.31	M8×40	0.03	0.26	0.34
25	25×3	237	337	0.14	0.20	M8×40	0.03	0.17	0.23
32	35×3	316	416	0.35	0.46	M10×45	0.05	0.40	0.51
32	25×3	270	370	0.16	0.22	M8×40	0.03	0.19	0.25
40	35×4	342	442	0.38	0.49	M10×45	0.05	0.43	0.54
40	25×3	296	396	0.17	0.23	M8×40	0.03	0.20	0.26
50	35×4	374	474	0.41	0.52	M10×45	0.05	0.46	0.57
50	25×3	327	427	0.19	0.25	M8×40	0.03	0.22	0.28

续表

公称直径（mm）	扁钢					六角带帽螺栓带垫		单个支架的质量（kg）	
保温	规格	展开（mm）		质量（kg）					
不保温		Ⅰ型	Ⅱ型	Ⅰ型	Ⅱ型	规格（套）	质量（kg）	Ⅰ型	Ⅱ型
70	40×4	430	530	0.54	0.66	M10×45	0.05	0.59	0.71
70	25×3	379	479	0.22	0.28	M8×40	0.03	0.25	0.31
80	45×4	475	575	0.67	0.81	M10×45	0.05	0.72	0.86
80	30×3	436	536	0.31	0.38	M8×40	0.03	0.34	0.41

图 6-23 所示为单管立式支架（二），它适用于固定立管的安装。支架规格、重量详见表 6-24。

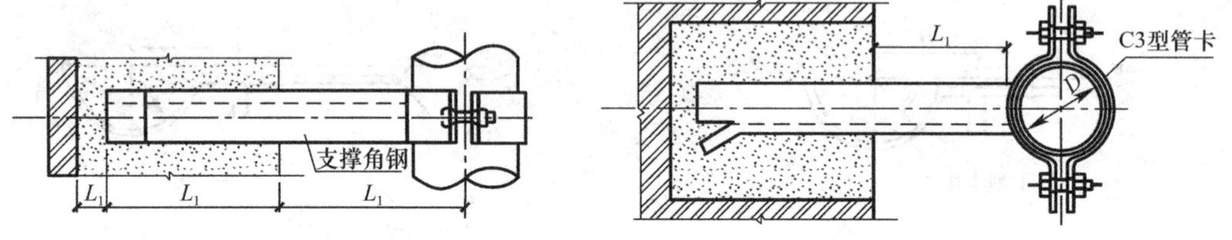

图 6-23　单管立式支架（二）安装示意图

单管立式支架（二）主材规格及质量表　　表 6-24

公称直径（mm）	支撑角钢			扁钢管卡			六角带帽螺栓带垫			每个支架的质量(kg/个)
	规格	长度（mm）	质量（kg）	规格	长度（mm）	质量（kg）	规格	数量（套）	质量（kg）	
50	30×4	184	0.33	30×4	394	0.38	M10×45	2	0.11	0.82
70	30×4	186	0.33	40×4	480	0.60	M12×50	2	0.16	1.09
80	36×4	200	0.43	40×4	520	0.66	M12×50	2	0.16	1.25
100	36×4	227	0.49	40×4	600	0.76	M12×50	2	0.16	1.41
125	40×4	234	0.57	50×6	768	1.80	M16×60	2	0.34	2.71
150	40×4	321	0.78	50×6	846	2.00	M16×60	2	0.34	3.12
200	40×4	324	0.79	50×6	1008	2.38	M16×60	2	0.34	3.51

3）沿墙安装的单管托架

图 6-24 所示为沿墙安装的单管托架，它适用于水平的固定支架。支架规格、重量详见表 6-25。

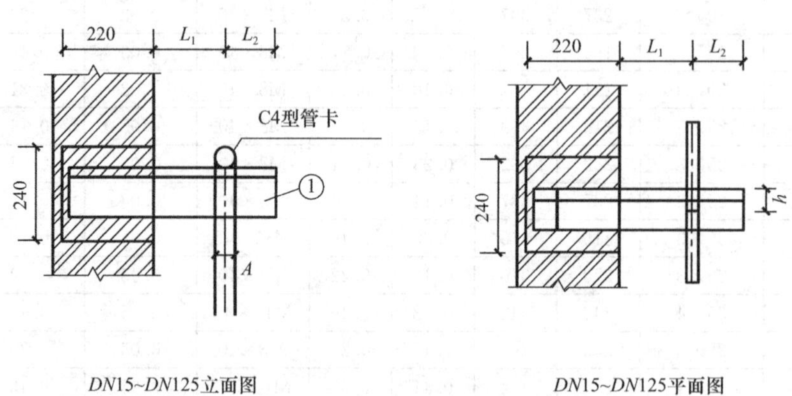

图 6-24　沿墙安装的单管托架安装示意图

沿墙安装的单管托架主材规格及质量表　　　　表 6-25

公称直径（mm）保温/不保温	支撑角钢 规格	长度（mm）	质量（kg）	圆钢管卡 规格	长度（mm）	质量（kg）	螺母、垫圈 规格	质量（kg）	每个支架的质量（kg/个）
15	40×4	370	0.90	8	152	0.06	M8	0.02	0.98
	40×4	330	0.80						0.88
20	40×4	370	0.90	8	160	0.06	M8	0.02	0.98
	40×4	340	0.82						0.90
25	40×4	390	0.94	8	181	0.07	M8	0.02	1.03
	40×4	350	0.85						0.94
32	40×4	390	0.94	8	205	0.08	M8	0.02	1.04
	40×4	360	0.87						0.97
40	40×4	400	0.97	8	224	0.09	M8	0.02	1.08
	40×4	370	0.90						1.01
50	40×4	410	0.99	8	253	0.10	M8	0.02	1.11
	40×4	380	0.92						1.04
70	40×4	430	1.04	10	301	0.19	M10	0.03	1.26
	40×4	400	0.97						1.19
80	40×4	450	1.09	10	342	0.21	M10	0.03	1.33
	40×4	430	1.04						1.28
100	50×5	480	1.81	10	403	0.25	M10	0.03	2.09
	50×5	450	1.70						1.98
125	50×5	510	1.92	10	477	0.42	M12	0.04	2.38
	50×5	490	1.85						2.31

课堂活动

1. 根据任务6.1图纸资料中复合给水管的工程量，计算复合给水管道支架的清单工程量（表6-26）。

2. 核对工程量。

3. 根据本地区规定填写相应清单与计价表格（表6-27）。

4. 根据本地区消耗量定额及计费规定编制清单项目综合单价分析表。

计算如下：

工程量计算书　　　　表 6-26

项目名称	工程量计算式	计算结果
复合给水管道支架的制作与安装	8.58÷1.8×1.09（↑）+10.87÷1.1×0.25+7.08÷1.0×0.23+4.4÷0.9×0.22+8.18÷0.8×0.13+28.65÷0.7×0.12+23.21÷0.7×0.12	20.59kg

分部分项工程和单价措施项目清单与计价表　　表 6-27

工程名称：×××学校后勤服务楼给排水　　标段：　　第　页　共　页

序号	项目编码	项目名称	项目特征描述	计量单位	工程量	金额（元）		
						综合单价	合价	其中：暂估价
1	031002001001	管道支架	1. 材质：型钢 2. 管架形式：一般管道支架	kg	20.59			

6.3.2　套管

知识构成

1. 工程量清单项目设置及工程量计算规则（表 6-28）

套管工程量清单项目设置　　表 6-28

项目编码	项目名称	项目特征	计量单位	工程量计算规则	工作内容
031002003	套管	1. 名称、类型 2. 材质 3. 规格 4. 填料材质	个	按设计图示数量计算	1. 制作 2. 安装 3. 除锈、刷油

2. 套管清单项目注释

（1）项目编码及项目名称

编写方法：031002003 001 套管。

（2）项目特征描述

1）名称、类型：一般套管、柔性防水套管、刚性防水套管。

2）材质：碳钢管、镀锌钢管、不锈钢管、塑料管等。

3）规格：一般比主管道大两个直径等级。

4）填料材质：有防火要求时，一般用防火泥或岩棉，有防水要求时，用石棉水泥、沥青麻丝、聚苯乙烯板、聚氯乙烯泡沫塑料板等做填料。

3. 工程量计算时应注意事项

套管制作安装，适用于穿基础、墙、楼板等部位的防水套管、填料套管、无填料套管及防火套管等，应分别列项。根据图纸说明及规范要求，当给排水管道穿越建筑物基础、防水墙体顶板时、地下室外墙的（含混凝土墙和砖墙），需安装刚性防水套管，穿越建筑物楼板、墙体时，可设置一般钢套管，计算工程量时，根据系统图结合平面图计算相应数量。

知识拓展

1. 定额工程量计算规则

过楼板、穿内墙的钢套管的制作、安装，按不同直径分别以延长米计算，按室外钢管（焊接）项目计算。当给排水管道穿建筑物基础、防水墙体顶板、地下室外墙时（含混凝土墙和砖墙），需安装刚性防水套管，按个计算，执行《工业管道工程》刚性防水套管相应制作、安装定额子目；穿越墙体及楼板的塑料套管制作、安装按个计算。

2. 工程量计算要领

一般穿墙钢套管的长度可按0.3m计算，一般穿楼板钢套管的长度可按0.2m计算（套管的规格一般比主管道大两个直径等级）。柔性防水套管、刚性防水套管，按个计算工程量的，现场制作的套管主材按定额含量计算，购买成品的按成品主材计算。

课堂活动

1. 根据任务资料×××学校后勤服务楼采暖施工图，计算图中套管的清单工程量（表6-29）。

2. 核对工程量。

3. 根据本地区规定填写相应清单与计价表格（表6-30）。

4. 根据本地区消耗量定额及计费规定编制清单项目综合单价分析表。

工程量计算书 **表6-29**

项目名称		工程量计算式	计算结果
焊接钢套管	干管穿墙处（主材按0.3m/个）	*DN*65（*DN*40供回水管）：4	4个
		*DN*50（*DN*32供回水管）：17+3	20个
		*DN*40（*DN*25供回水管）：1+3×2+2	9个
	立管穿楼板处（主材按0.2m/个）	*DN*65（*DN*40供回水管）：2	2个
		*DN*32（*DN*20供回水管）：2×12×2	48个

分部分项工程和单价措施项目清单与计价表 **表6-30**

工程名称：×××学校后勤服务楼采暖　　　　标段：　　　　　　　第　页　共　页

序号	项目编码	项目名称	项目特征描述	计量单位	工程量	金额（元）		
						综合单价	合价	其中：暂估价
1	031002003001	套管	1. 名称、类型：一般钢套管 2. 材质：焊接钢管 3. 规格：*DN*65 4. 填料材质：防水油膏	个	4			
2	031002003002	套管	1. 名称、类型：一般钢套管 2. 材质：焊接钢管 3. 规格：*DN*50 4. 填料材质：防水油膏	个	20			
3	031002003003	套管	1. 名称、类型：一般钢套管 2. 材质：焊接钢管 3. 规格：*DN*40	个	9			

续表

序号	项目编码	项目名称	项目特征描述	计量单位	工程量	金额（元）		
						综合单价	合价	其中：暂估价
4	031002003004	套管	1. 名称、类型：一般钢套管 2. 材质：焊接钢管 3. 规格：*DN*32	个	48			
本页小计								
合计								

任务 6.4　管道附件

任务描述

管道附件清单共设置螺纹阀门、螺纹法兰阀门、焊接法兰阀门、带短管甲乙阀门、塑料阀门、减压器、疏水器、除污器（过滤器）、补偿器、软接头（软管）、法兰、倒流防止器、水表、热量表、塑料排水管消声器、浮标液面计、浮漂水位标尺十七个清单项目。

完成本任务的学习后，学习者应能按照施工图纸计算以上项目的工程量，编制工程量清单；进行工程量清单计价。

本任务工程实例以案例资料×××学校后勤服务楼给排水施工图为例，通过学习本任务相关知识，根据该图所表达的工程内容，正确编制出相应工程量清单并进行工程量清单计价。给排水施工图纸如图 6-1～图 6-5 所示。

准备活动：课前准备好全套造价计价表格，清单指引及综合定额。

6.4.1　螺纹阀门

知识构成

1. 工程量清单项目设置及工程量计算规则（表 6-31）

螺纹阀门工程量计算规则　　**表 6-31**

项目编码	项目名称	项目特征	计量单位	工程量计算规则	工作内容
031003001	螺纹阀门	1. 类型 2. 材质 3. 规格、压力等级 4. 连接形式 5. 焊接方法	个	按设计图示数量计算	1. 安装 2. 电气接线 3. 调试

2. 螺纹阀门清单项目注释

(1) 项目编码及项目名称

编写方法：031003001 001 螺纹阀门。

(2) 项目特征描述

1) 类型：闸阀、截止阀、止回阀、球阀、蝶阀等。

2) 材质：

非金属材料阀门：如陶瓷阀门、玻璃钢阀门、塑料阀门；

金属材料阀门：如铜合金阀门、铝合金阀门、铅合金阀门、钛合金阀门、蒙乃尔合金阀门、铸铁阀门、碳钢阀门、铸钢阀门、低合金钢阀门、高合金钢阀门；

金属阀体衬里阀门：如衬铅阀门、衬塑料阀门、衬搪瓷阀门。

3) 规格、压力等级：按设计图示参数取定，可参考与其连接的管道直径取定；

4) 连接形式：螺纹连接。塑料阀门连接形式需注明热熔、粘接、热风焊接等方式。

3. 工程量计算时应注意事项

各类阀门的安装不论型号如何，均以其连接方式和规格大小的不同分档次，以“个”为计量单位。

知识拓展

1. 定额工程量计算规则：各类阀门安装均以“个”为计量单位。

2. 工程量计算要领

阀门计算以施工图图示为准，以个计算，定额不含主材费、主材按定额含量补价。

1) 阀门安装部位：立管首层约 300mm 处、立支管接口处、盥洗池水嘴横管处、小便冲洗管处、热水器甩头处、淋浴器甩头处设阀门等。

2) 连接卫生器具的角阀含在卫生器具安装定额中，不得重复计算。

3) 分户水表安装定额中包括表前阀门，不得重复计算。

3. 塑料管道与钢制阀门的连接方式如下：

(1) PVC-U 管、PVC-C 管、ABS 管与阀门的连接

1) 阀门如果是内螺纹阀门，则应采用外螺纹过渡接头，这个过渡接头的一端有外螺纹，另一端是可与塑料管粘接的承口。阀门如果是外螺纹阀门，则应采用内螺纹过渡接头，这个过渡接头的一端有内螺纹，另一端是可与塑料管粘接的承口。

2) 阀门如是法兰阀门，则 PVC-U 管与阀门连接应采用法兰连接。塑料管与法兰的连接可采用粘接，也可采用扩口翻边或带环的法兰。

(2) PP-R 管、PE 管、PB 管与阀门的连接

1) 阀门如果是内螺纹阀门，则应采用外螺纹过渡接头，这个过渡接头的一端有外螺纹，另一端是可与 PP-R 塑料管热熔连接的承口。阀门如果是外螺纹阀门，则应采用内螺纹过渡接头，这个过渡接头的一端有内螺纹，另一端是可与 PP-R 塑料管热熔连接的承口。

2）阀门如是法兰阀门，则 PP-R 管与阀门连接应采用法兰连接。塑料管与法兰的连接可采用热熔连接，也可采用扩口翻边或带环的法兰。

（3）PE-X 管，PAP 管，这两类管，管子规格较小，管子的连接方式是卡套连接和卡压连接，与阀门的连接要采用卡压或卡套过渡接头。如 PE-X 管与内螺纹阀门的连接，需要一外螺纹卡套过渡接头，这个接头的一端有外螺纹，与阀门连接，另一端是卡套接头，与 PE-X 连接。

课堂活动

1. 根据任务 6.1 图纸资料完成图纸中螺纹阀门清单工程量计算（表 6-32）。
2. 核对工程量。
3. 根据本地区规定填写相应清单与计价表格（表 6-33）。
4. 根据本地区消耗量定额及计费规定编制清单项目综合单价分析表。

工程量计算书 **表 6-32**

项目名称	工程量计算式	计算结果
*DN*50 截止阀	3+1+2×2	8 个
*DN*40 截止阀	2	2 个
*DN*25 截止阀	1	1 个
*DN*15 截止阀	2	2 个

分部分项工程和单价措施项目清单与计价表 **表 6-33**

工程名称：×××学校后勤服务楼给排水　　标段：　　第　页　共　页

序号	项目编码	项目名称	项目特征描述	计量单位	工程量	金额（元）		
						综合单价	合价	其中：暂估价
1	031003001001	螺纹阀门	1. 类型：截止阀 2. 材质：铜质 3. 规格、压力等级：*DN*50、低压 4. 连接形式：螺纹连接	个	8			
2	031003001002	螺纹阀门	1. 类型：截止阀 2. 材质：铜质 3. 规格、压力等级：*DN*40、低压 4. 连接形式：螺纹连接	个	2			
3	031003001003	螺纹阀门	1. 类型：截止阀 2. 材质：铜质 3. 规格、压力等级：*DN*25、低压 4. 连接形式：螺纹连接	个	1			

续表

序号	项目编码	项目名称	项目特征描述	计量单位	工程量	金额（元）		
						综合单价	合价	其中：暂估价
4	031003001004	螺纹阀门	1. 类型：截止阀 2. 材质：铜质 3. 规格、压力等级：DN15、低压 4. 连接形式：螺纹连接	个	2			
本页小计								
合计								

6.4.2　焊接法兰阀门

知识构成

1. 工程量清单项目设置及工程量计算规则（表 6-34）

焊接法兰阀门工程量计算规则　　**表 6-34**

项目编码	项目名称	项目特征	计量单位	工程量计算规则	工作内容
031003003	焊接法兰阀门	1. 类型 2. 材质 3. 规格、压力等级 4. 连接形式 5. 焊接方法	个	按设计图示数量计算	1. 安装 2. 电气接线 3. 调试

2. 焊接法兰阀门清单项目注释

（1）项目编码及项目名称

编写方法：031003003 001 焊接法兰阀门。

（2）项目特征描述

1）类型：同 6.4.1 螺纹阀门。

2）材质：同 6.4.1 螺纹阀门。

3）规格、压力等级：按设计图示参数取定，可参考与其连接的管道直径取定。

4）连接形式：法兰连接。

5）焊接方法：平焊（一般用于中、低压管道），对焊（一般用于中、高压管道的连接）。

知识拓展

螺纹法兰阀门和焊接法兰阀门的区别：螺纹法兰是管道与法兰的连接方式是螺纹连接；焊接法兰是管道与法兰的连接方式是焊接连接。阀门与法兰的连接方式都一样，采用螺栓连接。在什么情况下使用须依据设计要求。设计没有说明的，一般是螺纹连接的管道上的阀门：DN40 及以下的采用螺纹阀门，DN50 及以上的阀门采用螺纹法兰阀门。焊接连接的管道上的阀门：DN40 及以下的采用焊接阀门，DN50 及以上的阀门采用焊接法兰阀门。

6.4.3 法兰

知识构成

1. 工程量清单项目设置及工程量计算规则（见表 6-35）

2. 法兰清单项目注释

（1）项目编码及项目名称

编写方法：031003011 001 法兰。

法兰工程量计算规则 **表 6-35**

项目编码	项目名称	项目特征	计量单位	工程量计算规则	工作内容
031003011	法兰	1. 材质 2. 规格、压力等级 3. 连接形式	副（片）	按设计图示数量计算	1. 安装 2. 电气接线 3. 调试

（2）项目特征描述

1）材质：铸铁法兰、钢制法兰、塑料法兰等。

2）规格、压力等级：按设计图示参数取定，可参考与其连接的管道直径取定。

3）连接形式：螺纹连接、焊接连接。

3. 工程量计算时应注意事项

法兰阀门安装包括法兰连接，不得另计，阀门安装如仅为一侧法兰连接时，应在项目特征中描述。

知识拓展

定额工程量计算规则：本册定额中法兰阀门安装，法兰不用再单独计算和套定额，因为法兰阀门安装定额已经包含连接法兰的费用，但如仅为一侧法兰连接时，定额中法兰及带帽螺栓数量减半。如果工程套《工艺管道》中法兰阀门安装定额，定额中只包括一个垫片，法兰螺栓另行计算并套价。

任务 6.5 卫生器具

任务描述

卫生器具清单共设置浴缸、净身盆、洗脸盆、洗涤盆、化验盆、大便器、小便器、其他成品卫生器具、烘手器、淋浴器、淋浴间、桑拿浴房，大、小便槽自动冲洗水箱、给、排水附（配）件、小便槽冲洗管、蒸汽-水加热器、冷热水混合器、饮水器、隔油器十九个清单项目。

完成本任务的学习后，学习者应能按照施工图纸计算以上项目的工程量，编制工程量清单；进行工程量清单计价。

本任务工程实例以×××学校后勤服务楼给排水施工图为例，通过学习本任务相关知识，根据该图所表达的工程内容，正确编制出相应工程量清单并进行工程量清单计价。给排水施工图纸如图 6-1～图 6-5 所示。

准备活动：课前准备好全套造价计价表格，清单指引及综合定额。

6.5.1 洗脸盆

知识构成

1. 工程量清单项目设置及工程量计算规则（见表 6-36）

洗脸盆工程量计算规则　　表 6-36

项目编码	项目名称	项目特征	计量单位	工程量计算规则	工作内容
031004003	洗脸盆	1. 材质 2. 规格、类型 3. 组装形式 4. 附件名称、数量	组	按设计图示数量计算	1. 器具安装 2. 附件安装

2. 洗脸盆清单项目注释

（1）项目编码及项目名称

编写方法：031004003 001 洗脸盆。

（2）项目特征描述

1）材质：陶瓷、玻璃、不锈钢等。

2）规格、类型：台式、柱式等，按设计图纸及主要设备及材料表取定。

3）组装形式：按照安装形式分有台上盆，台下盆两种。按照介质有冷水，冷热水。按照材质分钢管，铜管的。按照开关形式有肘式开关和脚踏开关等。

4）附件名称、数量：可根据主要材料设备表、施工图做法，或根据×××图集选用。

3. 工程量计算时应注意事项

1）洗脸盆适用于洗脸盆、洗发盆、洗手盆安装。

2）成品卫生器具项目中的附件安装，主要指给水附件包括水嘴、阀门、喷头等，排水配件包括存水弯、排水栓、下水口等以及配备的连接管。

3）器具安装中若采用混凝土或砖基础，应按现行国家标准《房屋建筑与装饰工程工程量计算规范》GB 50854—2013 相关项目编码列项。

知识拓展

1. 定额工程量计算规则

盆类的安装包括浴盆、妇女净身盆、洗脸盆、洗手盆、洗涤盆和化验盆等，一律按所用冷水、热水、盆的材质的不同分档次，以“组”为计量单位。脸盆、洗手盆的未计价材料包括盆具、开关铜活及排水配件、铜活等。

2. 工程量计算要领

给水（冷水、热水）的分界点为水平管与支管的交接处，水平管的安装高度为450mm。若水平管的设计高度与标准图不符时，则需增加引上管，该引上管的长度计入室内给水管道的安装中。排水的分界点为排水管的存水弯处。

课堂活动

1. 根据任务6.1图纸资料完成图纸中洗脸盆清单工程量计算（表6-37）。
2. 核对工程量。
3. 根据本地区规定填写相应清单与计价表格（表6-38）。
4. 根据本地区消耗量定额及计费规定编制清单项目综合单价分析表。

工程量计算书 表6-37

项目名称	工程量计算式	计算结果
洗脸盆	10	10组
残疾人用洗脸盆	1	1组

分部分项工程和单价措施项目清单与计价表 表6-38

工程名称：×××学校后勤服务楼给排水　　标段：　　第　页　共　页

序号	项目编码	项目名称	项目特征描述	计量单位	工程量	金额（元）		
						综合单价	合价	其中：暂估价
1	031004003001	洗脸盆	1. 材质：陶瓷 2. 规格、类型：单柄单孔龙头台下式 3. 附件名称、数量：含五金配件，见09S304-45安装	组	10			
2	031004003002	洗脸盆	1. 材质：陶瓷 2. 规格、类型：残疾人专用单柄单孔龙头台下式 3. 附件名称、数量：含五金配件，见09S304-45安装	组	1			
本页小计								
合计								

6.5.2 给排水附（配）件

知识构成

1. 工程量清单项目设置及工程量计算规则（见表6-39）

给排水附（配）件工程量计算规则 表6-39

项目编码	项目名称	项目特征	计量单位	工程量计算规则	工作内容
031004014	给排水附（配）件	1. 材质 2. 型号、规格 3. 安装方式	个（组）	按设计图示数量计算	安装

2. 给、排水附（配）件清单项目注释

（1）项目编码及项目名称

编写方法：031004014 <u>001</u> 地漏（031004014 <u>002</u> 水嘴、031004014 <u>003</u> 地面扫出口）。

（2）项目特征描述

1）材质：地漏材质有铸铁、PVC、锌合金、陶瓷、铸铝、不锈钢、黄铜、铜合金等材质。

2）型号、规格：按设计图纸及主要设备及材料表取定。

3）安装方式：可根据主要材料设备表、施工图做法，或根据×××图集选用。

3. 工程量计算时应注意事项

计量单位不同，可结合当地定额规定确定。给、排水附（配）件是指独立安装的水嘴、地漏、地面扫出口等。各类附（配）件的安装均以其规格大小的不同分档次，以“个（组）”为计量单位计算。

知识拓展

1. 定额工程量计算规则

给排水附（配）件安装以“个”或“组”为计量单位。

2. 工程量计算要领

给排水附（配）件计算以施工图图示为准，以数量计算，定额不含主材费、主材按定额含量补价。

课堂活动

1. 根据任务资料×××学校后勤服务楼给排水施工图完成图纸中地漏、扫除口的清单工程量计算（表6-40）。

2. 核对工程量。

3. 根据本地区规定填写相应清单与计价表格（表6-41）。

4. 根据本地区消耗量定额及计费规定编制清单项目综合单价分析表。

工程量计算书 表 6-40

项目名称	工程量计算式	计算结果
*De*50 UPVC 防返溢地漏	2×2+1+2×2+1+1+1	12 个
*De*50 UPVC 清扫口	1×2+1+1×2	5 个
*De*110 UPVC 清扫口	1+1	2 个

分部分项工程和单价措施项目清单与计价表 表 6-41

工程名称：×××学校后勤服务楼给排水 标段： 第 页 共 页

序号	项目编码	项目名称	项目特征描述	计量单位	工程量	金额（元）		
						综合单价	合价	其中：暂估价
1	031004014001	给、排水附（配）件	1. 材质：UPVC 2. 型号、规格：防返溢型、*DN*50 3. 安装方式：粘接，见04S301	个	12			
2	031004014002	给、排水附（配）件	1. 材质：UPVC 清扫口 2. 型号、规格：*DN*100 3. 安装方式：粘接，见04S301	个	2			
3	031004014003	给、排水附（配）件	1. 材质：UPVC 清扫口 2. 型号、规格：*DN*50 3. 安装方式：粘接，见04S301	个	5			
本页小计								
合计								

任务 6.6 供暖器具

任务描述

供暖器具清单共设置铸铁散热器、钢制散热器、其他成品散热器、光排管散热器、暖风机、地板辐射采暖、热媒集配装置、集气罐八个清单项目。

完成本任务的学习后，学习者应能按照施工图纸计算以上项目的工程量，编制工程量清单；进行工程量清单计价。

本任务工程实例以任务资料×××学校后勤服务楼采暖施工图为例，通过学习本任务相关知识，根据该图所表达的工程内容，正确编制出相应工程量清单并进行工程量清单计价。

准备活动：课前准备好全套造价计价表格，清单指引及综合定额。

6.6.1　铸铁散热器

知识构成

1. 工程量清单项目设置及工程量计算规则（表6-42）

铸铁散热器工程量计算规则　　表6-42

项目编码	项目名称	项目特征	计量单位	工程量计算规则	工作内容
031005001	铸铁散热器	1. 型号、规格 2. 安装方式 3. 托架形式 4. 器具、托架除锈、刷油设计要求	片（组）	按设计图示数量计算	1. 组对、安装 2. 水压试验 3. 托架制作、安装 4. 除锈、刷油

2. 铸铁散热器清单项目注释

（1）项目编码及项目名称

编写方法：031005001 001 铸铁散热器。

（2）项目特征描述

1）型号、规格：柱型、翼型和柱翼型（又称辐射对流型）等；柱型散热器有M132型、四柱813型、760型和五柱700型等。翼型散热器有长翼型、圆翼型等，如图6-25所示。

2）安装方式：带足落地式、墙挂式。

3）托架形式：按照设计要求或厂配产品说明书等。

4）器具、托架除锈、刷油设计要求：按照设计要求，若是厂配，也可不填写。

3. 工程量计算时应注意事项

（1）计量单位不同，可结合当地定额规定确定计量单位。一般铸铁散热器可按“片”计算，成组式按不同片数以“组”计算。

（2）铸铁散热器，包括拉条制作安装。

知识拓展

1. 定额工程量计算规则

工程量计算时，不论其采用明装还是暗装，均以“片”为计量单位。

2. 工程量计算要领

（1）散热器接口密封材料，除圆翼型汽包垫采用橡胶石棉板外，其余均采用成品汽包垫，如材料不同，不得换算。

（2）柱型散热器为挂装时，采用M132子目。

（3）柱型和M132型散热器安装采用拉条时，拉条的制作与安装应另行计算。规范要求超过20片的柱形散热器和M132型铸铁散热器必须安装拉条。安装拉条一般可以是成品金属螺杆、也可以用圆钢及角钢来现场制作。在暖气片中间上下各安装一根，是固定该一组暖气片的（就是在搬运已组装好暖气片不宜折断等的用途，就是起加固的作用）。

（4）拖钩、挂钩的安装已包括在散热器的安装中，但应计算其材料数量和主材费用。

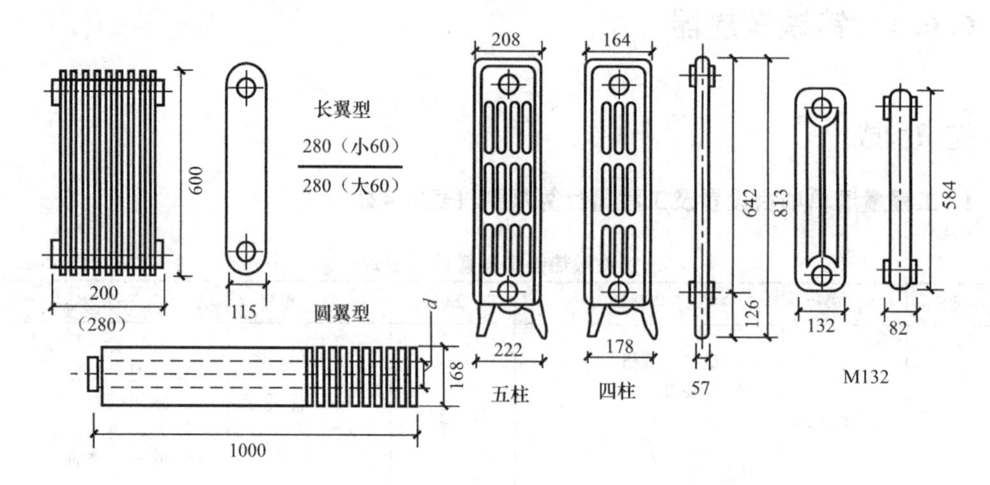

图 6-25 铸铁散热器

课堂活动

1. 根据任务资料×××学校后勤服务楼采暖施工图，完成图纸中铸铁散热器清单工程量计算（表 6-43）。

2. 核对工程量。

3. 根据本地区规定填写相应清单与计价表格（表 6-44）。

4. 根据本地区消耗量定额及计费规定编制清单项目综合单价分析表。

计算如下（见表 6-43）：

工程量计算书 表 6-43

项目名称	工程量计算式	计算结果
内腔无砂铸铁散热器 5 片	2	2 组
内腔无砂铸铁散热器 6 片	1	1 组
内腔无砂铸铁散热器 7 片	2	2 组
内腔无砂铸铁散热器 8 片	2	2 组
内腔无砂铸铁散热器 9 片	2	2 组
内腔无砂铸铁散热器 10 片	4	4 组
内腔无砂铸铁散热器 12 片	1	1 组
内腔无砂铸铁散热器 13 片	2	2 组
内腔无砂铸铁散热器 14 片	3	3 组
内腔无砂铸铁散热器 15 片	8	8 组
内腔无砂铸铁散热器 16 片	10	10 组
内腔无砂铸铁散热器 17 片	6	6 组
内腔无砂铸铁散热器 18 片	2	2 组
内腔无砂铸铁散热器 19 片	2	2 组
内腔无砂铸铁散热器 24 片	4	4 组

分部分项工程和单价措施项目清单与计价表 表6-44

工程名称：×××学校后勤服务楼采暖 标段： 第 页 共 页

序号	项目编码	项目名称	项目特征描述	计量单位	工程量	金额（元）		
						综合单价	合价	其中：暂估价
1	031005001001	铸铁散热器	1. 型号、规格：TZ4-6-5、5片 2. 安装方式：落地安装 3. 托架形式：厂配	组	2			
2	031005001002	铸铁散热器	1. 型号、规格：TZ4-6-5、6片 2. 安装方式：落地安装 3. 托架形式：厂配	组	1			
3	031005001003	铸铁散热器	1. 型号、规格：TZ4-6-5、7片 2. 安装方式：落地安装 3. 托架形式：厂配	组	2			
4	031005001004	铸铁散热器	1. 型号、规格：TZ4-6-5、8片 2. 安装方式：落地安装 3. 托架形式：厂配	组	2			
5	031005001005	铸铁散热器	1. 型号、规格：TZ4-6-5、9片 2. 安装方式：落地安装 3. 托架形式：厂配	组	2			
6	031005001006	铸铁散热器	1. 型号、规格：TZ4-6-5、10片 2. 安装方式：落地安装 3. 托架形式：厂配	组	4			
7	031005001007	铸铁散热器	1. 型号、规格：TZ4-6-5、12片 2. 安装方式：落地安装 3. 托架形式：厂配	组	1			
8	031005001008	铸铁散热器	1. 型号、规格：TZ4-6-5、13片 2. 安装方式：落地安装 3. 托架形式：厂配	组	2			
9	031005001009	铸铁散热器	1. 型号、规格：TZ4-6-5、14片 2. 安装方式：落地安装 3. 托架形式：厂配	组	3			
10	031005001010	铸铁散热器	1. 型号、规格：TZ4-6-5、15片 2. 安装方式：落地安装 3. 托架形式：厂配	组	8			
11	031005001011	铸铁散热器	1. 型号、规格：TZ4-6-5、16片 2. 安装方式：落地安装 3. 托架形式：厂配	组	10			

续表

序号	项目编码	项目名称	项目特征描述	计量单位	工程量	金额（元）		
						综合单价	合价	其中：暂估价
12	031005001012	铸铁散热器	1. 型号、规格：TZ4-6-5、17片 2. 安装方式：落地安装 3. 托架形式：厂配	组	6			
13	031005001013	铸铁散热器	1. 型号、规格：TZ4-6-5、18片 2. 安装方式：落地安装 3. 托架形式：厂配	组	2			
14	031005001014	铸铁散热器	1. 型号、规格：TZ4-6-5、19片 2. 安装方式：落地安装 3. 托架形式：厂配	组	2			
15	031005001015	铸铁散热器	1. 型号、规格：TZ4-6-5、24片 2. 安装方式：落地安装 3. 托架形式：厂配	组	4			

6.6.2 地板辐射采暖

知识构成

1. 工程量清单项目设置及工程量计算规则（见表6-45）

地板辐射采暖工程量计算规则　　表6-45

项目编码	项目名称	项目特征	计量单位	工程量计算规则	工作内容
031005006	地板辐射采暖	1. 保温层材质、厚度 2. 钢丝网设计要求 3. 管道材质、规格 4. 压力试验及吹扫设计要求	1. m^2 2. m	1. 以平方米计量，按设计图示采暖房间净面积计算 2. 以米计量，按设计图示管道长度计算	1. 保温层及钢丝网铺设 2. 管道排布、绑扎、固定 3. 与分集水器连接 4. 水压试验、冲洗 5. 配合地面浇注

2. 地板辐射采暖清单项目注释

（1）项目编码及项目名称

编写方法：031005006 001 地板辐射采暖（地暖地面结构如图6-26所示、管路布置如图6-27所示）。

（2）项目特征描述

1）保温层材质、厚度：挤塑板、聚苯板、发泡混凝土等，厚度不宜小于25mm。

2）钢丝网设计要求：根据图纸要求或相关标准要求。

3）管道材质、规格：交联铝塑复合管（XPAP）、聚丁烯管（PB）、交联聚乙烯管（PE-X）、耐热乙烯管（PE-RT）及无规共聚聚丙烯管（PP-R）等。常用管径规格为*DN*16，*DN*20，*DN*25三种。

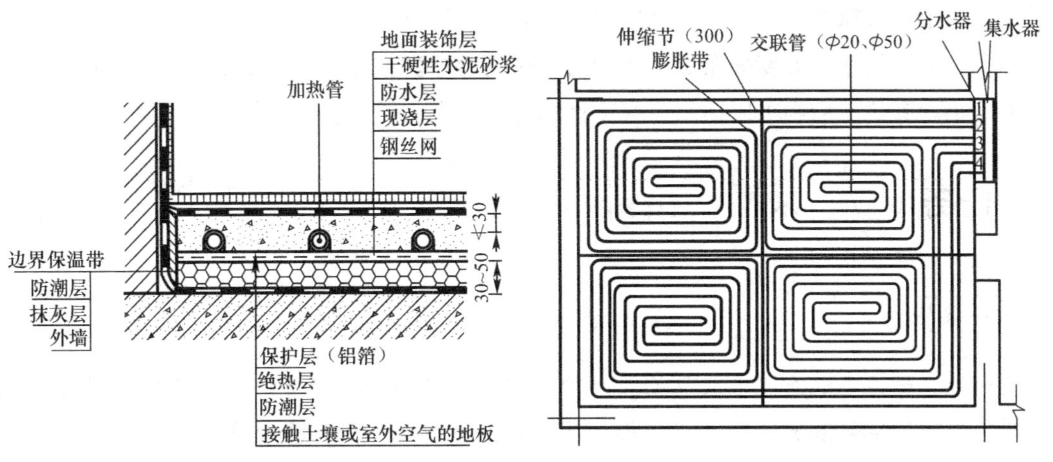

图 6-26 地暖地面结构剖面图　　图 6-27 地暖管路布置示意图

4）压力试验及吹扫设计要求：按图纸设计或相关技术规范规程描述。

3. 工程量计算时应注意事项

（1）计量规则不同，可结合当地定额规定选用计量单位及计算方法；

（2）地板辐射采暖，包括与分集水器连接和配合地面浇注用工；

（3）分水器、集水器可按热媒集配装置项目另行计算。分水器、集水器安装如图 6-28 所示。

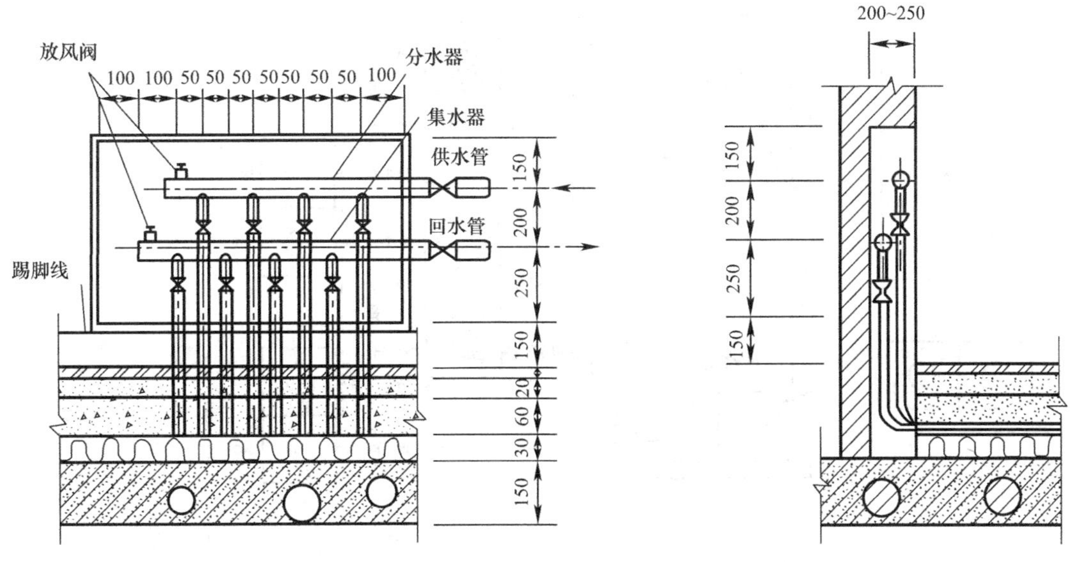

图 6-28 分水器、集水器安装示意图

知识拓展

1. 定额工程量计算规则

地板辐射采暖管安装区别不同的管道敷设间距、管材规格，以平方米为计量单位。地板辐射采暖面积按采暖房间的净面积计算，不计算门洞口面积。

2. 工程量计算要领

（1）对卫生间、洗衣间、浴室和游泳馆等潮湿房间，应在填充层上部设置隔离层；

如果定额中没有隔离层材料，还要增加相应隔离层材料费用。

(2) 为了使室内温度分布尽可能均匀，在临近外窗、外墙内侧 1m 左右，管间距可以适当缩小，其他区域则可以适当放大。计算时需考虑主材的定额含量。

任务 6.7 采暖、给排水设备

任务描述

采暖、给排水设备清单共设置变频给水设备、稳压给水设备、无负压给水设备、气压罐、太阳能集热装置、地源（水源、气源）热泵机组、除砂器、水处理器、超声波灭藻设备、水质净化器、紫外线杀菌设备、热水器、开水炉、消毒器、消毒锅、直饮水设备、水箱十五个清单项目。

完成本任务的学习后，学习者应能按照施工图纸计算以上项目的工程量，编制工程量清单；进行工程量清单计价。

本任务工程案例以×××学校生活热水系统设计图纸如图 6-29、图 6-30、表 6-44 所示，说明如下：

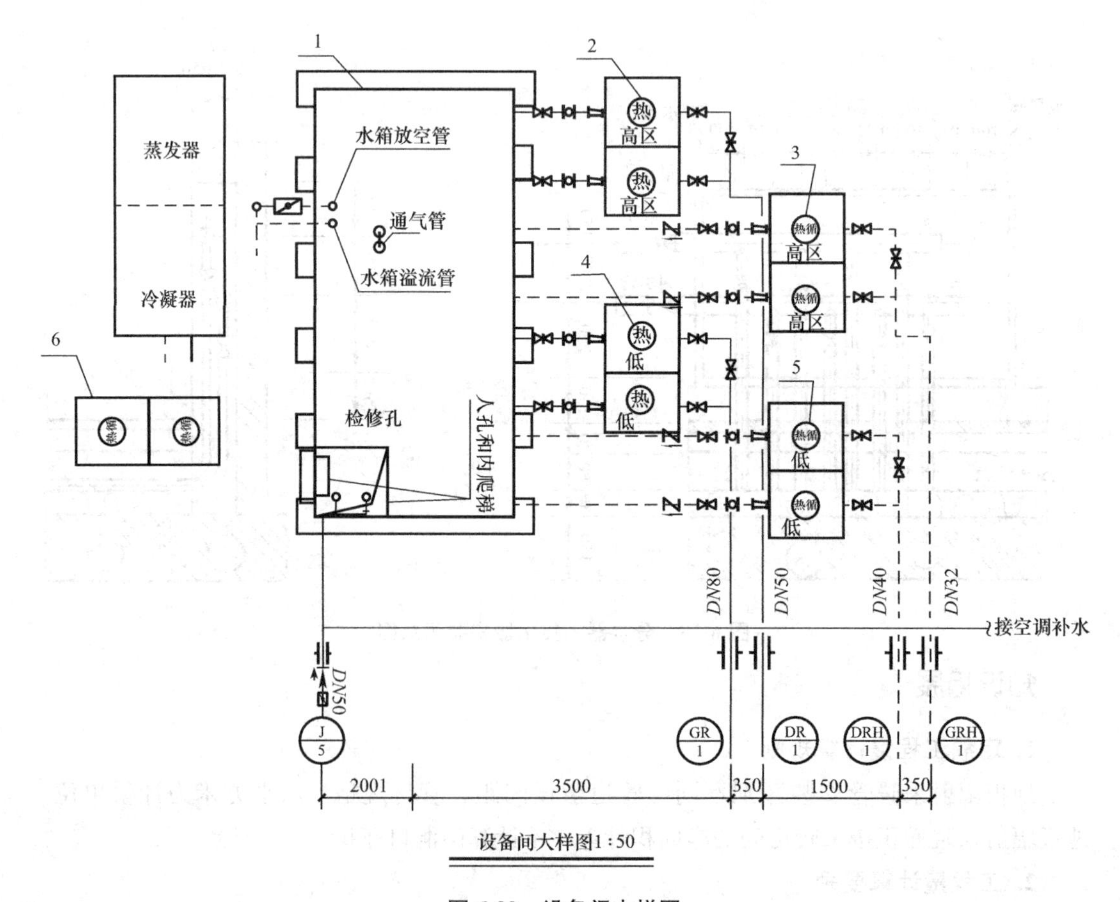

图 6-29 设备间大样图

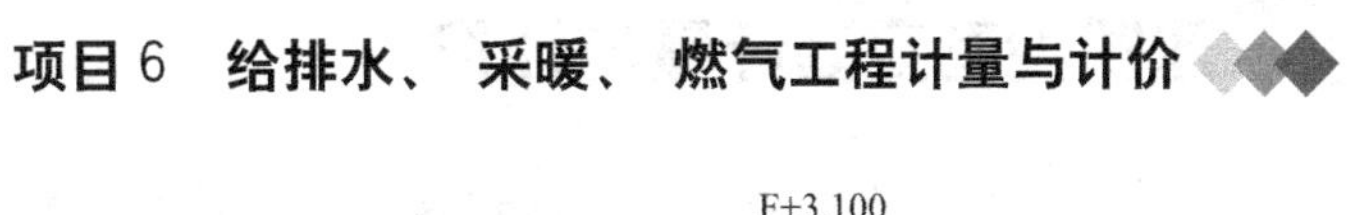

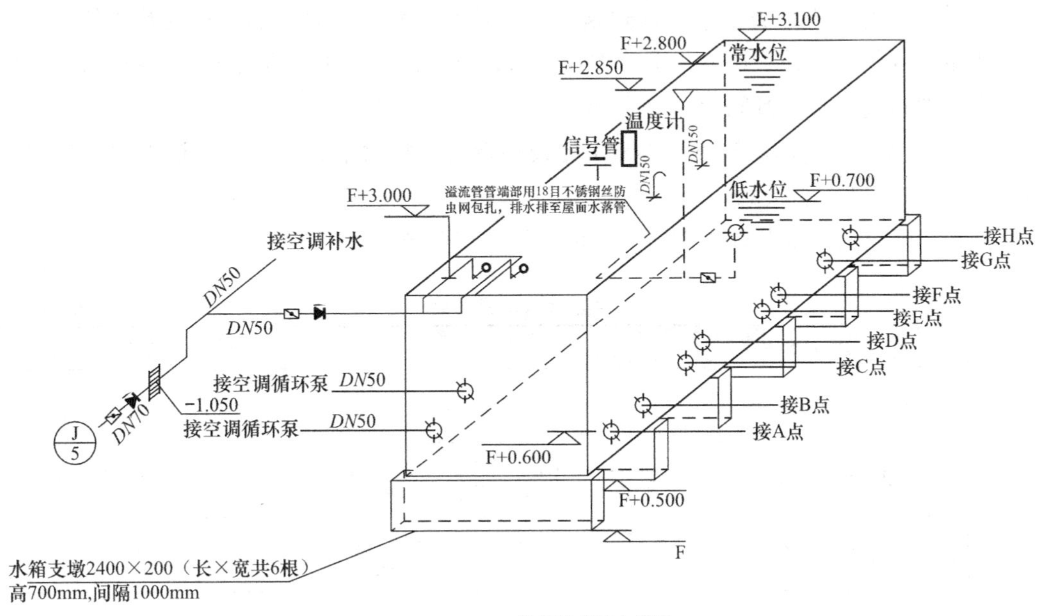

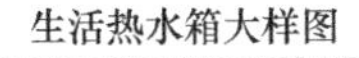
生活热水箱大样图

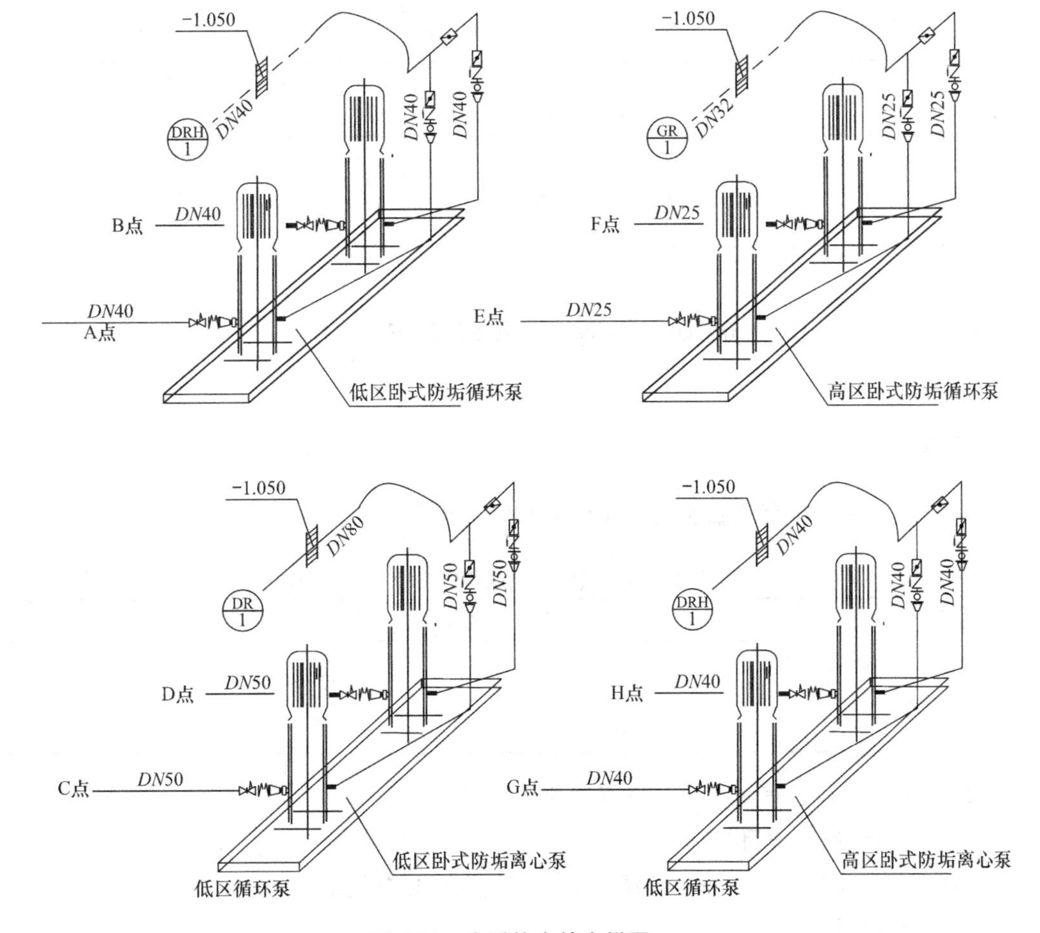

图 6-30 生活热水箱大样图

1. 水源：按照照甲方要求，该建筑物生活热水由水源热泵加热后进入热水箱，由热水加压泵分区供给。并采用上行下给方式供水。热水设备由甲方委托专业厂家设计安装。热水箱设置在地下室设备间内（表 6-46）。

2. 本工程地下室热水箱热水供教学楼及宿舍楼。热水水源热泵制热量为 126.57kW。校区最大时热水量为 23.11m³/d。

准备活动：课前准备好全套造价计价表格，清单指引及综合定额。

主要材料与设备表　　表 6-46

序号	设备名称	型号及规格	单位	数量	备注
1	装配式不锈钢热水箱	5.0m×2.2m×2.6m	套	1	
2	高区卧式防垢离心泵	40～250A　流量：7.0m³/h 扬程：56m，功率：4kW　管壳耐压 1.0MPa	台	2	一用一备
3	高区卧式防垢循环泵	25～125A　流量：4.0m³/h 扬程：20m，功率：0.75kW　管壳耐压 1.0MPa	台	2	一用一备
4	低区卧式防垢离心泵	50～160（I）A　流量：23.4m³/h 扬程：28m，功率：4kW　管壳耐压 1.0MPa	台	2	一用一备
5	低区卧式防垢循环泵	40～125（I）A　流量：11m³/h 扬程：16m，功率：1.1kW　管壳耐压 1.0MPa	台	2	一用一备
6	卧式防垢循环泵	65～100（I）A　流量：50m³/h 扬程：13.9m，功率：3kW　管壳耐压 1.0MPa	台	2	一用一备
		热水循环泵由进水管上的温控阀控制，当超过 50℃时停泵；当低于 45℃时启泵	一用一备（与空调机组）此配套泵仅供参考，以空调厂家为准		

6.7.1 地原（水源、气源）热泵机组

知识构成

1. 工程量清单项目设置及工程量计算规则（见表 6-47）

地源（水源、气源）热泵机组工程量计算规则　　表 6-47

项目编码	项目名称	项目特征	计量单位	工程量计算规则	工作内容
031006006	地源（水源、气源）热泵机组	1. 型号、规格 2. 安装方式 3. 减震装置形式	组	按设计图示数量计算	1. 安装 2. 减震装置制作、安装

2. 地源（水源、气源）热泵机组清单项目注释

（1）项目编码及项目名称

编写方法：031006006 001 地源（水源、气源）热泵机组。

（2）项目特征描述

1）型号、规格：可根据图纸中设备表确定；

2）安装方式：室内、室外；

3）减震装置形式：自带减震设备、做减震基础等。

3. 工程量计算时应注意事项

（1）地源热泵机组，接管以及接管上的阀门、软接头、减震装置和基础另行计算，应按相关项目编码列项。

（2）泵组底座安装，不包括基础砌（浇）筑，应按现行国家标准《房屋建筑与装饰工程工程量计算规范》GB 50854—2013相关项目编码列项。

知识拓展

水源热泵是目前我国应用较多的热泵形式，它是以水（包括江、河、湖泊、地下水，甚至是城市污水等）作为冷热源体，在冬季利用热泵吸收其热量向建筑供暖，在夏季热泵将吸收到的热量向其排放，实现对建筑物的供冷。其工作原理大都是通过外部管道及阀门的切换来实现冬夏工况的转换，夏季空调供回水走蒸发器，水源水走冷凝器，冬季空调供回水走冷凝器，水源水走蒸发器。

1. 定额工程量计算规则

按设计图示数量计算以“组”计算。

本项目是给排水、采暖、燃气工程中新增项目，组价时可参考套用机械设备安装分册中热泵冷（热）机组安装的相应子目。

2. 工程量计算要领：排水、采暖、燃气设备需投标人购置应在招标文件中予以说明。

6.7.2　水箱

知识构成

1. 工程量清单项目设置及工程量计算规则（见表6-48）

水箱工程量计算规则　　表6-48

项目编码	项目名称	项目特征	计量单位	工程量计算规则	工作内容
0310060015	水箱	1. 材质、类型 2. 型号、规格	台	按设计图示数量计算	1. 制作 2. 安装

2. 水箱清单项目注释

（1）项目编码及项目名称

编写方法：031006015 001水箱。

（2）项目特征描述

1）材质、类型：水箱按材质分为：玻璃钢水箱、不锈钢水箱、不锈钢内胆玻璃钢水箱、搪瓷水箱、镀锌钢板水箱等；类型有圆形水箱、矩形水箱等。

2）型号、规格：可根据图纸中设备表确定。

3. 工程量计算时应注意事项

对于卫生器具上的水箱只有制作，其安装包括在卫生器具安装中。

知识拓展

1. 定额工程量计算规则

（1）钢板水箱制作，按施工图所示尺寸，不扣除人孔、手孔质量，以“kg”为计量单位，法兰和短管水位计另行计算。

（2）水箱安装的工程量，应按圆形水箱或矩形水箱，及水箱总容积（m^3）进行区别，分别以“个”为计量单位。

（3）若为成品水箱，则只套用安装定额项目。

2. 工程量计算要领

（1）各种水箱连接管，均未包括在项目内，可执行室内管道安装的相应项目。

（2）各类水箱均未包括支架制作安装，如为型钢支架，执行本册“一般管道支架”项目，混凝土或砖支座可按土建相应项目执行。

（3）水箱制作包括水箱本身及人孔的质量，水位计、内外人梯均未包括，发生时，可另行计算。

课堂活动

1. 根据任务资料完成图纸中水源热泵机组、水箱清单工程量计算（表 6-49）。
2. 核对工程量。
3. 根据本地区规定填写相应清单与计价表格（表 6-50）。
4. 根据本地区消耗量定额及计费规定编制清单项目综合单价分析表。

计算如下（见表 6-49）：

工程量计算书 **表 6-49**

项目名称	工程量计算式	计算结果
水源热泵机组	1	1组
水箱	1	1台

分部分项工程和单价措施项目清单与计价表 **表 6-50**

工程名称：×××学校热水系统　　标段：　　第　页　共　页

序号	项目编码	项目名称	项目特征描述	计量单位	工程量	金额（元）		
						综合单价	合价	其中：暂估价
1	031006006001	水源热泵机组	1. 型号、规格：详见主材与设备表 2. 安装方式：室内 3. 减震装置形式：委托专业厂家设计安装	组	1			

续表

序号	项目编码	项目名称	项目特征描述	计量单位	工程量	金额（元）		
						综合单价	合价	其中：暂估价
2	031006015001	水箱	1. 材质、类型：装配式不锈钢热水箱 2. 型号、规格：矩形 5.0m×2.2m×2.6m	台	1			
本页小计								
合计								

任务6.8　燃气器具及其他

任务描述

燃气器具及其他清单共设置燃气开水炉、燃气采暖炉、燃气沸水器、消毒器、燃气热水器、燃气表、燃气灶具、气嘴、调压器、燃气抽水缸、燃气管道调长器、调压箱、调压装置、引入口砌筑十五个清单项目。

完成本任务的学习后，学习者应能按照施工图纸计算以上项目的工程量，编制工程量清单；进行工程量清单计价。

任务资料

如图6-31所示某六层住宅厨房天然气管道布置图及系统图，管道采用镀锌钢管螺纹连接，明敷设。燃气表采用智能IC卡铝壳膜式燃气表，燃气灶采用双灶眼电脉剖点火灶（台式）。管道距墙为40mm。

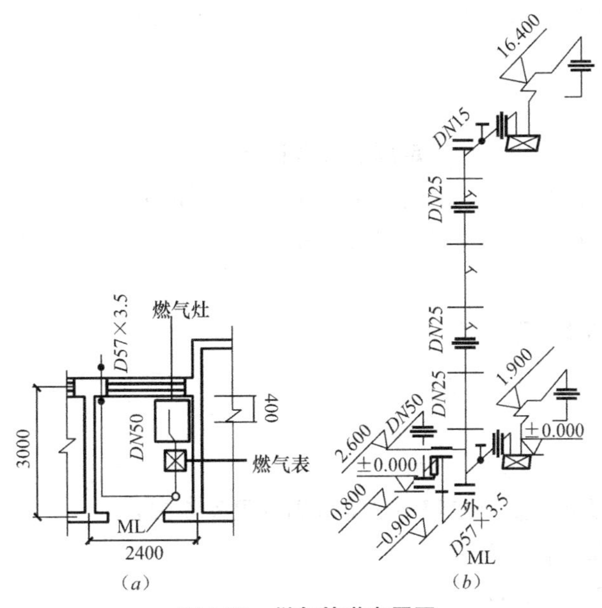

图6-31　燃气管道布置图

（a）燃气平面图；（b）燃气系统图

准备活动：课前准备好全套造价计价表格，清单指引及综合定额。

6.8.1 燃气表

知识构成

1. 工程量清单项目设置及工程量计算规则（见表6-51）

燃气表工程量计算规则 表6-51

项目编码	项目名称	项目特征	计量单位	工程量计算规则	工作内容
031007005	燃气表	1. 类型 2. 型号、规格 3. 连接方式 4. 托架设计要求	块（台）	按设计图示数量计算	1. 安装 2. 托架制作、安装

2. 燃气表清单项目注释

（1）项目编码及项目名称

编写方法：031007005 001 燃气表。

（2）项目特征描述

1）类型：G1.6、G2.5、G4家用表系列和G6、G10、G16、G25、G40、G65、G100工业表系列，以及智能IC卡燃气表、代码式预付费燃气表、直读式智能远传表系列等；

2）型号、规格：可根据产品设计确定；

3）连接方式：螺纹连接、软管镶接等；

4）托架设计要求：根据产品设计或图纸安装要求。

3. 工程量计算时应注意事项

清单计量单位不同，可结合当地定额规定确定计量单位。

知识拓展

定额工程量计算规则

燃气表安装按不同规格，型号分别以“块”为计量单位，不包括表托、支架、表底垫层基础，其工程量可根据设计要求另行计算。

6.8.2 燃气灶具

知识构成

1. 工程量清单项目设置及工程量计算规则（见表6-52）

2. 燃气灶具清单项目注释

（1）项目编码及项目名称

编写方法：031007006 001 燃气灶具。

燃气灶具工程量计算规则　　表 6-52

项目编码	项目名称	项目特征	计量单位	工程量计算规则	工作内容
031007006	燃气灶具	1. 用途 2. 类型 3. 型号、规格 4. 安装方式 5. 附件型号、规格	台	按设计图示数量计算	1. 安装 2. 附件安装

（2）项目特征描述

1）用途：民用、公用。

2）类型：按气源讲，燃气灶主要分为液化气灶、煤气灶、天然气灶。

3）型号、规格：按灶眼讲，分为单灶、双灶和多眼灶；按点火方式分为：电脉冲点火灶、压电陶瓷点火灶等。型号不同，规格也不相同。

4）安装方式：台式灶、嵌入式灶。

5）附件型号、规格：根据产品设计或图纸安装要求。

3. 工程量计算时应注意事项

燃气灶具适用于人工煤气灶具、液化石油气灶具、天然气燃气灶具等，用途应描述民用或公用，类型应描述所采用气源。

知识拓展

1. 定额工程量计算规则

燃气加热设备、灶具等按不同用途规格型号，分别以“台”为计量单位。

2. 相关知识

（1）公用厨房内当几个灶具并列安装时，灶与灶之间的净距不应小于 500mm。

（2）燃气用具安装已考虑了与燃气用具前阀门连接的短管在内，不得重复计算。

灶具如为软连接时，连接软管长度不得超过 2m，软胶管与管道接头间应用卡箍固定，软管内径不得小于 8mm，并不应穿墙。

课堂活动

1. 根据任务资料完成燃气表、燃气灶具清单工程量计算（表 6-53）。
2. 核对工程量。
3. 根据本地区规定填写相应清单与计价表格（表 6-54）。
4. 根据本地区消耗量定额及计费规定编制清单项目综合单价分析表。

工程量计算书　　表 6-53

项目名称	工程量计算式	计算结果
燃气表	1	1 块
燃气灶具	1	1 台

分部分项工程和单价措施项目清单与计价表 表 6-54

工程名称： 标段： 第 页 共 页

序号	项目编码	项目名称	项目特征描述	计量单位	工程量	金额（元）		
						综合单价	合价	其中：暂估价
1	031007005001	燃气表	1. 类型：智能式 2. 型号、规格：IC 卡铝壳模式 3. 连接方式：螺纹连接	块	1			
2	031007006001	燃气灶具	1. 用途：民用 2. 类型：天然气灶 3. 型号、规格：双眼灶 4. 安装方式：台式 5. 附件型号、规格：随产品设计	台	1			
本页小计								
合计								

项目7
刷油、防腐蚀、绝热工程计量与计价

项目概述

通过本项目的学习，使学习者能根据施工图纸及《通用安装工程工程量计算规范》GB 50856—2013（以下简称计算规范），准确列出管道与设备刷油、防腐及绝热工程中常见的清单项目，计算相应项目的清单工程量，编制分部分项工程量清单并能够进行工程量清单项目的综合单价分析。

任务7.1　刷油、防腐、绝热工程基础知识

任务描述

刷油是在金属表面、布面涂刷或喷涂普通油漆涂料，将空气、水分、腐蚀介质隔离起来以保护金属表面不受侵蚀，并起到装饰及标识作用的一种工程措施。防腐蚀是对处于腐蚀环境的管道设备或传输腐蚀性介质的管道设备而必须采取的工程措施。绝热是为减少设备、管道及其附件向周围环境散热，在其外表面采取的增设绝热层的措施。

本任务要完成的学习目标是：了解刷油、防腐工程的基本施工工艺、常用材料及构造；了解绝热工程的结构、常用材料及施工方法。

本任务的工程案例概况为某工程消防给水管道刷油防腐的做法见表7-4；某工程通风空调管道设备刷油防腐的做法见表7-18；某工程通风空调管道绝热的做法见表7-28。

7.1.1　刷油

知识构成

1. 管道与设备刷油的工艺流程

管道与设备刷油的工艺流程为：基面处理一调配涂料一刷中间漆一刷或喷涂面漆一

养护。

2. 管道与设备基面处理

为了增强油漆的附着力及防腐效果，管道与设备在刷油防腐前必须进行基面处理。基面处理包括金属表面去污与除锈。除锈方法有手工除锈、机械除锈、喷射除锈及化学除锈等多种。

金属表面除锈级别，手工和机械除锈按金属表面的锈蚀情况分为微锈、轻锈、中锈和重锈四种；喷射除锈按除锈程度分为Sa2至Sa3三个等级，具体见表7-1。

金属表面除锈级别 **表7-1**

类别	等级	划分标准
手工除锈 机械除锈	微锈	氧化皮完全紧附，仅有少量锈点
	轻锈	部分氧化皮开始破裂脱落，红锈开始发生
	中锈	部分氧化皮破裂脱落，呈堆粉状，除锈后用肉眼能见到腐蚀小凹点
	重锈	大部分氧化皮脱落，呈片状锈层或凸起的锈斑，除锈后出现麻点或麻坑
喷射除锈	Sa2	除去金属表面上的油脂、锈皮、松疏氧化皮、浮锈等杂物，允许有附紧的氧化皮
	Sa2.5	完全除去金属表面的油脂、氧化皮、锈蚀产物等一切杂物，可见的阴影条纹、斑痕等残留物不得超过单位面积的5%
	Sa3	除净金属表面上油脂、氧化皮、锈蚀产物等一切杂物，呈现均一的金属本色，并有一定的粗糙度

3. 管道与设备刷油方法与常用油漆

刷油的方法分为手工涂刷法及以喷枪为工具的空气喷涂法。

油漆主要由成膜物质、溶剂和颜料三部分组成。

油漆的种类很多，按成膜物质划分，有油脂类、树脂类和沥青类等，常用的油脂类油漆有厚漆；常用的树脂类油漆有醇酸防锈漆、醇酸清漆、醇酸磁漆、酚醛防锈漆、酚醛清漆、酚醛磁漆、酚醛调和漆、银粉漆、环氧富锌漆等；常用的沥青类油漆有煤焦油沥青漆、沥青船底漆等。

油漆的漆膜一般由底漆和面漆构成，漆膜的厚度根据需要确定，施工时可涂刷一遍或两遍。

课堂活动

1. 查阅安装工程综合定额，了解管道及设备各种除锈方法及除锈等级所对应的定额子目。
2. 查阅安装工程综合定额，了解管道及设备油漆种类、刷涂遍数及其对应的定额子目。

7.1.2 防腐

知识构成

1. 管道与设备防腐方法与常用防腐涂料

为避免管道或设备发生腐蚀现象，保证设备和系统正常运转，对处于腐蚀性环境的管道及设备或输送腐蚀性介质的管道及设备，必须采取防腐措施。防腐方法主要有涂层防腐、衬里防腐、衬铅防腐和金属热喷涂层防腐等。

涂层防腐的涂料种类很多，常用的有：环氧防腐漆、酚醛防腐漆、聚氨酯防腐漆、呋喃树脂防腐漆、过氯乙烯防腐漆、氯磺化聚乙烯防腐漆、无机富锌防腐漆、环氧煤沥青防腐漆等。

2. 埋地管道沥青涂料外防腐层防腐构造

对于生活给排水管道系统，埋地管道常用的防腐措施主要是涂层防腐，包括有石油沥青涂料外防腐层防腐、环氧煤沥青外防腐层防腐及环氧树脂玻璃钢外防腐层防腐等。

根据《给水排水管道工程施工及验收规范》GB 50268—2008相关条款，石油沥青涂料外防腐层构造及环氧煤沥青涂料外防腐层构造分别见表7-2及表7-3。

石油沥青涂料外防腐层构造　　表7-2

材料种类	普通级（三油二布）		加强级（四油三布）		特加强级（五油四布）	
	构造	厚度（mm）	构造	厚度（mm）	构造	厚度（mm）
石油沥青涂料	（1）底料一层 （2）沥青（厚度≥1.5mm） （3）玻璃布一层 （4）沥青（厚度1.0～1.5mm） （5）玻璃布一层 （6）沥青（厚度1.0～1.5mm） （7）聚氯乙烯工业薄膜一层	≥4.0	（1）底料一层 （2）沥青（厚度≥1.5mm） （3）玻璃布一层 （4）沥青（厚度1.0～1.5mm） （5）玻璃布一层 （6）沥青（厚度1.0～1.5mm） （7）玻璃布一层 （8）沥青（厚度1.0～1.5mm） （9）聚氯乙烯工业薄膜一层	≥5.5	（1）底料一层 （2）沥青（厚度≥1.5mm） （3）玻璃布一层 （4）沥青（厚度1.0～1.5mm） （5）玻璃布一层 （6）沥青（厚度1.0～1.5mm） （7）玻璃布一层 （8）沥青（厚度1.0～1.5mm） （9）玻璃布一层 （10）沥青（厚度1.0～1.5mm） （11）聚氯乙烯工业薄膜一层	≥7.0

环氧煤沥青涂料外防腐层构造　　表7-3

材料种类	普通级（三油）		加强级（四油一布）		特加强级（六油二布）	
	构造	厚度（mm）	构造	厚度（mm）	构造	厚度（mm）
石油沥青涂料	（1）底料 （2）面料 （3）面料 （4）面料	≥0.3	（1）底料 （2）面料 （3）面料 （4）玻璃布 （5）面料 （6）面料	≥0.4	（1）底料 （2）面料 （3）面料 （4）玻璃布 （5）面料 （6）面料 （7）玻璃布 （8）面料 （9）面料	≥0.6

课堂活动

1. 查阅安装工程综合定额，了解管道及设备防腐涂料工程常用涂料及其所对应的定额子目。

2. 查阅安装工程综合定额，了解埋地管道沥青防腐及环氧煤沥青防腐构造及其对应的定额子目。

7.1.3 绝热

知识构成

1. 绝热结构

绝热是保冷与保温的统称。保温是为减少设备、管道及其附件向周围环境散热或降低表面温度，在其外表采取的包裹措施。保冷是减少周围环境中的热量传入低温设备及管道内部，防止低温设备及管道外壁表面凝露，在其外表面采取的包裹措施。

保温结构由保温层及保护层组成。保冷结构由保冷层、防潮层及保护层组成。对于碳钢设备、管道及其附件，在进行绝热前应先作防腐处理。在绝热结构的外保护层表面，也可根据需要涂刷防腐漆，并采用不同颜色的防腐漆或制作相应标记，用以识别设备及管道内介质类别和流向。

2. 绝热材料

绝热材料种类很多，常用的有：岩棉制品、玻璃棉制品、矿渣棉制品、珍珠岩制品、蛭石制品、微孔硅酸钙制品、泡沫玻璃制品、泡沫橡塑制品、酚醛泡沫制品、聚乙烯泡沫制品、复合硅酸盐制品等。

绝热结构中防潮层常用的材料有：不燃性玻璃布复合铝箔、阻燃性塑料布、橡胶防水卷材、沥青玻璃布等。

绝热结构中保护层常用的材料有：不锈钢薄板、铝合金薄板、镀锌薄钢板、玻璃钢薄板等。

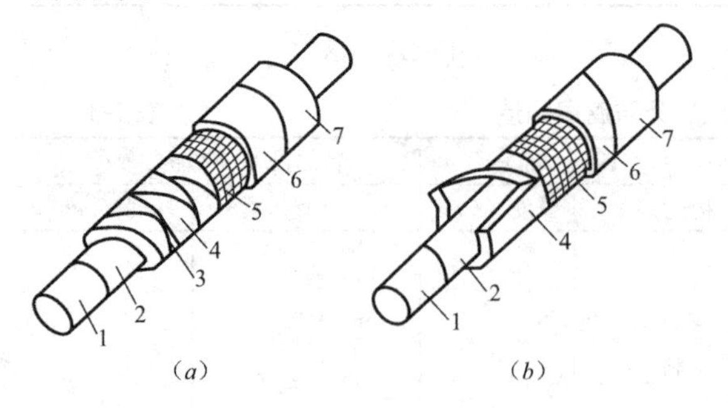

图 7-1 捆扎法

(a) 螺旋状包缠；(b) 对缝平包

1—管道；2—防锈漆；3—镀锌铁丝；4—保温层；5—铁丝网；6—保护层；7—防锈漆

3. 绝热层的施工方法

（1）嵌装层铺法：是将绝热层嵌装穿挂于保温销钉上，外层敷设一层铁丝网形成一个整体。常用于大平面或平壁设备绝热层施工。绝热材料宜采用软质或半硬质制品。

（2）捆扎法：把绝热材料制品敷于设备及管道表面，再用捆扎材料将其扎紧、定位的方法。适用于软质毡、板、管壳，硬质、半硬质板等各类绝热材料制品，见图 7-1。

（3）拼砌法：用块状绝热制品紧靠设备及管道外壁砌筑的施工方法，分为干砌和湿砌。

（4）缠绕法：采用矿物纤维绳、带类制品缠绕在设备及管道需要保温的部位。该方法仅适用于设计允许的小口径管道和施工困难的管道与管束，施工简单，检修方便，使用辅助材料少，并且适用于不规则的管道。

（5）填充法：用粒状或棉絮状等不定型的松散状保温材料充填于四周由支撑环和镀锌铁丝网等组成的网笼空间的施工方法。

（6）粘贴法：是用各类黏结剂将绝热材料制品直接粘贴在设备及管道表面的施工方法。适用于各种轻质绝热材料制品，如泡沫塑料类，泡沫玻璃，半硬质或软质毡、板等，见图 7-2。

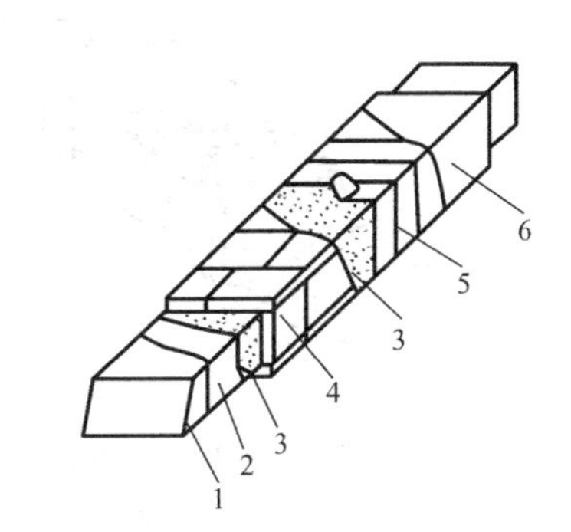

图 7-2　粘贴法

1—风管；2—防锈漆；3—黏结剂；4—绝热材料；5—玻璃丝布；6—防腐剂

（7）浇注法：将配制好的液态原料或湿料倒入设备及管道外壁设置的模具内，使其发泡定型或养护成型的一种绝热施工方法。液态原料目前多采用聚氨酯溶剂，湿料是轻质粒料与胶结料和水的拌合物。

（8）喷涂法：利用机械和气流技术将料液或粒料输送、混合，至特制喷枪口送出，使其附着在绝热面上而成型的一种施工方法。

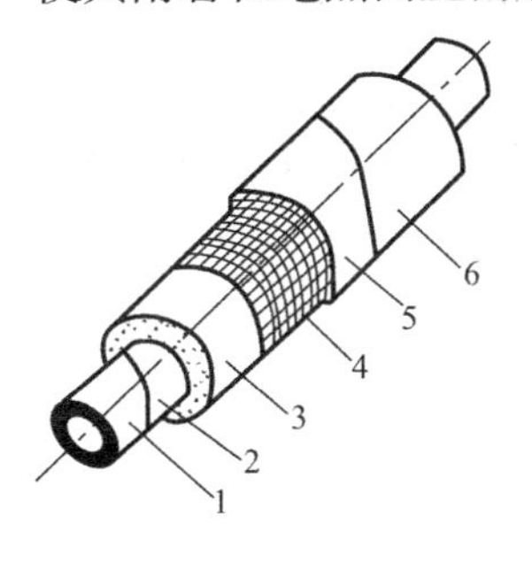

图 7-3　涂抹法

1—管道；2—防锈漆；3—保温层；4—铁丝网；5—保护层；6—防锈漆

（9）涂抹法：将不定型的散状保温材料按一定比例用水调成胶泥，分层涂抹于需要保温的管道或设备上。它适用于聚氨酯硬质泡沫塑料、石棉硅藻土、碳酸镁石棉灰、石棉粉等保温材料。当分层涂敷施工时，可根据具体情况加设铁丝网，见图 7-3。

（10）可拆卸式绝热层：设备或管道上的观察孔、检测点、维修处的保温，应采用可拆卸式结构；设备或管道上的法兰、阀门、人孔、手孔和管件等经常拆卸和检修部位的保冷，当介质温度较低或采用硬质、半硬质材料时，宜为内保冷层固定，外保护层宜为可拆卸式的保冷结构。可拆式阀门绝热结构及可拆式法兰绝热结构见图 7-4 及图 7-5。

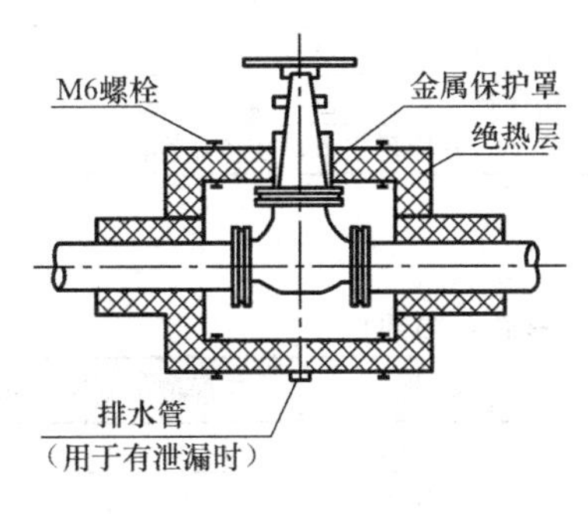

图 7-4　可拆式阀门绝热结构

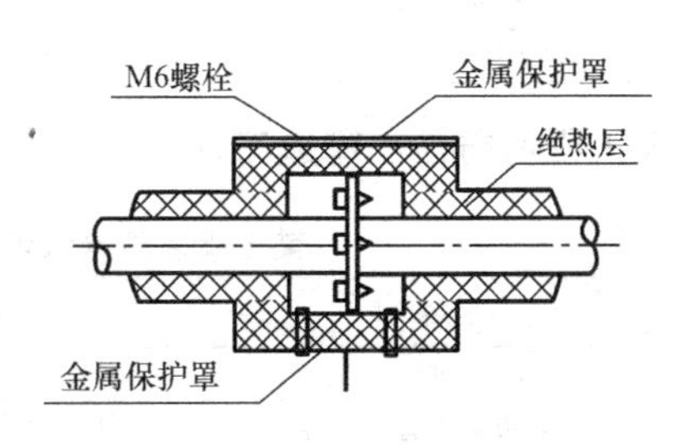

图 7-5　可拆式法兰绝热结构

(11) 钉贴法：是用保温钉代替黏结剂将聚苯乙烯泡沫塑料板或岩棉、玻璃棉毡（板）固定在风管表面上，钉贴法是目前空调工程风管上广泛采用的绝热方法，见图 7-6。风管内保温见图 7-7。

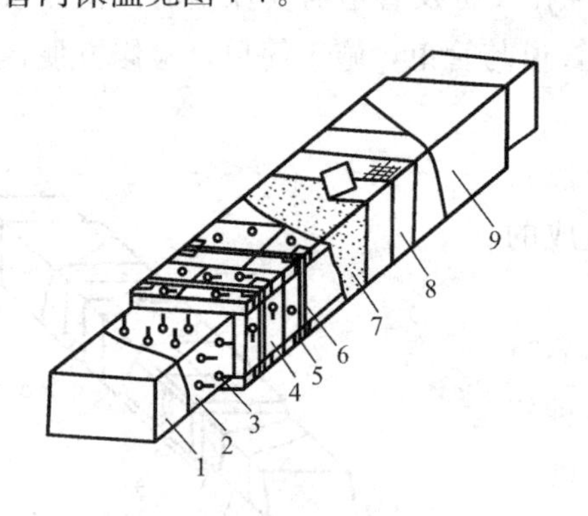

图 7-6 钉贴法

1—风管；2—防锈漆；3—保温钉；4—绝热层；5—铁垫片；6—包扎带；7—黏结剂；8—玻璃丝布；9—防腐漆

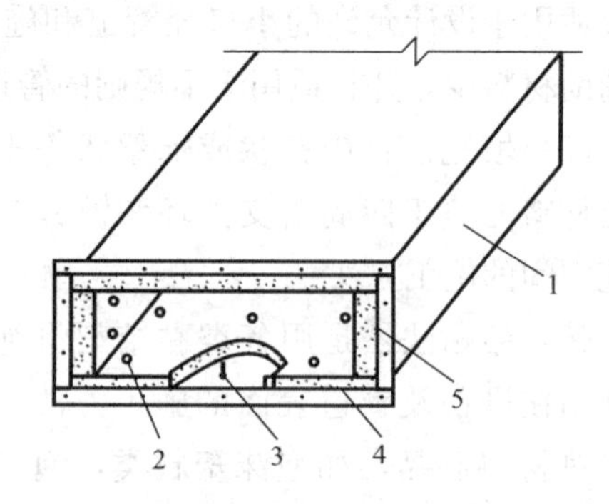

图 7-7 风管内保温

1—风管；2—垫片；3—保温钉；4—绝热层；5—法兰

课堂活动

1. 查阅安装工程综合定额，了解管道及设备绝热结构中绝热层常用材料、做法及其所对应的定额子目。

2. 查阅安装工程综合定额，了解管道及设备绝热结构中防潮层、保护层常用材料、做法及其所对应的定额子目。

任务 7.2 刷油工程

任务描述一

1. 某工程消防给水管道刷油做法（表 7-4）

某工程消防给水管道刷油做法　　表 7-4

序号	名称	材质	做法
1	室内消防给水管（架空）	内外壁热浸镀锌钢管	刷樟丹二道，红色调和漆二道
2	室内喷淋给水管（架空）	内外壁热浸镀锌钢管	刷樟丹二道，红色调和漆二道
3	管道支架	型钢	除锈后刷樟丹二道，灰色调和漆二道

2. 某工程消防给水管道工程量汇总表（表 7-5）

某工程消防给水管道工程量汇总表（局部）　　表 7-5

序号	名称	材质	规格	工程量	单位
1	室内消防给水管（架空）	内外壁热浸镀锌钢管	*DN*100	145.35	m
2	室内消防给水管（架空）	内外壁热浸镀锌钢管	*DN*65	31.25	m
3	室内喷淋给水管（架空）	内外壁热浸镀锌钢管	*DN*100	22.66	m

续表

序号	名称	材质	规格	工程量	单位
4	室内喷淋给水管（架空）	内外壁热浸镀锌钢管	DN80	137.95	m
5	室内喷淋给水管（架空）	内外壁热浸镀锌钢管	DN65	46.37	m
6	室内喷淋给水管（架空）	内外壁热浸镀锌钢管	DN50	17.45	m
7	室内喷淋给水管（架空）	内外壁热浸镀锌钢管	DN32	247.26	m
8	室内喷淋给水管（架空）	内外壁热浸镀锌钢管	DN25	330.84	m
9	室内喷淋给水管（架空）	内外壁热浸镀锌钢管	DN20	14.43	m
10	管道支架	型钢		563	kg

任务描述二

1. 某工程通风空调管道刷油防腐做法（表7-6）

某工程通风空调管道设备刷油防腐做法　　表7-6

序号	名称	材质	做法
1	通风空调管道	热轧薄钢板	内外壁除锈后刷防锈漆二道，外表面罩灰色调和漆二道
2	通风空调管道部件	热轧薄钢板	除锈后刷防锈漆二道，外表面罩灰色调和漆二道
3	通风空调管道支吊架	热轧薄钢板	除锈后刷防锈漆二道，外表面罩灰色调和漆二道

2. 某工程通风空调管道设备工程量汇总表（局部）（表7-7）

某工程通风空调管道设备工程量汇总表（局部）　　表7-7

序号	名称	材质	工程量	单位	备注
1	风管 1000×320　δ=1.0mm	热轧薄钢板	21.58	m	
2	风管 630×200　δ=0.75mm	热轧薄钢板	55.2	m	
3	风管 500×250　δ=0.75mm	热轧薄钢板	17.36	m	
4	风管 400×200　δ=0.75mm	热轧薄钢板	45.8	m	
5	单向止回阀 1000×320	热轧薄钢板	4	个	每个重 27.72kg
6	对开多叶风量调节阀 630×250	热轧薄钢板	8	个	每个重 16.1kg
7	对开多叶风量调节阀 400×200	热轧薄钢板	4	个	每个重 10.6kg
8	通风空调设备支吊架	型钢	189.85	kg	

表7-7序号8的支架指的是通风空调设备如通风机、新风机组等的支吊架，不包括通风管道支架。薄钢板通风管道的支吊架不需单独列项计算，其制作安装费用包含在通风管道的制作安装定额子目内。

根据以上工程资料，要求完成以下学习任务：

1. 计算管道设备刷油清单工程量；
2. 编制管道设备刷油分部分项工程量清单项目；
3. 进行管道设备刷油防腐工程量清单项目综合单价分析。

7.2.1 管道刷油

知识构成

1. 工程量清单项目设置

根据计算规范附录M刷油、防腐蚀、绝热工程，表M.1刷油工程，管道刷油工程量清单项目设置见表7-8。

表M.1刷油工程（编码031201）（摘录） **表7-8**

项目编码	项目名称	项目特征	计量单位	工程量计算规则	工作内容
031201001	管道刷油	1. 除锈级别 2. 油漆品种 3. 涂刷遍数、漆膜厚度 4. 标志色方式、品种	1. m^2 2. m	1. 以平方米计量，按设计图示表面积尺寸以面积计算 2. 以米计量，按设计图示尺寸以长度计算	1. 除锈 2. 调配、涂刷

2. 管道刷油清单项目注释

(1) 项目编码及项目名称

编写方法：031201001 <u>001</u> 管道刷油。

(2) 项目特征描述

1) 除锈级别：除锈级别的描述见表7-1。手工及机械除锈按微锈至重锈四个级别描述，喷射除锈按Sa2至Sa3三个级别描述。

2) 油漆品种：按施工图纸的相关设计要求描述。

3) 涂刷遍数、漆膜厚度：按施工图纸的相关设计要求描述。

4) 标志色方式、品种：按施工图纸的相关设计要求描述。

3. 计算工程量时应注意事项

(1) 管道刷油若以米计算，按图示中心线以延长米计算，不扣除附属构筑物、管件及阀门等所占长度。

(2) 管道刷油若以表面积计算，公式如下：

$$S=\pi\times D\times L$$

式中 π——圆周率；

D——直径；

L——设备筒体高或管道延长米。

管道表面积包括管件、阀门、法兰、人孔、管口凹凸部分。

【例7-1】 试计算表7-5序号1 $DN100$ 室内消防给水管刷油的清单工程量。

【解】 $DN100$ 镀锌钢管刷油面积$=\pi\times0.114\times145.35=52.06m^2$

管道外壁刷油防腐应按管道外径计算表面积。镀锌钢管公称通径与外径对照表见表7-9。

镀锌钢管公称通径与外径对照表（摘录）　　表7-9

公称通径 DN（mm）	外径（mm）	公称通径 DN（mm）	外径（mm）
20	26.75	65	75.50
25	33.50	80	88.50
32	42.25	100	114.00
40	48.00	125	140.00
50	60.00	150	165.00

知识拓展

1. 确定组价内容

应根据相关规范、安装工程综合定额，并结合工程实际情况确定每个分部分项工程量清单项目的组价内容。由于各地区的定额有一定的差异，此处以《广东省安装工程综合定额》(2010)（以下简称广东省安装定额）为依据。

【例7-2】 根据相关规范及广东省安装定额，结合任务描述的工程情况，确定表7-12序号1：031201001001管道刷油工程量清单项目的组价内容及对应的定额子目，见表7-10。

管道刷油工程量清单项目组价内容及对应的定额子目　　表7-10

序号	项目编码	项目名称	项目特征描述	组价内容		对应的定额子目
1	031201001001	管道刷油	1. 油漆品种：醇酸樟丹防锈漆、酚醛调和漆 2. 涂刷遍数、漆膜厚度：樟丹二道，红色调和漆二道	调配、涂刷	樟丹第一遍	C11-2-1
					樟丹第二遍	C11-2-2
					调和漆第一遍	C11-2-10
					调和漆第二遍	C11-2-11

2. 计算组价（定额）工程量

根据广东省安装定额，表7-11各项目组价内容的定额工程量计算规则均与相应的清单项目计算规则相同。

课堂活动

1. 根据任务描述一计算表7-5序号1～9管道刷油清单工程量。
2. 校对工程量。
3. 编制管道刷油分部分项工程清单与计价表（表7-12）。

工程量计算表　　表7-11

序号	项目名称	规格	计算式	工程量	单位
1	管道刷油樟丹二道红色调和漆二道	DN100	$\pi\times0.114\times(145.35+22.66)$	60.17	m^2
		DN80	$\pi\times0.0885\times137.95$	38.35	m^2
		DN65	$\pi\times0.0755\times(31.25+46.37)$	18.41	m^2
		DN50	$\pi\times0.060\times17.45$	3.29	m^2
		DN32	$\pi\times0.04225\times247.26$	32.82	m^2
		DN25	$\pi\times0.0335\times330.84$	34.82	m^2
		DN20	$\pi\times0.02675\times14.43$	1.21	m^2
		小计		189.07	m^2

分部分项工程和单价措施项目清单与计价表　　表 7-12

工程名称：　　标段：　　第　页　共　页

序号	项目编码	项目名称	项目特征描述	计量单位	工程量	金额（元）		
						综合单价	合价	其中：暂估价
1	031201001001	管道刷油	1. 油漆品种：醇酸樟丹防锈漆、酚醛调和漆 2. 涂刷遍数、漆膜厚度：樟丹二道，红色调和漆二道	m^2	189.07			

7.2.2　设备与矩形管道刷油

知识构成

1. 工程量清单项目设置

根据计算规范附录 M 刷油、防腐蚀、绝热工程，表 M.1 刷油工程，设备与矩形管道刷油工程量清单项目设置见表 7-13。

表 M.1 刷油工程（编码 031201）（摘录）　　表 7-13

项目编码	项目名称	项目特征	计量单位	工程量计算规则	工作内容
031201002	设备与矩形管道刷油	1. 除锈级别 2. 油漆品种 3. 涂刷遍数、漆膜厚度 4. 标志色方式、品种	1. m^2 2. m	1. 以平方米计量，按设计图示表面积尺寸以面积计算 2. 以米计量，按设计图示尺寸以长度计算	1. 除锈 2. 调配、涂刷

2. 设备与矩形管道刷油单项目注释

（1）项目编码及项目名称

编写方法：031201002 001 设备与矩形管道刷油。

（2）项目特征描述

1）除锈级别：除锈级别的描述见表 7-1。手工及机械除锈按微锈至重锈四个级别描述，喷射除锈按 Sa2 至 Sa3 三个级别描述。

2）油漆品种：按施工图纸的相关设计要求描述。

3）涂刷遍数、漆膜厚度：按施工图纸的相关设计要求描述。

4）标志色方式、品种：按施工图的相关设计要求描述。

3. 计算工程量时应注意事项

矩形风管刷油若以表面积计算，公式如下：

$$S=(A+B)\times2\times L$$

式中　A——矩形风管大边长；

B——矩形风管小边长；

L——矩形风管延长米。

【例 7-3】 试计算表 7-7 序号 1 风管 1000mm×320mm，δ=1.0mm 刷油的清单工程量。

【解】 风管刷油面积=(1+0.32)×2×21.58=56.97m^2

知识拓展

1. 确定组价内容

应根据计算规范、安装定额，并结合工程实际情况确定每个分部分项工程量清单项目的组价内容。

【例 7-4】 根据计算规范及安装定额，结合任务描述的工程情况，确定表 7-16 序号 1：031201002001 设备与矩形管道刷油工程量清单项目的组价内容及对应的定额子目，见表 7-14。

设备与矩形管道刷油工程量清单项目组价内容及对应的定额子目　　表 7-14

<table>
<tr><th>序号</th><th>项目编码</th><th>项目名称</th><th>项目特征描述</th><th colspan="2">组价内容</th><th>对应的定额子目</th></tr>
<tr><td rowspan="5">1</td><td rowspan="5">031201002001</td><td rowspan="5">设备与矩形管道刷油</td><td rowspan="5">1. 除锈级别：内外壁手工除轻锈
2. 油漆品种：酚醛防锈漆、酚醛调和漆
3. 涂刷遍数、漆膜厚度：内外壁防锈漆二道，外壁灰色调和漆二道</td><td colspan="2">1. 除锈</td><td>C11-1-1</td></tr>
<tr><td rowspan="4">2. 调配、涂刷</td><td>防锈漆第一遍</td><td>C11-2-36</td></tr>
<tr><td>防锈漆第二遍</td><td>C11-2-37</td></tr>
<tr><td>调和漆第一遍</td><td>C11-2-45</td></tr>
<tr><td>调和漆第二遍</td><td>C11-2-46</td></tr>
</table>

2. 计算组价（定额）工程量

根据安装定额，表 7-14 各项目组价内容的定额工程量计算规则均与相应的清单项目计算规则相同：管道除锈、刷油按表面积计算。

但应注意的是，若风管外壁罩面漆，内外壁需除锈及刷防锈漆，则清单的工程量按外壁面积计算，罩面漆定额工程量等于清单工程量，但除锈及刷防锈漆的定额工程量则应是清单工程量的 2 倍。

【例 7-5】 试计算表 7-16 序号 1：031201002001 设备与矩形管道刷油项目除锈、刷防锈漆及调和漆的定额工程量。

【解】 根据表 7-16，已知风管刷油清单工程量=229.6m^2

则风管除锈工程量=229.6×2=459.2m^2

风管防锈漆工程量=229.6×2=459.2m^2

风管调和漆工程量=229.6m^2

课堂活动

1. 根据任务描述二计算表 7-7 序号 1～4 风管刷油的清单工程量（表 7-15）。

2. 校对工程量。

3. 编制风管刷油分部分项工程清单与计价表（表7-16）。

工程量计算表　　表7-15

序号	项目名称	规格	计算式	工程量	单位
1	矩形风管内外壁除轻锈防锈漆二道外壁灰色调和漆二道	1000×320	(1+0.32)×2×21.58	56.97	m^2
		630×200	(0.63+0.2)×2×55.2	91.63	m^2
		500×250	(0.5+0.25)×2×17.36	26.04	m^2
		400×200	(0.4+0.2)×2×45.8	54.96	m^2
		小计		229.6	m^2

分部分项工程和单价措施项目清单与计价表　　表7-16

工程名称：　　标段：　　第　页　共　页

序号	项目编码	项目名称	项目特征描述	计量单位	工程量	金额（元）		
						综合单价	合价	其中：暂估价
1	031201002001	设备与矩形管道刷油	1. 除锈级别：内外壁手工除轻锈 2. 油漆品种：酚醛防锈漆、酚醛调和漆 3. 涂刷遍数、漆膜厚度：内外壁防锈漆二道，外壁灰色调和漆二道	m^2	229.6			

7.2.3　金属结构刷油

知识构成

1. 工程量清单项目设置

根据计算规范附录M刷油、防腐蚀、绝热工程，表M.1刷油工程，金属结构刷油工程量清单项目设置见表7-17。

表M.1刷油工程（编码031201）（摘录）　　表7-17

项目编码	项目名称	项目特征	计量单位	工程量计算规则	工作内容
031201003	金属结构刷油	1. 除锈级别 2. 油漆品种 3. 结构类型 4. 涂刷遍数、漆膜厚度	1. m^2 2. kg	1. 以平方米计量，按设计图示表面积尺寸以面积计算 2. 以千克计量，按金属结构的理论质量计算	1. 除锈 2. 调配、涂刷

2. 金属结构刷油清单项目注释

（1）项目编码及项目名称

编写方法：031201003 001 金属结构刷油。

（2）项目特征描述

1）除锈级别：除锈级别的描述见表7-1。手工及机械除锈按微锈至重锈四个级别描述，喷射除锈按Sa2至Sa3三个级别描述。

2）油漆品种：按施工图纸的相关设计要求描述。

3）结构类型：金属结构的类型分为一般金属结构、管廊钢结构和H型钢制结构。管道支吊架属于一般金属结构。

4）涂刷遍数、漆膜厚度：按施工图的相关设计要求描述。

3. 计算工程量时应注意事项

管道支架刷油以千克计量时，按金属结构的理论质量计算。所以刷油工程量等于金属支架的制作安装工程量。

【例7-6】 试计算表7-5序号10管道刷油支架刷油清单工程量。

【解】 管道支架刷油工程量＝563kg

（1）薄钢板风管需刷油并已计算风管刷油工程量时，风管的支吊架及法兰、加固框等风管零配件不应再计算刷油工程量，其相关的费用在风管刷油定额系数中包含。具体详见7.2.4综合单价分析第3点套用定额的相关说明。

（2）薄钢板风管不需刷油时（如镀锌薄钢板风管），风管的支吊架及法兰、加固框等风管零配件需按金属结构刷油单独列项计算刷油工程量。风管支吊架及法兰、加固框等的刷油工程量可按风管制作安装定额子目的型钢消耗量以理论质量计算。

【例7-7】 某工程镀锌薄钢板风管630mm×200mm（δ＝0.75mm）的制作安装工程量是45.2m^2，试计算该风管支吊架及金属零配件的刷油工程量。

【解】 查广东省安装定额相应子目C9-1-14（镀锌薄钢板矩形风管，δ＝1.2mm内，咬口连接，周长2000mm以内），可知每10m^{2}风管Φ10内圆钢消耗量1.93kg；扁钢消耗量1.33kg；角钢消耗量35.66kg。

则该风管支吊架及金属零件刷油工程量＝(1.93＋1.33＋35.66)×4.52＝175.92kg

通风管道部件及支架刷油以千克计量时，按金属结构的理论质量计算。部件刷油工程量等于部件的总重量，支架刷油工程量等于支架制作安装工程量。

【例7-8】 试计算表7-7序号5单向止回阀1000×320刷油的清单工程量。

【解】 单向止回阀刷油工程量＝27.72×4＝110.88kg

知识拓展

1. 确定组价内容

应根据相关规范、安装定额，并结合工程实际情况确定每个分部分项工程量清单项目的组价内容。

【例7-9】 根据计算规范及安装定额，结合任务描述的工程情况，确定表7-20序号1：031201003001金属结构刷油工程量清单项目的组价内容及对应的定额子目，见表7-18。

金属结构刷油工程清单量单项目组价内容及对应的定额子目　　表 7-18

序号	项目编码	项目名称	项目特征描述	组价内容		对应的定额子目
1	031201003001	金属结构刷油	1. 除锈级别：手工除轻锈 2. 油漆品种：醇酸樟丹防锈漆、酚醛调和漆 3. 结构类型：一般钢结构 4. 涂刷遍数、漆膜厚度：樟丹二道，灰色调和漆二道	1. 除锈		C11-1-7
				2. 调配、涂刷	樟丹第一遍	C11-2-67
					樟丹第二遍	C11-2-68
					调和漆第一遍	C11-2-76
					调和漆第二遍	C11-2-77

2. 计算组价（定额）工程量

根据安装定额，表 7-18 各项目组价内容的定额工程量计算规则均与相应的清单项目计算规则相同：管道除锈、刷油按表面积计算。

课堂活动一

1. 根据任务描述一计算表 7-5 序号 10 管道支架刷油的清单工程量（表 7-19）。
2. 校对工程量。
3. 编制管道刷油分部分项工程清单与计价表（表 7-20）。

工程量计算表　　表 7-19

序号	项目名称	规格	计算式	工程量	单位
1	管道支架除轻锈樟丹二道灰色调和漆二道			563	kg

分部分项工程和单价措施项目清单与计价表　　表 7-20

工程名称：　　标段：　　第　页　共　页

序号	项目编码	项目名称	项目特征描述	计量单位	工程量	金额（元）		
						综合单价	合价	其中：暂估价
1	031201003001	金属结构刷油	1. 除锈级别：手工除轻锈 2. 油漆品种：醇酸樟丹防锈漆、酚醛调和漆 3. 结构类型：一般钢结构 4. 涂刷遍数、漆膜厚度：樟丹二道，灰色调和漆二道	kg	563			

课堂活动二

1. 根据任务描述二计算表 7-7 序号 5～8 风管部件及支架刷油的清单工程量（表 7-21）。
2. 校对工程量。
3. 编制风管部件及支架刷油分部分项工程清单与计价表（表 7-22）。

工程量计算表 表7-21

序号	项目名称	说明	计算式	工程量	单位
1	风管部件除轻锈防锈漆二道灰色调和漆二道	部件	4×27.72+8×16.1+4×10.6	282.08	kg
2	设备支架除轻锈防锈漆二道灰色调和漆二道	设备支架	189.85	189.85	kg

分部分项工程和单价措施项目清单与计价表 表7-22

工程名称： 标段： 第 页 共 页

序号	项目编码	项目名称	项目特征描述	计量单位	工程量	金额（元）		
						综合单价	合价	其中：暂估价
1	031201003001	金属结构刷油	1. 除锈级别：手工除轻锈 2. 油漆品种：酚醛防锈漆、酚醛调和漆 3. 结构类型：一般钢结构（风管部件） 4. 涂刷遍数、漆膜厚度：防锈漆二道，灰色调和漆二道	kg	282.08			
2	031201003002	金属结构刷油	1. 除锈级别：手工除轻锈 2. 油漆品种：酚醛防锈漆、酚醛调和漆 3. 结构类型：一般钢结构（设备支架） 4. 涂刷遍数、漆膜厚度：防锈漆二道，灰色调和漆二道	kg	189.85			

7.2.4 综合单价分析

知识构成

综合单价分析包括确定组价内容，计算组价（定额）工程量，套用定额计算综合单价三个步骤。

1. 确定组价内容

2. 计算组价（定额）工程量

以上两点详7.2.1～7.2.3知识拓展相关内容。

3. 套用定额，计算工程量清单项目综合单价

【例7-10】 试对表7-16序号1：031201002001设备与矩形管道刷油清单项目进行综合单价分析，见表7-23。

综合单价分析表 表 7-23

工程名称： 标段： 第 页 共 页

项目编码	031201002001		项目名称	设备与矩形管道刷油				计量单位		m^2	工程量	229.6	
综合单价组成明细													
定额编号	定额名称	定额单位	数量	单价（元）					合价（元）				
				人工费	材料费	机械费	管理费	利润	人工费	材料费	机械费	管理费	利润
C11-1-1	管道手工除轻锈	10m^2	45.92	13.72	2.88	—	2.82	2.47	630.02	132.25	—	129.49	113.42
C11-2-36 ×1.1换	矩形管道防锈漆第一遍	10m^2	45.92	10.38	2.84	—	2.13	1.87	476.65	130.41	—	97.81	85.87
C11-2-37 ×1.1换	矩形管道防锈漆第二遍	10m^2	45.92	9.99	2.63	—	2.06	1.80	458.74	120.77	—	94.60	82.66
C11-2-45 ×1.2换	矩形风管调和漆第一遍	10m^2	22.96	11.33	0.83	—	2.33	2.04	260.14	19.06	—	53.50	46.84
C11-2-46 ×1.2换	矩形风管调和漆第二遍	10m^2	22.96	10.90	0.76	—	2.24	1.96	250.26	17.45	—	51.43	45.00
人工单价		小计							9.04	1.83	—	1.86	1.63
51元/工日		未计价材料费							10.72				
清单项目综合单价									25.08				
材料费明细	主要材料名称、规格、型号							单位	数量	单价	合价	暂估价	暂估合价
	酚醛防锈漆							kg	121.73	16.9	2057.24		
	酚醛调和漆							kg	54.00	7.5	405		
	其他材料费									—	—		
	材料费小计										10.72		

【解】 分析如下：

根据广东省安装定额相关说明，通风管道及部件刷油应注意如下问题：

(1) 薄钢板风管刷油按其工程量执行有关项目，仅外（或内）面刷油者基价乘以系数1.20，内外均刷油者基价乘以系数1.10（其法兰加固框，吊托支架已包括在此数内）。

(2) 薄钢板部件刷油按其工程量执行金属结构刷油项目基价乘系数1.15。

说明：套用定额时，人工、材料、机械费执行定额，未按市场价格调整，管理费按一类地区计算，利润按18%计算。C11-2-36及C11-2-37定额未计价材料为酚醛防锈漆，酚醛防锈漆数量按定额消耗量乘系数1.1计算＝45.92×(1.3＋1.11)×1.1＝121.73kg。C11-2-45及C11-2-46定额未计价材料为酚醛调和漆，酚醛调和漆数量按定额消耗量乘系数1.2计算＝22.96×(1.04＋0.92)×1.2＝54kg。所有未计价材料的单价按市场价格计算。

课堂活动

1. 完成表7-12、表7-16、表7-20、表7-22所有刷油项目的综合单价分析。
2. 校对综合单价。

任务7.3 防腐蚀工程

任务描述

1. 某工程消防给水管道防腐做法（表7-24）

某工程消防给水管道防腐做法 表7-24

序号	名称	材质	做法
1	室外消防泵加压管（埋地）	内外壁热浸镀锌钢管	按《给水排水管道工程施工及验收规范》GB 50268—2008设置石油沥青涂料普通级三油二布外防腐层

注：石油沥青涂料普通级三油二布外防腐层构造见表7-2。

2. 某工程消防给水管道工程量汇总表（表7-25）

某工程消防给水管道工程量汇总表（局部） 表7-25

序号	名称	材质	规格	工程量	单位
1	室外消防泵加压管（埋地）	内外壁热浸镀锌钢管	*DN*150	24.72	m

根据以上工程资料，要求完成以下学习任务：

(1) 计算管道防腐蚀清单工程量；

(2) 编制管道防腐蚀分部分项工程量清单项目；

(3) 进行管道防腐蚀工程量清单项目综合单价分析。

7.3.1 埋地管道防腐蚀

知识构成

1. 工程量清单项目设置

根据计算规范附录M刷油、防腐蚀、绝热工程，表M.2防腐蚀涂料工程，埋地管道防腐蚀工程量清单项目设置见表7-26。

表M.2 防腐蚀涂料工程（编码031202）（摘录） 表7-26

项目编码	项目名称	项目特征	计量单位	工程量计算规则	工作内容
031202008	埋地管道防腐蚀	1. 除锈级别 2. 刷缠品种 3. 分层内容 4. 刷缠遍数	1. m^2 2. m	1. 以平方米计量，按设计图示表面积尺寸以面积计算 2. 以米计量，按设计图示尺寸以长度计算	1. 除锈 2. 刷油 3. 防腐蚀 4. 缠保护层

2. 埋地管道防腐蚀清单项目注释

（1）项目编码及项目名称

编写方法：031202008 001 埋地管道防腐蚀。

（2）项目特征描述

1）除锈级别：除锈级别的描述见表7-1。手工及机械除绣按微锈至重锈四个级别描述，喷射除锈按Sa2至Sa3三个级别描述。

2）刷缠品种：按施工图纸的相关设计要求描述。

3）分层内容：按施工图的相关设计要求描述。

4）刷缠遍数：按施工图的相关设计要求描述。

3. 计算工程量时应注意事项

1）管道防腐若以表面积计算，公式如下：

$$S=\pi\times D\times L$$

式中 π——圆周率；

D——直径；

L——设备筒体高或管道延长米。

2）计算管道内壁防腐蚀工程量，当壁厚大于10mm时，按其内径计算，当壁厚小于10mm时，按其外径计算。

知识拓展一

1. 确定组价内容

应根据相关规范、安装定额，并结合工程实际情况确定每个分部分项工程量清单项目的组价内容。

【**例7-11**】　根据相关规范及安装定额，结合任务描述的工程情况，确定表7-29序号1：031202008001埋地管道防腐蚀工程量清单项目的组价内容及对应的定额子目，见表7-27。

埋地管道防腐蚀工程量清单项目组价内容及对应的定额子目　　**表7-27**

<table>
<tr><th>序号</th><th>项目编码</th><th>项目名称</th><th>项目特征描述</th><th colspan="2">组价内容</th><th>对应的定额子目</th></tr>
<tr><td rowspan="3">1</td><td rowspan="3">031202008001</td><td rowspan="3">埋地管道防腐蚀</td><td rowspan="3">1. 刷缠品种：石油沥青涂料、玻璃布
2. 分层内容：①底料一层（冷底子油）；②沥青涂层（厚度≥1.5mm）③玻璃布一层；④沥青涂层（厚度1.0～1.5mm）；⑤玻璃布一层；⑥沥青涂层（厚度1.0～1.5mm）；⑦聚氯乙烯工业薄膜一层。
3. 刷缠遍数：三油二布</td><td colspan="2">1. 刷油（冷底子油）</td><td>C11-2-30</td></tr>
<tr><td rowspan="2">2. 防腐蚀缠保护层</td><td>一布二油</td><td>C11-3-338</td></tr>
<tr><td>每增一布一油</td><td>C11-3-339</td></tr>
</table>

2. 计算组价（定额）工程量

根据广东安装定额，表7-27各项目组价内容的定额工程量计算规则均与相应的清单项目计算规则相同。

知识拓展二

阀门、弯头、法兰防腐蚀清单工程量按表面积计算，计算公式分别为：

1）阀门表面积：$S=\pi\times D\times 2.5D\times K\times N$

式中　D——直径；

　　　K——1.05；

　　　N——阀门个数。

2）弯头表面积：$S=\pi\times D\times 1.5D\times 2\pi\times N/B$

式中　N——弯头个数；

　　　B——90°弯头$B=4$；45°弯头$B=8$。

3）法兰表面积：$S=\pi\times D\times 1.5D\times K\times N$

式中　K——1.05；

　　　N——法兰个数。

4）设备、管道法兰翻边面积：$S=\pi\times(D+A)\times A$

式中　A——法兰翻边宽。

【**例7-12**】　某工程有5个$DN500$闸阀，按设计要求需做防腐，做法为刷涂环氧防腐底漆两道，过氯乙烯面漆两道，试计算其防腐清单工程量。

【**解**】　阀门防腐面积：$S=\pi\times 0.5\times 2.5\times 0.5\times 1.05\times 5=10.31\text{m}^2$

课堂活动

1. 根据任务描述计算表7-25序号1埋地管道防腐蚀清单工程量（表7-28）。

2. 校对工程量。

3. 编制管道刷油分部分项工程清单与计价表（表 7-29）。

工程量计算表　　表 7-28

序号	项目名称	规格	计算式	工程量	单位
1	埋地钢管三油二布石油沥青涂料防腐	*DN*150	π×0.165×24.72	12.81	m^2

分部分项工程和单价措施项目清单与计价表　　表 7-29

工程名称：　　标段：　　第　页　共　页

序号	项目编码	项目名称	项目特征描述	计量单位	工程量	金额（元）		
						综合单价	合价	其中：暂估价
1	031202008001	埋地管道防腐蚀	1. 刷缠品种：石油沥青涂料、玻璃布 2. 分层内容：①底料一层（冷底子油）；②沥青涂层（厚度≥1.5mm）③玻璃布一层；④沥青涂层（厚度 1.0～1.5mm）；⑤玻璃布一层；⑥沥青涂层（厚度 1.0～1.5mm）；⑦聚氯乙烯工业薄膜一层 3. 刷缠遍数：三油二布	m^2	12.81			

7.3.2 综合单价分析

知识构成

综合单价分析包括确定组价内容，计算组价（定额）工程量，套用定额计算综合单价三个步骤。

1. 确定组价内容

2. 计算组价（定额）工程量

以上两点详见 7.3.1 知识拓展一相关内容。

3. 套用定额，计算工程量清单项目综合单价

【例 7-13】 试对表 7-29 序号 1：031202008001 埋地管道防腐蚀清单项目进行综合单价分析，见表 7-30。

说明：套用定额时，人工、材料、机械费执行定额，未按市场价格调整，管理费按一类地区计算，利润按 18%计算。C11-2-30 定额未计价材料为石油沥青，石油沥青数量按定额消耗量计算＝1.281×1.11＝1.42kg；C11-3-338 及 C11-3-339 定额未计价材料为玻璃布，玻璃布数量按定额消耗量计算＝1.281×(12.5＋13)＝32.67m^2。所有未计价材料的单价按市场价格计算。

综合单价分析表

表 7-30

工程名称：　　　　　　　　　　　　标段：　　　　　　　　　　　　第　页　共　页

项目编码	031202008001	项目名称	埋地管道防腐蚀				计量单位		m²		工程量	12.81	
综合单价组成明细													
定额编号	定额名称	定额单位	数量	单价（元）					合价（元）				
				人工费	材料费	机械费	管理费	利润	人工费	材料费	机械费	管理费	利润
C11-2-30	管道冷底子油第一遍	10m²	1.281	10.61	14.67	—	2.18	1.91	13.59	18.79	—	2.79	2.45
C11-3-338	埋地管道沥青玻璃布防腐一布二油	10m²	1.281	62.88	131.99	—	12.93	11.32	80.55	169.08	—	16.56	14.50
C11-3-339	埋地管道沥青玻璃布防腐每增一布一油	10m²	1.281	52.02	73.2	—	10.7	9.36	66.64	93.77	-	13.71	11.99
人工单价		小计							12.55	21.99	—	2.58	2.26
51元/工日		未计价材料费							5.73				
清单项目综合单价									45.11				
材料费明细	主要材料名称、规格、型号						单位	数量	单价	合价	暂估价	暂估合价	
	石油沥青＃10						kg	1.42	4.3	6.11			
	玻璃布0.2						m²	32.67	2.06	67.30			
	其他材料费								—	—			
	材料费小计									5.73			

课堂活动

1. 完成表 7-29 埋地管道防腐蚀项目的综合单价分析。
2. 校对综合单价。

任务 7.4　绝热工程

任务描述

1. 某工程通风空调管道绝热做法（表 7-31）

某工程通风空调管道绝热做法　　表 7-31

序号	名称	材质	做法
1	室内冷冻水管	无缝钢管	闭孔发泡橡塑，外带不燃铝箔面
2	冷冻机房及室外冷冻水管	无缝钢管	闭孔发泡橡塑，外带不燃铝箔面，并设置 0.5mm 铝板保护层
3	冷凝水管	内涂塑镀锌钢管	闭孔发泡橡塑，外带不燃铝箔面
4	空调风管	镀锌薄钢板	闭孔发泡橡塑，外带不燃铝箔面

2. 某工程通风空调管道绝热层厚度（表 7-32）

某工程通风空调管道绝热层厚度　　表 7-32

冷冻水管						冷凝水管	风管
管径		*DN*15～*DN*25	*DN*32～*DN*100	*DN*125～*DN*350	*DN*≥400	全部	全部
室内	厚度(mm)	32	40	44	50	25	25
室外	厚度(mm)	40	50	64	64	28	25

3. 某工程通风空调管道工程量汇总表（表 7-33）

某工程通风空调管道工程量汇总表（局部）　　表 7-33

序号	名称	材质	规格	工程量	单位
1	冷冻水管（冷冻机房）	无缝钢管	*D*325×8	76.48	m
2	冷冻水管（室内）	无缝钢管	*D*219×6	234.26	m
3	冷冻水管（室内）	无缝钢管	*D*159×5	172.56	m
4	冷冻水管（室内）	无缝钢管	*D*133×4	347.05	m
5	冷冻水管（室内）	无缝钢管	*D*108×4	246.59	m
6	冷冻水管（室内）	无缝钢管	*D*89×4	107.35	m
7	冷凝水管（室内）	内涂塑镀锌钢管	*DN*32	447.54	m
8	空调风管	镀锌薄钢板	1400×400 δ=1.0mm	130.54	m

续表

序号	名称	材质	规格	工程量	单位
9	空调风管	镀锌薄钢板	1000×400 δ=1.0mm	94.63	m
10	空调风管	镀锌薄钢板	800×250 δ=0.75mm	224.62	m

4. 无缝钢管外径与公称通径对照表见表 7-34，镀锌钢管公称通径与外径对照表见表 7-9。

无缝钢管外径与公称通径对照表（摘录）　　表 7-34

D(外径)×壁厚	DN	D(外径)×壁厚	DN	D(外径)×壁厚	DN	D(外径)×壁厚	DN
D57×3.5	DN50	D89×4	DN80	D133×4	DN125	D219×6	DN200
D76×4	DN70	D108×4	DN100	D159×5	DN150	D325×8	DN300

根据以上工程资料，要求完成以下学习任务：

1. 计算通风空调系统水管及风管绝热工程的清单工程量；
2. 编制通风空调系统水管及风管绝热工程分部分项工程量清单项目；
3. 进行通风空调系统水管及风管绝热工程量清单项目综合单价分析。

7.4.1 管道绝热

知识构成

1. 工程量清单项目设置

根据《工程量规范》附录 M 刷油、防腐蚀、绝热工程，表 M.8 绝热工程，管道绝热工程量清单项目设置见表 7-35。

表 M.8 绝热工程（编码 031208）（摘录）　　表 7-35

项目编码	项目名称	项目特征	计量单位	工程量计算规则	工作内容
031208002	管道绝热	1. 绝热材料品种 2. 绝热厚度 3. 管道外径 4. 软木品种	m^3	按图示表面积加绝热层厚度及调整系数计算	1. 安装 2. 软木制品安装

2. 管道绝热清单项目注释

(1) 项目编码及项目名称

编写方法：031208002 001 管道绝热。

(2) 项目特征描述

1) 绝热材料品种：按施工图纸的相关设计要求描述；

2) 绝热厚度：按施工图纸的相关设计要求描述；

3) 管道外径：按施工图纸的相关设计要求描述；

4) 软木品种：按施工图的相关设计要求描述；

5) 如设计要求保温、保冷分层施工需注明。

3. 计算工程量时应注意事项

管道绝热工程量按图示表面积加绝热层厚度及调整系数计算。其计算公式如下：

$$V=\pi\times(D+1.033\delta)\times1.033\delta\times L$$

式中 π——圆周率；

D——直径；

1.033——调整系数；

δ——绝热层厚度；

L——设备筒体高或管道延长米。

【例 7-14】 试计算表 7-33 序号 1 冷冻水管 $D325\times8$ 绝热工程清单工程量。

【解】

冷冻水管 $D325\times8$ 绝热工程量 $V=\pi\times(0.325+1.033\times0.044)\times1.033\times0.044\times76.48=4.05m^3$

知识拓展一

1. 确定组价内容

应根据工程量计算规范、安装定额，并结合工程实际情况确定每个分部分项工程量清单项目的组价内容。

【例 7-15】 根据工程量计算规范及安装定额，结合任务描述的工程情况，确定表 7-38 序号 1：031208002001 管道绝热工程量清单项目的组价内容及对应的定额子目，见表 7-36。

管道绝热工程量清单项目组价内容及对应的定额子目　　表 7-36

序号	项目编码	项目名称	项目特征描述	组价内容	对应的定额子目
1	031208002001	管道绝热	1. 绝热材料品种：闭孔发泡橡塑 2. 绝热厚度：50mm 以内 3. 管道外径：Φ325 以内	安装	C11-9-683

2. 计算组价（定额）工程量

根据广东安装定额，表 7-36 各项目组价内容的定额工程量计算规则均与相应的清单项目计算规则相同。

知识拓展二

按规范要求，保温层厚度大于 100mm，保冷层厚度大于 80mm 时，应分层施工，工程量也应分层计算。

$V=(D+2.1\delta)+0.0082$，以此类推。

式中 D——直径；

δ——绝热层厚度；

2.1——调整系数；

0.0082——捆扎线直径或钢带厚。

【例 7-16】 有 $D325\times8$ 无缝钢管 150m，需要保冷，其保冷层厚 90mm，分两层安装，第一层厚 50mm，第二层厚 40mm，试计算其绝热清单工程量。

【解】

第一层绝热工程量 $V=\pi\times(0.325+1.033\times0.05)\times1.033\times0.05\times150=9.17m^3$

第二层直径 $D=(0.325+2.1\times0.05)+0.0082=0.4382m$

第二层绝热工程量 $V=\pi\times(0.4382+1.033\times0.04)\times1.033\times0.04\times150=9.34m^3$

课堂活动

1. 根据任务描述计算表7-33序号1～7冷冻水管及冷凝水管绝热的清单工程量（表7-37）。
2. 校对工程量。
3. 编制管道绝热分部分项工程清单与计价表（表7-38）。

工程量计算表 表7-37

序号	项目名称	规格	计算式	工程量	单位
1	管道绝热 闭孔发泡橡塑 管道Φ325以下 厚度50以内	D325×8	π×(0.325+1.033×0.044)×1.033×0.044×76.48	4.05	m^3
		D219×6	π×(0.219+1.033×0.044)×1.033×0.044×234.26	8.85	m^3
		D159×5	π×(0.159+1.033×0.044)×1.033×0.044×172.56	5.04	m^3
		小计		17.94	m^3
2	管道绝热 闭孔发泡橡塑 管道Φ133以下 厚度50以内	D133×4	π×(0.133+1.033×0.044)×1.033×0.044×347.05	8.84	m^3
3	管道绝热 闭孔发泡橡塑 管道Φ133以下 厚度40以内	D108×4	π×(0.108+1.033×0.040)×1.033×0.040×246.59	4.78	m^3
		D89×4	π×(0.089+1.033×0.040)×1.033×0.040×107.35	1.82	m^3
		小计		6.60	m^3
4	管道绝热 闭孔发泡橡塑 管道Φ57以下 厚度30以内	DN32	π×(0.04225+1.033×0.025)×1.033×0.025×447.54	2.47	m^3

分部分项工程和单价措施项目清单与计价表 表7-38

工程名称： 标段： 第 页 共 页

序号	项目编码	项目名称	项目特征描述	计量单位	工程量	金额（元）		
						综合单价	合价	其中：暂估价
1	031208002001	管道绝热	1. 绝热材料品种：闭孔发泡橡塑 2. 绝热厚度：50mm以内 3. 管道外径：Φ325以内	m^3	17.94			

续表

序号	项目编码	项目名称	项目特征描述	计量单位	工程量	金额（元）		
						综合单价	合价	其中：暂估价
2	031208002002	管道绝热	1. 绝热材料品种：闭孔发泡橡塑 2. 绝热厚度：50mm以内 3. 管道外径：Φ133以内	m^3	8.84			
3	031208002003	管道绝热	1. 绝热材料品种：闭孔发泡橡塑 2. 绝热厚度：40mm以内 3. 管道外径：Φ133以内	m^3	6.6			
4	031208002004	管道绝热	1. 绝热材料品种：闭孔发泡橡塑 2. 绝热厚度：30mm以内 3. 管道外径：Φ57以内	m^3	2.47			

7.4.2 通风管道绝热

知识构成

1. 工程量清单项目设置

根据《工程量计算规范》附录M刷油、防腐蚀、绝热工程，表M.8绝热工程，通风管道绝热工程量清单项目设置见表7-39。

表M.8绝热工程（编码031208）（摘录） **表7-39**

项目编码	项目名称	项目特征	计量单位	工程量计算规则	工作内容
031208003	通风管道绝热	1. 绝热材料品种 2. 绝热厚度 3. 软木品种	1. m^3 2. m^2	1. 以立方米计量，按图示表面积加绝热层厚度及调整系数计算 2. 以平方米计量，按图示表面积及调整系数计算	1. 安装 2. 软木制品安装

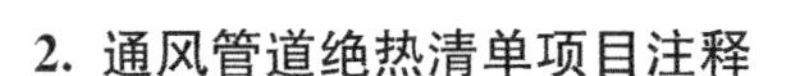

2. 通风管道绝热清单项目注释

(1) 项目编码及项目名称

编写方法：031208003 001 通风管道绝热。

(2) 项目特征描述

1) 绝热材料品种：按施工图纸的相关设计要求描述；

2) 绝热厚度：按施工图纸的相关设计要求描述；

3) 软木品种：按施工图的相关设计要求描述；

4) 如设计要求保温、保冷分层施工需注明。

3. 计算工程量时应注意事项

1) 通风管道绝热工程量按立方米计量时，圆形风管计算公式与管道绝热工程量相同。矩形风管计算公式为：

矩形风管绝缘热工程量：

$$V=[(A+1.033\delta)+(B+1.033\delta)]\times2\times1.033\delta\times L$$
$$=[2\times(A+B)+4\times1.033\delta]\times1.033\delta\times L$$

式中　A——矩形风管大边长；

B——矩形风管小边长；

1.033——调整系数；

δ——绝热层厚度；

L——风管延长米。

2) 通风管道绝热工程量按平方米计量时，圆形风管计算公式为：

$$S=\pi\times(D+1.033\delta)\times L$$

式中　D——圆形风管直径。

矩形风管计算公式为：

$$S=[2\times(A+B)+4\times1.033\delta]\times L$$

【例 7-17】 试计算表 7-33 序号 8 空调风管（规格 1400×400　δ=1.0mm）绝热工程清单工程量。

【解】

根据广东省安装定额，通风管道橡塑保温板安装按设计图示以平方米计算，所以其清单工程量也按平方米计算。

矩形风管绝热工程量 $S=[2\times(1.4+0.4)+4\times1.033\times0.025]\times130.54=483.43\text{m}^2$

知识拓展

1. 确定组价内容

应根据相关规范、安装定额，并结合工程实际情况确定每个分部分项工程量清单项目的组价内容。

【例 7-18】 根据相关规范及安装定额，结合任务描述的工程情况，确定表 7-42 序号 1：031208003001 通风管道绝热工程量清单项目的组价内容及对应的定额子目，见表 7-40。

2. 计算组价（定额）工程量

根据广东省安装定额，表 7-40 各项目组价内容的定额工程量计算规则均与相应的清单项目计算规则相同。

管道绝热工程量清单项目组价内容及对应的定额子目 表 7-40

序号	项目编码	项目名称	项目特征描述	组价内容	对应的定额子目
1	031208003001	通风管道绝热	1. 绝热材料品种：闭孔发泡橡塑 2. 绝热厚度：30mm 以内	安装	C11-9-696

课堂活动

1. 根据任务描述计算表 7-33 序号 8～10 空调风管绝热的清单工程量（表 7-41）。
2. 校对工程量。
3. 编制空调风管绝热分部分项工程清单与计价表（表 7-42）。

工程量计算表 表 7-41

序号	项目名称	规格	计算式	工程量	单位
1	通风管道绝热闭孔发泡橡塑 厚度 30 以内	1400×400 δ=1.0mm	S=[2×(1.4+0.4)+4×1.033×0.025]×130.54	483.43	m^2
		1000×400 δ=1.0mm	S=[2×(1.0+0.4)+4×1.033×0.025]×94.63	274.74	m^2
		800×250 δ=0.75mm	S=[2×(0.8+0.25)+4×1.033×0.025]×224.62	494.91	m^2
		小计		1253.08	m^2

分部分项工程和单价措施项目清单与计价表 表 7-42

工程名称： 标段： 第 页 共 页

序号	项目编码	项目名称	项目特征描述	计量单位	工程量	金额（元）		
						综合单价	合价	其中：暂估价
1	031208003001	通风管道绝热	1. 绝热材料品种：闭孔发泡橡塑 2. 绝热厚度：30mm 以内	m^2	1253.08			

7.4.3 防潮层、保护层

知识构成

1. 工程量清单项目设置

根据《工程量计算规范》附录 M 刷油、防腐蚀、绝热工程，表 M.8 绝热工程，防潮层保护层工程量清单项目设置见表 7-43。

表 M.8 绝热工程（编码 031208）（摘录） 表 7-43

项目编码	项目名称	项目特征	计量单位	工程量计算规则	工作内容
031208007	防潮层、保护层	1. 材料 2. 厚度 3. 层数 4. 对象 5. 结构形式	1. m^2 2. kg	1. 以平方米计量，按图示表面积加绝热层厚度及调整系数计算 2. 以千克计量，按图示金属结构质量计算	安装

2. 防潮层、保护层清单项目注释

（1）项目编码及项目名称

编写方法：031208007 001 防潮层、保护层。

（2）项目特征描述

1）材料：按施工图纸的相关设计要求描述；

2）厚度：按施工图纸的相关设计要求描述；

3）层数：指一布二油、两布三油等；

4）对象：指设备、管道、通风管道、阀门、法兰、钢结构；

5）结构形式：一般钢结构、H 型钢制结构、管廊钢结构。

3. 计算工程量时应注意事项

（1）防潮层、保护层以平方米计量时，其计算公式如下：

1）设备筒体、管道防潮层和保护层工程量

$$S = \pi \times (D + 2.1\delta + 0.0082) \times L$$

式中 π——圆周率；

D——直径；

2.1——调整系数；

δ——绝热层厚度；

0.0082——捆扎线直径或钢带厚；

L——设备筒体高或管道延长米。

2）矩形管道防潮层和保护层工程量

$$S = [(A + 2.1\delta + 0.0082) + (B + 2.1\delta + 0.0082)] \times 2 \times L$$
$$= [2 \times (A + B) + 8 \times (1.05\delta + 0.0041)] \times L$$

式中 A——矩形管道大边长；

B——矩形管道小边长。

（2）防潮层、保护层以千克计量时，按图示金属结构质量计算。

【例 7-19】 试计算表 7-33 序号 1 冷冻水管 $D325 \times 8$ 保护层清单工程量。

【解】 冷冻水管 $D325 \times 8$ 保护层工程量 $S = \pi \times (0.325 + 2.1 \times 0.044 + 0.0082) \times 76.48 = 102.26m^2$

知识拓展

1. 确定组价内容

应根据相关规范、安装定额，并结合工程实际情况确定每个分部分项工程量清单项目的组价内容。

【例 7-20】 根据计算规范及安装定额，结合任务描述的工程情况，确定表 7-46 序号 1：031208007001 防潮层、保护层工程量清单项目的组价内容及对应的定额子目，见表 7-44。

防潮层、保护层工程量清单项目组价内容及对应的定额子目 **表 7-44**

序号	项目编码	项目名称	项目特征描述	组价内容	对应的定额子目
1	031208007001	防潮层、保护层	1. 材料：铝箔 2. 对象：管道	1. 安装	C11-9-481

2. 计算组价（定额）工程量

根据广东省安装定额，表 7-44 各项目组价内容的定额工程量计算规则均与相应的清单项目计算规则相同。

课堂活动

1. 根据任务描述计算表 7-33 序号 1～10 管道防潮层、保护层的清单工程量（表 7-45）。
2. 校对工程量。
3. 编制管道防潮层、保护层分部分项工程清单与计价表（表 7-46）。

工程量计算表 **表 7-45**

序号	项目名称	规格	计算式	工程量	单位
1	管道铝箔防潮层、保护层	D325×8	π×(0.325+2.1×0.044+0.0082)×76.48	102.26	m²
		D219×6	π×(0.219+2.1×0.044+0.0082)×234.26	235.21	m²
		D159×5	π×(0.159+2.1×0.044+0.0082)×172.56	140.73	m²
		D133×4	π×(0.133+2.1×0.044+0.0082)×347.05	254.69	m²
		D108×4	π×(0.108+2.1×0.040+0.0082)×246.59	155.09	m²
		D89×4	π×(0.089+2.1×0.040+0.0082)×107.35	61.11	m²
		DN32	π×(0.04225+2.1×0.025+0.0082)×447.54	144.75	m²
		小计		1093.84	m²
2	通风管道铝箔防潮层、保护层	1400×400 δ=1.0mm	S=[2×(1.4+0.4)+8×(1.05×0.025+0.0041)]×130.54	501.64	m²
		1000×400 δ=1.0mm	S=[2×(1.0+0.4)+8×(1.05×0.025+0.0041)]×94.63	287.94	m²
		800×250 δ=0.75mm	S=[2×(0.8+0.25)+8×(1.05×0.025+0.0041)]×224.62	526.24	m²
		小计		1315.82	m²
3	管道铝板防潮层、保护层	D325×8	π×(0.325+2.1×0.044+0.0082)×76.48	102.26	m²

分部分项工程和单价措施项目清单与计价表　　表 7-46

工程名称：　　标段：　　第　页　共　页

序号	项目编码	项目名称	项目特征描述	计量单位	工程量	金额（元）		
						综合单价	合价	其中：暂估价
1	031208007001	防潮层、保护层	1. 材料：铝箔 2. 对象：管道	m^2	1093.84			
2	031208007002	防潮层、保护层	1. 材料：铝箔 2. 对象：通风管道	m^2	1315.82			
3	031208007003	防潮层、保护层	1. 材料：铝板 2. 厚度：0.5mm 3. 对象：管道	m^2	102.26			

7.4.4　综合单价分析

知识构成

综合单价分析包括确定组价内容，计算组价（定额）工程量，套用定额计算综合单价三个步骤。

1. 确定组价内容

2. 计算组价（定额）工程量

以上两点详见 7.4.1～7.4.3 知识拓展相关内容。

3. 套用定额，计算工程量清单项目综合单价

【例 7-21】 试对表 7-42 序号 1：031208003001 通风管道绝热清单项目进行综合单价分析，见表 7-47。

说明： 套用定额时，人工、材料、机械费执行定额，未按市场价格调整，管理费按一类地区计算，利润按 18%计算。C11-9-696 定额未计价材料为发泡橡塑保温板，发泡橡塑保温板数量按定额消耗量计算=125.31×11.5=1441.07m^2。所有未计价材料的单价按市场价格计算。

课堂活动

1. 完成表 7-38、表 7-42、表 7-46 所有管道绝热工程项目的综合单价分析。

2. 校对综合单价。

综合单价分析表

表 7-47

工程名称：　　　　标段：　　　　第　页　共　页

项目编码	031208003001		项目名称	通风管道绝热				计量单位		m^2		工程量	1253.08
综合单价组成明细													
定额编号	定额名称	定额单位	数量	单价（元）					合价（元）				
				人工费	材料费	机械费	管理费	利润	人工费	材料费	机械费	管理费	利润
C11-9-696	通风管道发泡橡塑保温板安装厚30mm内	10m^2	125.31	48.2	101.01	—	9.91	8.68	6039.94	12657.56	—	1241.82	1087.69
人工单价		小计							4.82	10.1	—	0.99	0.87
51元/工日		未计价材料费							37.26				
清单项目综合单价									54.04				
材料费明细	主要材料名称、规格、型号							单位	数量	单价	合价	暂估价	暂估合价
	闭孔发泡橡塑保温板厚25mm							m^2	1441.07	32.4	46690.67		
	其他材料费									—	—		
	材料费小计										37.26		

参考文献

[1] 刘启利. 安装工程计量计价实训详解 [M]. 北京：中国电力出版社，2010.

[2] 丁云飞. 安装工程预算与工程量清单计价 [M]. 北京：化学工业出版社，2012.

[3] 汤万龙. 建筑设备安装识图与施工工艺 [M]. 北京：中国建筑工业出版社，2010.

[4] 云南省工程建设技术经济室. 云南省通用安装工程消耗量定额 [M]. 云南：云南科技出版社. 云南科技出版社，2013.

[5] 景星蓉. 建筑设备安装工程预算 [M]. 北京：中国建筑工业出版社，2008.

[6] 文桂萍. 建筑设备安装与识图 [M]. 北京：机械工业出版社，2014.

[7] 文桂萍. 建筑水暖电安装工程计价 [M]. 北京：中国建筑工业出版社，2014.

[8] 熊德敏、陈旭平. 安装工程计价 [M]（第二版）. 北京：高等教育出版社，2015.

[9] 住房和城乡建设部标准定额研究. GB 50500—2013 建设工程工程量清单计价规范 [S]. 北京：中国计划出版社，2013.

[10] 住房和城乡建设部标准定额研究所. GB 50856—2013 通用安装工程工程量计算规范 [S]. 北京：中国计划出版社，2012.

参考文献